卸荷应力路径岩体脆性破坏前兆信息识别与工程应用

张黎明　兰涛　王在泉　著

内 容 提 要

卸荷与加荷是完全不同的应力路径，不同应力路径下岩体的变形和破坏特性在力学机理和力学响应方面存在明显差异。本书以硬脆性岩体为研究对象，通过室内试验解析加荷、卸荷应力路径下硬脆性岩体的变形特性及强度特征，诠释岩体变形过程的能量集聚与耗散、声发射信息变化等特征，识别岩体的脆性破坏前兆信息，结合颗粒流程序PFC模拟揭示岩体卸荷破坏的宏观、细观破坏机理，分析不同岩体卸荷破坏强度准则的适用性，从变形、能量、损伤角度分别建立岩体卸荷破坏本构模型，最后给出了岩体卸荷破坏理论在地下工程中的应用案例。

本书可供从事水利水电、土木、采矿等工程技术人员、科研人员和相关院校师生参考。

图书在版编目（CIP）数据

卸荷应力路径岩体脆性破坏前兆信息识别与工程应用/张黎明，兰涛，王在泉著. -- 北京 : 中国水利水电出版社，2023.7(2025.1重印).
ISBN 978-7-5226-1251-5

Ⅰ. ①卸… Ⅱ. ①张… ②兰… ③王… Ⅲ. ①岩石破坏机理—研究 Ⅳ. ①TU45

中国国家版本馆CIP数据核字(2023)第051005号

书　　名	**卸荷应力路径岩体脆性破坏前兆信息识别与工程应用** XIEHE YINGLI LUJING YANTI CUIXING POHUAI QIANZHAO XINXI SHIBIE YU GONGCHENG YINGYONG
作　　者	张黎明　兰　涛　王在泉　著
出版发行	中国水利水电出版社 （北京市海淀区玉渊潭南路1号D座　100038） 网址：www.waterpub.com.cn E-mail：sales@mwr.gov.cn 电话：(010) 68545888（营销中心）
经　　售	北京科水图书销售有限公司 电话：(010) 68545874、63202643 全国各地新华书店和相关出版物销售网点
排　　版	中国水利水电出版社微机排版中心
印　　刷	清淞永业（天津）印刷有限公司
规　　格	184mm×260mm　16开本　18印张　438千字
版　　次	2023年7月第1版　2025年1月第2次印刷
定　　价	**88.00**元

凡购买我社图书，如有缺页、倒页、脱页的，本社营销中心负责调换

版权所有·侵权必究

前言

随着我国国民经济持续高速发展，各类大型轨道交通、隧道（洞）、水力发电站、深部矿山开采等领域的地下工程日益增多。截至2020年年底，我国铁路营业里程达14.5万km，其中投入运营的铁路隧道共16798条，总长度约19620km；在煤矿开采领域，我国煤矿开采深度超过1000m的煤矿有50余座，开采深度最深达1501m。国家“十四五”规划和二〇三五年远景目标指出，“要继续大力推进一批重大工程项目的实施，强化基础设施支撑力，进一步增强国家综合实力”。深埋隧洞建设、能源矿山开采、地下储库等地下工程的增多给岩石力学带来了机遇和挑战，亟需完善和丰富现有的岩石力学理论。

目前，学者通过大量的加载试验和理论分析，已经建立了相对完整的反映岩体加载变形破坏的理论和方法，并将这些理论和方法成功应用到工程实际中，取得了很多有价值的成果。然而，卸荷与连续加荷是完全不同的应力路径，两者所引起的岩体变形和破坏特性，无论在力学机理还是力学响应都有本质区别，开展卸荷岩体变形及强度特性的研究具有重要的理论意义与工程价值。卸荷应力路径下岩体强度更低，更容易发生脆性破坏。因此，岩体工程中必须区别不同的受力工况，考虑卸荷应力路径的影响。只有彻底弄清复杂加荷、卸荷应力路径下岩体的破坏机制，准确确定卸荷应力路径下岩体的物理力学参数、本构模型和强度准则，才能对卸荷应力路径下的岩体工程的变形和破坏进行准确地预测，科学指导岩体工程的设计、施工与监测。

本书以硬脆性岩体为研究对象，通过室内试验、数值模拟以及理论分析深入研究加荷、卸荷应力路径下岩石的变形及强度特性。本书共分为8章：第1章介绍岩体卸荷破坏研究进展；第2章、第3章分别介绍复杂加荷、卸荷应力路径下完整岩样和节理岩样破坏试验，解析加荷、卸荷应力路径下岩石的物理力学参数、变形特性和破坏特征；第4章、第5章分别从能量集聚、耗散和声发射信息变化角度阐释卸荷速率、卸荷应力水平、卸荷初始围压、卸荷应力路径、控制加载方式等因素对岩石卸荷破坏过程的影响，识别不同应力路径下岩石破坏的前兆信息；第6章采用细观颗粒流程序PFC再现加荷、卸荷应力路径下岩石的变形过程，揭示加荷、卸荷应力路径下岩石破坏的细观断裂机制；第7章分析卸荷应力路径下各种岩体强度准则的适用性，分别从变形、能量、损伤角度建立了岩石卸荷破坏的本构模型，并进行试验验证；第8章推导了卸荷应力路径下隧洞围岩的弹塑性解析解、岩体动力失稳的能量解析和临界条件，给出了多个卸荷岩体破坏理论的应用案例。

本书参阅了国内外有关卸荷岩体力学试验和理论方面的专业文献，谨向文献作者表示感谢。研究内容获得了国家自然科学基金（编号：41472270，41372298，41702322，42272329，42272334）和山东省自然科学基金（编号：ZR2020ME099，ZR2020MD111）的支持，本书编写过程中，张黎明负责撰写第1、2、4、5、6、7章；兰涛负责撰写第8章，参与撰写第1、5、7章；王在泉负责撰写第3章，参与撰写第1、2、8章；张登、王建新、丛怡、高速、石磊、贤彬、任明远、郑清达、宋雅多、刘婕、田永泽等提供了部分素材，并付出了辛勤的劳动，在此一并表示衷心的感谢。

由于作者水平有限，书中疏漏之处在所难免，敬请读者批评指正。

作者

2023年1月

目录

第1章

岩体卸荷破坏研究进展

1.1 引言

在我国经济建设迅速发展的背景下，为满足资源、能源的需求以及国家安全工程建设的需要，我国先后实施了交通强国、能源转型和深地战略等重大策略，建设了大批交通、水电、矿山等领域的地下工程。“十四五”规划和二〇三五年远景目标也指出，“要重点发展深地资源开发、地球深地探测装备研发等多项科技前沿领域，大力推进交通强国建设工程、现代能源体系建设工程、国家水网骨干工程的建设，我国地下岩土工程建设从此开启新纪元”。

我国地下岩土工程发展迅速，工程类型之多、规模之大均为世界所瞩目。在交通隧道领域，峨汉高速公路隧道最大埋深1944m，为目前世界第一埋深公路隧道；在水电隧洞领域，雅砻江锦屏二级水电站4条引水隧洞埋深1500～2000m，最大埋深2525m，是目前已建、在建水工隧洞中埋深最大、综合难度最高的输水隧洞；在能源储库领域，苏桥储气库埋深达5500m，是目前世界上埋深最大的储气库；在矿山建设领域，我国的开采深度逐年增加，煤炭开采深度增加速度达到每年10～25m，新汶孙村煤矿最大埋深1503m，云南会泽铅锌矿最大埋深1584m；在油田开采领域，我国油田开采深度已超7500m，其中新疆塔河油田开采深度达到8800m。伴随着国家“十四五”规划、《国家综合立体交通网规划纲要》等国家战略的实施推进，川藏铁路、雅鲁藏布江中下游水电基地、辽河储气库群等一大批地下工程的陆续推动，我国大型地下岩土工程建设将趋于常态化。

地下岩土工程在开挖过程中，围岩的应力状态受开挖卸荷影响而产生应力重分布，促进围岩内部裂纹的萌生、发展和贯通，并导致岩体发生破坏，由开挖卸荷作用导致的岩体破坏统称为岩体卸荷破坏。其中，卸荷作用指的是岩土工程开挖过程中，围岩体某一个或者几个方向的应力被释放的过程。近几十年来，国内外学者通过大量试验证明，卸荷应力路径下岩体的力学特性、变形特征和破坏机理与常规加荷路径相比具有明显差异，使用常规加荷条件下的岩体力学理论和方法预测和评价卸荷条件下岩体的力学特性和破坏机制与实际情况不完全一致。实际工程中，岩体开挖卸荷经常会导致塌方、片帮、冒顶、岩爆等灾害的发生，严重威胁着施工人员的安全，并且造成严重的经济损失和负面的社会影响。例如，2009年11月28日，四川锦屏二级水电站施工排水洞，施工人员在工作中突发极强岩爆灾害，造成7人遇难，1人受伤；2020年乐业“9.10”隧道坍塌事故，隧道开挖导致围岩局部微地质构造组合突变，再加上裂隙面强烈溶蚀作用叠加产生的不良效应，造成掌子面前方岩体多方向同时失去约束，岩层突然脱离母岩产生重力式顺层下滑，造成该段隧道围岩、初支遭受严重破坏，导致9人死亡，直接经济损失1415万元；2020年山东新巨龙能源有限责任公司“2.22”较大冲击地压事故，由于大区域构造应力调整及工作面开采扰动，诱发冲击地压事故，造成4人死亡，直接经济损失1853万元。因此，研究卸荷条件下岩体的力学特性、强度准则、破坏机理等具有重要的理论意义和工程价值。

卸荷岩体力学的概念提出后，国内外学者针对岩体卸荷破坏的力学特性、变形特征和破坏机制等方面开展了大量的室内试验、理论研究和数值模拟工作。先进测试技术的应用极大地丰富了试验手段，核磁共振、CT扫描、电子显微镜、声发射检测仪等设备都在岩石卸荷破坏试验中得到应用。本文从卸荷路径下岩体力学特性、力学理论、数值模拟、工程应用4个方面进行总结，探讨卸荷岩体力学研究存在的问题。

1.2 岩体卸荷破坏力学特性

1.2.1 岩体卸荷破坏试验的应力路径

岩体卸荷破坏试验是将岩样加载至某一应力状态后，降低某一方向主应力值导致试验岩样发生破坏的试验方法，它是研究卸荷路径下岩体力学性质的最常用、最普遍的试验方法。岩体卸荷破坏试验分为常规三轴卸荷破坏试验和真三轴卸荷破坏试验。常规三轴卸荷破坏试验应力路径主要有6种方式：①增大第一主应力，减小第三主应力；②保持第三主应力不变，减小第一主应力；③保持第一主应力不变，减小第三主应力；④按照相同的速率同步减小第一主应力和第三主应力；⑤同时减小第一主应力和第三主应力，但第三主应力的减小速率大于第一主应力的减小速率；⑥同时减小第一主应力和第三主应力，但第一主应力的减小速率大于第三主应力的减小速率。具体试验路径如图1.1所示。其中，第1种卸荷路径最危险，Mohr应力圆增大速度最快；第3种卸荷路径的Mohr应力圆增大速度比第1种卸荷路径稍慢；第4种卸荷路径是Mohr应力圆的平移，慢速接近破坏包络线；第5种卸荷路径与第3种卸荷路径类似，但由于第一主应力也是卸荷，其Mohr应力圆增大速度相对第3种应力路径变慢；第6种卸荷路径与第2种卸荷路径相似，Mohr应力圆增大速度相较于其他4种应力路径更慢，因为第2种和第6种卸荷路径下的Mohr应力圆先减小后增大。除第2种卸荷路径外，其他卸荷应力路径均属于卸围压试验的范畴，现阶段对于卸荷破坏的试验研究主要以卸围压破坏试验为主，因此在不做特殊说明情况下，本文的岩体卸荷破坏试验均指岩体卸围压破坏试验。

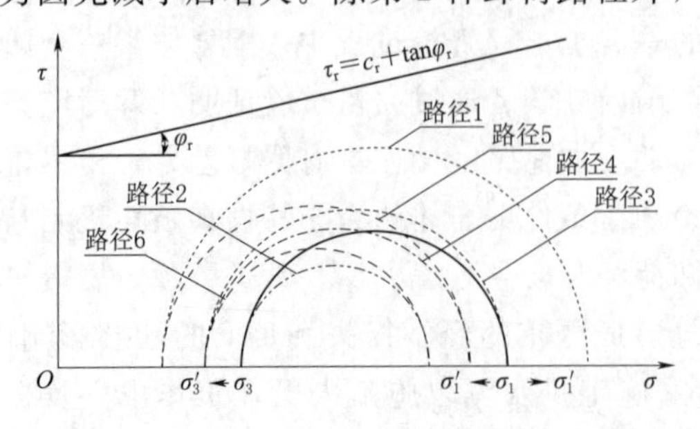

图1.1 常规三轴卸荷试验应力路径示意图

常规三轴试验中围压相同，忽略了第二主应力的影响，试验表明，考虑第二主应力效应，岩体峰值强度可以提高20%～30%。真三轴试验仪器的使用极大地促进了第二主应力的研究，尤其在岩体真三轴卸荷破坏试验方面开展了大量试验研究，真三轴试验仪器可以做到单面卸荷、单向卸荷（卸除某一方向的主应力）等卸荷路径试验方案，模拟的岩体卸荷工况更符合岩体的实际受力状态，6 种真三轴卸荷破坏路径的示意图如图 1.2 所示，分别为：①保持第一主应力、第三主应力不变，第二主应力减小；②保持第三主应力不变，第一主应力增大，第二主应力减小；③第一主应力、第二主应力保持不变，第三主应力减小；④保持第二主应力不变，第一主应力增大，第三主应力减小；⑤第一主应力保持不变，第二主应力、第三主应力同时减小；⑥第一主应力增大，第二主应力、第三主应力同时减小。其中第 6 种卸荷路径最危险，Mohr 应力圆增大最快，第 2 种、第 4 种卸荷路径下 Mohr 应力圆增大速度次之，第 1 种、第 3 种、第 5 种卸荷路径下 Mohr 应力圆增长速度较慢。

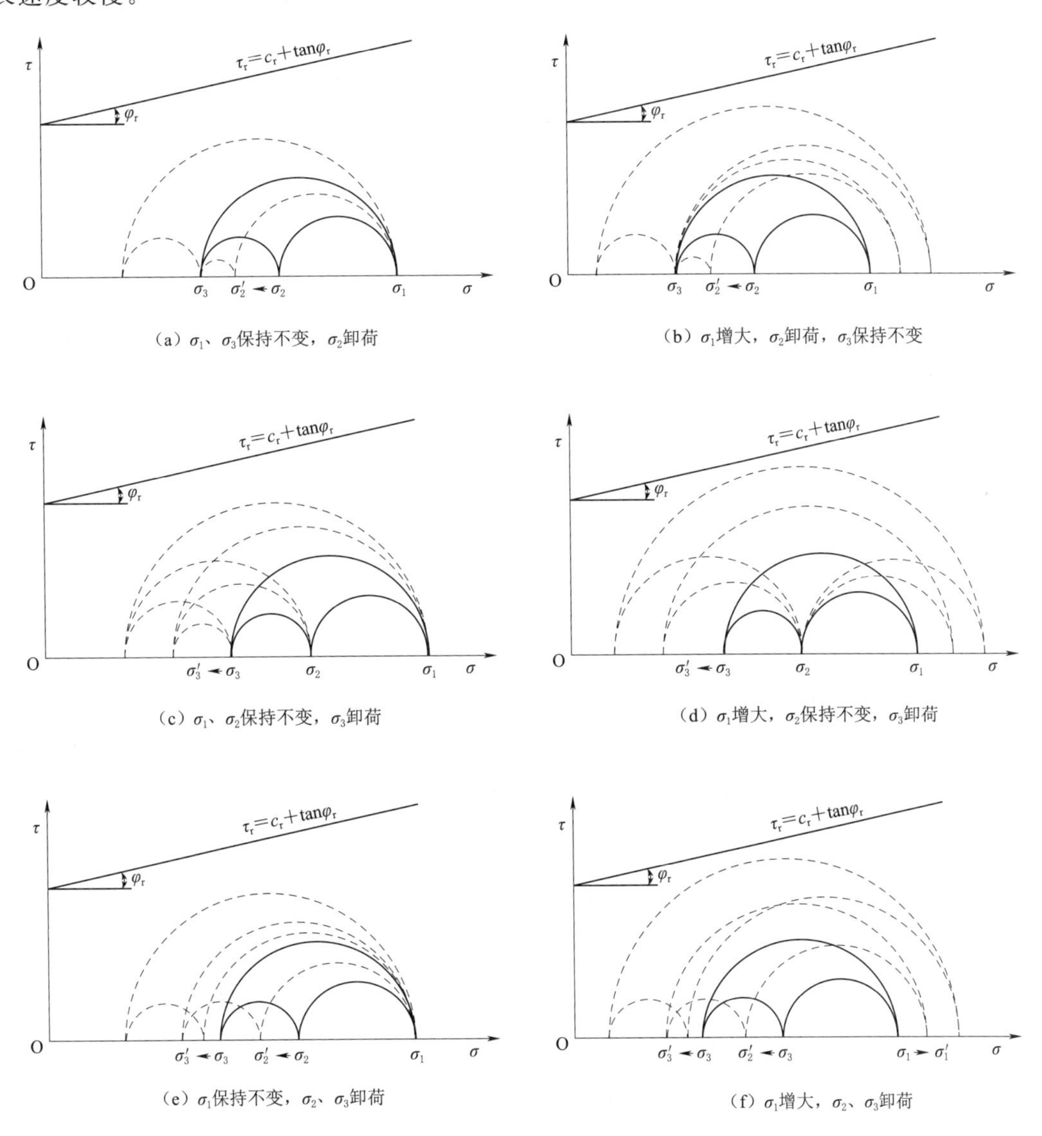

（a）σ_1、σ_3保持不变，σ_2卸荷

（b）σ_1增大，σ_2卸荷，σ_3保持不变

（c）σ_1、σ_2保持不变，σ_3卸荷

（d）σ_1增大，σ_2保持不变，σ_3卸荷

（e）σ_1保持不变，σ_2、σ_3卸荷

（f）σ_1增大，σ_2、σ_3卸荷

图 1.2　真三轴卸荷破坏试验路径示意图

随着试验设备伺服控制系统精度的提高，室内试验模拟的卸荷工况越来越多。例如，控制某一主应力方向应变保持不变的卸荷试验、峰后卸荷破坏试验等卸荷破坏试验都能够实现。根据卸荷点的位置不同，卸荷破坏试验还可以分为峰前卸荷破坏试验和峰后卸荷破坏试验。

1.2.2 岩体卸荷破坏的全过程应力-应变曲线

1966年，Jager J.C. 首次提出了岩石强度与加卸载应力路径之间的关系，揭示了不同应力路径下岩石应力-应变特性的差异。Lau J.S.O等（2004）对比岩石加荷、卸荷试验发现，卸荷应力路径下得到的岩石力学参数更符合岩体工程开挖实际。卸荷应力路径不同，应力-应变曲线的形态也会有差异，但大致可分为压密阶段（OA段）、线弹性阶段（AB段）、卸荷屈服阶段（BC段）、峰后破坏阶段（CD段）、残余强度阶段（DE段）5个阶段，如图1.3所示。卸荷点前，岩石卸荷破坏试验的应力-应变曲线与加荷试验的应力-应变曲线是一致的。开始卸荷后，卸荷方向的应变会加速增长，其增长速率会超过加荷压缩试验在该方向应变的增长速率。临近破坏时，卸荷方向的应变量迅速增大，体积扩容现象更为明显，破坏比常规的加荷试验更为剧烈。

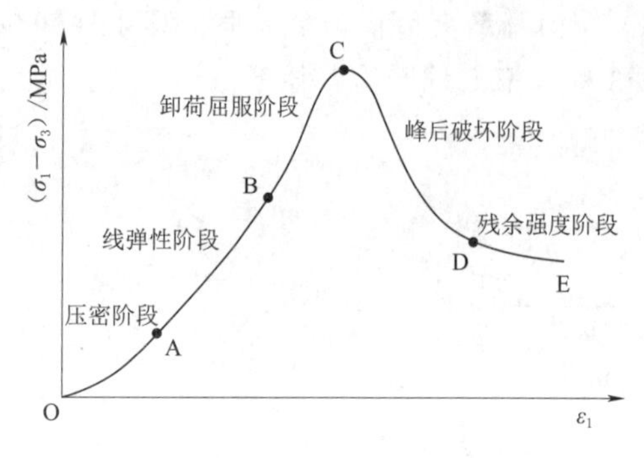

图1.3 卸荷简化应力-应变关系曲线

1.2.3 岩体常规三轴卸荷破坏试验

常规三轴试验设备的普及使得常规三轴卸荷破坏试验发展迅速，现阶段加轴压、卸围压和恒轴压、卸围压两种卸荷破坏试验的成果最多，本节主要描述上述两种卸荷路径的破坏特征。常规三轴卸荷破坏试验主要考虑的是卸荷初始围压、卸围压速率和卸荷应力路径对试验结果的影响。加轴压、卸围压和恒轴压、卸围压两种试验路径下各力学参数随卸荷初始围压和卸围压速率的变化规律见表1.1。卸荷初始围压对峰值点处各力学参数具有强化作用，而卸围压速率具有劣化作用。卸围压速率对内摩擦角有增强作用，对黏聚力有弱化作用。卸荷过程中，弹性模量随围压的减小而逐渐减小，泊松比则呈现相反的规律，并且在峰值点附近弹性模量减小和泊松比增大的非线性变化更为剧烈。

表1.1　　不同卸荷路径下力学参数变化规律

试验路径	卸荷初始围压增大			卸围压速率增大				
	峰值强度	峰值应变	破坏时围压	峰值强度	峰值应变	破坏时围压	内摩擦角	黏聚力
加轴压、卸围压	逐渐增大	逐渐增大	逐渐增大	逐渐降低	逐渐降低	逐渐降低	逐渐增大	逐渐降低
恒轴压、卸围压	逐渐增大	逐渐增大	逐渐增大	逐渐降低	逐渐降低	逐渐降低	逐渐增大	逐渐降低

1.2.4 岩体真三轴卸荷破坏试验

常规三轴试验只能实现 $\sigma_1 \geqslant \sigma_2 = \sigma_3$ 的应力路径，实际地下工程开挖过程中围岩处于 $\sigma_1 \geqslant \sigma_2 \geqslant \sigma_3$ 的真三轴复杂应力状态，为此，学者开展了岩体真三轴应力路径下的室内加荷、卸荷破坏试验，研究岩体在真三轴应力路径下的破坏机制。

吴刚（1997）对完整岩体模型试样进行了真三轴卸荷破坏试验，通过对试样在整个试验过程中的应力、应变及声发射等监测，揭示了岩体在卸荷条件下的变形破坏特征。陈景涛等（2006）、Li Xibing 等（2015）、刘崇岩等（2019）、赵光明等（2021）对不同岩样进行真三轴卸荷破坏试验发现，在一定范围内，随着第二主应力的增大，岩石卸荷破坏的峰值强度有所增强，破坏模式由张拉-剪切型向张拉-劈裂型过渡。沙鹏等（2014）研究了真三轴卸荷条件下大理岩的宏观破坏特征，结合 SEM 扫描电镜和声发射参数特征，发现大理岩卸荷破坏是张性裂纹萌生-剪切裂纹交汇-贯通破坏的渐进过程，该过程受到不同应力路径和卸荷速率影响。Jiang Quan 等（2020）结合高速摄像机、声发射、扫描电子显微镜进行的真三轴卸荷破坏试验表明，随着第三主应力的减小，大理岩的破坏模式从主剪切破坏转变为张剪破坏，并且卸荷面出现了大量与最大主应力呈小角度的张拉裂纹。Li Xin 等（2021）认为煤岩真三轴卸荷过程可分为压实、弹性、弹塑性卸荷、局部断裂和完全断裂 5 个阶段，三轴抗压强度与卸荷速率呈指数关系，与初始围压呈线性关系，并提出了煤岩三轴卸荷破坏准则。

1.2.5 岩体卸荷破坏强度准则

岩体卸荷破坏强度准则最早借鉴了金属材料的强度准则，经过大量的岩体试验和工程检验后，修正、发展形成了适合岩体的强度准则，主要有摩尔-库仑准则、米塞斯准则、霍克-布朗准则（广义）、格里菲斯准则（广义）和德鲁克-普拉格准则。其中，后两个强度准则考虑了第二主应力的影响。国内学者也提出了一些岩体强度准则，如俞茂宏等提出的双剪强度准则、统一强度准则、八面体剪应力强度理论，高红等提出的三剪能量屈服准则（2007），周辉等提出的统一能量屈服准则（2013），高江平等提出的三剪应力统一强度理论研究（2017）等。上述强度准则均是基于岩体加荷试验或者工程实践经验得出的。

由于岩体自身的非均匀性和卸荷路径的多样性，传统的岩体强度理论不能准确反映岩体卸荷破坏的实质，有必要建立符合岩体卸荷破坏特征的强度理论，弥补岩体卸荷破坏强度理论的不足。吕颖慧等（2009）、张黎明等（2011）、李宏国等（2016）、Zhang Yingjie 等（2021）分析花岗岩、灰岩、大理岩、粉砂岩的卸荷破坏试验结果发现，Mogi - Coulomb 强度准则能较好地描述卸荷应力路径下岩石的强度特性。李地元等（2015）认为，Mogi - Coulomb 强度准则本质仍属于剪切破坏的强度准则，存在一定的局限性。许文松等（2018）基于 M - C 强度双折减法对 D - P 准则进行修正，修正后的卸荷破坏强度准则更接近实际值。李新平等（2012）建立了大理岩峰前卸荷破坏的幂函数型 Mohr 强度准则，该准则可以较好地反映峰前卸荷条件下岩石的强度特性。

现阶段对于卸荷破坏强度准则的研究多为适用性的研究，即利用现有强度准则去拟合岩体卸荷破坏试验结果，或者对于现有强度准则进行适当的修正，缺乏新、原创性的岩体卸荷破坏强度准则。如邱士利等（2013）以 Zienkiewicz 强度准则的一般形式为基础，提出在 Rankine 型强度曲线和 Drucker - Prager 型强度曲线过渡的偏平面形函数，并与有效应变能理论为基础的 Wiebols - Cook 强度准则的子午面形函数结合，建立均质各向同性硬岩统一应变能强度准则。

1.2.6 卸荷岩体的破坏特征

岩体的变形破坏特征与加荷、卸荷应力路径密切相关，不同卸荷应力路径、卸荷初始状态、卸荷速率条件下的岩体变形破坏特征具有明显差异。岩体在加荷路径下更容易产生剪切破坏，而卸荷路径下岩体更容易产生张剪复合型破坏特征，且脆性破坏特征明显。随着卸荷初始围压的增大，岩体的破坏形式由张剪复合破坏向剪切破坏过渡；随着卸围压速率的增大，岩体的破坏形式由剪切破坏向张拉剪切破坏过渡。汪斌等（2008）、朱珍德等（2008）分别利用扫描电镜、数字图像处理技术、PFC 模拟方法开展了岩石卸荷破坏特征的微细观机制研究，结果表明，在卸荷作用下，岩样的宏观破裂主要是微观张拉作用形成的贯通破坏面导致岩样发生的破坏，并且随着卸荷速率的提升，岩体张拉裂纹分布越多。因此，深入解析岩体卸荷破坏的裂纹萌生、扩展、贯通机制和规律对于岩体卸荷破坏的预测预报具有重要意义。

1.2.7 岩体卸荷破坏的时效特性

国外针对岩石的时效特性研究起步较早，揭示了岩石蠕变的三阶段，即瞬时蠕变、稳态蠕变和加速蠕变，并发现了应力松弛、弹性后效的现象。也有学者针对不同应力状态和不同类型岩石的时效特征开展了大量试验研究，揭示了不同岩体的流变特性，并提出了多种流变力学模型，如 Burgers 模型、修正的 Burgers 模型、西原模型、分数阶模型等。现阶段对于岩体流变特性的研究多为加载蠕变试验，近年来逐步开展了卸荷蠕变试验研究工作。朱杰兵等（2010）开展了绿砂岩恒轴压、逐级卸围压蠕变试验，建立了变参数非线性 Burgers 模型，并基于 LM 算法，以残差平方和为目标函数对试验数据进行拟合，试验结果能较好地反映绿砂岩卸荷蠕变的非线性特征。乔卓等（2021）等开展的滑带土在卸荷状态下的直剪蠕变试验表明，指数型经验蠕变模型能较好地描述滑带土的卸荷蠕变特征。杨超等（2016，2018）对含断续双裂隙砂岩和含张开穿透型单裂隙大理岩进行了恒轴压、分级卸围压三轴蠕变试验，并基于 Lemaitre 应变等效原理和 Sidoroff 能量等价原理提出了裂隙岩体损伤蠕变模型，理论模型与试验结果较为吻合。张树光等（2019）对砂岩进行了不同卸荷量的分级卸荷围压蠕变试验研究，在西原模型的基础上建立引入考虑卸荷量的变参数本构模型，该模型可以描述西原模型难以描述的加速蠕变阶段。Zhang Longyun 等（2020）开展了花岗岩卸荷流变试验，基于分数阶导数理论，提出了非线性卸荷流变模型（FOD - HKVP），Nishihara 模型为该模型的特例。现阶段卸荷蠕变模型多为加载蠕变模型的直接套用或是对加载蠕变模型的二次修正，真正能体现岩体卸荷蠕变特征的本构模型还比较少。

1.2.8 卸荷岩体的多场耦合特性

岩体多场耦合特性主要是指岩体在温度场、渗流场、应力场和化学场耦合作用下的岩体热力学特性、渗流特性、固体力学特性和化学反应特性。温度场、渗流场和应力场作用会导致岩体物理特性发生变化，而化学场作用会使岩石内部会产生化学反应，本书不做讨论。

1. 卸荷岩体的热力学特性

Ding Qile 等（2016）、陈海清等（2019）分别对高温后砂岩、灰岩卸荷破坏试样的电镜扫描发现，温度高于 400℃时，温度对岩样具有劣化作用，原生裂隙扩展、新裂隙萌生。蔡燕燕等（2015）对经历 25～900℃作用后的花岗岩进行卸围压试验发现，随着温度的升高，花岗岩泊松比逐渐增大，变形模量逐渐减小，破坏形态由高角度的局部剪切破坏转变为贯通剪切破坏，当温度达到 900℃时又变为局部剪切破坏。陈国庆等（2013）开展的不同温度下花岗岩三轴加荷、卸荷试验表明，在 60～100℃的温度门槛内，随着温度的增加，花岗岩峰值强度后的变形由延性特征向脆性特征转换。李宏国等（2016）、邹义胜等（2020）分别对热处理后的大理岩、花岗岩进行三轴卸围压试验，结果表明，热处理后的岩石黏聚力减小，内摩擦角增大。Peng Kang 等（2020）对 800℃热处理后的花岗岩开展不同卸围压速率的破坏试验发现，与高卸荷速率和低卸荷速率比较，中等卸荷速率条件下的花岗岩更容易发生破坏。Zhu Zhennan 等（2021）对经过不同温度处理后的花岗岩试样进行了常规三轴加荷、卸荷试验，通过光学显微镜观察高温下的花岗岩微观结构的变化，发现热处理过程和加荷、卸荷应力路径都会降低花岗岩的承载能力。

2. 卸荷岩体的渗流特性

梁宁慧等（2005）对砂岩开展的卸荷渗流特性试验表明，弹性阶段渗透系数基本无变化，卸围压后砂岩进入塑性变形阶段，渗透系数开始增长，接近极限卸荷量的 80%后，渗透系数增长速率加快。邓华锋等（2017）、Liu Sili 等（2020）对砂岩进行不同孔隙水压力下的三轴卸荷试验发现，水对砂岩矿物颗粒和颗粒间的连接具有软化作用，孔隙水压力的水楔效应是导致砂岩卸荷破坏力学特性劣化的根本原因。包太等（2004）、刘先珊等（2007）、梁宁慧等（2011）开展了裂隙岩体的卸荷渗流破坏试验，建立了裂隙岩体渗流和卸荷应力的耦合作用模型，给出了渗透系数与卸荷应力和卸荷量的对应关系。Yu Beichen 等（2020）研究了不同真三轴应力和孔隙压力条件下砂岩有效应力系数的各向异性特征，基于有效应力系数的各向异性特征，建立了计算线弹性各向同性多孔介质体积应变的新公式。Wang Rubin 等（2020）对砂岩进行三轴卸围压试验发现，卸荷初始围压对砂岩渗透率具有抑制作用，渗透率峰值随着卸荷速率的增加而增大。Wang Beifang 等（2019）开展的热-水-力（THM）耦合作用下片麻岩三轴加卸荷试验表明，与水力耦合作用、热力耦合作用相比，在 THM 耦合作用下，片麻岩的损伤应力、峰值强度和残余强度最小，常规三轴加荷、卸荷试验片麻岩发生共轭剪切破坏，热力耦合作用下片麻岩发生 X 状共轭斜面剪切破坏，水力耦合作用下片麻岩发生张剪破坏，THM 耦合作用下片麻岩发生剪切破坏。胡鹏等（2019）、郭永成等（2020）对砂岩进行不同温度和不同水压力的三轴卸荷试验发现，砂岩变形模量值随着围压和温度的增大而增大，随着水压力的增大而减小，推导了温度-孔隙水压作用下砂岩卸荷损伤本构模型，理论模型与试验结果较为吻合。

1.2.9 卸荷岩体变形破坏的前兆特征

岩体在发生破坏时会伴随光、电磁辐射、热红外等物理现象，很多学者监测到了这些物理现象，并将其作为岩体破坏前兆特征应用在地质灾害预测预报中。

Kuksenko V. S. 等（1997）用静电计测量大理岩加荷、卸荷时的感应电荷，发现大理岩在突然加荷、卸荷时感应电荷会急剧增加，然后逐渐衰减。潘一山等（2015）采用自主研发的电荷采集装置采集含瓦斯卸围压试验过程中的电荷感应现象，发现卸荷过程中电荷感应规律与瓦斯渗透特性和煤岩的变形损伤过程关系密切。岩体破坏过程中，变形与破裂集中的区域温度升高不通，产生热辐射。潘元贵等（2021）对花岗岩进行真三轴卸围压试验，并用红外热像仪全程观测，发现热像演化异常对预测岩石破裂具有指导作用，预测的岩石表面裂纹扩展区域与热像异常出现位置一致，岩石破坏前临空面上温度会出现转折和跳跃式升高。

岩石变形过程中以弹性波的形式释放瞬时应变能的现象称为声发射。声发射信号可以推测岩石内部裂纹变化特征，分析岩石破坏机理。刘保县等（2009）开展煤岩三轴卸围压过程的声发射试验发现，累积声发射振铃计数率演化特征可以反映煤岩卸荷损伤演化的3个阶段：损伤弱化阶段、损伤稳定发展阶段、损伤加速发展阶段。张黎明等（2012）开展的大理岩常规三轴加荷和卸围压变形过程的声发射试验表明，与常规三轴压缩试验相比，卸荷路径下大理岩声发射振铃计数率更大，累积释放能量更高。张艳博等（2016）对花岗岩开展的卸荷声发射试验表明，花岗岩破坏前会有声发射信号平静期和能量快速释放的现象。陈国庆等（2018）对含不同岩桥长度的花岗岩进行真三轴加荷、卸荷试验，结果表明，随着第二主应力的增大，试样强度增大，声发射振铃计数数值降低。Qin Tao等（2019）对砂岩进行三轴卸围压声发射试验发现，声发射 b 值在峰值附近发生急剧变化，当 b 值迅速升高时预示着岩体即将发生破坏。现阶段仅给出了卸荷路径试验中岩石变形过程中电信号、热信号、声信号的变化规律，具体应用到实际工程上还有很多问题需要深入研究。

1.3 岩体卸荷破坏的本构模型

1.3.1 唯象学卸荷本构模型

唯象学方法将岩石视为连续介质，从宏观角度建立弹塑性本构关系及损伤本构关系。赵明阶等（2002）通过线弹性断裂力学理论推导了岩石常规三轴卸荷路径下的变形解析表达式。何江达等（2004）基于岩体开挖的卸荷特性，推导出 Drucker - Prager 准则和 Mohr - Coulomb 准则下的加荷、卸荷判断准则，建立了岩体卸荷破坏的弹塑性本构模型。陈卫忠（2008）、刘豆豆等（2008）提出幂函数型 Mohr - Coulomb 破坏准则，试验结果表明，幂函数型 Mohr - Coulomb 破坏准则比 Mohr - Coulomb 强度准则更符合试验结果。黄润秋等（2008）、黄伟等（2010）、李建林等（2010）、温韬等（2018）将岩石卸荷过程的应力-应变曲线划分为不同阶段，分别建立了各个阶段的岩石卸荷损伤本构模型。Qiu Shili 等（2014）将卸荷损伤过程分为线性和非线性两个阶段，利用不可逆应变来量化大理岩卸荷破坏的损伤变形特征，提出一种描述锦屏大理岩卸荷损伤演化特征的本构模型。马秋峰等（2019）基于峰后卸荷阶段的应力-应变关系定义损伤变量，结合 D-P 塑性模型，建立了与等效塑性应变相关联的损伤模型。Zhang Liangliang 等（2021）基于蠕变理论和弹性理论，推导了三维应力状态下蠕变模型的微分损伤本构方程，根据叠加原理得到了损伤蠕变方程和卸载蠕变方程。

1.3.2 细观力学卸荷本构模型

细观力学方法是从岩石的细观结构出发，研究微裂纹分布对岩石力学特性的影响，进而推导出反映微观缺陷的本构模型。Curson A. L. 等（1977）首次建立了可以描述孔洞类材料微观特性的细观本构模型，随后国内外学者对细观本构关系进行了大量研究。SEM 扫描电镜、CT 扫描、NMR 核磁共振、偏光显微镜、DIC 数字图像处理技术的发展极大丰富了观察岩石微细观图像的手段，细观力学方法逐步在岩体卸荷破坏研究中得到应用。Chen Jie 等（2016）分析了岩石卸荷破坏的体积膨胀率特征，提出一种不可逆微观结构变化的损伤本构模型，该模型能够描述卸围压过程中横向约束减小导致的微裂纹增大特性。Wu Guoyin 等（2019）根据 Archie 公式获得了岩石电阻率与孔隙率之间的对应关系，推导了砂岩损伤变量表达式，建立了卸荷条件下砂岩的细观损伤模型。曾彬（2018）结合损伤力学和弹塑性力学理论，推导了岩石卸荷过程的细观损伤演化方程，并基于有效应力和有效面积定义了两个损伤变量，分别建立了相应的红砂岩卸荷-拉伸损伤本构模型。

1.3.3 新兴科学理论及方法应用于岩体破坏的研究

实际上，岩体力学是固体力学和地质科学的边缘交叉学科。由于岩石材料自身的复杂性，使得岩石力学问题通常带有不确定性，因此单纯使用力学理论解决岩石力学问题具有一定的限制性和局限性，而其他学科的研究手段和理论方法的引入，使得岩体力学问题的解决出现了更多角度和方法。例如，冯夏庭（1994）根据智能科学（人工智能和神经网络）和系统科学的基本理论，提出了智能岩石力学。何满潮等（2005）针对深部工程所处的特殊地质力学环境，深入研究了深部工程岩体非线性力学特征，指出进入深部的工程岩体所属的力学系统不再是浅部工程围岩所属的线性力学系统，而是非线性力学系统。邓建辉等（2001）采用 BP 网络和遗传算法进行岩石边坡位移反分析，BP 网络代替有限元计算能提高反分析计算效率，遗传算法使分析结果与初值无关，并用含三种介质的边坡算例验证了上述方法的可行性。人工智能、神经网络、遗传算法、进化计算、非确定性数学、非线性力学、系统科学等新兴学科的兴起，为岩体力学问题的解决提供了全新的思维方式和研究方法。

1.4 岩体卸荷破坏的数值模拟方法

目前广泛应用的数值模拟程序主要可以分为有限元程序和离散元程序两种。应用较广的有限元程序有 ABQAUS、ANSYS、FLAC、LS - DYNA 等，离散元程序主要有 UDEC、3DEC、PFC 等。

1.4.1 岩体卸荷破坏过程的有限元模拟

有限元软件可以用有限、相互关联的单元模拟无限的复杂体，无论多么复杂的几何体都能用相应的单元简化，从而建模分析计算出结果。国内外学者已经利用有限元软件对岩体卸荷破坏过程进行研究，并取得了丰富的研究成果。刘豆豆（2008）将大理岩卸荷破坏的弹塑性损伤本构模型嵌入 ABAQUS 程序中，并对锦屏水电站引水隧洞的稳定性进行了研究。邓青林等（2017）采用 ABAQUS 软件中的扩展有限单元法模拟了卸荷过程中岩体内部裂纹的起裂和扩展，结果表明，随着卸荷速率的增大，裂纹长度增长，裂纹倾角增大，起裂更容易。张强等（2017）利用 ABAQUS 软件建立模型模拟了钻孔卸荷形成应力集中区域的应力场，得到了深部花岗岩钻孔卸荷后形成的应力集中区沿深度变化规律。荣浩宇等（2017）利用 ANSYS 程序开展了不同卸围压速率下粉砂岩三轴卸荷试验模拟，结果表明，卸荷速率越小，岩体的体积扩容越大；卸荷速率较大时，岩体内裂隙的扩展不充分，体积扩容越小，破坏更加突然。Song Yanqi 等（2020）利用 ANSYS 建立了含双节理的大理岩数值模型，并进行单轴加荷、双轴加荷和双轴卸荷模拟试验，结果表明，单轴加荷和双轴加荷条件下岩样破坏主要受剪应力作用，而双轴卸荷条件下，岩样发生破坏时拉应力占主导作用。李新平等（2012）基于大理岩常规三轴峰前卸荷破坏试验结果建立 $FLAC^{3D}$ 数值模型，结合幂函数型 Mohr 强度准则研究了锦屏大理岩峰前卸荷应力路径下的力学特性。王正（2014）采用 $FLAC^{3D}$ 软件开展岩爆数值模拟试验表明，岩爆是开挖卸荷过程发生的一种张拉破坏，当岩体所受的拉应力超过其极限抗拉能力时，大量的张拉微裂纹快速产生，导致岩爆发生。刘俊（2017）将卸荷条件下砂岩非线性弹塑性本构模型嵌入 $FLAC^{3D}$ 中，分析了不同水压力和不同地应力对深埋隧道稳定性的影响规律。Guo Xiaofei 等（2019）通过 FLAC 数值模拟研究了加卸条件下巷道塑性区的演化行为，结果表明，当应力达到一定极限时，最大围压方向上的加荷或最小围压方向上的卸荷都可能导致巷道围岩破坏区域大规模扩张。李建朋等（2019）基于砂岩常规三轴加荷、卸荷破坏试验结果，提出岩石卸荷应力路径下的剪胀角函数，利用 $FLAC^{3D}$ 对三轴峰前卸围压试验的模拟结果验证剪胀角函数的合理性。Min Ming 等（2020）等考虑到黏聚力、内摩擦角和弹性模量的变化，提出了一种改进的应变软化本构模型，并将其嵌入到 FLAC 中模拟了常规三轴循环加荷、卸荷试验。

1.4.2 岩体卸荷破坏过程的离散元模拟

岩体内部通常含有很多节理，它是一种不连续的离散介质。因此，将岩体作为连续介质的有限元方法处理岩石力学问题时具有一定的局限性，而离散元软件可以专门用来解决不连续介质问题。Dai Bing 等（2018）利用 UDEC 模拟了常规三轴加荷和恒轴压、卸围压下岩石破坏过程中的损伤演化过程，结果表明，在卸荷点前岩石损伤很小，随着围压的减小损伤变量逐渐增大，在接近应力峰值时突增，随后岩石发生破坏，并且随着初始围压的增大，岩样卸荷破坏时产生的裂纹越少，与试验结果相一致。Duan Kang 等（2019）

采用 PFC^{2D} 中模拟岩石恒轴压卸围压试验，结果表明，在较低卸荷速率条件下岩样主要产生几条平行最大主应力方向的裂纹导致岩样卸荷破坏，在较高的卸荷速率下岩样发生破坏时会有小块岩石弹射出去，并且岩样较为破碎。Chen Zhenghong 等（2019）模拟了完整和含双节理岩石试样的加轴压卸围压试验，结果表明，随着岩桥倾角的增大，岩样卸荷破坏的峰值强度呈 S 型增长，起裂应力也随岩桥倾角的增大而增大。

相比于二维数值模型，采用三维数值模型与实际岩石试样更具有一致性，且能够观察到岩石试样内部的裂纹发展情况。朱泽奇（2008）利用 3DEC 对含有节理的岩体进行了多种卸荷应力路径的模拟，结果表明，卸荷条件下岩体主要表现为节理与裂隙特别是陡倾角节理与裂隙的张开变形。Hu Lihua 等（2018）进行的真三轴静态、动态载荷试验和 3DEC 数值模拟表明，切向弱动力扰动显著增加了岩石的开裂和破坏程度。许文松（2019）利用 3DEC 模拟了卸荷后巷道三维空间应力场和位移场的分布特征，总结了巷道围岩的渐进性破坏规律，归纳了巷道围岩开挖、破坏和支护平衡的演化规律。吴顺川等（2010）利用 PFC^{3D} 进行了真三轴卸荷试验的模拟，将卸载岩爆试验进程划分为平静期、局部颗粒弹射期、发展期及最终爆发期等 4 种状态，瞬时岩爆发生时的颗粒黏结破裂机制主要以张拉型为主、剪切为辅，宏观上表现为端部破碎，中部弹射剥落。Zhang Yongjun 等（2020）采用 PFC^{3D} 平行黏结模型研究了预制双节理裂隙大理岩在卸荷条件下的力学特性和破坏过程，结果表明，卸荷条件下岩样破坏时为拉剪混合破坏，且裂纹主要发育于裂纹尖端并具有拉-剪混合裂纹。

国内岩土相关软件近年来也取得了巨大发展，如南京大学自主研发的高性能离散元软件 MATDEM、周维垣等开发的 TEINE 软件、朱合华等开发的同济曙光岩土及地下、工程设计与施工分析软件、李世海等开发的 GDEM 力学分析系列软件、唐春安等研发的 RFPA 软件。Zhang Zhizhen 等（2021）利用 MatDEM 软件开发了气固耦合计算程序，对不同瓦斯压力条件下的煤样进行三轴压缩模拟试验。徐力勇（2006）利用同济曙光岩土及地下、工程设计与施工分析软件对某工程的基坑开挖进行有限元数值模拟，并分析了该工程基坑开挖对相邻建筑物的影响。马春驰等（2020）应用 GDEM 软件对 3 种典型应力-结构型岩爆进行模拟重现。李春阳（2018）利用 RFPA3D 进行了不同初始水平应力下的真三轴卸荷试验，研究大理岩卸荷条件下的能量演化规律，指出弹性应变能的增速先减小后增大，耗散能增速先增大后减小，且岩样破坏时两者各占总能量的 50%左右。Zhou Zihan 等（2019）基于断裂力学，从理论上分析了平行偏移双裂纹在卸荷条件下的扩展规律和相互影响，利用 RFPA2D 开展了横向卸荷数值模拟试验，并对理论结果进行了验证。

1.5 卸荷岩体力学工程应用

地下工程开挖卸荷往往会导致一系列的工程地质灾害，如滑坡、岩爆、冲击地压、瓦斯突出等，研究卸荷工程地质灾害的发生机制、条件、预测预报技术具有重要的工程价值和理论意义。

1.5.1 边坡工程

卸荷作用下边坡工程的变形和失稳破坏机理研究成果丰富。哈秋舲（2021）提出了卸荷非线性岩石力学和各向异性卸荷岩体力学的概念，指出不同加荷、卸荷路径下岩石力学性质和物理力学参数存在明显差异，边坡开挖卸荷会引起岩体质量的迅速劣化，采用卸荷岩体力学理论进行工程分析更符合实际情况。盛谦等（2000）以基本力学参数和初始应力场为基本变量，按正交设计和均匀设计方法进行计算方案的组合，采用考虑卸荷效应的显示有限差分法进行船闸高边坡的开挖模拟，并通过神经网络和遗传算法进行优化反演，反演位移计算值与实测值较为吻合。汤平等（2005）发现在卸荷作用下，边坡岩体中的裂隙构造带将开裂滑动，经历闭合摩擦、压剪起裂，形成分支张型裂纹，不断延伸汇合导致裂隙的宏观开裂和滑动，并且在卸荷条件下，随着结构面的夹角增大岩体抗拉强度明显降低。石安池等（2006）将边坡岩体划分为强、弱、微3个卸荷带，强、弱卸荷带岩体变形参数相比开挖前均有明显弱化，微卸荷带岩体变形参数基本不变，强、弱卸荷带的变形主要表现为低应力“脆断”，这是与传统的塑性变形不同的。张子东等（2018）采用饱和黄土试样常规三轴剪切试验和卸荷三轴剪切试验获得的力学参数开展上洼子滑坡数值模拟，揭示了上洼子滑坡的破坏模式为“后退渐进式”。Bao Han等（2020）基于断裂力学和岩体结构统计理论，分析建立卸荷裂缝累积张开位移与卸荷应变之间的关系，提出了一种量化卸荷范围和破坏程度的新方法。Zhao Weihua等（2017）计算P波速度、波速比（沿平硐深度测试纵波速度与完整岩石纵波速度之比）、每2m节理张开量之和、节理张开密度作为岩体卸荷带的定量指标，并成功地确定了坝址岩体边坡卸荷带的特征。

1.5.2 岩爆与冲击地压

岩爆与冲击地压是在地下工程开挖时，围岩积聚的大量弹性能以突然迅猛的方式将岩体抛射至开挖空间的一种动力灾害，在水电、公路、铁路、金属矿山等工程中称为岩爆，而在煤矿中称为冲击地压，其本质完全一样。

最先对岩爆烈度等级测试和冲击倾向性评定都是依据岩石加荷试验结果，这与地下工程开挖卸荷作用导致的岩爆和冲击地压具有本质差别，卸荷条件下进行岩爆和冲击地压的机理分析更符合实际。Huang Runqiu等（2001）对3种岩石进行三轴卸荷试验，发现大多数岩爆为拉伸破坏或拉剪复合破坏，这也是卸荷条件下岩石模量较低的主要原因。张黎明等（2007）对粉砂岩进行保持轴向变形不变的卸围压试验发现，随着卸荷初始围压的增大，岩爆烈度逐渐增强。陈卫忠等（2009、2010）开展了不同卸荷条件下的花岗岩卸围压试验，探讨了岩爆形成的力学机制，并从能量的观点和工程应用的角度出发，提出了一种新的能量判别指标U_0/U。范勇等（2015）研究了两种不同开挖方式下围岩的开裂范围及裂纹长度，分析围岩开裂过程中能量耗散规律，并采用弹性能指标判定岩爆发生的等级和位置。刘祥鑫等（2016）以“巷道—围岩”系统为研究对象，以卸除水平应力的操作模拟巷道周边矿岩开挖卸荷作用，再现了巷道卸荷岩爆发生过程，巷道卸荷岩爆经历了“平静期→小颗粒弹射→片状剥离→片状剥落”的演化过程，在巷道内壁产生“岩爆→应力调整→应力调整失败→再次岩爆”的多次岩爆过程，最终形成V型岩爆坑，并理论推导出卸荷前巷道围岩的应力分布规律，构建了巷道变比V型爆坑的计算模型。Zhao Fei等（2016）开展不同尺寸花岗岩的岩爆模拟试验发现，岩爆过程存在尺寸效应，随着高宽比的减小（≥3），岩样破坏时碎片弹射的动能增加，随着高宽比进一步减小到2时，碎片弹射的动能开始减少。李浪等（2018）开展了深部地下工程应变型岩爆的相似模型试验研究，结果表明，应变型岩爆的力学演化机制主要表现为以下3个阶段：①开挖卸荷导致围岩内应力集中阶段；②储存于岩体中能量耗散与转移的蓄势阶段；③岩体发生劈裂或剪切破坏，并与存储在岩体中的能量突然以动力形式，共同向隧洞内弹射的失稳阶段，最终岩爆发生。徐鼎平等（2021）为研究高应力强卸荷下的地下硐室围岩体岩爆机制，对花岗岩进行三向五面、单面临空的真三轴岩爆模拟试验，结果表明，随着第二主应力的增加，岩爆类型由迟滞应变型向即时应变型转变，岩爆剧烈程度先增大后减弱。何满潮等（2021）利用自主研发的真三轴岩爆试验系统开展了不同层理倾角砂岩的单向双面卸荷岩爆模拟，结果表明，不同层理倾角砂岩岩爆烈度的差异受其脆性程度与岩爆峰值应力共同影响。

1.5.3 瓦斯突出

煤岩体的形成过程常伴随产生大量的瓦斯，瓦斯赋存于覆岩及煤层中。煤矿工作面回采导致围岩卸荷，而随着围压的解除，煤岩体容易发生失稳破坏，造成瓦斯涌出和瓦斯突出。研究卸荷作用下煤系地层含瓦斯的岩石变形破坏特征及瓦斯渗流规律对预防煤与瓦斯突出、掌握瓦斯在覆岩中的运移与富集规律、优化瓦斯抽采孔设计及提高瓦斯抽采效率均具有重要意义。

尹光志等（2011、2012）、Xue Yi 等（2017）开展了卸荷路径下含瓦斯煤岩力学特性和瓦斯渗流特性的试验研究，结果表明，随着卸荷速率增大，煤岩中瓦斯的渗透率增大；瓦斯压力越高，渗透速率越快。Yin Guangzhi 等（2013）、黄启翔（2013）开展含瓦斯煤岩材料的卸围压试验发现，卸荷条件下含瓦斯煤岩的破坏具有突发性。徐佑林等（2014）对含瓦斯煤进行不同卸荷条件、不同瓦斯压力条件下的卸围压试验研究，瓦斯压力对煤岩的弹性模量具有劣化作用，且变形破坏所需时间随着瓦斯压力的增大而减小。张东明等（2017）根据含瓦斯砂岩不同围压和相同瓦斯压力条件下的卸围压渗流试验，结合 Kozeny - Carman 方程和裂隙流理论建立了应变相关渗透率模型，揭示了含瓦斯砂岩损伤破坏渗流机制。Zhang Minbo 等（2018）对含瓦斯煤进行加轴压、卸围压和同时卸除轴压、围压的卸荷试验，结果表明，加轴压、卸围压条件下，随着加载速率的增大瓦斯渗透速率越小，而同时卸除轴压、围压条件下，随着卸围压速率的提高瓦斯渗透速率越小。Wang Gang 等（2020）研制了一种新型瓦斯煤突卸试验装置，并通过简单的实验验证了其可靠性，结果表明，含瓦斯煤样的变形曲线可划分为3个阶段：压力增加引起的压缩变形、吸附引起的膨胀和突然卸载引起的变形或破坏，并且表现出塑性破坏特征。

1.5.4 片帮、冒顶

片帮、冒顶等地质灾害也可能由于卸荷作用产生，了解其产生机制对于工程地质灾害预防和工程设计具有实际意义。Liu Guofeng 等（2017，2016）、江权等（2017）、侯奇东等（2021）分别分析了白鹤滩大型地下厂房和双江口地下厂房硐室开挖期间围压片帮破坏特征及其产生机理。结果表明，硐室开挖后使得应力重分布，大主应力沿洞周切向分布，带来的压致拉裂作用使得洞壁呈片状开裂，发生片帮破坏，因此片帮破坏更容易发生在拱脚、硐室交叉处等应力集中部位，并且片帮破坏还可能发生由表及里的渐进性松弛开裂，因此开挖后应即时进行封闭支护。李春峰等（2012）结合工程实例，分析了隧道冒顶主要是因为开挖卸荷引起围岩应力重分布，导致洞顶部位出现强烈的应力集中，致使顶板破坏，诱发上部岩土体冒顶塌陷。Luo Yong 等（2019）结合试验与现场实际情况发现，与圆形隧道相比，直墙拱形隧道侧壁更容易发生静态剥落，圆形隧道可以有效降低围岩的破坏程度，对防止岩爆至关重要。Xiao Peng 等（2021）发现在围岩开挖过程中，开挖面附近岩体的应力集中、应变回弹、应变能释放三因素共同作用下极易诱发地质灾害，硬岩中易发生片帮和岩爆，软岩中产生易观察到的大变形。袁鹏等对隧道开挖穿过不同倾角断层的过程进行数值模拟，发现随着断层倾角增大，塑性区向帮部集中，顶板的最大塑性应变、塑性区以及顶板最大位移都在减小，使得顶板发生冒顶的可能性降低，围岩更加趋于稳定。

1.6 目前研究存在问题

1.6.1 岩体卸荷破坏室内试验方面

（1）缺乏室内试验与工程实际的关联性分析，试验围压条件可以根据现场地应力测试获得，但对于室内试验卸荷速率与实际工程开挖速度的对应关系尚不明确，卸围压的控制方式，如位移控制、应力控制方式对应何种工况也不清晰，室内试验的结果往往不能直接应用到工程现场。

（2）岩体工程中裂隙岩体处处可见，相比完整岩石，应力路径对裂隙岩体的影响更大，现阶段对于完整岩石卸荷试验的研究成果较为丰富，缺少裂隙岩体卸荷破坏成果，研究节理岩体在复杂加荷、卸荷应力路径下的变形破坏特征更具理论和工程价值。

（3）随着地下工程向深部发展，遇到的工程地质条件越来越复杂，工程建设的难度也越来越大，如高地应力、高渗透压、高温度应力、地震作用等，复杂工程地质条件下的岩体卸荷破坏研究已经初步开展，但还没有形成系统的、成熟的成果，研究多场耦合、动静荷载组合条件下的岩体卸荷破坏机制具有重要的意义。

1.6.2 岩体卸荷破坏理论研究方面

（1）不同类别的岩体、不同的试验应力路径到底适用哪种岩石强度准则还没有定论，目前学者应用摩尔-库仑准则和修正的霍克-布朗准则较多，针对岩体卸荷破坏的强度准则和本构模型的研究成果较少，亟需开展岩体卸荷本构模型和破坏准则方面的深入研究。

（2）现阶段对于岩体卸荷力学性质的研究较多，侧重于不同卸荷路径下岩体的损伤演化规律定性分析。在岩体卸荷破坏前兆识别方面，只是简单地根据试验规律进行判断，缺乏定量研究。部分学者根据岩体卸荷破坏过程中的声发射现象、能量演化规律、热红外演化规律等开展岩体卸荷破坏前兆研究，但适用对象一般是完整岩石试样，缺乏普遍性。

（3）岩体开挖卸荷诱发地质灾害的机制还不够清晰，尤其是对各种灾害的孕育、发生机制还不清楚。例如，高地应力作用下地下硐室开挖过程中的岩爆问题，目前根据微震监测可以预测岩爆发生的时间和位置，但是对于岩爆的孕育机制还不清晰，无法提前对静力破坏和动力破坏进行有效区分。

1.6.3 工程应用方面

经过几十年的发展，卸荷岩体力学的研究方法、理论分析已经取得了丰富成果，但这些方法与理论大多是基于室内试验结果获得，缺乏对原位测试的实测结果进行系统的整理、归纳，现场的经验和成果还没有上升到理论。另外，随着岩土工程软件的发展，岩土计算软件计算精度和可靠度已经大幅提高，需要将已有的卸荷理论与计算机技术相结合，准确地模拟岩体工程开挖期间周围岩体的应力场、位移场和渗流场变化，对于岩土工程的设计、施工以及安全生产均具有重要理论意义与工程价值。

第 2 章

岩石加荷、卸荷破坏试验分析

随着我国资源开发、水利水电建设的发展，工程中遇到了大量的岩体边坡、地下隧洞等工程开挖问题，岩体工程开挖是一个复杂的加荷、卸荷过程，与加荷路径比较，卸荷路径下岩体的力学特性有很大的不同，开展岩体卸荷破坏力学特性研究，对于揭示岩体卸荷破坏机理、研究工程活动诱发的地质灾害机理等方面具有重要意义。本章主要分析完整大理岩、灰岩和粉砂岩常规三轴加荷、卸荷破坏试验及花岗岩真三轴加荷、卸荷破坏试验结果，研究不同加荷、卸荷应力路径下岩石的力学特性、变形特征和破坏机制。

2.1 试验方案设计

2.1.1 试验条件

1. 试验设备

试验在如图 2.1 所示的中国矿业大学 MTS815.02 型电液伺服岩石力学试验机上完成，该试验系统的主要技术指标见表 2.1。

(a) 试验系统全景图

(b) 试件安装及传感器

图 2.1 MTS815.02 型电液伺服岩石试验系统

MTS815.02 型电液伺服岩石试验系统的主要特点：①全程计算机控制，可实现自动数据采集和处理；②配备 3 套独立的伺服系统分别控制轴压、围压和孔隙（渗透）压力；③实心钢制机架只存储很少的弹性能从而实现刚性压力试验；④伺服阀反应敏捷（290Hz），

表 2.1　　MTS815.02 型电液伺服岩石试验系统主要技术指标

技术指标	参　数	技术指标	参　数
型号	MTS815.02	液压源流量	31.8L/min
轴压	≤1700kN	伺服阀灵敏度	290Hz
围压	≤50MPa	数据采集通道数	10Chans
孔隙水压	≤50MPa	最小采样间隔	50μs
水渗透压差	≤2MPa	输出波形	直线波、正弦波、三角波等
机架刚度	10.5×10^{9}N/m	三轴试验试件最大尺寸	直径 100mm，高 200mm

试验精度高；⑤引伸仪与试样直接接触，可在高温、高压（40MPa）环境中正常工作，实现高温、高压条件下岩石的应力-应变关系精准测量；⑥可以开展任意加荷波型及加荷速率试验，试验机荷载加荷方式可以采用应力控制和位移控制（应变控制）两种控制方式，并且在试验过程中可以自由切换。

2. 试样制备

现场采集大理岩、灰岩岩块，试验室内利用切割机和磨平机加工成高度 100mm、直径 50mm 的圆柱形标准试样，岩样加工精度符合岩石力学试验要求。为了保证岩样的均匀性，获得比较好的试验结果，在试验前对试样进行如下两步筛选：

（1）初选。首先用肉眼对试样进行观察，剔除肉眼看见的含节理的试样。

（2）机选。对初选后的试样进行纵波波速测量，根据波速相近的原则将试样分组，剔除波速差别较大的试样。

经过上述两步筛选后的部分岩石试样如图 2.2 所示。

（a）大理岩

（b）灰岩

图 2.2　岩石试样照片

2.1.2　试验应力路径

试验采用应力控制和位移控制两种方式。

1. 方案Ⅰ（常规三轴加荷破坏试验）

试验分两个阶段：①给加荷系统设定 2kN 的初始压力差，然后按静水压力条件逐步施加围压 $\sigma_2=\sigma_3$ 至设定值；②保持围压不变，缓慢提高轴向应力至岩样破坏。试验应力路径如图 2.3 中 O→A→B→C 所示，具体试验方案见表 2.2。

表 2.2　常规三轴加荷试验方案

岩性	试验方案编号	围压/MPa	数量/个	岩性	试验方案编号	围压/MPa	数量/个
大理岩	M1	0	3	灰岩	L1	0	3
	M2	10	3		L2	10	3
	M3	20	3		L3	20	3
	M4	30	3		L4	30	3
	M5	40	3		L5	40	3

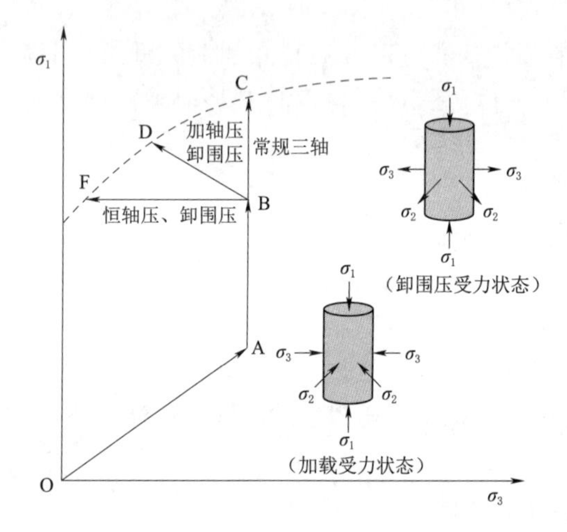

图 2.3　试验应力路径示意图

2. 方案Ⅱ（恒轴压、卸围压破坏试验）

试验分 4 个阶段进行：①给加荷系统设定 2kN 的初始应力差，然后按静水压力条件逐步施加围压 $\sigma_2=\sigma_3$ 至设定值；②保持围压不变，通过应力控制模式提高轴向应力至某一应力状态（峰值强度前的 80%、峰值强度后的 80%）；③保持轴向应力不变，同时按试验设定的卸围压速率 0.2MPa/s、0.4MPa/s、0.6MPa/s、0.8MPa/s 减小围压直到岩样破坏；④岩样破坏后把应力控制模式转化为位移控制，保持岩样破坏时围压不变，继续增加轴向应力，直到残余强度为止。试验应力路径如图 2.3 中的 O→A→B→F，具体试验方案见表 2.3。

表 2.3　恒轴压、卸围压试验方案

岩性	试验方案编号	卸荷点位置	初始围压/MPa	卸荷速率/(MPa/s)	数量/个
大理岩	M6	峰值强度前 80%	10	0.2	3
	M7	峰值强度前 80%	10	0.4	3
	M8	峰值强度前 80%	10	0.6	3
	M9	峰值强度前 80%	10	0.8	3
	M10	峰值强度前 80%	20	0.2	3
	M11	峰值强度前 80%	20	0.4	3
	M12	峰值强度前 80%	20	0.6	3
	M13	峰值强度前 80%	20	0.8	3
	M14	峰值强度前 80%	30	0.2	3
	M15	峰值强度前 80%	30	0.4	3
	M16	峰值强度前 80%	30	0.6	3
	M17	峰值强度前 80%	30	0.8	3
	M18	峰值强度前 80%	40	0.2	3
	M19	峰值强度前 80%	40	0.4	3

续表

岩性	试验方案编号	卸荷点位置	初始围压/MPa	卸荷速率/(MPa/s)	数量/个
大理岩	M20	峰值强度前80%	40	0.6	3
	M21	峰值强度前80%	40	0.8	3
	M22	峰值强度后80%	10	0.2	3
	M23	峰值强度后80%	10	0.4	3
	M24	峰值强度后80%	10	0.6	3
	M25	峰值强度后80%	10	0.8	3
	M26	峰值强度后80%	20	0.2	3
	M27	峰值强度后80%	20	0.4	3
	M28	峰值强度后80%	20	0.6	3
	M29	峰值强度后80%	20	0.8	3
	M30	峰值强度后80%	30	0.2	3
	M31	峰值强度后80%	30	0.4	3
	M32	峰值强度后80%	30	0.6	3
	M33	峰值强度后80%	30	0.8	3
	M34	峰值强度后80%	40	0.2	3
	M35	峰值强度后80%	40	0.4	3
	M36	峰值强度后80%	40	0.6	3
	M37	峰值强度后80%	40	0.8	3
灰岩	L6	峰值强度前80%	10	0.2	3
	L7	峰值强度前80%	10	0.4	3
	L8	峰值强度前80%	10	0.6	3
	L9	峰值强度前80%	10	0.8	3
	L10	峰值强度前80%	20	0.2	3
	L11	峰值强度前80%	20	0.4	3
	L12	峰值强度前80%	20	0.6	3
	L13	峰值强度前80%	20	0.8	3
	L14	峰值强度前80%	30	0.2	3
	L15	峰值强度前80%	30	0.4	3
	L16	峰值强度前80%	30	0.6	3
	L17	峰值强度前80%	30	0.8	3
	L18	峰值强度前80%	40	0.2	3
	L19	峰值强度前80%	40	0.4	3
	L20	峰值强度前80%	40	0.6	3
	L21	峰值强度前80%	40	0.8	3

3. 方案Ⅲ（位移控制加轴压、卸围压破坏试验）

试验分3个阶段进行：①给加荷系统设定2kN的初始应力差，然后按静水压力条件逐步施加围压$\sigma_2=\sigma_3$至设定值；②保持围压不变，通过应力控制模式提高轴向应力至某一应力状态（峰值强度前的60%、80%）；③改变应力控制模式为位移控制模式增加轴向应力，按设定的卸围压速率0.2MPa/s、0.4MPa/s、0.6MPa/s、0.8MPa/s减小围压直到岩样破坏；④岩样破坏后保持岩样破坏时围压，继续增加轴向应力，直到残余强度为止。试验应力路径如图2.3中的O→A→B→D，具体试验方案见表2.4。

表2.4　　位移控制加轴压、卸围压试验方案

岩性	试验方案编号	卸荷点位置	轴向加载速率/(mm/s)	初始围压/MPa	卸荷速率/(MPa/s)	数量/个
大理岩	M38	峰值强度前60%	0.003	10	0.2	3
	M39	峰值强度前60%	0.003	10	0.4	3
	M40	峰值强度前60%	0.003	10	0.6	3
	M41	峰值强度前60%	0.003	10	0.8	3
	M42	峰值强度前60%	0.003	20	0.2	3
	M43	峰值强度前60%	0.003	20	0.4	3
	M44	峰值强度前60%	0.003	20	0.6	3
	M45	峰值强度前60%	0.003	20	0.8	3
	M46	峰值强度前60%	0.003	30	0.2	3
	M47	峰值强度前60%	0.003	30	0.4	3
	M48	峰值强度前60%	0.003	30	0.6	3
	M49	峰值强度前60%	0.003	30	0.8	3
	M50	峰值强度前60%	0.003	40	0.2	3
	M51	峰值强度前60%	0.003	40	0.4	3
	M52	峰值强度前60%	0.003	40	0.6	3
	M53	峰值强度前60%	0.003	40	0.8	3
	M54	峰值强度前80%	0.003	10	0.2	3
	M55	峰值强度前80%	0.003	10	0.4	3
	M56	峰值强度前80%	0.003	10	0.6	3
	M57	峰值强度前80%	0.003	10	0.8	3
	M58	峰值强度前80%	0.003	20	0.2	3
	M59	峰值强度前80%	0.003	20	0.4	3
	M60	峰值强度前80%	0.003	20	0.6	3
	M61	峰值强度前80%	0.003	20	0.8	3
	M62	峰值强度前80%	0.003	30	0.2	3
	M63	峰值强度前80%	0.003	30	0.4	3
	M64	峰值强度前80%	0.003	30	0.6	3

续表

岩性	试验方案编号	卸荷点位置	轴向加载速率/(mm/s)	初始围压/MPa	卸荷速率/(MPa/s)	数量/个
大理岩	M65	峰值强度前 80%	0.003	30	0.8	3
	M66	峰值强度前 80%	0.003	40	0.2	3
	M67	峰值强度前 80%	0.003	40	0.4	3
	M68	峰值强度前 80%	0.003	40	0.6	3
	M69	峰值强度前 80%	0.003	40	0.8	3

4. 方案Ⅳ（应力控制加轴压、卸围压破坏试验）

试验分 4 个阶段进行：①给加荷系统设定 2kN 的初始压力差，然后按静水压力条件逐步施加 $\sigma_2=\sigma_3$ 至设定值；②保持围压不变，通过应力控制模式提高轴向应力至某一应力状态（峰值强度前的 60%、80%，峰值强度后的 80%）；③继续按照应力控制方式增加轴向应力，同时按试验设定的卸围压速率 0.2MPa/s、0.4MPa/s、0.6MPa/s、0.8MPa/s 减小围压直到岩样破坏；④岩样破坏后把应力控制模式变为位移控制模式，保持岩样破坏时围压，继续增加轴向应力，直到残余强度为止。试验应力路径如图 2.3 中的 O→A→B→D，具体试验方案见表 2.5。

表 2.5　应力控制加轴压、卸围压试验方案

岩性	试验方案编号	卸荷点位置	轴向加载速率/(kN/s)	初始围压/MPa	卸荷速率/(MPa/s)	数量/个
大理岩	M70	峰值强度前 60%	1.5	40	0.2	3
	M71	峰值强度前 60%	1.5	40	0.4	3
	M72	峰值强度前 60%	1.5	40	0.6	3
	M73	峰值强度前 60%	1.5	40	0.8	3
	M74	峰值强度前 80%	1.5	10	0.2	3
	M75	峰值强度前 80%	1.5	10	0.4	3
	M76	峰值强度前 80%	1.5	10	0.6	3
	M77	峰值强度前 80%	1.5	10	0.8	3
	M78	峰值强度前 80%	1.5	20	0.2	3
	M79	峰值强度前 80%	1.5	20	0.4	3
	M80	峰值强度前 80%	1.5	20	0.6	3
	M81	峰值强度前 80%	1.5	20	0.8	3
	M82	峰值强度前 80%	1.5	30	0.2	3
	M83	峰值强度前 80%	1.5	30	0.4	3
	M84	峰值强度前 80%	1.5	30	0.6	3
	M85	峰值强度前 80%	1.5	30	0.8	3
	M86	峰值强度前 80%	1.5	40	0.2	3
	M87	峰值强度前 80%	1.5	40	0.4	3

续表

岩性	试验方案编号	卸荷点位置	轴向加载速率/(kN/s)	初始围压/MPa	卸荷速率/(MPa/s)	数量/个
大理岩	M88	峰值强度前80%	1.5	40	0.6	3
	M89	峰值强度前80%	1.5	40	0.8	3
	M90	峰值强度后80%	1.5	10	0.2	3
	M91	峰值强度后80%	1.5	10	0.4	3
	M92	峰值强度后80%	1.5	10	0.6	3
	M93	峰值强度后80%	1.5	10	0.8	3
	M94	峰值强度后80%	1.5	20	0.2	3
	M95	峰值强度后80%	1.5	20	0.4	3
	M96	峰值强度后80%	1.5	20	0.6	3
	M97	峰值强度后80%	1.5	20	0.8	3
	M98	峰值强度后80%	1.5	30	0.2	3
	M99	峰值强度后80%	1.5	30	0.4	3
	M100	峰值强度后80%	1.5	30	0.6	3
	M101	峰值强度后80%	1.5	30	0.8	3
	M102	峰值强度后80%	1.5	40	0.2	3
	M103	峰值强度后80%	1.5	40	0.4	3
	M104	峰值强度后80%	1.5	40	0.6	3
	M105	峰值强度后80%	1.5	40	0.8	3
灰岩	L22	峰值强度前80%	1.5	10	0.2	3
	L23	峰值强度前80%	1.5	10	0.4	3
	L24	峰值强度前80%	1.5	10	0.6	3
	L25	峰值强度前80%	1.5	10	0.8	3
	L26	峰值强度前80%	1.5	20	0.2	3
	L27	峰值强度前80%	1.5	20	0.4	3
	L28	峰值强度前80%	1.5	20	0.6	3
	L29	峰值强度前80%	1.5	20	0.8	3
	L30	峰值强度前80%	1.5	30	0.2	3
	L31	峰值强度前80%	1.5	30	0.4	3
	L32	峰值强度前80%	1.5	30	0.6	3
	L33	峰值强度前80%	1.5	30	0.8	3
	L34	峰值强度前80%	1.5	40	0.2	3
	L35	峰值强度前80%	1.5	40	0.4	3
	L36	峰值强度前80%	1.5	40	0.6	3
	L37	峰值强度前80%	1.5	40	0.8	3

2.2 常规三轴加荷破坏分析

1. 大理岩

M3－Ⅰ号、M4－Ⅰ号、M5－Ⅰ号大理岩试样常规三轴加荷试验全过程应力-应变曲线如图 2.4 所示。图中编号说明如下：M、L 分别代表大理岩、灰岩；1、2、3、…代表试验方案编号；Ⅰ、Ⅱ、Ⅲ代表某一试验方案下岩样编号，如 M3－Ⅰ号表示围压 20MPa 条件下常规三轴加荷试验方案中Ⅰ号岩样试验结果，后文不再赘述。图中纵轴为偏应力差，横轴为应变，包括轴向应变 ε_1、环向应变 ε_3 和体积应变 ε_v，体积应变计算公式为

$$\varepsilon_v=\varepsilon_1+2\varepsilon_3 \tag{2.1}$$

试验定义应变以压缩为正，伸长为负。

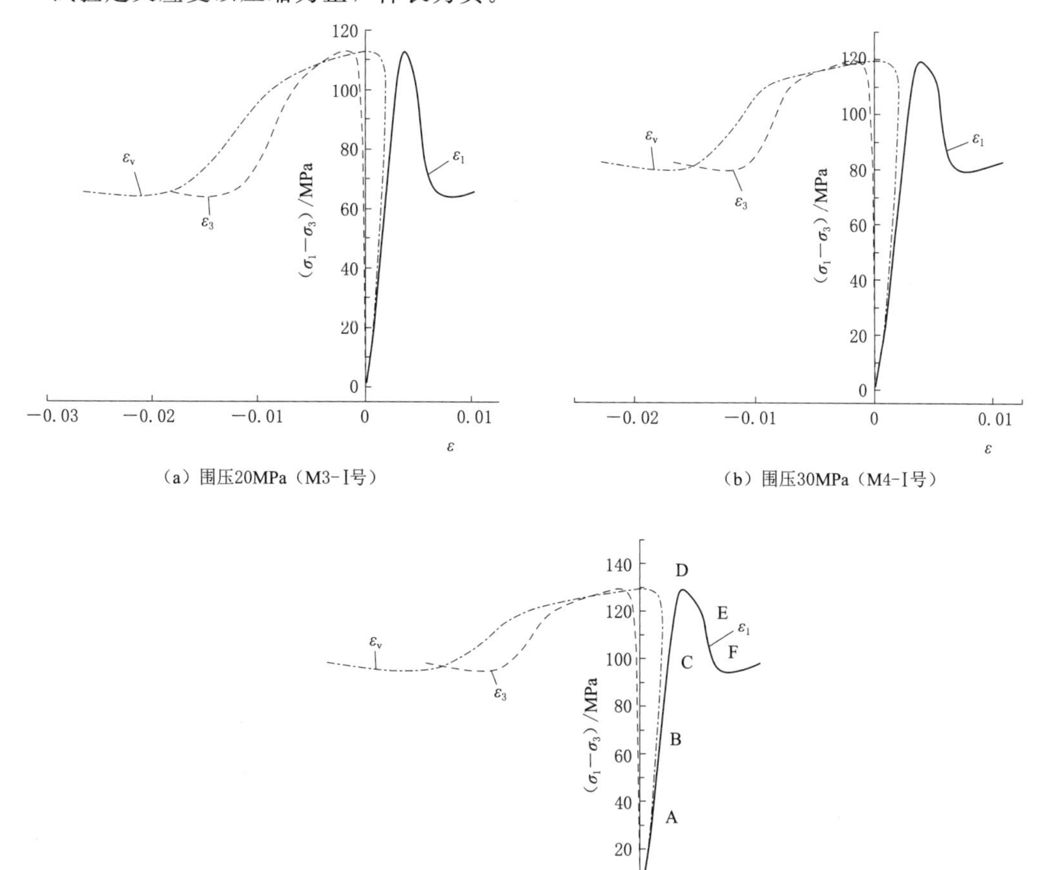

图 2.4 大理岩常规三轴加荷试验全过程应力-应变曲线

常规三轴加荷路径下，不同围压条件下大理岩应力-应变曲线形态相似，大致可以分为压密阶段（OA段）、弹性阶段（AB段）、裂纹扩展及扩容阶段（BD段）、峰后破坏阶段（DE段）以及残余强度阶段（EF段）5个阶段。以图2.4（c）为例对大理岩变形过程进行如下说明：

（1）压密阶段（OA段）。这一阶段为岩样加载初期，其内部存在的原始孔隙、裂隙等逐渐被压密直至闭合，形成早期的压密段。

（2）弹性阶段（AB段）。该阶段应力-应变曲线表现为直线关系，服从虎克定律，岩样中原有裂隙被压实、挤密，表现为体积压缩。

（3）裂纹扩展及扩容阶段（BD段）。这一阶段包括裂纹稳定扩展阶段（BC段）及裂纹非稳定扩展阶段（CD段）两个阶段。在裂纹稳定扩展阶段，随着外载荷持续增大，应力-应变曲线增长速率逐渐减缓，岩样内部产生新裂隙，裂纹呈稳定发展状态，外在表现为出现塑性变形。裂纹非稳定扩展阶段，裂隙扩展速度增加，裂隙相互贯通，且形成新的裂纹，体积由压缩转为膨胀，产生扩容现象。

（4）峰后破坏阶段（DE段）。此阶段岩样承载力迅速下降。曲线斜率由正转负，裂隙迅速发展，岩样变形剧烈增长，岩样内部结构发生破坏，最终形成宏观破坏面。

（5）残余强度阶段（EF段）。岩样变形主要是沿宏观破坏面的块体滑移，试样承载力快速下降，但由于块体之间存在部分咬合和摩擦，仍能维持一定的承载能力。

大理岩常规三轴加荷试验结果汇总见表2.6。图2.4和表2.6表明：

（1）随着围压增大，大理岩的塑性变形增大。

（2）随着围压增大，大理岩岩样常规三轴加荷条件下的峰值强度逐渐增大。当围压为20MPa、30MPa和40MPa时，峰值强度分别为112.43MPa、119.74MPa和129.57MPa，与围压20MPa相比，围压30MPa和围压40MPa条件下的峰值强度分别增加了6.50%、15.25%，说明σ_3能够提高大理岩的承载能力。

（3）随着围压σ_3增大，大理岩岩样破坏时的轴向应变、环向应变及体积应变显著增大。例如，当围压为20MPa、30MPa和40MPa时，峰值点处轴向应变分别为0.3503%、0.3755%和0.4029%，与围压20MPa比较，围压30MPa和围压40MPa条件下的峰值强度点处轴向应变分别增加了7.19%、15.02%，说明围压能够提高大理岩抵抗变形的能力。与围压20MPa相比，围压40MPa条件下岩样峰值强度点处的轴向应变、环向应变及体积应变分别增加15.02%、29.75%和88.53%。

表2.6　常规三轴加荷试验结果

岩性	试样编号	围压/MPa	峰值点			
			主应力差/MPa	轴向应变/%	环向应变/%	体积应变/%
大理岩	M3-Ⅰ	20	112.43	0.3503	−0.1533	0.0436
	M4-Ⅰ	30	119.74	0.3755	−0.1806	0.0143
	M5-Ⅰ	40	129.57	0.4029	−0.1989	0.0050

2. 灰岩

围压30MPa条件下L4-Ⅰ号灰岩试样常规三轴加荷条件下全过程应力-应变曲线如图

2.5 所示。与大理岩变形曲线相似，灰岩常规三轴加荷条件下的应力-应变曲线也可以分为压密阶段、弹性阶段、裂纹扩展及扩容阶段、峰后破坏阶段以及残余强度阶段，此处不再赘述。

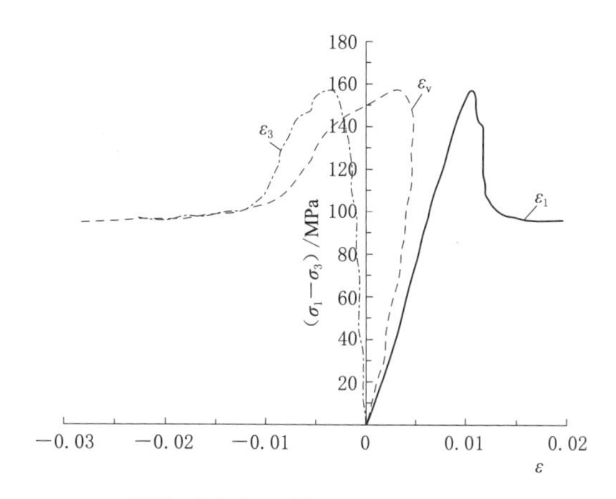

图 2.5　L4-Ⅰ号灰岩常规三轴加荷变形全过程应力-应变曲线

2.3　不同应力路径岩石卸荷破坏分析

2.3.1　恒轴压、卸围压破坏试验

1. 大理岩

大理岩恒轴压、卸围压试验数据汇总见表 2.7，围压 20MPa、卸荷速率为 0.2MPa/s 时 M10-Ⅱ号大理岩试样恒轴压、卸围压试验全过程应力-应变曲线如图 2.6 所示。

表 2.7　　大理岩恒轴压、卸围压试验数据

岩性	试样编号	围压/MPa	卸荷速率/(MPa/s)	峰值时轴压 σ_1/MPa	破坏时轴压 σ_1'/MPa
大理岩	M21-Ⅰ	40	0.8	144.43	92.77
	M20-Ⅰ	40	0.6	146.82	95.62
	M19-Ⅰ	40	0.4	137.86	87.29
	M18-Ⅰ	40	0.2	146.86	83.19

大理岩恒轴压、卸围压变形过程可以分为压密阶段、弹性阶段、卸围压阶段、卸荷破坏阶段以及残余强度阶段 5 个阶段，各阶段特征如下所述：

(1) 压密阶段（OA 段）：这一阶段为岩样加载初期，其内部存在的原始孔隙、裂隙等被逐渐压密直至闭合，形成早期的压密段。

(2) 弹性阶段（AB 段）：该阶段应力-应变曲线表现为直线关系，服从虎克定律，岩样中原有裂隙被压实、挤密，表现为体积压缩。压密阶段以及弹性阶段（后文卸荷破坏试验中这两个阶段合称为加荷阶段）的受力状态与常规三轴加荷试验一样，因此岩石卸荷破

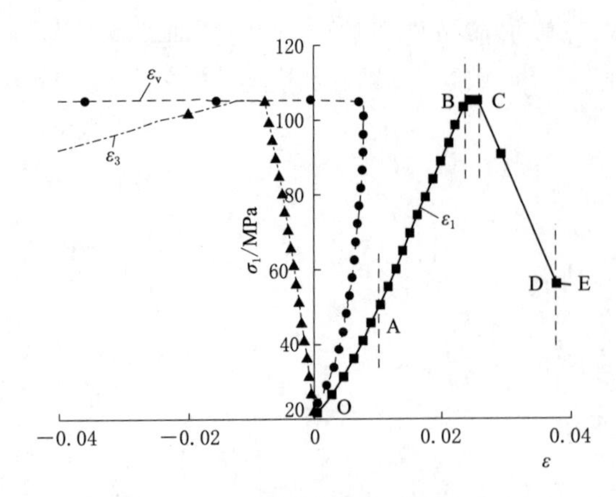

图 2.6　M10 - Ⅱ号大理岩恒轴压、卸围压试验全过程应力-应变曲线

坏试验中的加荷阶段与常规三轴加荷过程的变化规律一致。

(3) 卸围压阶段 (BC 段)：卸围压后主应力差增大，环向应变增加速度变大，岩样进入屈服阶段，体积应变由正值变为负值，岩样体积开始膨胀。

(4) 卸荷破坏阶段 (CD 段)：主应力差快速降低，岩石表现出明显的应变软化特征，大理岩岩样体积应变快速向负值方向发展，出现明显的体积膨胀现象。

(5) 残余强度阶段 (DE 段)：岩样变形主要是沿宏观破坏面的块体滑移，试样承载力快速下降，但由于块体之间存在部分咬合和摩擦，仍能维持一定的承载能力。

2. *灰岩*

灰岩恒轴压、卸围压试验数据见表 2.8，L14 - Ⅰ号与 L18 - Ⅰ号灰岩试样分别在围压 30MPa、40MPa 时，在峰前 80%峰值轴向应力处，以 0.2MPa/s 卸荷速率进行恒轴压、卸围压试验的全过程应力-应变曲线如图 2.7 所示。灰岩恒轴压、卸围压应力-应变曲线同样可以划分为压密阶段、弹性阶段、卸围压阶段、卸荷破坏阶段以及残余强度阶段 5 个阶段。其中，压密阶段与弹性阶段与大理岩恒轴压、卸围压曲线一致。卸围压初始阶段，轴向应力-应变关系曲线、环向应变-轴向应变关系曲线均为直线关系，但轴向应变出现回弹，回弹值与卸荷初始围压和应力差值有关，卸荷时初始围压越大，回弹值越小。同时，卸围压开始后，岩样的环向应变和体积应变出现突然左拐，说明卸围压一开始岩样就表现出体积膨胀倾向。随着围压逐渐被卸除，岩样的承载能力不断降低，轴向应力-应变关系曲线不再呈线性关系，环向应变迅速增加，岩样出现明显的侧向扩容，体积发生膨胀，随后岩样发生破坏，破坏时发生大幅度应力降，然后进入残余强度阶段。

表 2.8　　灰岩恒轴压、卸围压试验数据

试样编号	直径×高度 /(mm×mm)	围压 σ_3 /MPa	卸荷速率 /(MPa/s)	轴压加荷速率 /(kN/s)	破坏时轴压 σ_1 /MPa	破坏时围压 σ_3' /MPa	破坏时应力差 $(\sigma_1-\sigma_3')$ /MPa	破坏时围压差 $(\sigma_3-\sigma_3')$ /MPa
L18 - Ⅰ	50.4×101	40	0.2	1.5	182	19.8	162.2	20.2
L14 - Ⅰ	50.6×104.5	30	0.2	1.5	149	0.4	148.6	29.6
L14 - Ⅱ	50.1×102.0	30	0.2	1.5	181	12.5	168.5	17.5
L10 - Ⅰ	50.1×102.7	20	0.2	1.5	192	0.7	191.3	19.3
L10 - Ⅱ	50.1×101.1	20	0.2	1.5	164	4.3	159.7	15.7
L6 - Ⅰ	50.1×103.4	10	0.2	1.5	148	4.1	143.9	5.9
L10 - Ⅲ	53.5×102.2	20	0.2	1.5	199	6.3	192.7	13.7
L6 - Ⅱ	54.1×101.2	10	0.2	1.5	181	5.4	175.6	4.6

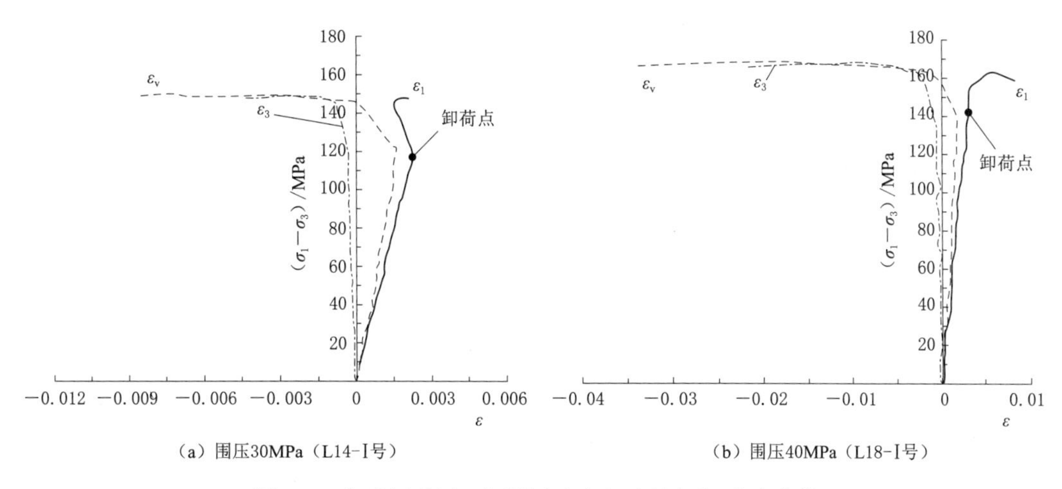

(a) 围压30MPa (L14-Ⅰ号)　　(b) 围压40MPa (L18-Ⅰ号)

图 2.7　灰岩恒轴压、卸围压试验全过程应力-应变曲线

2.3.2　位移控制加轴压、卸围压破坏试验

大理岩位移控制加轴压、卸围压试验数据汇总见表 2.9，卸荷初始围压 30MPa、卸荷速率 0.6MPa/s 时 M64－Ⅰ号大理岩试样位移控制加轴压、卸围压试验全过程的应力-应变曲线如图 2.8 所示。大理岩位移控制加轴压、卸围压试验过程可以划分为 4 个阶段：加荷阶段、卸围压阶段、卸荷破坏阶段以及残余强度阶段。

表 2.9　　大理岩位移控制加轴压、卸围压试验数据

试样编号	围压 /MPa	卸荷速率 /(MPa/s)	卸荷点位置	破坏时轴压 σ_1/MPa	破坏时围压 σ_3'/MPa	破坏时应力差 $(\sigma_1-\sigma_3')$/MPa	破坏时围压差 $(\sigma_3-\sigma_3')$/MPa
M56－Ⅰ	10	0.6	80%	93.55	3.46	90.09	6.54
M60－Ⅰ	20	0.6	80%	109.42	10.64	98.78	9.36
M64－Ⅰ	30	0.6	80%	129.95	20.61	109.24	9.39
M68－Ⅰ	40	0.6	80%	146.88	28.00	118.87	11.99

(1) 加荷阶段。岩样加荷阶段，环向变形很小，环向应变曲线几乎与 y 轴重合，轴向应变与轴向应力呈直线形式增大，体积应变随轴向应变的变化趋势相同，此阶段轴向应变起主导作用。

(2) 卸围压阶段。卸围压瞬间，环向应变出现突跳，体积应变开始左拐，大理岩岩样出现体积膨胀倾向。随着围压持续减小，环向应变向负值方向快速发展，轴向应变增长速率减缓，体积应变由压缩变为膨胀。

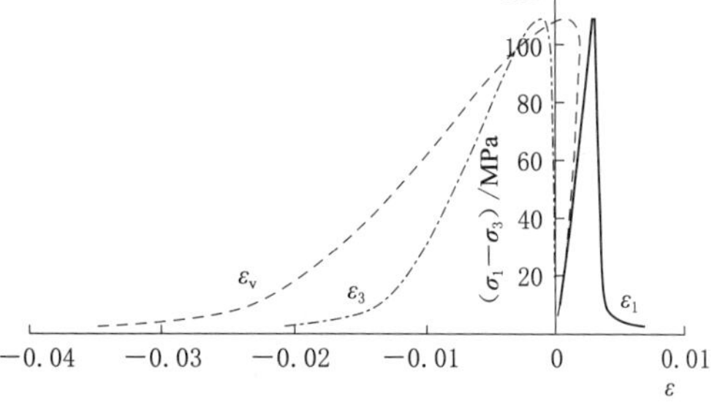

图 2.8　大理岩位移控制加轴压、卸围压试验全过程应力-应变曲线

(3) 卸荷破坏阶段。峰值强度后，主应力差快速降低，应力-应变曲线出现明显

的应变软化特征，但环向应变向负方向迅速发展，体积应变向负方向发展加速，岩样表现出明显的体积膨胀特征。

(4) 残余强度阶段。岩样完全破坏，残余强度接近于零。

2.3.3 应力控制加轴压、卸围压破坏试验

1. 大理岩

大理岩应力控制加轴压、卸围压试验数据见表2.10，围压30MPa、卸荷速率0.6MPa/s时M84-Ⅰ号大理岩试样应力控制加轴压、卸围压变形全过程应力-应变曲线如图2.9所示。大理岩应力控制与位移控制的加轴压、卸围压变形过程应力-应变曲线相似。加荷阶段，应力-应变曲线近乎直线为线性关系，轴向应变的增加值大于环向应变的增加值，体积应变随轴向应变变化而变化，说明加荷阶段轴向应变起主导作用；卸围压开始后，轴向应变、环向应变变化趋势不大，随着卸围压的继续，岩样的环向应变快速向负向发展，体积应变出现左拐，体积应变跟随环向应变的变化而变化，直到岩样破坏，说明卸荷阶段环向应变起主要作用。卸围压相当于在岩样侧向施加了一个拉应力，随着卸围压的增大，由它引起的环向变形增大，从而引起岩样体积膨胀，破坏时应力大幅度下降。

表2.10 大理岩应力控制加轴压、卸围压试验数据

试样编号	围压 /MPa	卸荷速率 /(MPa/s)	破坏时轴压 σ_1 /MPa	破坏时围压 σ_3' /MPa	破坏时应力差 $(\sigma_1-\sigma_3')$/MPa	破坏时围压差 $(\sigma_3-\sigma_3')$/MPa
M74-Ⅰ	10	0.2	98.69	7.01	91.67	2.99
M75-Ⅰ	10	0.4	93.75	3.76	89.99	6.24
M76-Ⅰ	10	0.6	90.18	3.38	86.80	6.62
M77-Ⅰ	10	0.8	90.14	0.80	89.34	9.20
M78-Ⅰ	20	0.2	122.37	13.62	108.75	6.38
M79-Ⅰ	20	0.4	111.03	8.17	102.85	11.83
M80-Ⅰ	20	0.6	104.36	5.62	98.74	14.38
M81-Ⅰ	20	0.8	101.42	4.35	97.06	15.65
M82-Ⅰ	30	0.2	143.32	24.35	118.97	5.65
M83-Ⅰ	30	0.4	134.85	20.89	113.97	9.11
M84-Ⅰ	30	0.6	131.31	15.81	115.51	14.19
M85-Ⅰ	30	0.8	126.11	14.04	112.07	15.96
M86-Ⅰ	40	0.2	160.68	34.44	126.24	5.56
M87-Ⅰ	40	0.4	155.02	29.52	125.51	10.48
M88-Ⅰ	40	0.6	147.88	27.26	120.63	12.74
M89-Ⅰ	40	0.8	143.16	25.10	118.07	14.90

2. 灰岩

灰岩应力控制加轴压、卸围压试验数据见表2.11，围压40MPa、卸荷速率0.6MPa/s

时 L36－Ⅰ号灰岩试样应力控制加轴压、卸围压变形全过程应力-应变曲线如图 2.10 所示。

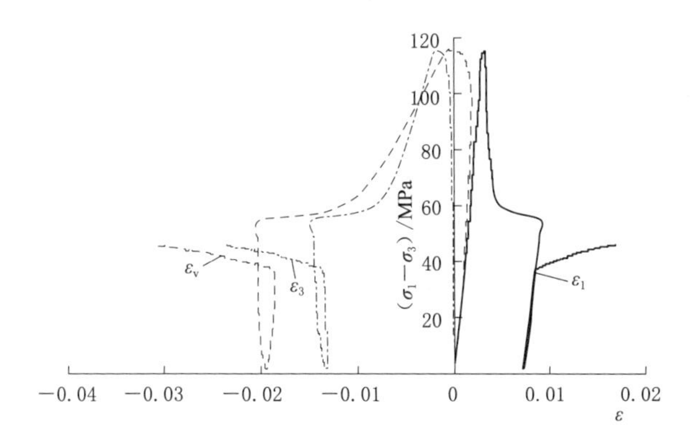

图 2.9 M84－Ⅰ号大理岩应力控制加轴压、卸围压试验全过程应力-应变关系曲线

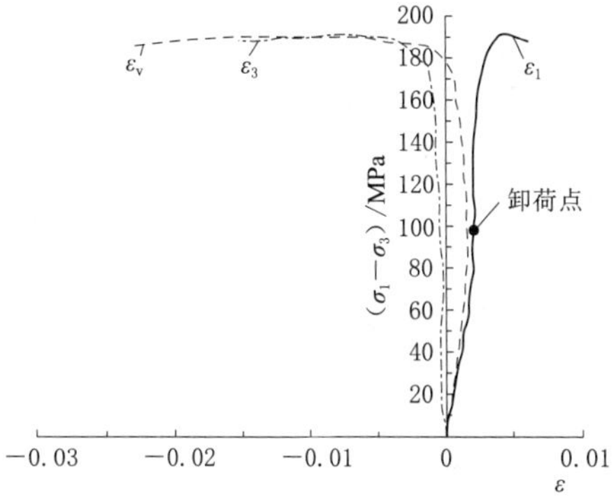

图 2.10 L36－Ⅰ号灰岩应力控制加轴压、卸围压变形全过程应力-应变关系曲线

表 2.11 灰岩应力控制加轴压、卸围压试验数据

试样编号	直径×高度 /(mm×mm)	围压 /MPa	卸荷速率 /(MPa/s)	破坏时轴压 σ_1/MPa	破坏时围压 σ_3/MPa	破坏时应力差 $(\sigma_1-\sigma_3)$/MPa	破坏时围压差 $(\sigma_{30}-\sigma_{31})$/MPa
L34－Ⅰ	50.4×101	40	0.2	206	25.8	180.2	14.2
L35－Ⅰ	50.4×101	40	0.4	191	12.2	178.8	27.8
L36－Ⅰ	50.5×104.6	40	0.6	170	14.6	155.4	25.4
L37－Ⅰ	50.4×102	40	0.8	166	7.7	158.3	32.3
L30－Ⅰ	50.4×101	30	0.2	177	17.1	159.5	12.9
L31－Ⅰ	50.5×102	30	0.4	152	14.4	137.1	15.6
L32－Ⅰ	50.5×102	30	0.6	137	10.2	126.8	19.8
L33－Ⅰ	50.4×103.8	30	0.8	138	0.3	137.7	29.7
L30－Ⅱ	54.1×99.8	30	0.2	178.8	19.9	158.9	10.1
L31－Ⅱ	53.6×98.8	30	0.4	204.4	18.1	186.3	11.9
L32－Ⅱ	53.2×99.8	30	0.6	164.4	14.8	149.6	15.2
L33－Ⅱ	53.1×97.7	30	0.8	178.2	10.5	167.7	19.5
L26－Ⅰ	53.1×97.7	20	0.2	116	7.3	108.9	12.7
L27－Ⅰ	50.4×104	20	0.4	109	4.6	104.5	15.4
L28－Ⅰ	50.8×102.2	20	0.6	113	3.6	109.4	16.4
L22－Ⅰ	50.6×101.2	10	0.2	128	0.7	127.3	9.3
L23－Ⅰ	50.2×102.3	10	0.4	69	0.3	68.7	9.7
L24－Ⅰ	50.4×104	10	0.6	79	0	79	10

灰岩与大理岩应力控制加轴压、卸围压变形过程的应力-应变曲线相似，加荷阶段，应力-应变曲线近似直线关系，岩样轴向应变增加速度大于环向应变增加速度（环向应变值很小），体积应变与轴向应变变化规律类似，这说明加荷过程中轴向应变起主要作用。卸荷开始后，轴向应变出现回弹，环向应变出现突跳，环向应力-应变关系曲线斜率变缓，岩样的体积应变出现左拐，岩样表现为体积膨胀，体积应变与环向应变变化规律类似，说明卸荷过程中环向应变起主要作用，卸荷岩样的破坏是沿卸荷方向的强烈扩容所致。随着围压的降低，环向应变迅速向负向发展，体积膨胀，随后岩样发生破坏。

2.4 保持轴向变形不变的卸荷破坏分析

2.4.1 试样参数

本节研究了粉砂岩保持轴向变形不变的峰前、峰后卸围压试验全过程以及卸围压速率对试验结果的影响。峰值强度前卸围压试验、峰值强度后卸围压试验以及不同卸围压速率卸围压试验的试样参数分别见表2.12、表2.13、表2.14。

表2.12　　粉砂岩峰值强度前卸围压试样参数

编号	直径/mm	高度/mm	围压/MPa	峰值强度/MPa	残余强度/MPa	加荷弹模/MPa	卸荷弹模/MPa	加荷泊松比	卸荷泊松比 μ
TXA1	53.5	156.1	40	220	2.15	17203	10760	0.27	0.30
TXA2	53.5	152.8		225	3.75	17756	10652	0.27	0.30
TXA3	53.7	97.0		225	6.18	20000	12400	0.22	0.24
TXA4	54.8	100.9		247	4.26	19436	11452	0.23	0.24

表2.13　　粉砂岩峰值强度后卸围压试样参数

岩　样	直径/mm	高度/mm	围压/MPa
TXB3	54.0	108.2	40
TXC1	53.7	76.6	40
TXC2	53.8	76.6	40
TXC3	53.8	74.6	15

表2.14　　粉砂岩不同卸围压速率卸荷试验试样参数

岩样	直径/mm	高度/mm	围压/MPa	卸围压速率/(MPa/s)	破坏时围压/MPa	破坏时强度/MPa
TXH1	49.80	99.6	40	1200	15.6	164
TXH2	49.66	90.4	40	600	10.5	165
TXH3	49.76	97.9	40	300	13.4	137
TXH4	49.70	100.6	40	120	12.9	153
TXH5	49.64	97.4	40	30	11.3	171

峰值强度前卸围压试验过程：将粉砂岩岩样放入三轴缸内，依次增加轴压和围压，当轴向应力到达预定值（小于三轴抗压强度，但大于岩样的单轴抗压强度，具体数值由三轴加荷试验确定），保持轴向位移不变，逐渐减小围压直到岩样破坏。

峰值强度后卸围压试验过程：对试样依次增加轴压和围压，当轴向应力到达预定值（峰值强度以后，试样已出现较为明显的破裂面），保持岩样的轴向变形不变，逐步减小围压使试样发生破坏。

为防止岩样突然破坏，试验过程中控制卸围压速率为 33～75kPa/s。

2.4.2 峰值强度前、峰值强度后卸围压破坏试验结果分析

粉砂岩保持轴向变形不变的峰值强度前、峰值强度后卸围压破坏试验变形全过程应力-应变曲线如图 2.11～图 2.13 所示，获得的试样参数见表 2.12 和表 2.13。

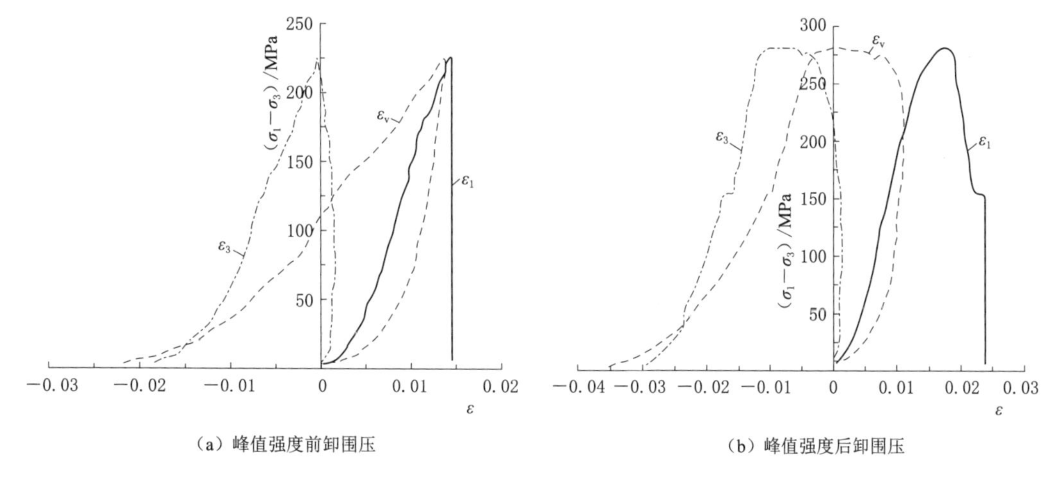

（a）峰值强度前卸围压

（b）峰值强度后卸围压

图 2.11 粉砂岩试样峰值强度前和峰值强度后卸围变形过程应力-应变全程曲线

1. 峰值强度前、峰值强度后卸围压岩样破坏特征

（1）峰值强度前卸围压岩样破坏特征。峰值强度前卸围压岩样的破坏均表现为比较强烈的脆性破坏，破坏前可以听到由于裂纹扩展能量释放而产生的清脆破裂响声，破坏形式基本上是两个相互连接的剪切面共同实现对岩样的贯穿，即是剪切破坏。试件破坏后在橡胶套上留下明显的擦痕，也说明了试验明显的剪切破坏特征（徐松林，2001）。另外，破坏后的岩样也存在轴向的劈裂面，但是数量很少，表明张性破坏不明显。

（2）峰值强度后卸围压岩样破坏特征。峰值强度后卸围压试样已出现较为明显的破裂面，粉砂岩岩样破坏不如峰前卸围压那么剧烈，这是已出现的破裂区使试样所储存能量有所释放的结果。虽然岩样存在一个贯穿整个岩样的主剪切破坏面，但多数岩样除主剪切面之外还存在少量的局部剪切破坏面，并且岩样沿轴向存在相当数量、平行于轴向应力方向的劈裂面。试验结束后把岩样从橡胶密封套中取出时发现，试样表面附近有卸荷剥落的碎片，这说明试样表现出张剪性破坏的特征（陶履彬等，1998）。

2. 峰值强度前、峰值强度后卸围压岩样变形特征

（1）峰值强度前卸围压岩样变形特征。粉砂岩峰值强度前卸围压过程轴向应力-应变

关系曲线如图 2.11 (a) 所示。粉砂岩试样从卸围压一开始便表现为明显的扩容，出现体积膨胀，由于试样的轴向变形保持不变，体积应变的变化规律取决于侧向变形的变化趋势。峰值强度前卸围压试样的围压与环向应变全过程曲线如图 2.12 (a) 所示。在卸围压的初始阶段，粉砂岩岩样的环向变形增加不大，环向变形和围压基本上呈线性关系，这表明此时岩样的环向变形是弹性变形，还未出现不可恢复的塑性变形。随着围压的降低，环向变形和围压不再呈线性关系，岩样环向出现不可恢复的塑性变形，岩样内部的裂纹开始扩展、连通，最终形成一个贯通的裂纹而破坏。在此过程中，即使围压有很小的降低，环向变形也有较大的增长。

(2) 峰值强度后卸围压岩样变形特征。粉砂岩峰值强度后卸围压过程轴向应力-应变关系曲线如图 2.11 (b) 所示。峰值应力后，由于粉砂岩试样已出现明显的破裂面，试样就已出现侧向扩容，卸围压使得岩样侧向膨胀加速，产生显著的体积膨胀效应。另外，粉砂岩岩样内部已有的破坏面使内部能量得以初步释放，并向内部调整转移，裂纹也随之向内部发展，因此试样可以继续产生较大的变形而不崩裂，这可能是峰值强度后卸围压过程的环向应变、体积应变都比峰前卸围压过程大得多的原因。粉砂岩峰值强度后卸围压过程围压与环向应变关系曲线如图 2.12 (b) 所示。卸围压的初始阶段，岩样的环向变形和围压就已不是线性关系，这说明此时岩样的环向变形已经出现不可恢复的塑性变形。随着围压的降低，岩样环向变形逐渐增大，最终岩样破坏。

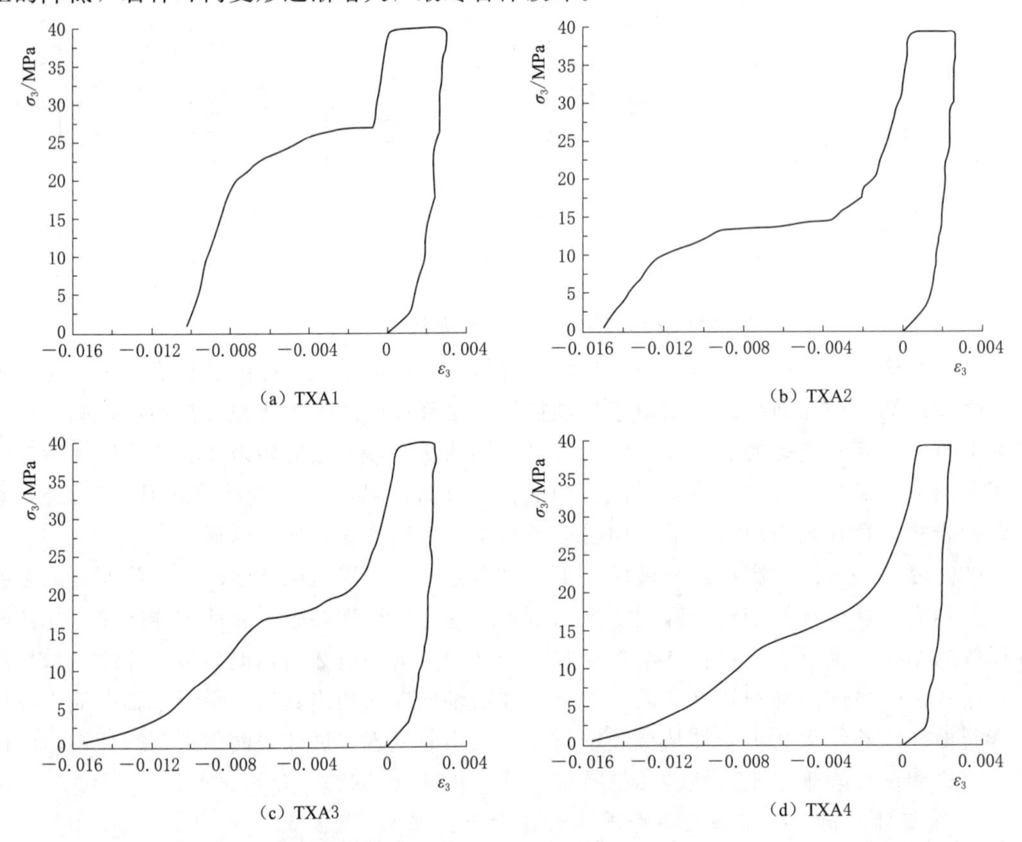

图 2.12 (一) 粉砂岩试样峰值强度前和峰值强度后卸围变形过程围压-环向应变全程曲线

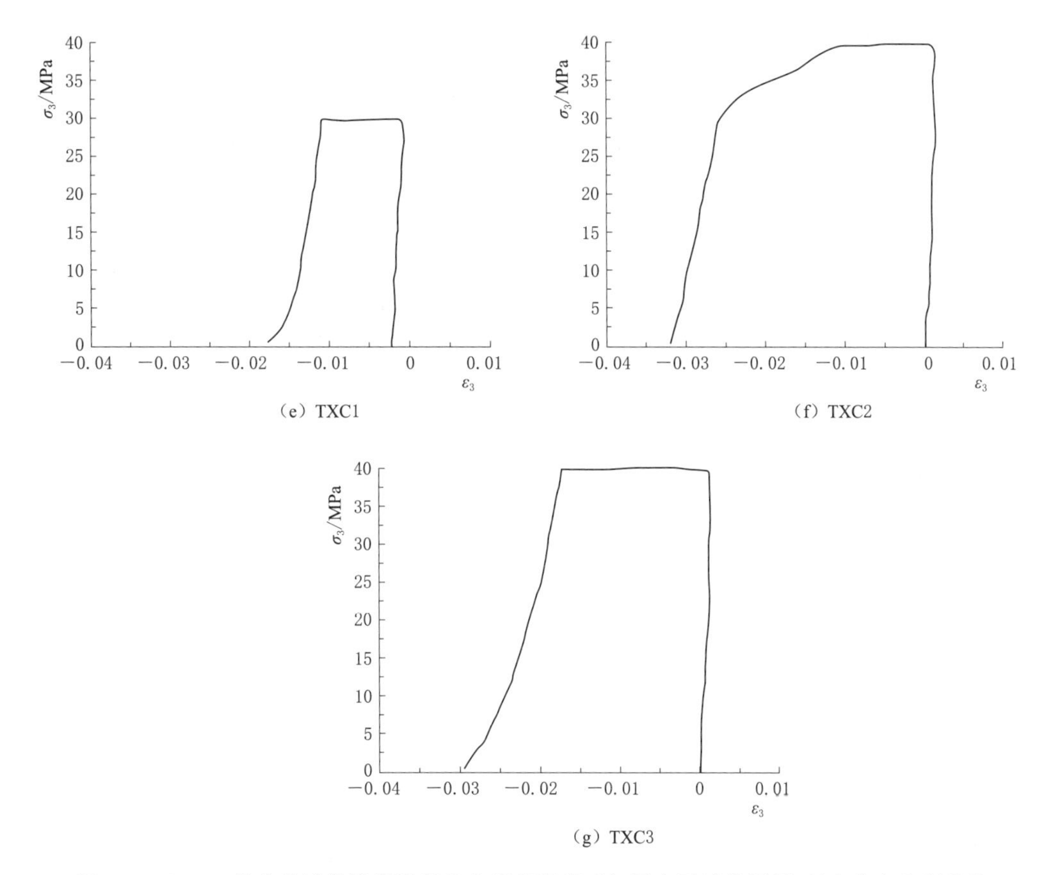

(e) TXC1

(f) TXC2

(g) TXC3

图 2.12（二） 粉砂岩试样峰值强度前和峰值强度后卸围变形过程围压-环向应变全程曲线

3. 峰值强度前、峰值强度后卸围压岩样强度特征

(1) 峰值强度前卸围压岩样强度特征。粉砂岩峰值强度前卸围压轴向应力-围压关系曲线如图 2.13 (a) 所示。峰值强度前卸围压过程轴向应力的变化明显偏离直线，这表明岩样的变形不再是弹性状态。岩样的三轴承载能力由于围压的降低而不断降低，岩样产生屈服弱化，使岩样强度降低，这就造成轴向应力的变化不再符合虎克定律。当围压降低使其三轴强度低于岩样实际承载的轴向应力时，粉砂岩岩样发生破坏，破坏时发生大幅度的应力降，然后进入残余强度阶段。峰值强度前卸围压破坏实际上是使岩样的轴向承载能力降低到岩样的轴向应力。

(2) 峰值强度后卸围压岩样强度特征。粉砂岩峰值强度后卸围压轴向应力-围压关系曲线如图 2.13 (b) 所示。峰值强度后卸围压过程中岩样的三轴承载能力随着围压的降低而不断降低，基本呈线性变化。破坏时并没有发生大幅度的应力降，破坏后进入残余强度阶段。

粉砂岩峰值强度前和峰值强度后卸围压破坏时的轴向应力-围压关系曲线如图 2.14 所示。岩样破坏后，随着围压的降低，残余强度也降低，并且岩样破坏后的轴向承载能力与围压之间呈线性关系，说明围压对轴向承载能力的影响是极为显著的。峰值强度后卸围压岩样破坏时的轴向承载能力与围压之间呈线性关系，但峰值强度前卸围压回归直线的斜率

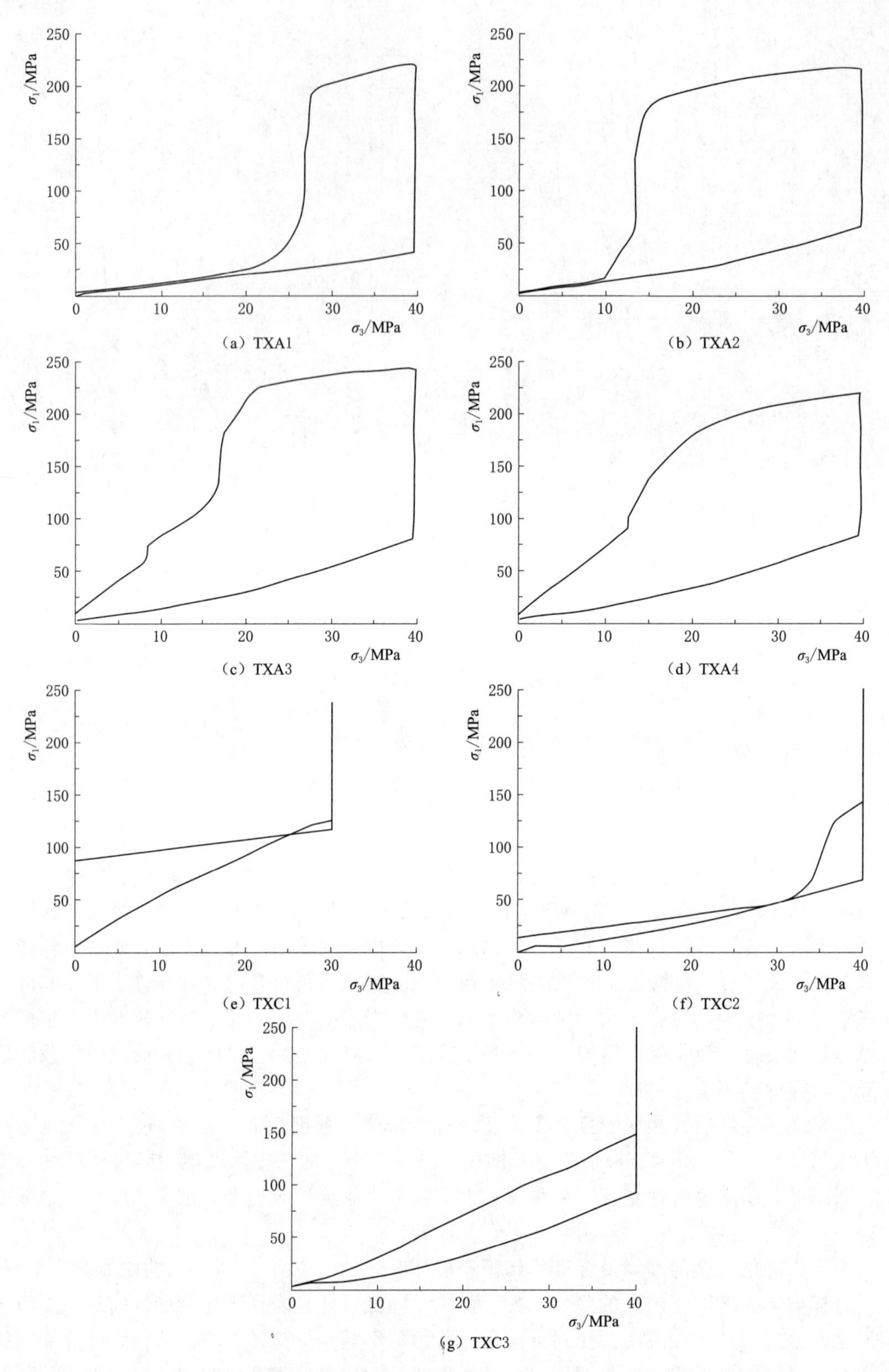

图 2.13　粉砂岩峰值强度前和峰值强度后卸围压过程轴向应力-围压关系曲线

大于峰值强度后卸围压回归直线斜率，说明峰值强度后卸围压试验中围压对轴向承载能力的影响不如峰值强度前卸围压敏感。

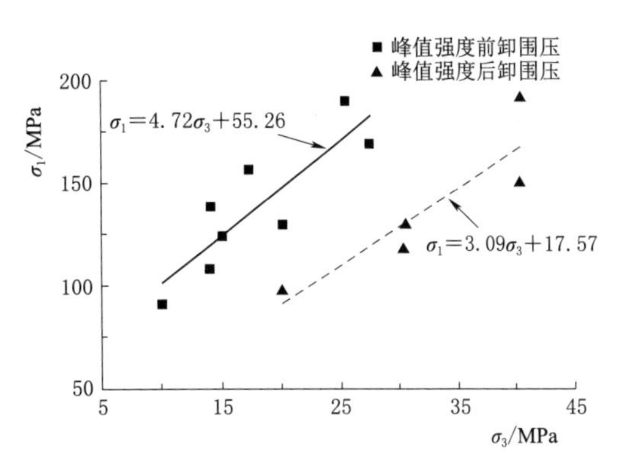

图 2.14 粉砂岩峰值强度前和峰值强度后卸围压破坏时的轴向应力-围压关系曲线

粉砂岩岩样的轴向承载能力对围压变化具有较强敏感性的主要原因是：岩石破坏后的破裂面是粗糙不平的，而且存在多个破裂区域，并非理想状态下认为的单一、平直的光滑面，在围压较高时，岩块不能沿破裂面错动，而是岩块与岩块之间相互啃断，表现出较高的承载能力，持续卸围压引起滑面的位移、破裂，岩石可以沿破裂面上下错动，进而表现出对围压变化较强的敏感性。这实际上是破裂块体之间的一种摩擦滑动特性，不应属于岩石材料本身的性质，而是一种破裂块体之间的镶嵌组合的结构效应。

4. 峰值强度前、峰值强度后卸围压岩样变形参数

对于卸围压而言，若卸荷初始对应的轴压较高（超过其单轴抗压强度较多），在围压降到一定值时，岩样就开始屈服产生塑性变形，此时的轴向应力和围压之间为非线性关系。若卸荷初始对应的轴压较低（如小于其单轴抗压强度），此时岩样处于弹性变形阶段，因而轴向应力与围压之间为直线关系。由广义虎克定律，即式（2.2）可知，可利用卸围压过程轴向应力与围压关系直线段，求出卸围压过程中的变形模量（E）和泊松比（μ），求变形模量和泊松比的示意图如图 2.15 所示。试样 TXB1 的变形模量和泊松比见表 2.12。

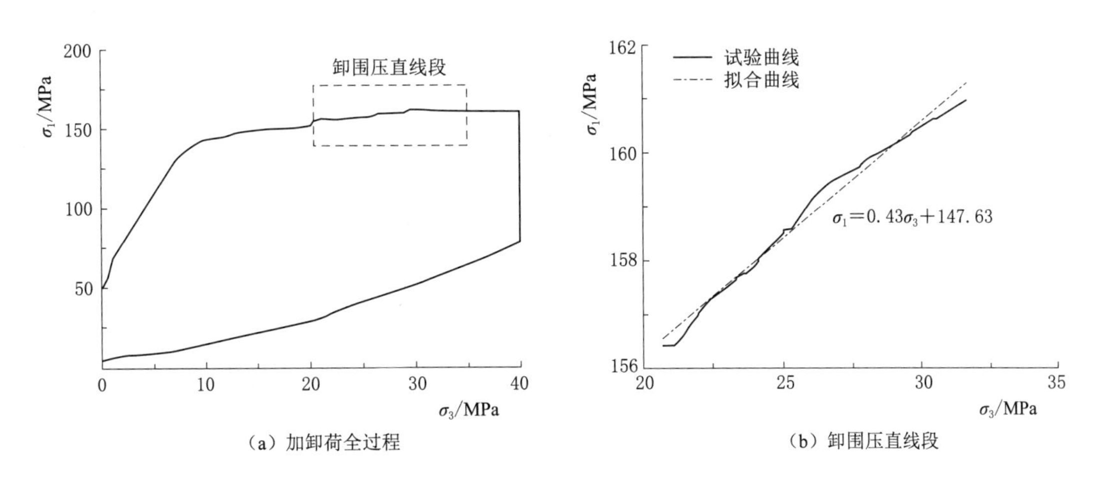

图 2.15 粉砂岩加荷、卸荷破坏试验轴向应力-围压关系曲线

$$\sigma_1=2\mu\sigma_3+E\varepsilon_1 \tag{2.2}$$

式中 ε_1——粉砂岩岩样的轴向应变，在保持轴向变形不变的卸围压试验中为一常数。

2.4.3 卸围压速率的影响

粉砂岩卸荷破坏过程中应力-应变曲线、围压-环向应变曲线、轴压-围压曲线、轴向应变-环向应变曲线如图 2.16～图 2.19 所示。

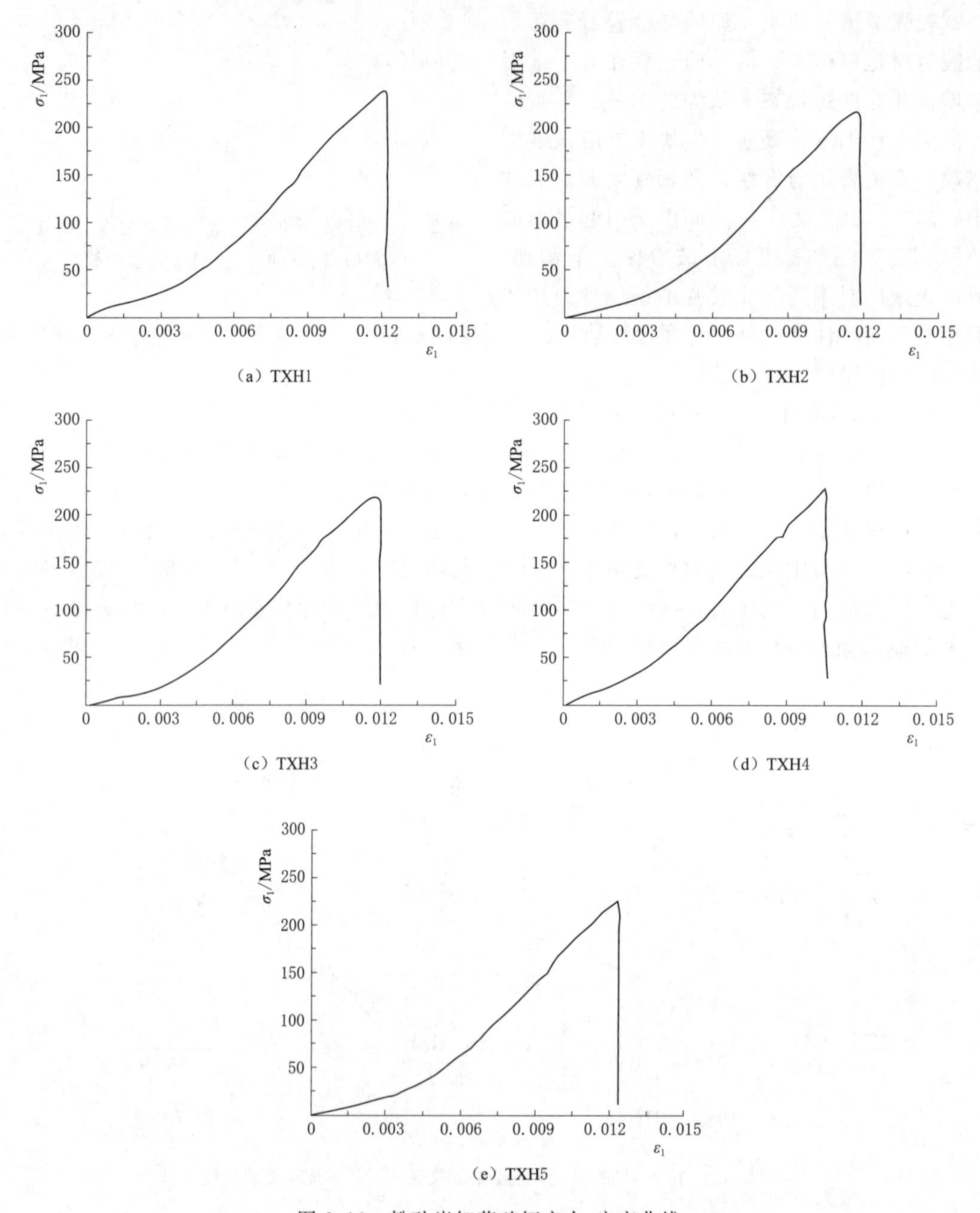

图 2.16 粉砂岩卸荷破坏应力-应变曲线

虽然试验粉砂岩取自一个地方，但在材料性质上还是有所差别，其强度分布有一定的离散性。从试验结果来看，卸围压速率在试验范围内其影响并不显著，但卸围压速率对岩

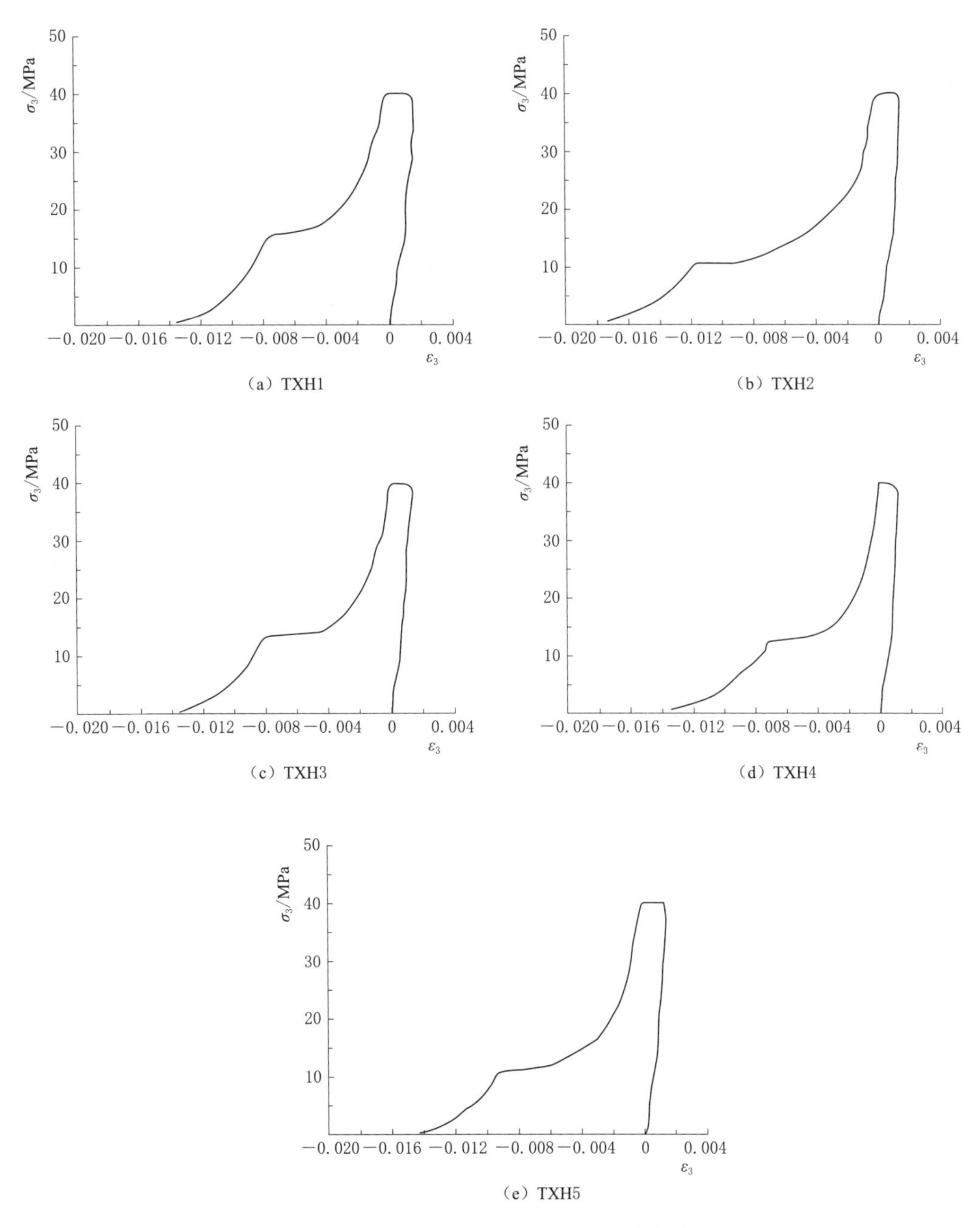

图 2.17 粉砂岩卸荷破坏围压-环向应变曲线

样强度的影响确实是存在的。围压降低速率越小，岩样最后膨胀应变越大，这说明当卸围压速率较低时，岩体内裂隙的传播和应力的转移就有充分的时间来完成，可以产生更多的破裂面，试件内部破碎得比较充分。因此，应变率越低，试件破坏时的宏观裂纹越多，试件破坏的程度越强。反之，卸围压速率较快时，裂隙的传播和应力的转移不充分，试件只能沿初始的破裂方向产生少数的几个破裂面。这表明，在地下工程的施工开挖过程中，可以通过调整施工速度、控制围岩的位移来减缓或降低岩爆的发生。

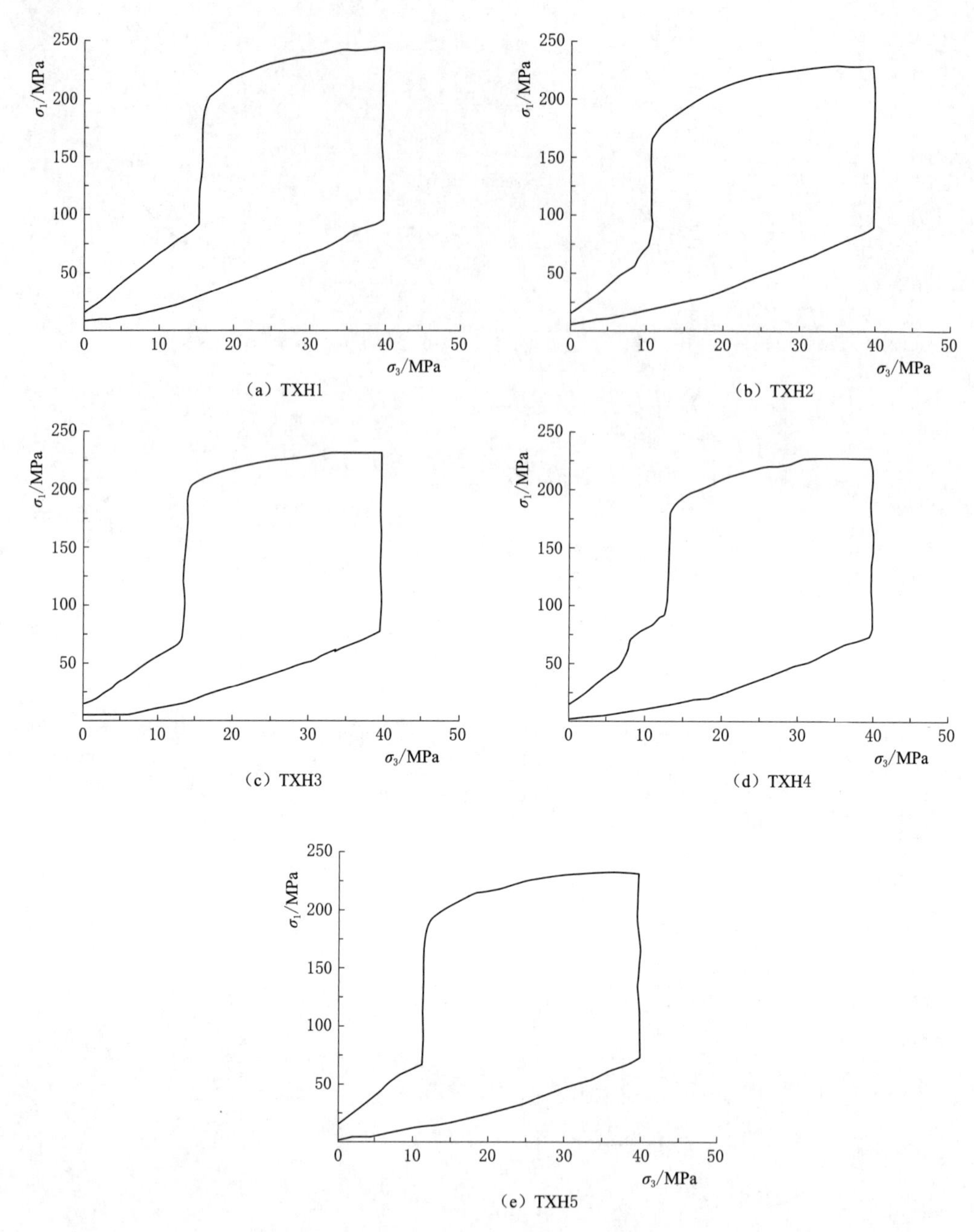

(a) TXH1 (b) TXH2 (c) TXH3 (d) TXH4 (e) TXH5

图 2.18 粉砂岩卸荷破坏轴压-围压曲线

另外，卸围压速率越快，粉砂岩岩样强度越大，这与轴向压缩破坏过程中加载速率对岩样强度的影响是相似的。这个结果与文献不同，王贤能等（1998）认为，岩石卸荷速度越快，其强度越低，这可能是由岩样的结构特征造成的。这种结构特征使得岩块内部产生不均匀变形，在一定荷载作用下，局部可能产生屈服，产生较大变形，其他部位仍保持为弹性。屈服区域的不规则性可能使得其他部位处于较复杂的应力状态，从而导致试验结果的不同。

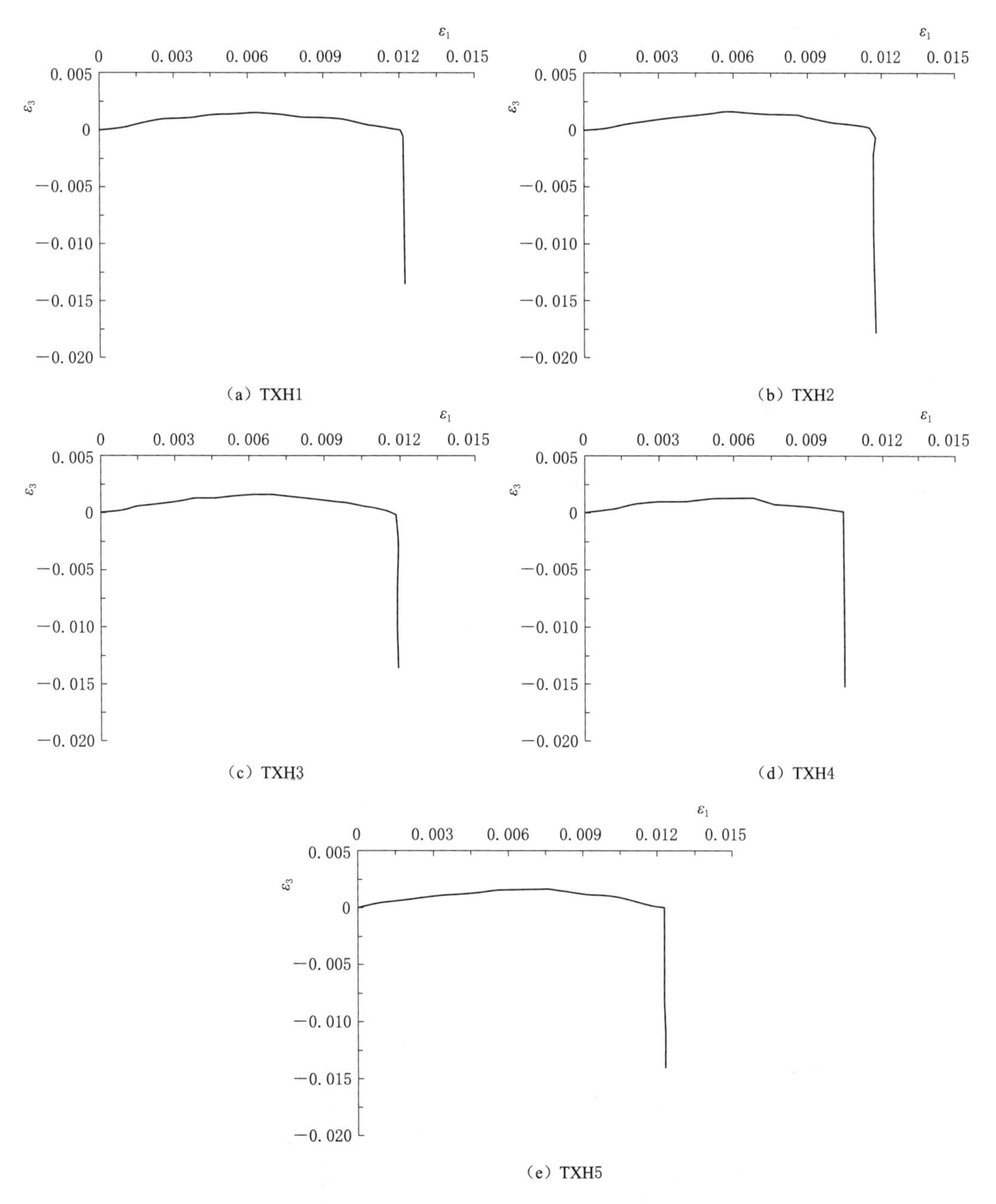

图 2.19　粉砂岩卸荷破坏轴向应变-环向应变曲线

2.5　花岗岩真三轴加荷、卸荷破坏分析

实际岩体承受的三个方向主应力往往不相等，常规的假三轴加荷、卸荷破坏试验中围压相同，不能完全模拟真实岩体三向受力不等的工况，岩体真三轴加荷、卸荷破坏试验路径更符合工程实际。本节利用真三轴试验系统对花岗岩进行单面卸荷破坏试验，模拟工程

开挖过程中开挖面单向卸荷的应力工况，并探讨卸荷速率对花岗岩物理力学特性的影响。

2.5.1 试验介绍

1. 试验条件

岩样选自同批次二长花岗岩，主要矿物成分为石英、钾长石、斜长石、角闪石、黑云母等，中细粒花岗结构，块状构造。按照《工程岩体试验方法标准》(GB/T 50266—1999)，将现场收集的新鲜岩块加工为 50mm×50mm×100mm 的试样，部分试样如图2.20所示，花岗岩岩样标号列表见表2.15。

图2.20 典型花岗岩试样照片

表2.15 花岗岩岩样标号列表

试验类型	岩样编号
真三轴加荷试验	Ⅰ-1、Ⅰ-2、Ⅰ-3
真三轴卸荷试验	Ⅱ-1、Ⅱ-2、Ⅱ-3

试验在中国科学院武汉岩土力学研究所自主研制的实时真三轴试验系统上进行。该系统由全刚性力学加载系统和伺服控制与数据采集系统构成，可以开展单轴、常规三轴、真三轴、蠕变、循环加卸载等多种应力路径试验。真三轴试验系统能提供的最大轴压为2500kN，最大侧压为1000kN，试验系统如图2.21所示。

(a) 试验机外观图

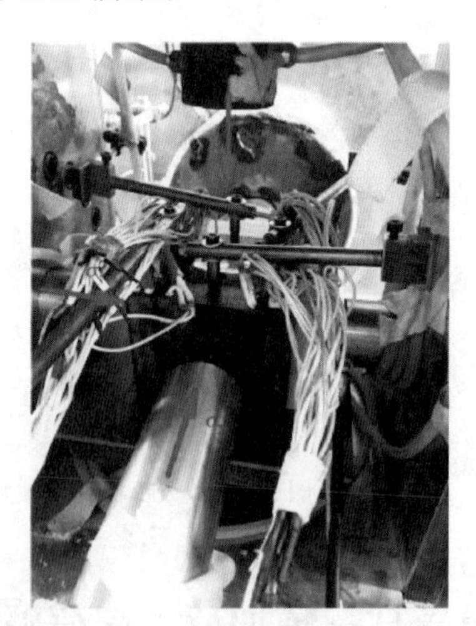

(b) 试验机内部图

图2.21 岩石真三轴试验系统图

2. 试验方案

(1) 真三轴加荷破坏试验。首先进行室内真三轴加荷破坏试验，获取岩样破坏的峰值强度，以便于后续真三轴卸荷试验的开展。试验主要分为以下两个阶段：

1）采用位移控制同步增加第二主应力和第三主应力到设定值（$\sigma_2=40\text{MPa}$，$\sigma_2=30\text{MPa}$）。

2）保持围压第二主应力和第三主应力不变，以 0.1mm/min 的速度增加轴向方向的第一主应力至岩样破坏。利用数据采集系统收集数据，得到对应围压下岩样破坏的峰值强度，具体加荷路径如图 2.22 所示。

（2）真三轴卸荷破坏试验。为了更好地研究第二主应力和第三主应力对试样破坏过程的影响，对应于实际工程开挖时围岩由三向受力转变为一个方向应力被卸荷的工况，选择恒轴压、卸围压应力路径如图 2.23 所示。卸荷破坏试验主要可以分为以下 3 个阶段：

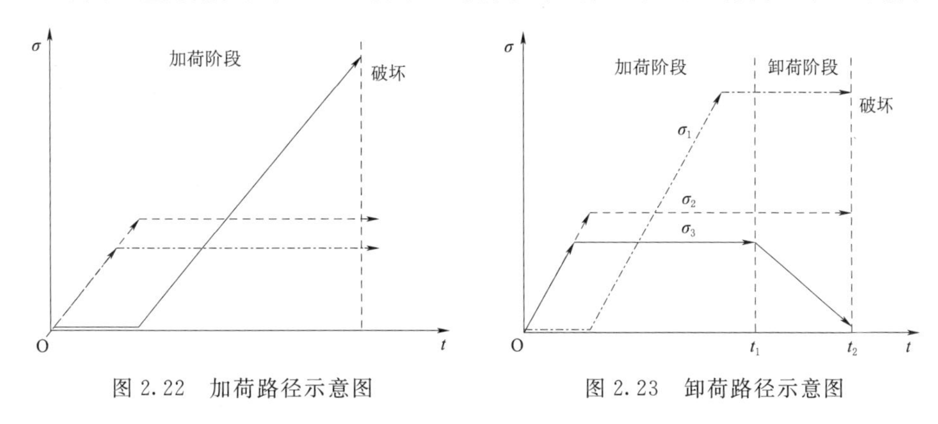

图 2.22　加荷路径示意图　　图 2.23　卸荷路径示意图

1）采用位移控制施加围压，同步增加第二主应力和第三主应力到其设定的目标值（$\sigma_2=40\text{MPa}$，$\sigma_3=30\text{MPa}$）。

2）保持第二主应力和第三主应力不变，以 0.1mm/min 速度增加轴向第一主应力至峰值强度的 80%。

3）保持轴向的第一主应力恒定，以不同的位移速率（0.3mm/min、0.45mm/min、0.55mm/min）从一侧卸载第三主应力直至岩样破坏，卸荷方向示意图如图 2.24 所示。

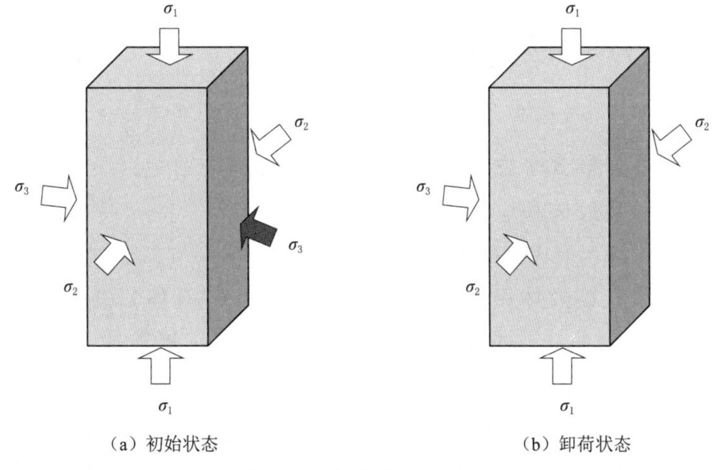

（a）初始状态　　（b）卸荷状态

图 2.24　卸荷方向示意图

2.5.2 花岗岩真三轴加荷破坏试验结果

1. 应力-应变曲线及特征应力

花岗岩真三轴加荷破坏应力-应变关系曲线如图 2.25 所示。利用裂纹体积应变方法将岩石应力-应变曲线划分为压密阶段（OA 段）、弹性阶段（AB 段）、裂纹扩展及扩容阶段（BD 段）、峰后破坏阶段（DE 段）4 个阶段。由于试验花岗岩峰后脆性破坏非常强烈，试样呈碎块状破坏，碎裂后试样承载能力急剧下降，导致部分试样难以获得完整的峰后变形曲线。

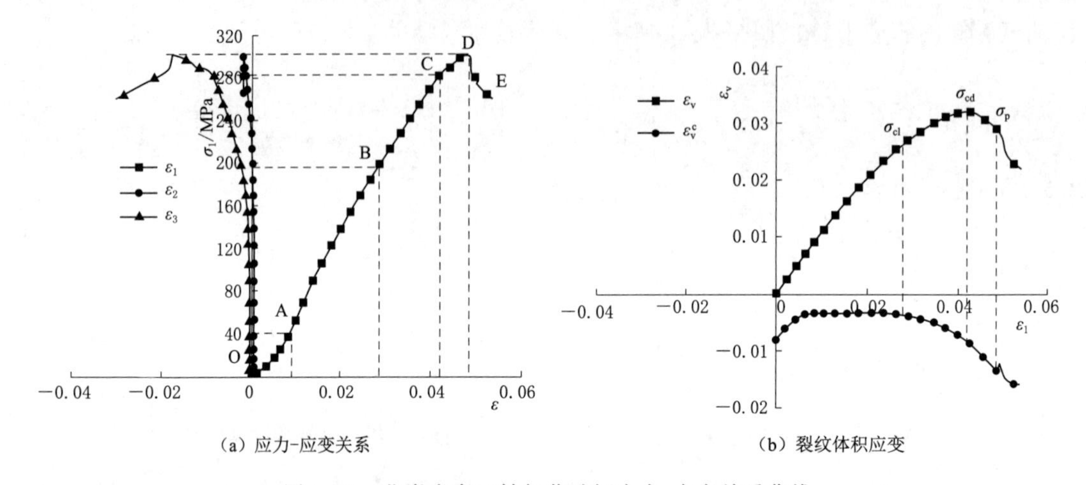

(a) 应力-应变关系　　(b) 裂纹体积应变

图 2.25　花岗岩真三轴加荷破坏应力-应变关系曲线

真三轴试验体积应变的计算公式为

$$\varepsilon_v=\varepsilon_1+\varepsilon_2+\varepsilon_3 \tag{2.3}$$

式中　ε_1、ε_2、ε_3——岩样 3 个方向的主应变；

ε_v——总体积应变。

裂纹体积应变是岩石裂隙的闭合与扩展所造成的体积变化，真三轴试验总体积应变可表示为裂纹体积应变与弹性体积应变两部分，即

$$\varepsilon_v^c=\varepsilon_v-\varepsilon_v^e=\varepsilon_v-\frac{1-2\upsilon}{E}(\sigma_1+\sigma_2+\sigma_3) \tag{2.4}$$

式中　σ_1、σ_2、σ_3——岩样 3 个方向的主应力；

ε_v^c——裂纹体积应变；

ε_v^e——弹性体积应变。

压密阶段（OA 段）裂纹体积应变减小；弹性阶段（AB 段）花岗岩试样内部基本无裂纹产生，裂纹体积应变曲线基本保持水平；在裂纹稳定扩展阶段（BC 段）试样内部开始出现裂纹，裂纹体积应变曲线不再保持水平，该点所对应的应力为起裂应力（σ_{ci}）；当总应变达到最大值，裂纹进入非稳定扩展阶段（CD 段），此时对应裂纹损伤应力（σ_{cd}）；超过峰值应力（σ_c），裂纹体积应变继续增大，岩样进入峰后破坏阶段（DE 段）。

花岗岩真三轴加荷破坏试验的特征应力见表 2.16。试样Ⅰ-3 的各项参数及特征应力

离散性较大，且经观察分析发现试样Ⅰ-3内部存在多条原始裂隙。故只对试样Ⅰ-1、试样Ⅰ-2的结果取均值，得到设定第二主应力40MPa、第三主应力30MPa条件下花岗岩起裂应力、损伤应力、峰值应力分别为185.8MPa、273.6MPa、299.8MPa。定义起裂应力与峰值应力的比值为起裂应力比，定义损伤应力与峰值应力的比值为损伤应力比。试验花岗岩起裂应力比为68%，损伤应力比为94%，损伤应力比较接近峰值应力，说明接近峰值应力时，试样内部裂缝瞬间在各个方向迅速发展贯通。由于能量释放过于集中和剧烈，会导致试样瞬间破裂，应力-应变曲线呈现显著的脆性跌落特征。

表 2.16　　花岗岩真三轴加荷力学参数及特征应力

试样编号	E /GPa	μ	σ_{ci} /MPa	σ_{cd} /MPa	σ_c /MPa	起裂应力比	损伤应力比
Ⅰ-1	9.16	0.23	182.6	267.9	297.5	0.614	0.901
Ⅰ-2	7.21	0.21	189.0	279.2	302.1	0.626	0.924
Ⅰ-3	8.15	0.12	289.1	359.5	362.4	0.798	0.992

2. 破坏特征

真三轴加荷路径花岗岩试样的破坏形式如图2.26所示，图中，黑色实线表示剪切裂纹，黑色虚线表示张拉裂纹。花岗岩岩样的破坏面呈现张剪复合破坏特征，试样表面分布有多条剪切裂纹以及少量的张拉裂纹，在沿第三主应力方向面上主要是劈裂破坏形成的张

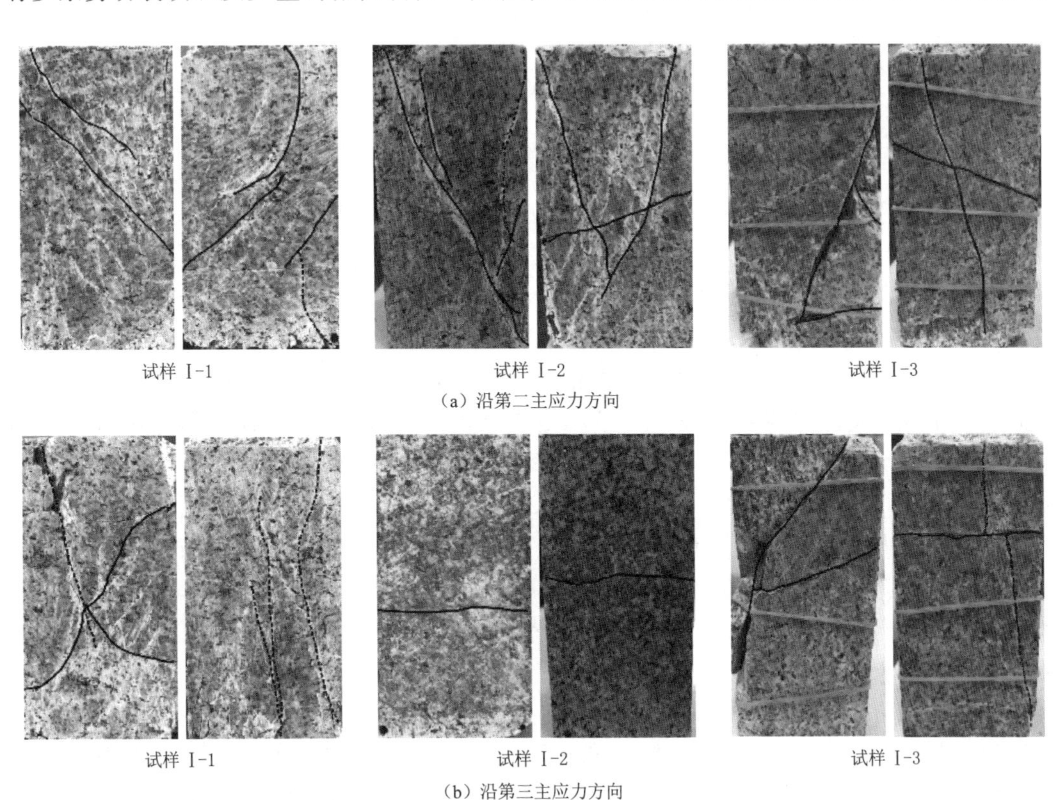

图2.26　花岗岩真三轴加荷破坏宏观破坏特征

拉裂纹，同时存在少量剪切破坏形成的剪切裂纹。由于第二主应力大于第三主应力，即 $\sigma_2>\sigma_3$，岩样侧向变形主要沿第三主应力方向，轴向加荷过程中诱发了岩样内部裂纹的发育且大部分裂纹出现在第二主应力的作用面上，并沿着第二主应力方向扩展。裂纹在沿第二主应力方向上贯通，形成了贯穿整个试样的主破裂面。

2.5.3 花岗岩真三轴卸荷破坏试验结果

1. 应力-应变曲线

卸荷速率 0.3mm/min、花岗岩真三轴卸荷破坏试验轴向应力-应变关系曲线和裂纹体积应变-轴向应变关系曲线如图 2.27 所示。花岗岩岩样依次经历了压密阶段、弹性阶段、裂纹稳定扩展阶段和卸荷破坏阶段。在卸荷开始点 C 后，轴向应力曲线随轴向应变的增加开始下降，表明卸荷开始后，花岗岩试样瞬间就失去承载力而发生破坏。

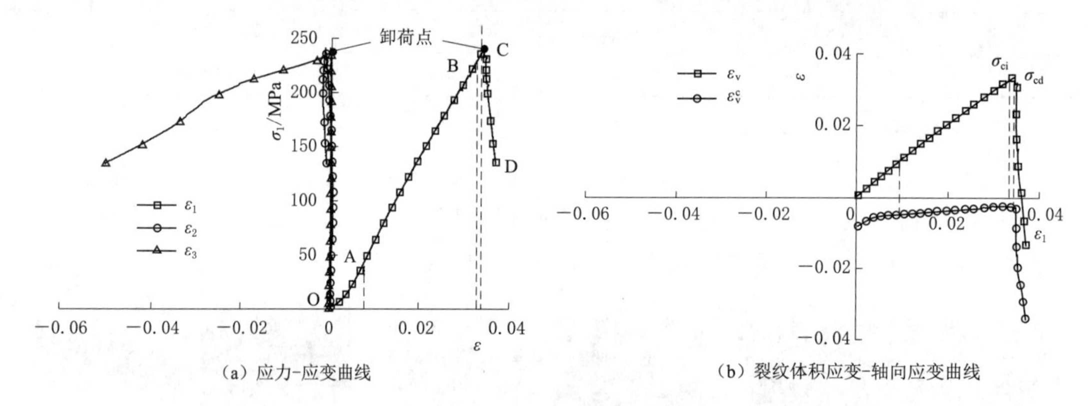

(a) 应力-应变曲线　　(b) 裂纹体积应变-轴向应变曲线

图 2.27 花岗岩真三轴卸荷破坏应力-应变关系曲线

不同卸荷速率条件下花岗岩真三轴卸荷破坏轴向应力与 3 个方向主应变之间的关系曲线如图 2.28 所示。不同卸荷速率条件下，花岗岩岩样的轴向应力-轴向应变曲线在初始压密阶段基本重合，弹性阶段曲线均呈近线性增长。根据图 2.28 (b) 中侧向应变随第一主应力的变化可知，不同卸荷速率下的 $\sigma_1-\varepsilon_2$ 曲线变化趋势一致。压密阶段（OA 段）试样沿第二主应力方向被压缩，侧向应变少量增加；弹性阶段（AB 段）侧向应变的数值随轴向第一主应力的增加保持不变；裂纹稳定扩展阶段（BC 段）试样沿第二主应力方向由体积压缩变为体积膨胀，侧向应变开始负向增长；卸荷破坏阶段（CE 段），由于最小主应力的减小，试样沿第三主应力方向发生强烈扩容，为保持第二主应力不变，沿第二主应力方向试样被少量压缩，侧向应变出现正向增加。从图 2.28 (c) 中轴向第一主应力-侧向应变的变化曲线能够看出，卸荷点前阶段侧向应变的数值基本保持不变，卸荷阶段试样迅速破坏，并且花岗岩岩样沿卸荷方向发生扩容，侧向应变发生明显的负向增长。

2. 特征应力

图 2.28 (b) $\sigma_1-\varepsilon_2$ 表明，卸荷路径下花岗岩裂纹体积应变曲线在卸荷点处开始迅速增大，体积应变曲线在卸荷后迅速下降。利用式 (2.3)、式 (2.4) 计算特征应力，花岗岩试样真三轴卸荷应力路径下的起裂应力、损伤应力分别为 229.0MPa 和 240.4MPa，峰

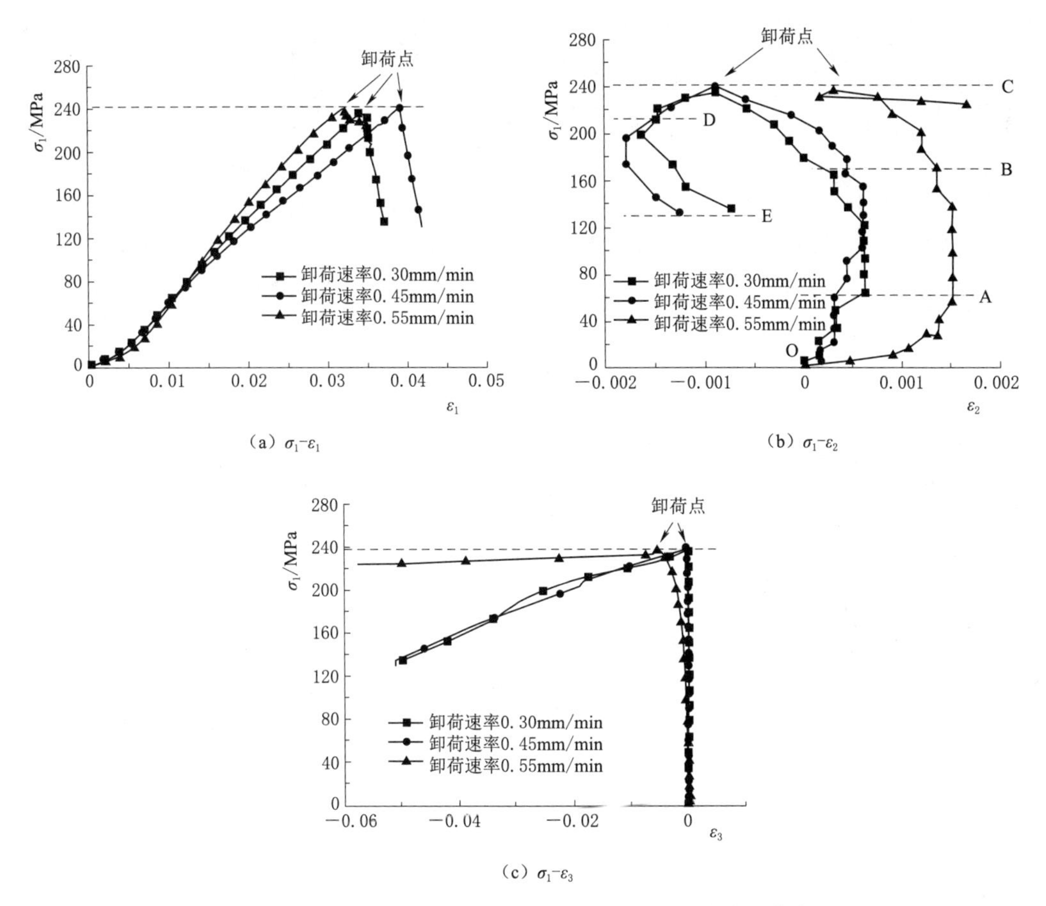

(a) σ_1-ε_1

(b) σ_1-ε_2

(c) σ_1-ε_3

图 2.28 花岗岩真三轴卸荷轴向应力与主应变关系曲线

值强度即为卸荷点处的轴向应力 240.6MPa。真三轴卸荷路径下，花岗岩试样的损伤应力与峰值应力比较接近，损伤应力比约 99.9%。表明卸载第三主应力后，花岗岩岩样内部瞬间产生裂纹并向各个方向迅速发展贯通，导致岩样破裂时间较短，呈现出显著的脆性特征。

3. 破坏特征

不同卸荷速率下花岗岩真三轴卸荷破坏试验的岩样的破坏形式如图 2.29 所示。其中，黑色实线表示剪切裂纹，黑色虚线表示张拉裂纹。

真三轴卸荷应力路径下，花岗岩岩样呈现张剪复合破坏特征。由于只对第二、第三主应力进行单面卸荷，随着卸荷的持续，岩样的第二主应力和第三主应力之间的差值不断增大，岩样主要沿卸荷方向发生侧向扩容，宏观裂纹主要在第二主应力的作用面上产生，并沿着第二主应力方向扩展，最后贯通形成了贯穿整个岩样的两个主破裂面。在沿第三主应力方向的作用面上，主要是剪切破坏形成的剪切裂纹和及少量劈裂破坏形成的张拉裂纹。此外，试验过程中还观察到花岗岩卸荷时的变形破坏比加荷时更加剧烈，且破坏时伴随着巨大的声响。

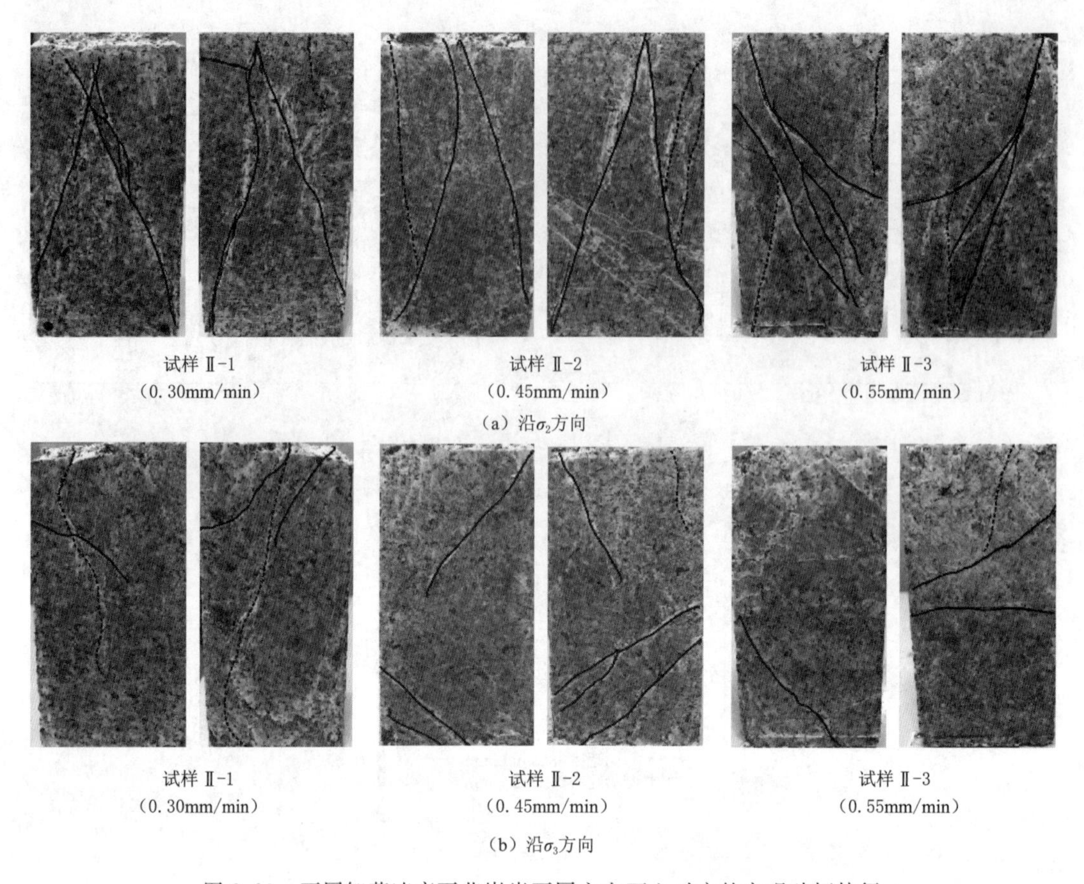

图 2.29 不同卸荷速率下花岗岩不同方向面上对应的宏观破坏特征

2.6 加荷、卸荷应力路径对变形特征的影响

2.6.1 卸荷初始围压影响

1. 恒轴压、卸围压破坏试验

(1) 大理岩。M10-Ⅰ号与M18-Ⅰ号大理岩试样分别在围压20MPa、40MPa时，在峰前80%峰值轴向应力处，以0.2MPa/s卸荷速率进行恒轴压、卸围压试验的应力-应变曲线如图2.30所示。峰值强度附近，高围压下应力-应变曲线变化率明显高于低围压的应力-应变曲线变化率；低围压时，岩样的体积应变存在一段峰后不变期，高围压峰后体积应变不变段要短很多。

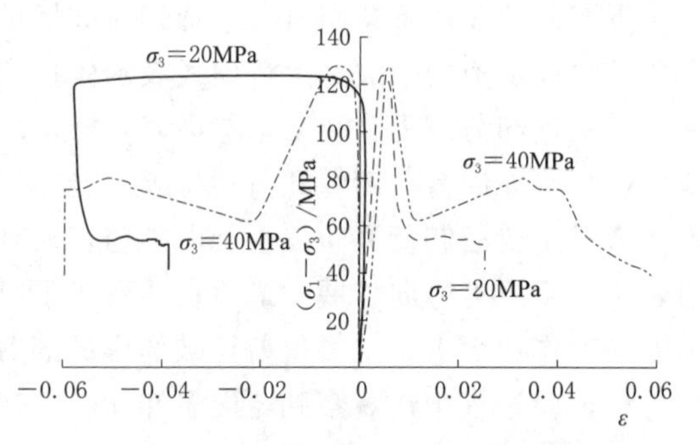

图 2.30 不同卸荷初始围压下大理岩恒轴压、卸围压变形过程应力-应变曲线

(2) 灰岩。L14－Ⅰ号与L18－Ⅰ号灰岩试样分别在围压30MPa、40MPa时，在峰前80%峰值轴向应力处，以0.2MPa/s卸荷速率进行恒轴压、卸围压试验的应力-应变曲线如图2.31所示。

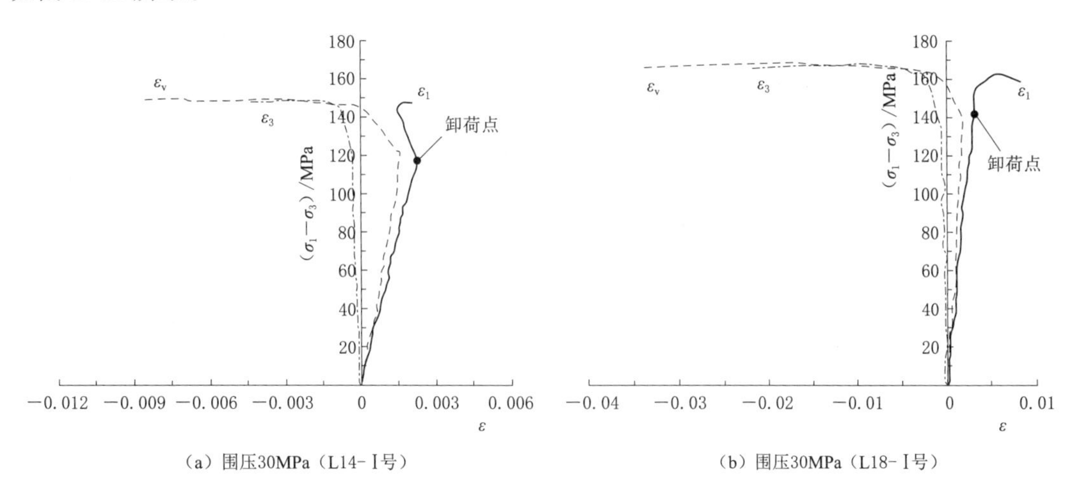

(a) 围压30MPa (L14-Ⅰ号)　　(b) 围压30MPa (L18-Ⅰ号)

图2.31 灰岩不同卸荷初始围压下恒轴压、卸围压变形过程应力-应变曲线

加荷阶段，大理岩应力-应变曲线均呈近乎直线，并且随着卸荷初始围压的增大，该阶段曲线斜率逐渐增大。卸荷开始后，轴向应变出现回弹，回弹值与卸荷初始围压和应力差值有关，卸荷初始围压越大，轴向应变的回弹值越小。由于试验数量减少，本次试验应力差值与轴向应变回弹关系不明显。同时，卸荷开始后，岩样的环向应变和体积应变出现突然左拐，说明卸围压一开始岩样就表现出体积膨胀。随着围压继续减小，岩样达到峰值强度后发生失稳破坏，应力大幅度跌落。不同围压下岩样达到的峰值强度不同，卸荷初始围压由10MPa增大到40MPa时，峰值强度分别为68.7MPa、104.5MPa、137.1MPa、178.8MPa，总体随卸荷初始围压的增大而增大。

2. 位移控制加轴压、卸围压破坏试验

M56－Ⅰ号、M60－Ⅰ号、M64－Ⅰ号与M68－Ⅰ号大理岩试样分别在围压10MPa、20MPa、30MPa、40MPa时，在峰前80%峰值轴向应力处，以0.6MPa/s卸荷速率进行位移控制加轴压、卸围压试验的应力-应变曲线如图2.32所示。加荷阶段，大理岩应力-应变曲线均呈近乎直线，不同卸荷围压下的曲线几乎重合，斜率大致一样，体积应变曲线跟随轴向应变曲线变化而变化，轴向应变起主导作用。卸荷开始后轴向应力继续增加，不同围压下岩样达到的峰值强度不同。卸荷初始围压由10MPa增大到40MPa时，峰值强度分别为93.55MPa、109.42MPa、129.95MPa、

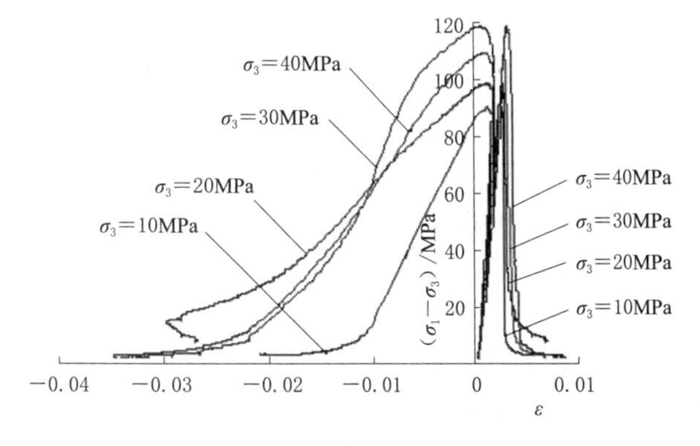

图2.32 大理岩不同卸荷初始围压下位移控制加轴压、卸围压变形过程应力-应变曲线

146.88MPa。卸荷后岩样体积应变出现突跳，体积应变曲线与轴向应变曲线分离，体积变形一直向负方向发展，破坏时应力大幅度跌落。卸荷初始围压10MPa的岩样最先发生破坏，出现体积迅速增大的现象，且有明显的应力降；其次是初始围压20MPa的岩样破坏，体积膨胀，出现应力降；最后发生破坏的是卸荷初始围压40MPa岩样，体积应变迅速向负向发展，应力降现象最不明显。最终岩样的围压值都降到0MPa，残余强度很低。

3. 应力控制加轴压、卸围压破坏试验

(1) 大理岩。M76－Ⅰ号、M80－Ⅰ号、M84－Ⅰ号与M88－Ⅰ号大理岩试样分别在围压10MPa、20MPa、30MPa、40MPa时，在峰前80%峰值轴向应力处，以0.6MPa/s卸荷速率进行应力控制加轴压、卸围压试验的应力-应变曲线如图2.33所示。

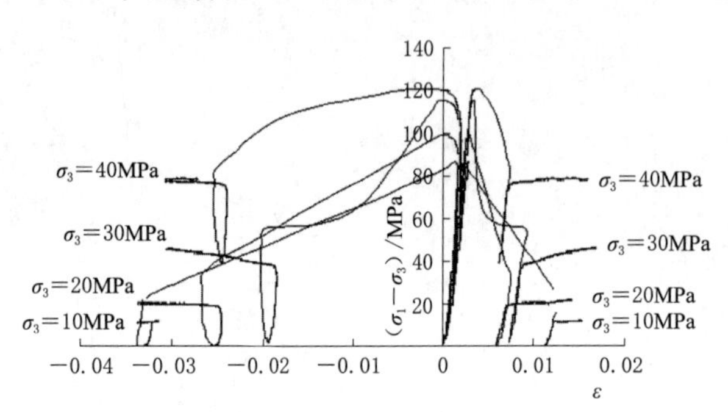

图2.33 大理岩不同卸荷初始围压下应力控制加轴压、卸围压变形过程应力-应变曲线

加荷阶段，大理岩、灰岩应力-应变曲线均呈直线形式增加，不同围压条件下应力差-应变曲线斜率几乎完全相同。当轴压加至对应常规三轴岩样峰值强度的80%时，对岩样进行加轴压、卸围压，随着初始围压的增大，岩样最终峰值强度值也随之增大。以大理岩为例，卸荷初始围压σ_3由10MPa增大到40MPa时，峰值强度分别为90.18MPa、104.36MPa、131.31MPa、147.88MPa。岩样开始卸围压后，岩样体积应变曲线左拐，峰值强度过后，大理岩岩样体积急剧膨胀，试样破坏。卸荷初始围压10MPa的试块首先发生扩容破坏，其次是围压20MPa的岩样破坏，围压40MPa的试块最后破坏。说明初始围压越小，岩样越容易破坏，随着卸荷初始围压的增大，岩样越不容易发生破坏。岩样破坏后，保持围压不变继续加轴压，试验由应力控制模式改为位移控制，到峰后残余阶段，卸荷初始围压40MPa时残余强度最大，围压30MPa时次之，围压10MPa时最小。试验过程中，岩样卸荷破坏时，初始围压10MPa、围压20MPa、围压30MPa的岩样轴压都有降到0MPa，然后从0MPa继续加轴压到峰后残余阶段；而围压40MPa的岩样卸荷破坏时强度有明显的下降，但没有降至0MPa，可能是由于较高围压下岩石强度较高，岩石更不容易变形破坏。

(2) 灰岩。L27－Ⅰ号、L31－Ⅰ号与L35－Ⅰ号灰岩试样分别在围压20MPa、30MPa、40MPa时，在峰前80%峰值轴向应力处，以0.4MPa/s卸荷速率进行应力控制加轴压、卸围压试验的应力-应变曲线如图2.34所示。

加荷阶段，灰岩应力-应变曲线均呈近乎直线，并且随着卸荷初始围压的增大，该阶段曲线斜率逐渐增大。卸荷开始后，轴向应变出现回弹，回弹值与卸荷初始围压和应力差值有关。随着卸荷初始围压的增大，轴向应变的回弹值逐渐增大，该结论与恒轴压、卸围压条件下灰岩应力-应变曲线规律正好相反，而且该阶段环向应变突跳值逐渐减小。随着围压继续减小，岩样达到峰值强度后发生失稳破坏，应力大幅度跌落。不同围压下岩样达

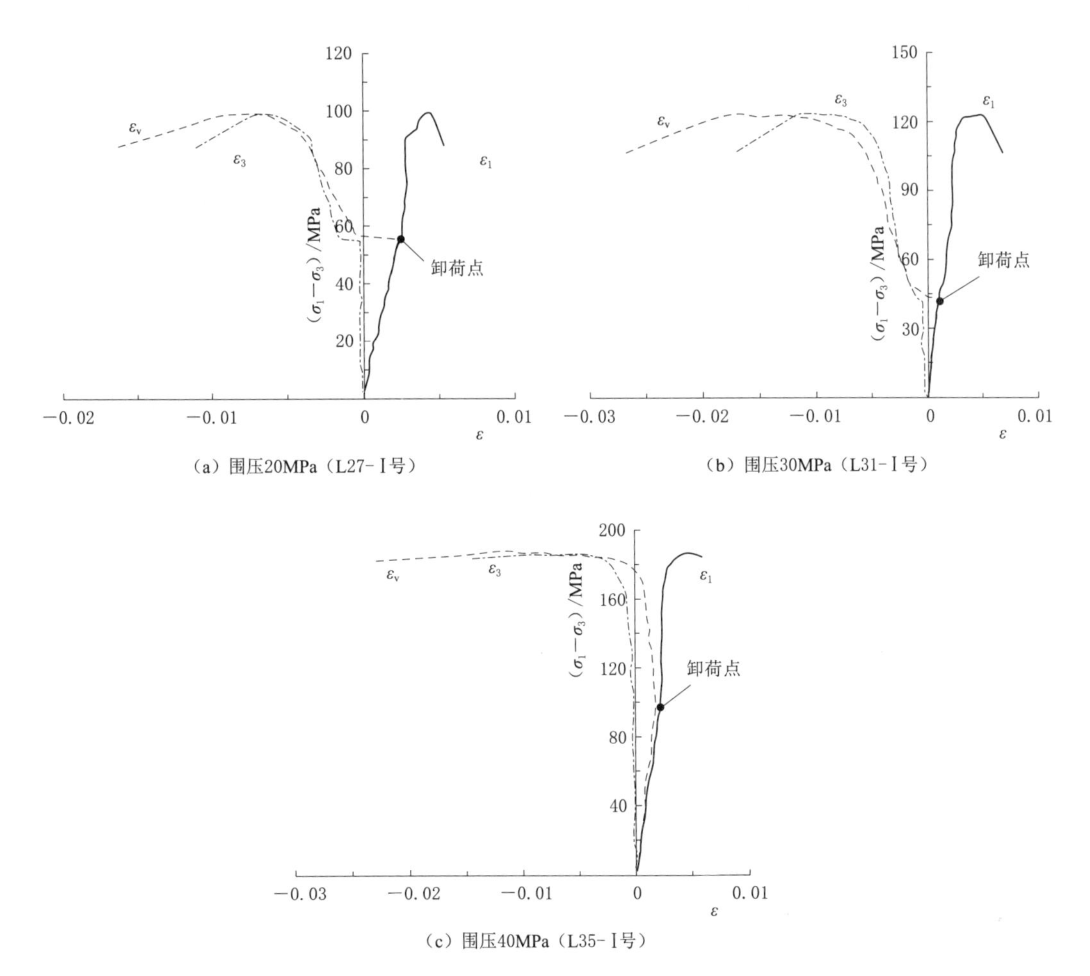

(a) 围压20MPa（L27-Ⅰ号）

(b) 围压30MPa（L31-Ⅰ号）

(c) 围压40MPa（L35-Ⅰ号）

图 2.34　灰岩不同卸荷围压下应力控制加轴压、卸围压变形过程应力-应变曲线

到的峰值强度不同，卸荷初始围压由 10MPa 增大到 40MPa 时，峰值强度分别为 68.7MPa、104.5MPa、137.1MPa、178.8MPa，总体随卸荷初始围压的增大而增大。

2.6.2　卸荷速率影响

1. 恒轴压、卸围压破坏试验

M10－Ⅱ号、M11－Ⅱ号、M12－Ⅱ号与 M13－Ⅱ号大理岩试样在围压 20MPa 时，峰前 80%峰值轴向应力处，分别以 0.2MPa/s、0.4MPa/s、0.6MPa/s 与 0.8MPa/s 卸荷速率进行恒轴压、卸围压试验的应力-应变曲线如图 2.35 所示。加荷阶段，应力-应变曲线变化规律与围压 20MPa 常规三轴加荷试验完全相同。到达峰值强度前 80%卸荷点后，卸荷速率带来的差异逐渐显现：卸荷速率越低，恒轴压阶段持续时间越长（从卸荷点 A 到点 B），该阶段轴向应力基本保持不变，本书将该阶段定义为“平台期”。随着卸荷速率增大，“平台期”缩短，岩样达到峰值强度点时对应的轴向应变也逐渐减小。峰值点后，随着卸荷速率增大，应力-应变曲线迅速下降，但不同卸荷速率下大理岩岩样的残余强度相差不大。

2. 位移控制加轴压、卸围压破坏试验

M54－Ⅱ号、M58－Ⅱ号、M62－Ⅱ号与M66－Ⅱ号大理岩试样在围压10MPa时，峰前80%峰值轴向应力处，分别以0.2MPa/s、0.4MPa/s、0.6MPa/s与0.8MPa/s卸荷速率进行位移控制加轴压、卸围压试验的应力-应变曲线如图2.36所示。随着卸荷速率增大，大理岩岩样的峰值强度和峰值应变逐渐减小。卸荷速率越低，岩石内部裂纹有充分的时间发育，裂纹相对增多，因此到达最终破坏的时间越长，应变值越大，强度也越高。

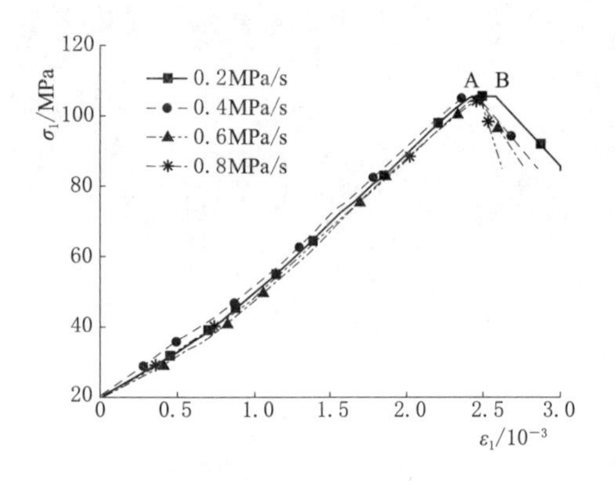

图2.35 大理岩不同卸荷速率下恒轴压、卸围压变形过程应力-应变曲线

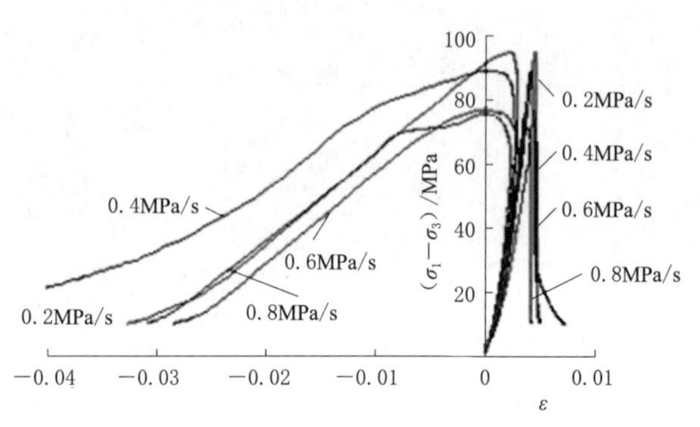

图2.36 大理岩不同卸荷速率位移控制加轴压、卸围压变形过程应力-应变曲线

3. 应力控制加轴压、卸围压破坏试验

（1）大理岩。M86－Ⅰ号、M87－Ⅰ号、M88－Ⅰ号与M89－Ⅰ号大理岩试样在围压40MPa时，峰前80%峰值轴向应力处，分别以0.2MPa/s、0.4MPa/s、0.6MPa/s与0.8MPa/s卸荷速率进行应力控制加轴压、卸围压试验的应力-应变曲线如图2.37所示。

加荷阶段，大理岩应力控制加轴压、卸围压试验应力应变曲线规律与40MPa围压下常规三轴试验的完全相同。卸荷速率对应力-应变曲线的影响主要体现在卸围压阶段：随着卸荷速率的增大，达到峰值强度的速度加快，峰值强度也越小。这是由于与较高速率卸荷相比，低速率的岩样在同一时间内有更高的围压，岩样能有更高的岩石强度。卸荷速率为0.8MPa/s的M89－Ⅰ号岩样最先达到峰值强度143.2MPa，其次是卸荷速率0.6MPa/s的M88－Ⅰ号岩样，峰值强度为147.9MPa，最后达到峰值强度的是卸荷速率为0.2MPa/s的M86－Ⅰ号岩样，峰值强度为160.2MPa。大理岩残余强度与峰值强度呈现相同的变形规律，卸荷速率较小的岩样残余强度较高，卸荷速率较大的岩样残余强度

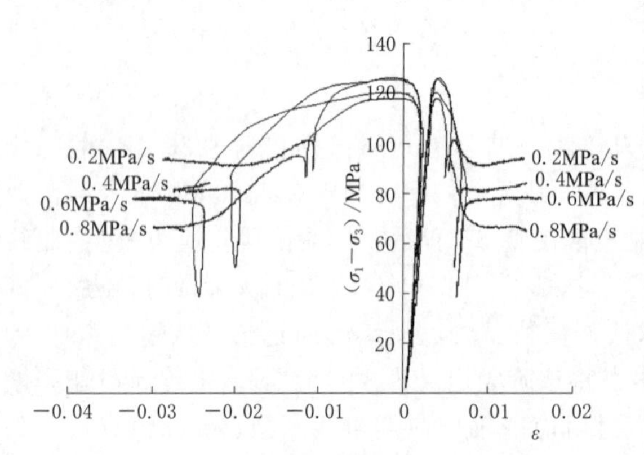

图2.37 大理岩不同卸荷速率下应力控制加轴压、卸围压应力-应变曲线

较低。

(2) 灰岩。L35-Ⅰ号、L36-Ⅰ号与L37-Ⅰ号灰岩试样在围压40MPa时，峰前80%峰值轴向应力处，分别以0.4MPa/s、0.6MPa/s与0.8MPa/s卸荷速率进行应力控制加轴压、卸围压试验的应力-应变曲线如图2.38所示。随着卸荷速率从0.2MPa/s增加到0.8MPa/s，卸荷初期轴向应变出现回弹，环向应变不仅曲率斜率出现一个拐点，还会出现一个突跳值，即环向应变突然增大，与此对应的体积应变也出现一个突跳值，轴向应变和环向应变的突跳值都会随着卸荷速率的提高而增大。在围压40MPa条件下，随着卸荷速率从0.4MPa/s增加到0.8MPa/s，灰岩的轴向应变回弹值逐渐增大，环向应变均出现突跳，而且突跳值逐渐增大。

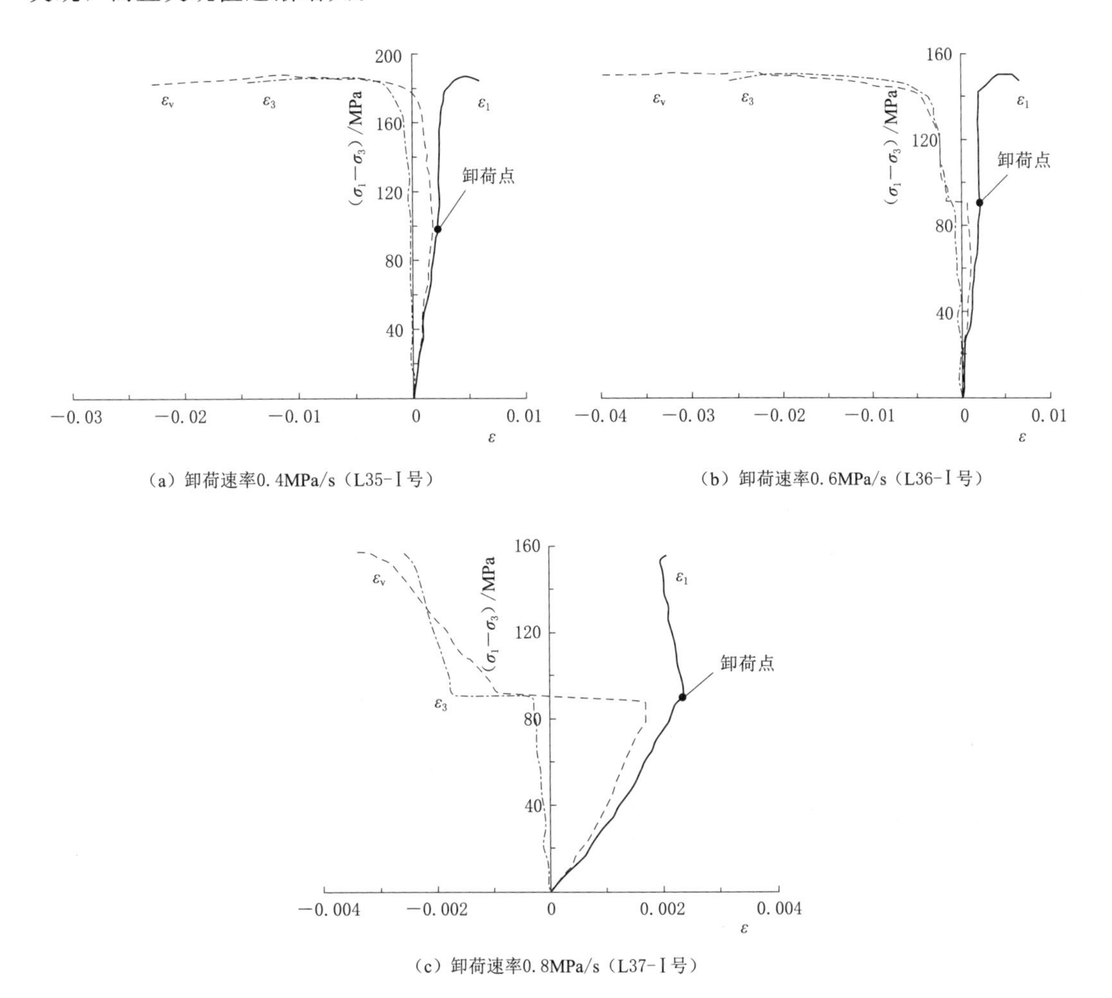

(a) 卸荷速率0.4MPa/s (L35-Ⅰ号)

(b) 卸荷速率0.6MPa/s (L36-Ⅰ号)

(c) 卸荷速率0.8MPa/s (L37-Ⅰ号)

图2.38 不同卸围压速率下灰岩加轴压卸围压全过程应力-应变曲线

应该指出，围压20MPa时，随着卸荷速率从0.2MPa/s增加到0.6MPa/s (L26-Ⅰ号、L27-Ⅰ号与L28-Ⅰ号灰岩试样)，环向应变反而出现与40MPa相反的规律，即卸荷速率越低，环向应变突跳值越大，如图2.39所示。

另外，在围压30MPa条件下，不同卸荷速率条件下灰岩应力控制加轴压、卸围压试

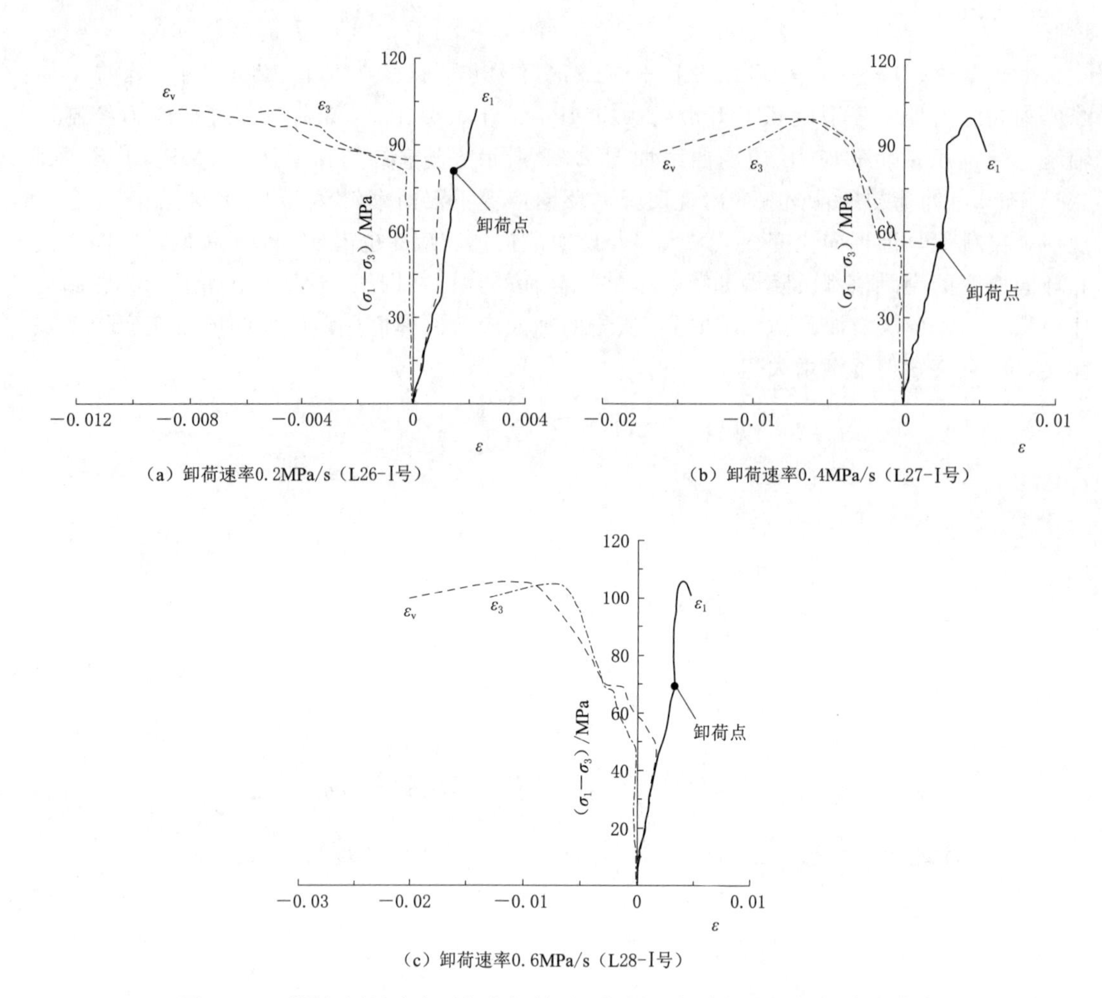

(a) 卸荷速率0.2MPa/s (L26-Ⅰ号)

(b) 卸荷速率0.4MPa/s (L27-Ⅰ号)

(c) 卸荷速率0.6MPa/s (L28-Ⅰ号)

图 2.39 不同卸围压速率下灰岩加轴压、卸围压变形全过程应力-应变曲线

验过程中（L30 -Ⅱ号、L31 -Ⅱ号、L32 -Ⅱ号与 L33 -Ⅱ号灰岩试样），环向应变基本上没有突跳值，灰岩岩样都只是卸荷时出现了拐点，如图 2.40 所示。上述现象说明环向应变突跳值不仅与卸围压速率有关，还与卸荷初始围压相关，这也证明了前文的观点。另外，卸荷初始围压 30MPa 使用的岩样直径与高度的比值（宽高比）要比其他岩样要大一些，尺寸效应也可能造成上述试验结果差异。

2.6.3 卸荷应力水平影响

1. 恒轴压、卸围压破坏试验

M10 -Ⅱ号与 M26 -Ⅱ号大理岩试样在围压 20MPa 时，分别在峰前 80%、峰后 80%峰值轴向应力处以 0.2MPa/s 卸荷速率进行恒轴压、卸围压的应力-应变曲线如图 2.41 所示。不同卸荷应力水平的卸围压试验在卸荷前的应力-应变曲线与常规三轴加荷试验一致。峰前卸荷试验在到达卸荷点后，环向应变沿负向增速加快，体积应变曲线也出现拐点，开始沿负向增长，整个卸荷过程产生的轴向变形远远小于环向变形与体积变形，岩样表现出

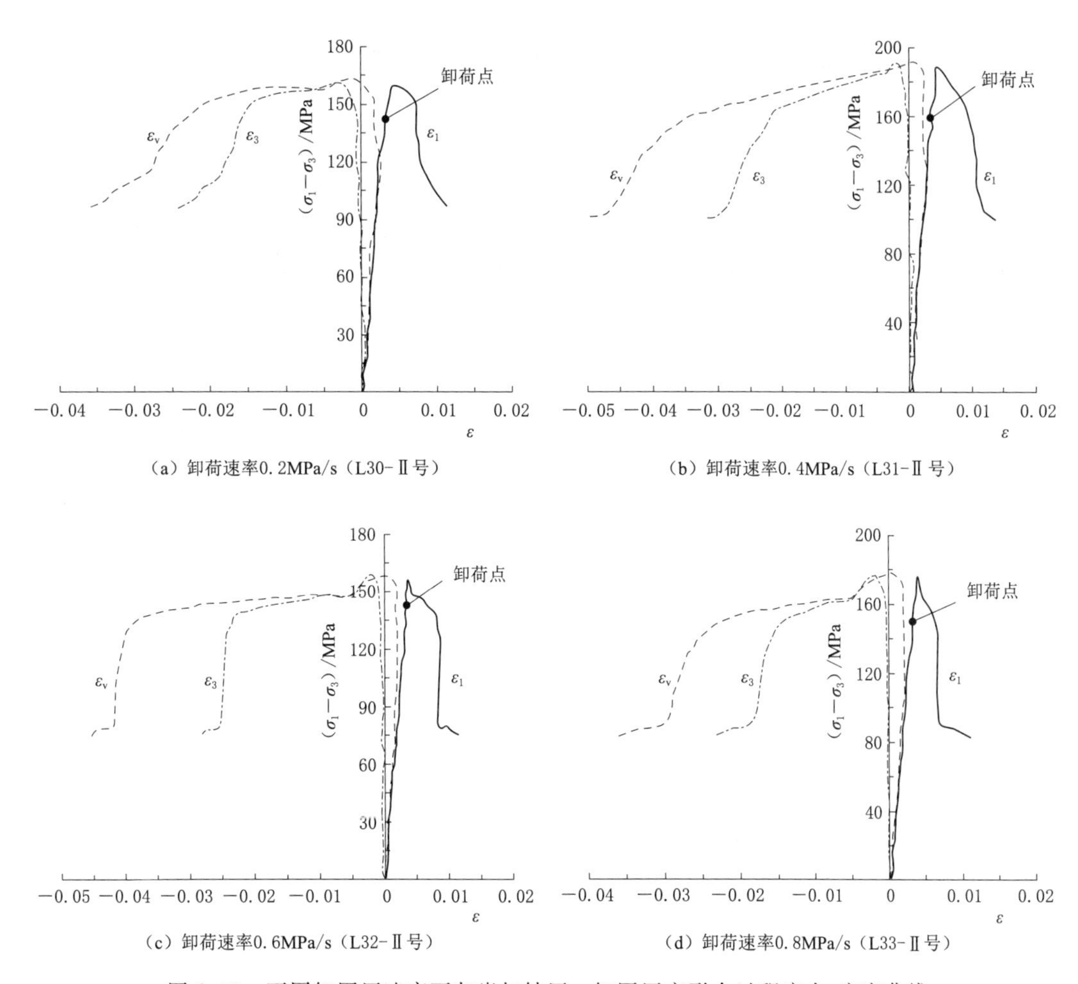

（a）卸荷速率0.2MPa/s（L30-Ⅱ号）

（b）卸荷速率0.4MPa/s（L31-Ⅱ号）

（c）卸荷速率0.6MPa/s（L32-Ⅱ号）

（d）卸荷速率0.8MPa/s（L33-Ⅱ号）

图 2.40 不同卸围压速率下灰岩加轴压、卸围压变形全过程应力-应变曲线

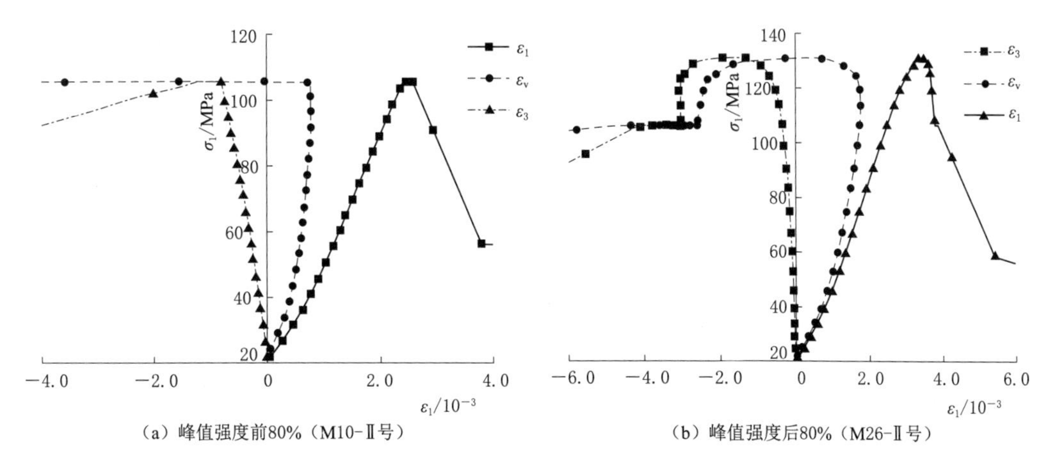

（a）峰值强度前80%（M10-Ⅱ号）

（b）峰值强度后80%（M26-Ⅱ号）

图 2.41 不同卸荷应力水平下大理岩恒轴压、卸围压试验变形过程应力-应变曲线

强烈的体积扩容现象。而峰后卸荷试验在到达卸荷点时，环向变形和体积变形迅速向负向增长，说明峰后卸荷时，岩样同样出现了较为明显的扩容现象。

2. 位移控制加轴压、卸围压破坏

M40－Ⅱ号与M56－Ⅱ号大理岩试样在围压10MPa时，分别在峰前60％、80％峰值轴向应力处，以0.6MPa/s卸荷速率进行位移控制加轴压、卸围压的应力-应变曲线如图2.42所示。相同卸荷初始围压条件下，随着卸荷应力水平的提升，峰值强度变化不大，但峰值点对应的应变均随卸荷应力水平的提升而降低，这与大理岩应力控制加轴压、卸围压试验结论相似，但位移控制加轴压、卸围压试验下大理岩发生破坏时残余强度都很小。

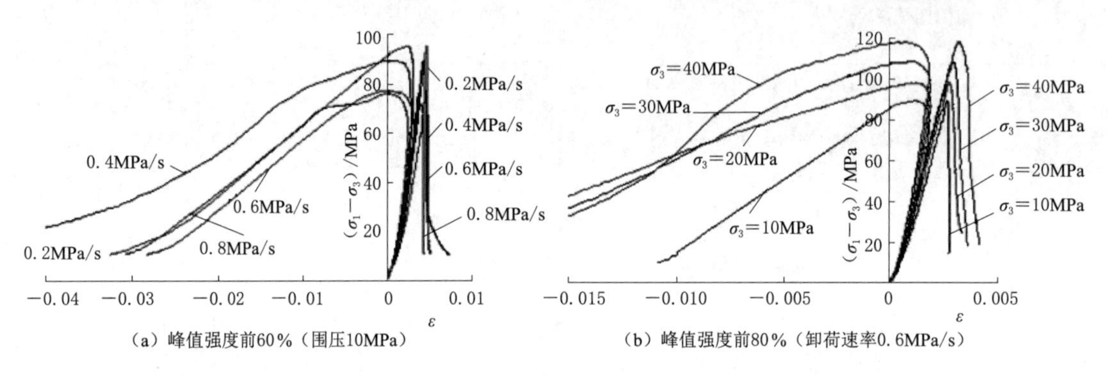

（a）峰值强度前60％（围压10MPa）　（b）峰值强度前80％（卸荷速率0.6MPa/s）

图2.42　不同卸荷应力水平下位移控制大理岩加轴压、卸围压试验变形过程应力-应变曲线

3. 应力控制加轴压、卸围压破坏

M70－Ⅱ号、M86－Ⅱ号、M102－Ⅱ号与M5－Ⅰ号大理岩试样在围压40MPa时，分别在峰前60％、80％与峰后80％峰值轴向应力处，以0.2MPa/s卸荷速率进行应力控制加轴压、卸围压试验以及常规三轴加荷试验的应力-应变曲线如图2.43所示，卸围压起点如图中虚线所示。不同卸荷应力水平的卸围压试验卸荷前的应力-应变曲线与常规三轴加荷试验一致。相同卸荷初始围压下，随着卸荷应力水平的提升，峰值强度增大，但峰值点对应的轴向应变、环向应变和体积应变均较小，说明在高地应力条件下地下

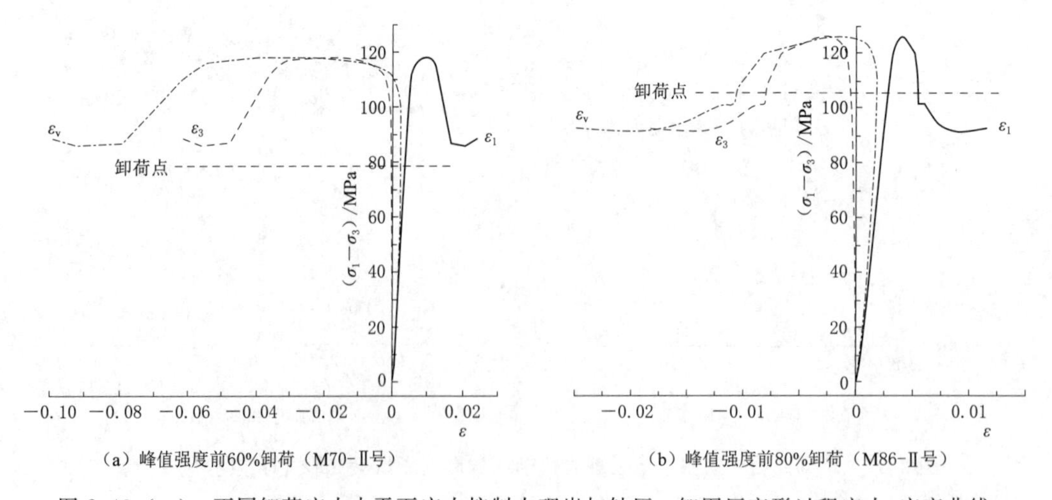

（a）峰值强度前60%卸荷（M70-Ⅱ号）　（b）峰值强度前80%卸荷（M86-Ⅱ号）

图2.43（一）　不同卸荷应力水平下应力控制大理岩加轴压，卸围压变形过程应力-应变曲线

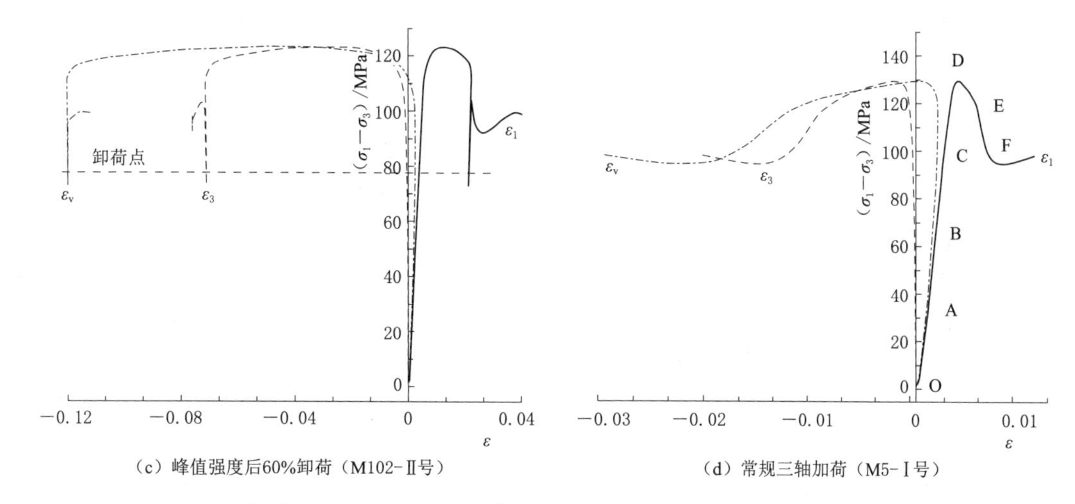

(c) 峰值强度后60%卸荷(M102-Ⅱ号)　　(d) 常规三轴加荷(M5-Ⅰ号)

图 2.43(二)　不同卸荷应力水平下应力控制大理岩加轴压，卸围压变形过程应力-应变曲线

工程开挖容易引起岩体卸荷破坏，且破坏发生时更为突然。对于峰值强度后 60%卸围压试样，卸围压后应力差略微下降，而轴向应变基本没有发生变化，应力小幅度上升后进入残余强度。

2.7　加荷、卸荷应力路径对岩石力学参数影响

2.7.1　弹性模量

1. 恒轴压、卸围压破坏试验

L6-Ⅱ号、L10-Ⅲ号、L14-Ⅰ号与 L18-Ⅰ号灰岩试样分别在围压 10MPa、20MPa、30MPa、40MPa 时，在峰前 80%峰值轴向应力处，以 0.2MPa/s 卸荷速率进行恒轴压、卸围压试验中的围压-弹性模量关系曲线如图 2.44 所示，本文弹性模量为轴向应力差与轴向应变之比。不同围压下弹性模量总体变化规律具有较好的一致性。卸围压初始阶段，弹性模量略有增加。弹性模量的增加值与岩样的峰值强度有关，强度越高，弹性模量增加量越明显。L18-Ⅰ号灰岩岩样峰值强度为 162.2MPa，弹性模量增加不明显；L6-Ⅱ号灰岩岩样峰值强度为 175.6MPa，弹性模量增加明显。随着围压的持续降低，弹性模量开始减小，弹性模量的减小阶段与增加阶段有相似的规律性。岩样强度越高，弹性模量减小阶段越短，强度越低，弹性模量减小阶段越长。临近破坏时曲线迅速左拐，弹性模量迅速降低。

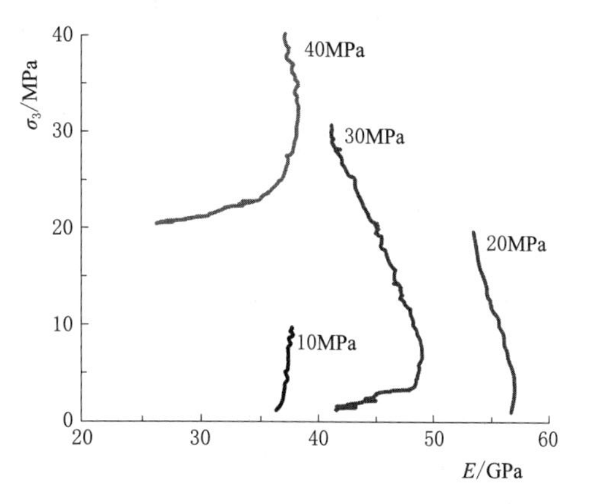

图 2.44　不同围压条件下灰岩恒轴压、卸围压试验变形过程中围压-弹性模量关系曲线

2. 位移控制加轴压、卸围压破坏试验

M56-Ⅲ号、M60-Ⅲ号、M64-Ⅲ号与

M68 -Ⅲ号大理岩试样分别在围压 10MPa、20MPa、30MPa、40MPa 时，在峰前 80%峰值轴向应力处，以 0.6MPa/s 卸荷速率进行位移控制加轴压、卸围压试验中的围压-弹性模量关系曲线如图 2.45 所示。初始阶段，围压与弹性模量呈近似线性关系，且 4 条曲线线性段斜率基本相同，围压对弹性模量的影响不明显。随着围压的降低，弹性模量开始减小，弹性模量与围压呈非线性关系。卸荷初始围压越大，曲线非线性阶段越发明显，弹性模量衰减幅度随卸荷初始围压的增加明显增大。

M58 -Ⅲ号、M59 -Ⅲ号、M60 -Ⅲ号与 M61 -Ⅲ号大理岩试样在围压 20MPa 时，峰前 80%峰值轴向应力处，分别以 0.2MPa/s、0.4MPa/s、0.6MPa/s 与 0.8MPa/s 卸荷速率进行位移控制加轴压、卸围压试验中的围压-弹性模量关系曲线如图 2.46 所示。卸围压初始阶段，弹性模量与围压近似直线关系，而且不同卸围压速率下线性段直线斜率基本相同，说明卸围压初始阶段对弹性模量的影响基本相同。随着围压的不断降低，弹性模量开始降低，两者呈现非线性关系，并且这种非线性特征随着卸荷速率的提高而逐渐减弱，即卸荷速率越高，非线性特征越不明显。

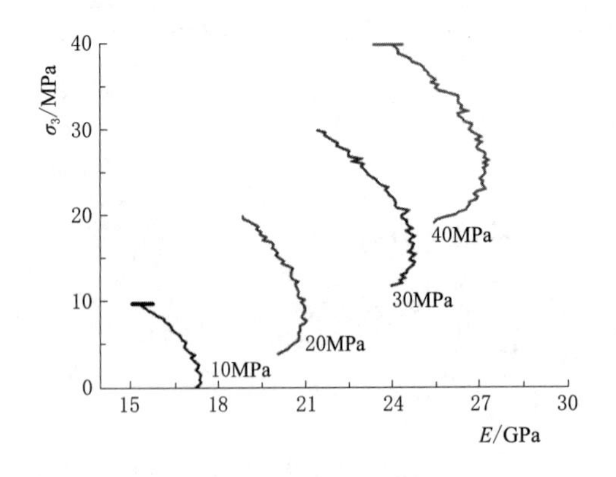

图 2.45 不同围压条件下大理岩加轴压、卸围压变形过程围压-弹性模量关系曲线

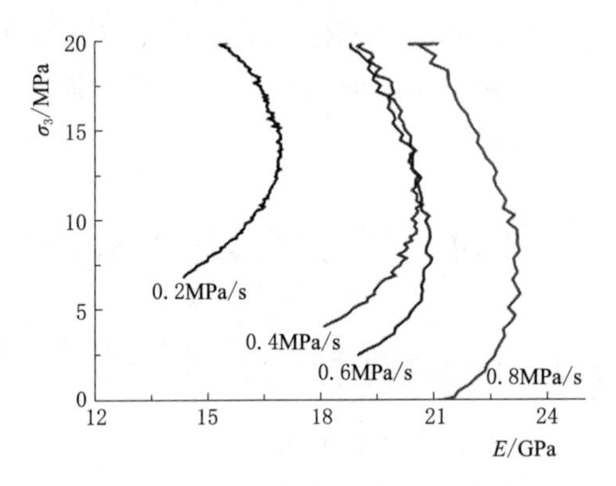

图 2.46 不同卸荷速率条件下大理岩加轴压、卸围压变形过程围压-弹性模量关系曲线

3. 应力控制加轴压、卸围压破坏试验

L23 -Ⅰ号、L27 -Ⅰ号、L31 -Ⅰ号与 L35 -Ⅰ号灰岩试样分别在围压 10MPa、20MPa、30MPa、40MPa 时，在峰前 80%峰值轴向应力处，以 0.4MPa/s 卸荷速率进行应力控制加轴压、卸围压试验中的围压-弹性模量曲线如图 2.47 所示。卸围压初始阶段，围压-弹性模量近似直线关系，而且不同围压下线性段斜率基本相同，说明卸荷初始阶段围压对弹性模量的影响基本相同；随着围压的不断降低，弹性模量开始不断降低，两者呈现非线性关系，并且这种非线性特征与初始围压密切相关，卸荷初始围压越高，曲线非线性阶段越明显，临近破坏阶段弹性模量的降低值也越大，非线性特征更加突出。当围压 10MPa 卸荷时，曲线近乎全是直线段，即弹性模量一直是增加的，这说明弹性模量的降低与围压大小有关，初始围压越大，降低越明显。

L30 -Ⅱ号、L31 -Ⅱ号、L32 -Ⅱ号与 L33 -Ⅱ号灰岩试样在围压 30MPa 时，峰前 80%峰值轴向应力处，分别以 0.2MPa/s、0.4MPa/s、0.6MPa/s 与 0.8MPa/s 卸荷速率进行应力控制加轴压、卸围压试验中的围压-弹性模量关系曲线如图 2.48 所示。所有岩样都表现出相同的规律：卸围压初始阶段，随着围压的降低，弹性模量缓慢增加。弹性模量的增加值随着卸荷速率的增加逐渐增大，弹性模量的增加值逐渐增大，并且增大阶段也变长；随着卸荷的进行，弹性模量开始不断降低，两者呈现非线性关系，并且这种非线性特征随着卸荷速率的提高而逐渐减弱，即卸荷速率越高，非线性特征越不明显。总的来说，整个卸荷过程弹性模量降低占主要地位，弹性模量增加只是局部过程。

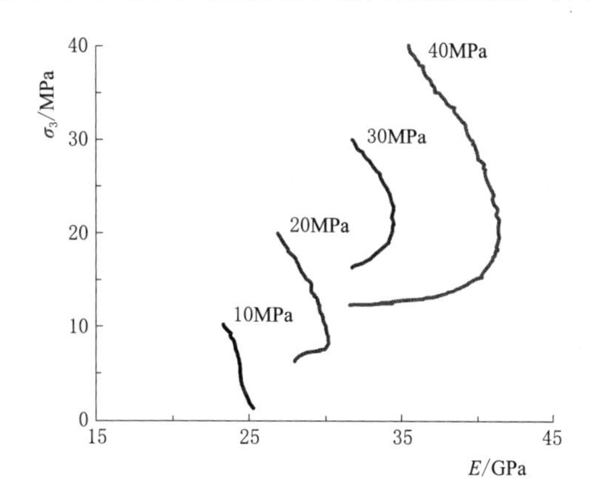

图 2.47　不同围压条件下灰岩加轴压、卸围压变形过程围压-弹性模量关系曲线

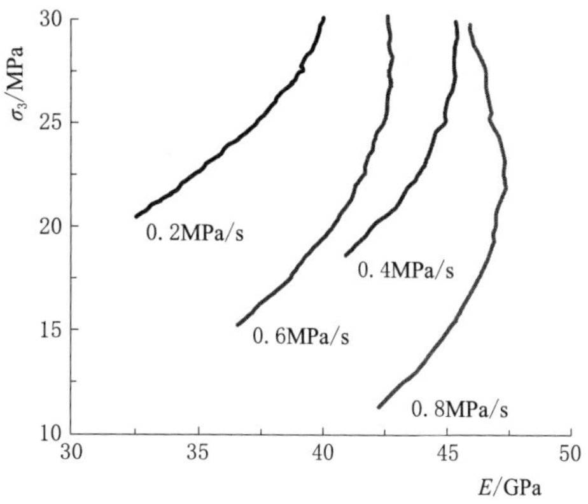

图 2.48　不同卸荷速率条件下灰岩加轴压、卸围压变形过程围压-弹性模量关系曲线

2.7.2　泊松比

1. 恒轴压、卸围压破坏试验

L6 -Ⅱ号、L10 -Ⅲ号、L14 -Ⅰ号与 L18 -Ⅰ号灰岩试样分别在围压 10MPa、20MPa、30MPa、40MPa 时，在峰前 80%峰值轴向应力处，以 0.2MPa/s 卸荷速率进行恒轴压、卸围压试验中的围压-泊松比关系曲线如图 2.49 所示，本书泊松比指环向应变与和轴向应变之比，即割线泊松比。各岩样总体变化规律具有较好的一致性。卸围压初始阶段，泊松比与围压呈线性关系增大，这种线性关系与岩样的峰值强度有关，强度越高，线性阶段越长；强度越低，线性阶段越短。随着围压的持续降低，泊松比增加速度加快，两者之间呈非线性关系，且这种非线性特征随着卸荷初始围压的增大而逐渐减小。临近破坏时，曲线近似水平线向右迅速增加。

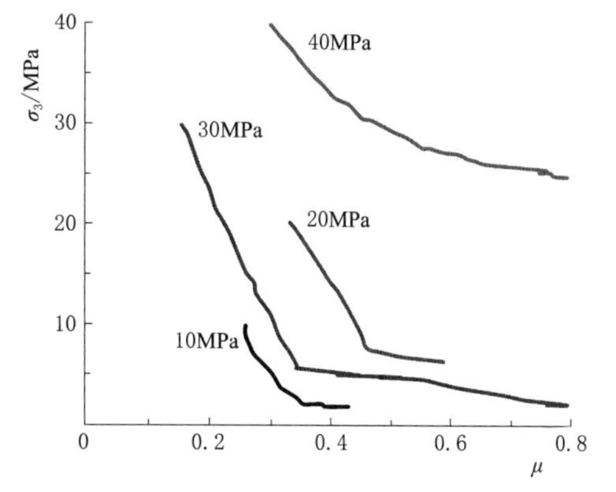

图 2.49　不同围压条件下灰岩恒轴压、卸围压试验过程围压-泊松比关系曲线

2. 应力控制加轴压、卸围压破坏试验

L23 -Ⅰ号、L27 -Ⅰ号、L31 -Ⅰ号与 L35 -Ⅰ号灰岩试样分别在围压 10MPa、20MPa、30MPa、40MPa 时，在峰前 80%峰值轴向应力处，以 0.4MPa/s 卸荷速率进行应力控制加轴压、卸围压试验中的围压-泊松比关系曲线如图 2.50 所示。卸围压初始阶段，围压-泊松比近似直线关系，泊松比缓慢增

加，增加值与初始围压成反比，即围压越高，泊松比增加越缓慢。随着围压的不断降低，泊松比不断增大，两者呈现非线性关系，并且这种非线性特征与初始围压密切相关，卸荷初始围压越高，曲线非线性阶段越明显，临近破坏阶段泊松比近似水平线增加。围压10MPa的L23－Ⅰ号岩样卸荷破坏模式是劈裂破坏，所以破坏后的泊松比是包括试件裂缝的，因此曲线后段泊松比增加很快。

L30－Ⅱ号、L31－Ⅱ号、L32－Ⅱ号与L33－Ⅱ号灰岩试样在围压30MPa时，峰前80%峰值轴向应力处，分别以0.2MPa/s、0.4MPa/s、0.6MPa/s与0.8MPa/s卸荷速率进行应力控制加轴压、卸围压试验中的围压-泊松比关系曲线如图2.51所示。不同卸围压速率条件下灰岩卸围压过程围压-泊松比曲线表现为相同的规律：与围压-弹性模量曲线相对应，卸围压初始阶段，围压-泊松比近似直线关系，泊松比缓慢增加，增加值与卸荷速率成反比，即卸荷速率越快，泊松比增加越缓慢。随着卸荷的持续进行，泊松比增加速度加快，两者之间呈非线性关系，且这种非线性特征随着卸荷速率的增大而逐渐明显。临近破坏时，泊松比迅速增加，非线性特征更加明显。

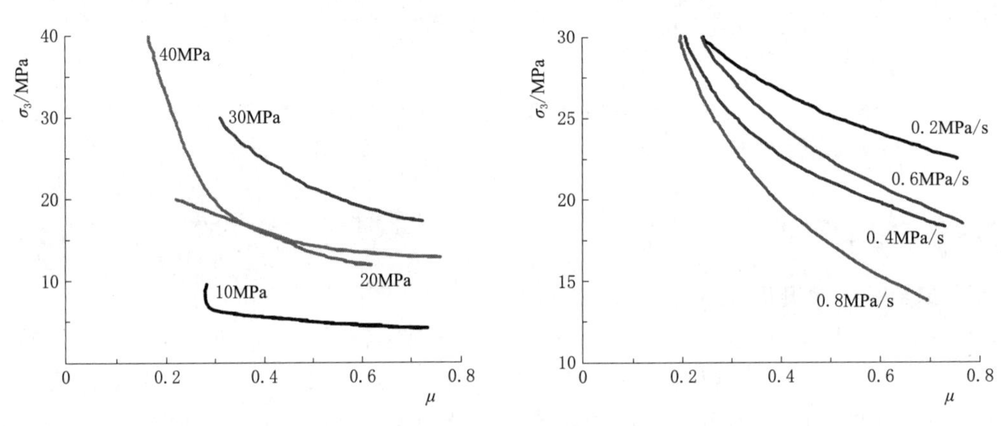

图2.50 不同围压条件下灰岩加轴压、卸围压变形过程围压-泊松比关系曲线

图2.51 不同卸荷速率条件下灰岩加轴压、卸围压变形过程围压-泊松比关系曲线

2.7.3 剪切强度

利用Mohr－Coulomb强度准则对试验得到的岩样峰值强度进行线性回归，以主应力形式表达的Mohr－Coulomb强度准则为

$$\sigma_1 = k\sigma_3 + a \tag{2.5}$$

其中

$$k = \tan^2(\pi/4 + \varphi/2) \tag{2.6}$$

$$a = 2c\cos\varphi/(1-\sin\varphi) \tag{2.7}$$

式中 k——拟合直线的斜率；

a——拟合直线与 σ_1 轴的截距；

c——黏聚力；

φ——内摩擦角。

根据式（2.2）～式（2.4）可以求出岩样加荷、卸荷应力路径下的黏聚力和内摩擦角。

1. 常规三轴加荷试验

利用 Mohr - Coulomb 准则分别对大理岩和灰岩的常规三轴加荷试验数据拟合如图 2.52 所示。

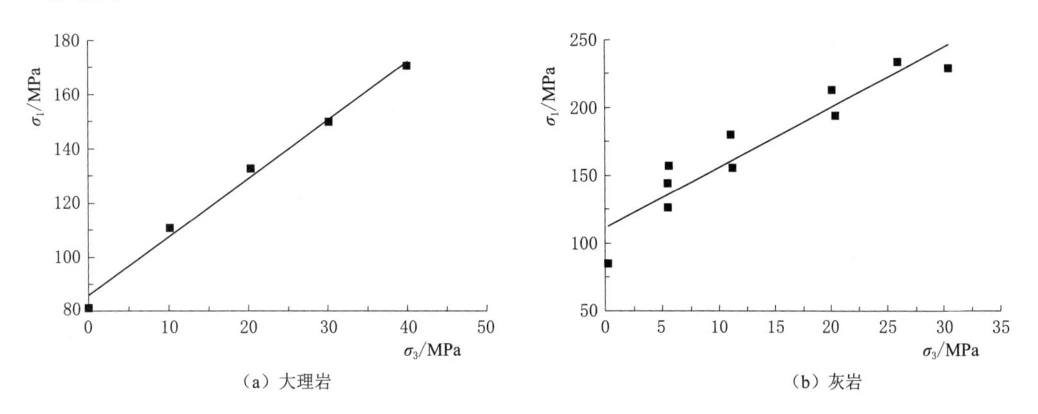

(a) 大理岩　　(b) 灰岩

图 2.52　岩石常规三轴加荷试验强度分析

将试验得到的围压和峰值强度进行强度分析，得到的强度参数见表 2.17。随着围压的增大，大理岩和灰岩的峰值强度均增大。与大理岩相比，灰岩峰值强度受围压的影响更敏感，灰岩的内摩擦角较大。

表 2.17　　岩石常规三轴加荷试验强度参数

岩性	a/MPa	k	c/MPa	φ/(°)	R^2
大理岩	85.81	2.16	29.2	21.5	0.988
灰岩	110.31	4.25	23.3	38.4	0.880

2. 恒轴压、卸围压破坏试验

利用 Mohr - Coulomb 准则对试验数据拟合如图 2.53 所示，计算得到灰岩的内摩擦角和黏聚力见表 2.18。恒轴压、卸围压路径下，随着围压的增大，灰岩峰值强度逐渐增大。与常规三轴加荷路径相比，恒轴压、卸围压路径下灰岩峰值强度受围压的影响更敏感，黏聚力更大，但内摩擦角更小。

表 2.18　　灰岩加荷、卸荷破坏时强度参数统计表

试验类型	a/MPa	k	c/MPa	φ/(°)	R^2
常规三轴	110.31	4.25	23.30	38.40	0.88
恒轴压 卸围压	150.14	1.83	55.44	17.06	0.73

3. 位移控制加轴压、卸围压破坏试验

利用 Mohr - Coulomb 准则对试验数据拟合如图 2.54 所示，计算得到大理岩的内摩擦角和黏聚力见表 2.19。位移控制加轴压、卸围压路径下（卸荷速率 0.6MPa/s）大理岩的强度参数与常规三轴加荷路径下的强度参数差异不大，说明该卸荷路径对大理岩强度参数的影响较小。

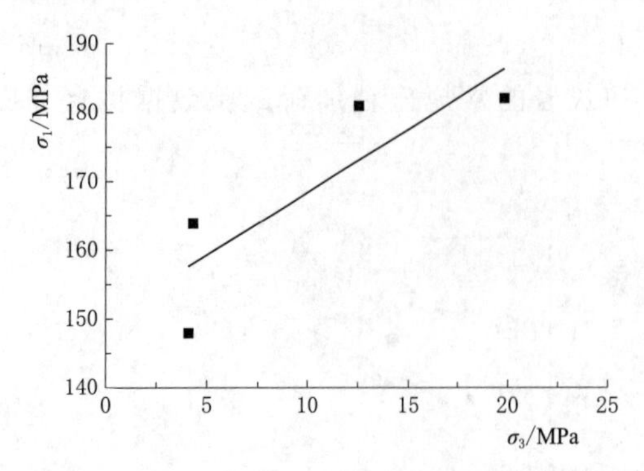

图 2.53 灰岩恒轴压、卸围压破坏试验强度分析

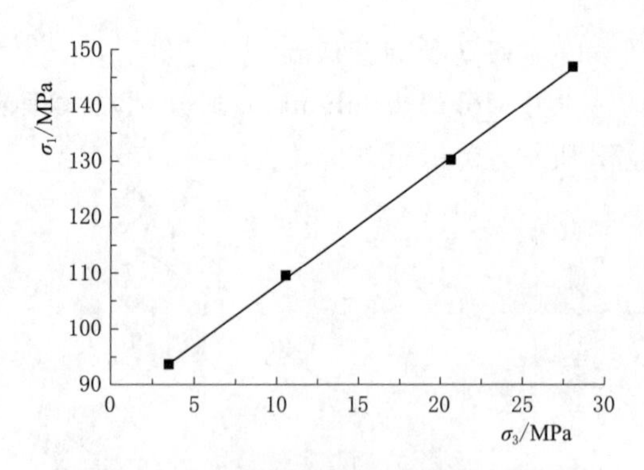

图 2.54 大理岩位移控制加轴压、卸围压破坏试验强度分析

表 2.19 大理岩加、卸荷破坏时强度参数表

试验类型	a/MPa	k	c/MPa	φ/(°)	R^2
常规三轴	85.81	2.16	29.20	21.50	0.988
位移控制加轴压 卸围压速率 0.6MPa/s	86.14	2.15	29.35	21.45	0.999

4. 应力控制加轴压、卸围压破坏试验

(1) 大理岩。不同卸荷速率下大理岩应力控制加轴压、卸围压破坏的轴向应力和围压关系曲线如图 2.55 所示。将试验得到的围压和轴向应力进行强度分析，得到的强度参数

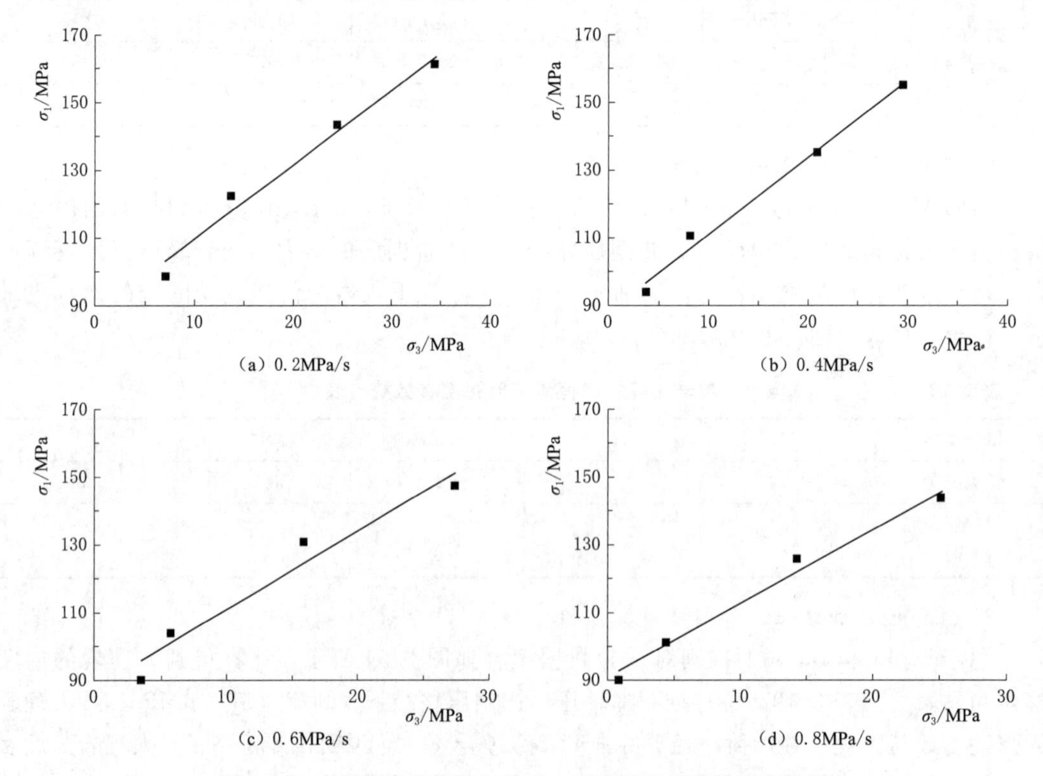

图 2.55 大理岩应力控制加轴压、卸围压破坏试验强度分析

见表 2.20。不同卸荷速率下得到的内摩擦角均大于常规三轴试验的内摩擦角，说明卸围压应力路径下更容易使岩石内部产生滑移；卸围压速率 0.6MPa/s 卸荷路径下的黏聚力低于常规三轴试验下的黏聚力强度，可能由于卸围压时，岩样内部应力重新分布，产生更多裂纹，裂纹之间相互作用充分，使岩样破坏程度更高，导致黏聚力下降。

表 2.20　　大理岩不同卸围压速率破坏时强度参数表

试验类型	a/MPa	k	c/MPa	φ/(°)	R^2
常规三轴	85.81	2.16	29.20	21.50	0.988
卸围压速率 0.2MPa/s	87.75	2.19	29.64	21.92	0.975
卸围压速率 0.4MPa/s	88.40	2.26	29.38	22.77	0.987
卸围压速率 0.6MPa/s	88.21	2.32	28.94	23.45	0.952
卸围压速率 0.8MPa/s	91.13	2.18	30.90	21.72	0.980

（2）灰岩。不同卸荷速率下应力控制灰岩加轴压、卸围压破坏时的轴向应力和围压关系曲线如图 2.56 所示。计算得到的强度参数见表 2.21。随着卸荷速率从 0.4MPa/s、0.6MPa/s、0.8MPa/s 变化，黏聚力从 13.93MPa、17.77MPa、33.44MPa 变化，内摩擦角从 48.8°、43.3°、36.4°变化，即随着卸荷速率的增加，岩样黏聚力逐渐增加，内摩擦角逐渐减小。这个性质可根据岩样卸荷破坏的变形特征解释，在卸荷速率比较慢时，岩样的变形破坏以主剪切为主，在卸荷速率比较快时，岩样的变形破坏以张剪破坏（劈裂加剪

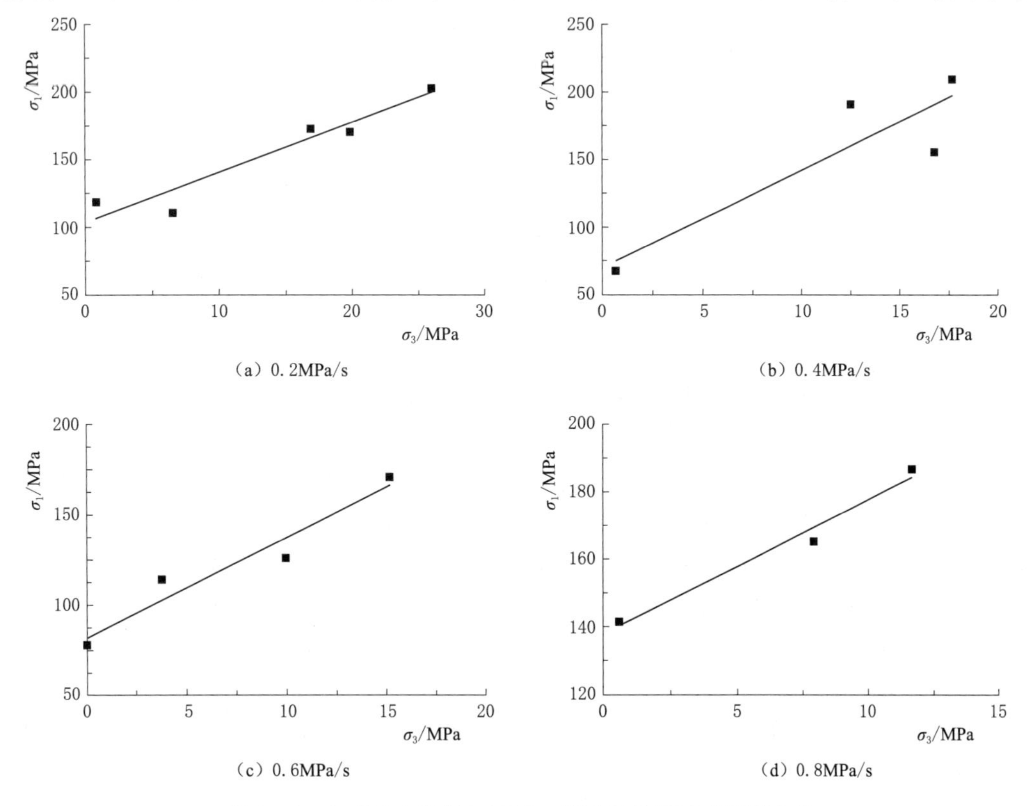

图 2.56　灰岩应力控制加轴压、卸围压破坏试验强度分析

切）为主，岩石张剪破坏的黏聚力要比压剪性破坏的黏聚力低，而张剪破裂面的粗糙度比主剪破裂面高，因此，内摩擦角相对要高。

表 2.21　灰岩加荷、卸荷试验破坏时强度参数统计表

试验类型	a/MPa	k	c/MPa	φ/(°)	R^2
加荷	110.31	4.25	23.30	38.40	0.88
卸荷速率 0.2MPa/s	111.32	3.52	29.71	33.80	0.89
卸荷速率 0.4MPa/s	74.16	7.10	13.93	48.80	0.87
卸荷速率 0.6MPa/s	84.19	5.62	17.77	43.30	0.97
卸荷速率 0.8MPa/s	136.63	3.91	33.44	36.40	0.99

2.8　加荷、卸荷应力路径特征应力

2.8.1　大理岩变形过程各阶段裂纹变化特征与特征应力

1. 裂纹变化特征

岩体受荷过程实质是内部微裂隙萌生、孕育、贯通、最终破坏的过程，试验大理岩变形过程具体可分为裂纹压密段（OA 段）、弹性阶段（AB 段）、裂纹稳定扩展阶段（BC 段）、裂纹非稳定扩展阶段（CD 段）及峰后破坏阶段（DE 段），各阶段分界点称为特征应力，具体如图 2.57 所示。

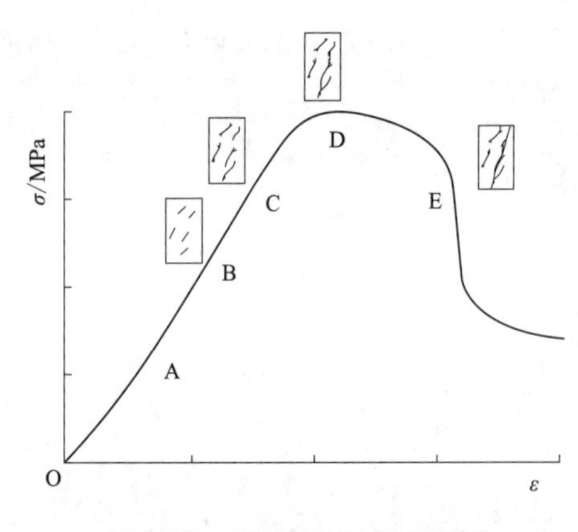

图 2.57　岩石破坏过程示意图

图 2.57 中，A 点为压密应力 σ_{cc}，B 点为起裂应力 σ_{ci}，C 点是扩容应力 σ_{cd}，D 点为峰值应力 σ_f。具体而言：①裂纹压密段，岩石原生裂纹受压发生闭合，σ_{cc} 表示压密阶段的极限值，对应应力应变曲线下凹段与弹性段的分界位置；②弹性阶段，岩石受压过程中应力与应变成正比，弹性阶段一直延续到应力到达裂纹起裂应力，内部出现裂纹，弹性段结束；③裂纹稳定扩展阶段，内部裂纹萌生后，随轴向应力增大，裂纹会沿尖端扩展，此阶段岩石体积应变处于由压缩向剪胀的转变状态，直到到达受压临界值扩容应力；④裂纹非稳定扩展阶段，岩石进入裂纹非稳定扩展阶段后，环向变形增加很快，微裂隙不断发展成连续贯通的宏观裂纹，体积应变迅速增加，并很快到达岩石的承载能力。

2. 特征应力

MTS 试验测试系统可以直接测得岩样轴向应变 ε_1 与环向应变 ε_3。大理岩常规三轴条件下的体积应变 ε_v 为

$$\varepsilon_v = \varepsilon_1 + 2\varepsilon_3 \tag{2.8}$$

体积应变被认为是由裂纹体积应变 ε_{vc} 与弹性体积应变 ε_{ve} 组成，裂纹体积应变表示因为裂纹张开或者闭合而导致的岩石体积变化。初始状态下裂纹体积应变为零。裂纹体积应变 ε_{vc} 计算公式为（MARTIN C. D.，1994）

$$\varepsilon_{vc}=\varepsilon_{v}-\varepsilon_{ve} \tag{2.9}$$

弹性体积应变 ε_{ve} 计算公式为

$$\varepsilon_{ve}=\frac{1-2v}{E}\sigma_1 \tag{2.10}$$

$$\varepsilon_v^c=\varepsilon_v-\frac{1-2\mu}{E}(\sigma_1+2\sigma_3) \tag{2.11}$$

$$\varepsilon_1^c=\varepsilon_1-\frac{\sigma_1-2\mu\sigma_3}{E} \tag{2.12}$$

$$\varepsilon_3^c=\varepsilon_3-\frac{\sigma_3-\mu(\sigma_1+\sigma_3)}{E} \tag{2.13}$$

式中 ε_1、ε_3、ε_v——岩样轴向应变、环向应变、体积应变；

ε_1^c、ε_3^c、ε_v^c——裂纹轴向应变，裂纹环向应变、裂纹体积应变；

μ——泊松比；

E——弹性模量；

σ_1、σ_3——轴向应力、围压。

大理岩轴向应力和轴向应变、体积应变与轴向应变关系曲线如图 2.58 所示。可以看出，关系曲线可分为 3 个阶段：①阶段Ⅰ，裂纹体积应变随轴向应变从零开始增加，表示由初始裂纹闭合引起的体积变化开始增大，临界值对应压密应力；②阶段Ⅱ，由于裂纹被压密且没有产生新生裂纹，裂纹体积应变基本不变，体积应变增加值即为弹性体积应变增加值，即不存在由裂纹张开或者闭合引起的岩石体积变化，反映在应力-应变曲线上为弹性阶段。此阶段岩石体积应变与轴向应变接近线性关系，裂纹体积应变水平段结束点对应起裂应力；③阶段Ⅲ，由于荷载持续增大，裂纹缓慢扩展，但整体呈压缩趋势。临界值扩容应力表示岩石由压缩状态转向膨胀状态的极限值，体积应变开始向负方向发展，即体积应变曲线的反弯点。该点过后，岩石开始发生膨胀变形，体积应变达到正向最大，裂纹加

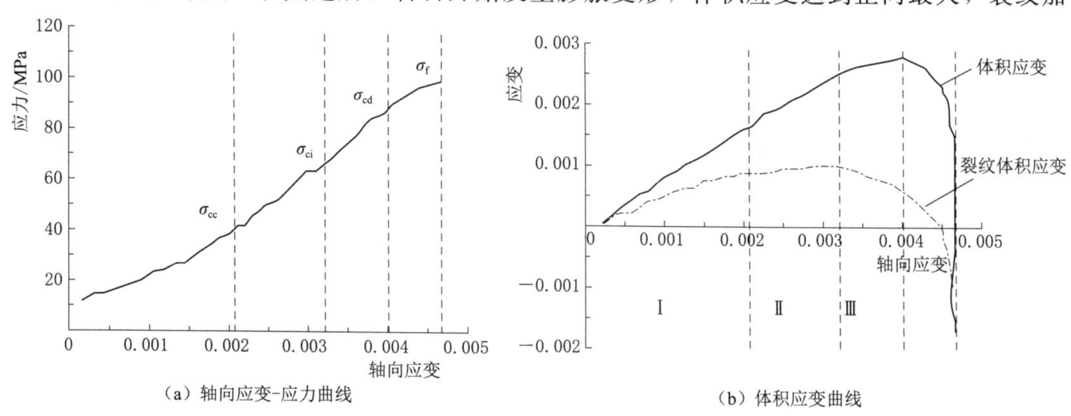

（a）轴向应变-应力曲线

（b）体积应变曲线

图 2.58 裂纹体积应变法示意图

速发展。图 2.58 中的阶段Ⅰ、阶段Ⅱ、阶段Ⅲ与常规三轴加荷试验中的 OA、AB、BD 段可以对应。

裂纹体积法是判断特征应力的常用方法，此外，Eberhardt 等（1998）提出利用刚度-应力曲线确定各体积刚度变化点，进而确定特征应力的方法。利用滑点回归技术，求得应力对各方向应变的一阶导数，得到刚度与轴向应力关系。滑点回归法如图 2.59 所示，对每个应力点取一应变区间，求得在这一区间的应力线性斜率，将所有点应力斜率连接就可得到各应变刚度曲线。轴向刚度、裂纹体积刚度及体积刚度分别为轴向应力随轴向应变、裂纹体积应变及体积应变增加时的斜率。

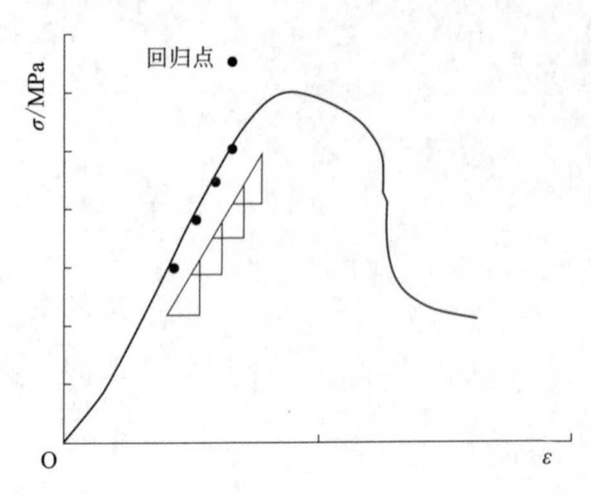

图 2.59　滑点回归法示意图

刚度法与裂纹体积应变法原理是相同的，都是通过轴向应变、体积应变与裂纹体积应变的变化点反映裂隙对体积应变的影响，从而确定各阶段特征应力，刚度法示意图如图 2.60 所示。轴向刚度在压密段一直增加，在弹性段基本保持不变，即压密应力对应轴向刚度增长至保持不变的转折点，如图 2.60（a）所示。起裂应力对应岩石裂纹开始张开的应力，裂纹体积应变开始减小，裂纹体积刚度曲线斜率变为负值，如图 2.60（b）所示。扩容应力为体积应变压缩值最大时对应的应力，如图 2.60（c）所示，体积刚度急剧减小由正转负位置即为岩石开始扩容点，岩样开始由压缩状态向膨胀状态转变。

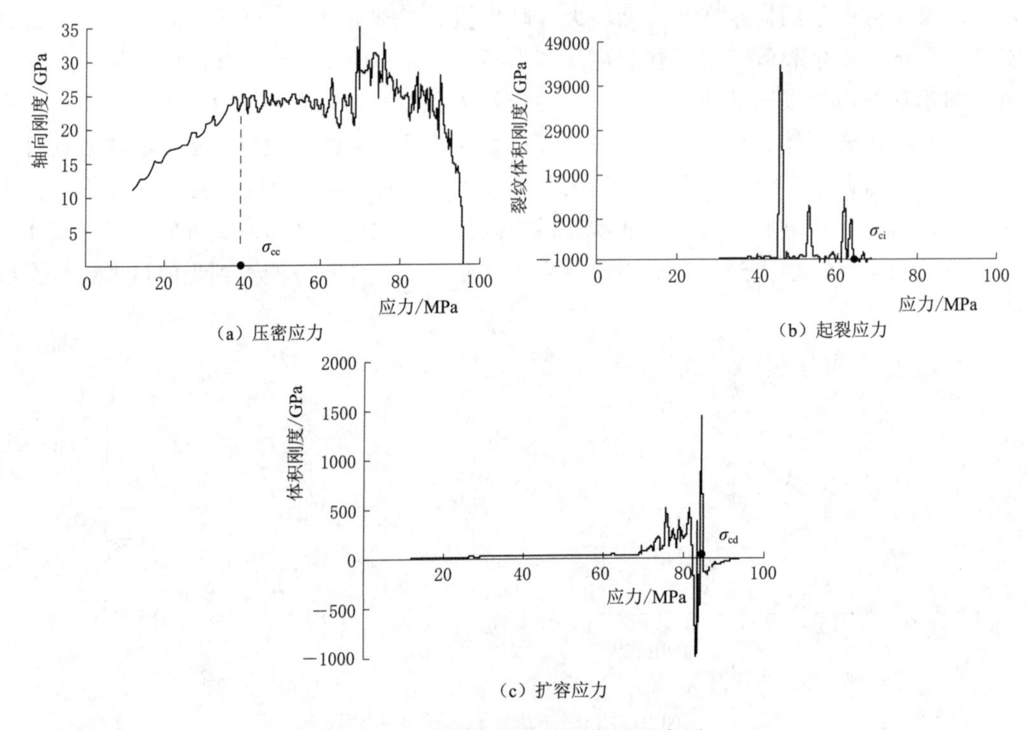

（a）压密应力

（b）起裂应力

（c）扩容应力

图 2.60　常规三轴试验刚度法示意图

2.8.2 大理岩变形过程各阶段特征应力确定

理论上，利用裂纹体积应变法和刚度法都可以确定岩石变形破坏过程各阶段特征应力点，但实际应用却并非如此。对于裂纹体积应变变化较小的硬脆性岩石而言，体积应变各阶段分界并不明显，并不存在严格意义上的裂纹体积应变不变段（大部分岩石都是渐变段），特征应力很难找出。刚度法理论上可以准确找出应力应变的斜率改变点，但对有些数据波动较大的岩样并不适应，往往很难从众多的波动点中找出哪一个是特征应力点。本文综合利用上述两种方法，首先利用体积应变变化特征初步确定各特征应力的大致范围，再结合刚度法最终确定具体的特征应力点位置。对大理岩应力控制加轴压、卸围压和常规三轴加荷试验数据进行分析，各特征应力见表 2.22。其中，压密应力比、起裂应力比与扩容应力比分别为压密应力、起裂应力、扩容应力与峰值强度的比值。

（1）同一卸荷速率条件下，随着围压升高，压密应力对应的体积应变和环向应变减小，起裂应力、扩容应力对应的应变值受围压影响很小，规律性不明显。以卸荷速率 0.2MPa/s 为例，随着围压自 10MPa 增大到 40MPa，压密应力对应的环向应变从 -1.2×10^{-4} 减小至 -8×10^{-5}，体积应变由 2.01×10^{-3} 减小至 1.29×10^{-4}。

（2）同一卸荷速率条件下，岩石压密应力、起裂应力及扩容应力均随围压升高而增大，围压可以有效提高岩石的强度。以卸荷速率 0.2MPa/s 为例，随着围压增大，压密应力由 38MPa 增大至 59MPa、起裂应力由 63MPa 增大至 68MPa、扩容应力由 83MPa 增大至 116MPa。

（3）扩容应力对应的环向应变值随围压变化并不明显，均在（-0.0004 ± 0.0001）范围内。扩容点对应的轴向应力与卸荷点位置的轴向应力极为接近，说明卸荷后围压对内部裂纹的约束作用减弱，卸荷前过程内部已出现部分裂纹，由于围压存在仍能保持压密状态，围压卸荷导致裂隙侧向约束减小，岩样迅速扩张，表现出明显的侧向扩容。地下工程施工过程中需及时设置有效的支护设施，从而抑制变形的进一步发展。

（4）压密应力为峰值应力的 35%～50%，起裂应力为 50%～75%，扩容应力为 75%～90%。同一卸荷速率下，围压对各特征应力比影响较小，而相同围压、不同卸荷速率条件下，各特征应力比随着卸荷速率增大而明显增大。围压 10MPa 时，随着卸荷速率增大，压密应力比从 0.39 增大至 0.52，起裂应力比由 0.64 增大至 0.81，扩容应力比由 0.85 增大至 0.92。实际地下工程施工过程中有针对性地控制开挖速度和开挖进尺，能够有效地提高岩石起裂及扩容应力，减缓或阻止岩体发生破坏。

（5）峰值应力随着卸荷速率的增大而减小，较大的卸荷速率更容易降低岩石的强度。相同围压、不同卸荷速率条件下，由于卸荷点前岩石的加荷路径相同，各特征应力及其对应的应变变化规律类似。

（6）常规三轴加荷路径各特征应力对应的环向应变与卸围压路径各特征应力对应的环向应变相差不大，而加荷路径的体积应变则比卸围压路径的体积应变略小。常规三轴扩容环向应变亦在（-0.0004 ± 0.0001）范围，与卸荷试验相同，这是否表明环向应变基本不受应力路径影响还有待进一步的验证。

不同围压条件下，大理岩的初始裂纹体积应变 ε_v^{c0}、裂纹体积扩展应变 ε_v^{cp} 及裂纹闭合应力 σ_{cc}、起裂应力 σ_{ci}、裂纹损伤应力 σ_{cd} 等特征应力与围压关系如图 2.61 所示。随着围

表 2.22　不同应力路径下大理岩特征应力统计表

应力路径	试样编号	卸荷速率/(MPa/s)	围压/MPa	压密点			起裂点			扩容点			峰值应力/MPa	压密应力比	起裂应力比	扩容应力比	卸荷点应力/MPa
				环向应变/‰	体积应变/‰	压密应力/MPa	环向应变/‰	体积应变/‰	起裂应力/MPa	环向应变/‰	体积应变/‰	扩容应力/MPa					
加荷	M2－Ⅰ	0	10	－0.11	1.38	50	－0.19	1.72	70	－0.40	1.96	96	110	0.45	0.64	0.87	
	M3－Ⅰ		20	－0.06	0.89	49	－0.18	1.55	85	－0.38	1.89	114	133	0.37	0.64	0.86	
	M4－Ⅰ		30	－0.07	0.95	62	－0.20	1.64	105	－0.44	1.97	134	150	0.41	0.70	0.89	
	M5－Ⅰ		40	－0.04	0.78	62	－0.19	1.70	116	－0.42	2.10	150	170	0.37	0.68	0.88	
卸荷	M74－Ⅱ	0.2	10	－0.12	2.01	38	－0.23	2.57	63	－0.44	2.91	83	97	0.39	0.64	0.79	80
	M78－Ⅱ		20	－0.12	2.46	50	－0.23	2.80	66	－0.56	3.41	92	116	0.43	0.57	0.79	94
	M82－Ⅱ		30	－0.11	1.54	55	－0.20	1.60	67	－0.52	2.23	100	131	0.42	0.51	0.76	102
	M86－Ⅱ		40	－0.08	1.29	59	－0.24	2.01	88	－0.50	2.62	116	148	0.40	0.60	0.76	117
	M75－Ⅱ	0.4	10	－0.08	1.62	34	－0.25	2.62	68	－0.29	2.69	71	89	0.38	0.76	0.80	69
	M79－Ⅱ		20	－0.10	1.72	46	－0.21	2.10	64	－0.43	2.71	88	110	0.42	0.58	0.79	88
	M83－Ⅱ		30	－0.11	1.30	52	－0.25	1.71	75	－0.51	2.23	101	129	0.41	0.58	0.77	102
	M87－Ⅱ		40	－0.05	0.60	51	－0.21	1.46	81	－0.51	2.12	115	142	0.36	0.57	0.76	117
	M76－Ⅱ	0.6	10	－0.11	2.37	39	－0.24	2.80	58	－0.40	3.11	70	77	0.50	0.75	0.91	70
	M80－Ⅱ		20	－0.03	1.92	48	－0.18	3.09	84	－0.29	3.21	88	110	0.44	0.76	0.76	88
	M84－Ⅱ		30	－0.10	1.57	55	－0.27	2.27	87	－0.37	2.57	101	132	0.42	0.66	0.76	102
	M88－Ⅱ		40	－0.05	1.03	58	－0.2	2.17	99	－0.30	2.62	117	153	0.38	0.65	0.76	117
	M77－Ⅱ	0.8	10	－0.13	1.99	43	－0.26	2.18	61	－0.36	2.39	70	76	0.52	0.81	0.92	70
	M81－Ⅱ		20	－0.09	1.71	50	－0.20	2.11	70	－0.38	2.50	87	109	0.46	0.64	0.80	87
	M85－Ⅱ		30	－0.09	1.24	52	－0.27	1.94	84	－0.42	2.25	100	122	0.43	0.69	0.82	102
	M89－Ⅱ		40	－0.05	1.15	58	－0.20	2.22	93	－0.37	2.80	116	136	0.42	0.68	0.85	117

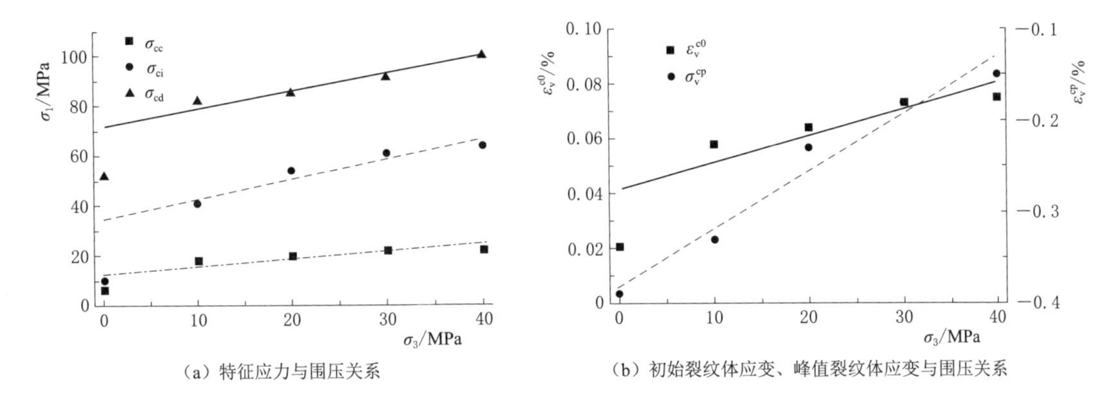

(a) 特征应力与围压关系

(b) 初始裂纹体应变、峰值裂纹体应变与围压关系

图 2.61　大理岩特征应力、裂纹体积应变与围压关系

压的增大，裂纹闭合应力增大，大理岩的起裂应力及损伤应力呈线性增加，岩样内部的裂纹发育扩张速度放缓，到达峰值强度需要更长的时间，这是由于较高的初始围压抑制了岩样裂纹的进一步发育。在常规三轴加荷条件下，大理岩的初始裂纹体积应变与围压大小呈现正相关关系。初始裂纹体积应变越大，其绝对值越小，加荷前大理岩内部的裂纹也越少。造成这一现象的主要原因是在施加围压的过程中部分裂缝已经闭合。裂纹体积应变随着围压的增大呈逐渐减小趋势，但其绝对值仍旧逐渐增加。

2.8.3　大理岩变形过程裂纹应变扩展速率分析

1. 常规三轴加荷破坏试验

M1-Ⅰ号、M2-Ⅰ号、M3-Ⅰ号、M4-Ⅰ号与M5-Ⅰ号大理岩试样分别在为围压0MPa、10MPa、20MPa、30MPa、40MPa时常规加荷条件下裂纹应变随加荷时间的演化规律如图2.62所示。单轴压缩条件下，试验开始后50s内，大理岩的裂纹轴向应变基本维持原状。80s左右，试样应力达到峰值强度，裂纹轴向扩展应变以近乎垂直方式上升。随着加荷时间的延长，大理岩的裂纹体积应变及裂纹环向应变逐渐减小；峰值强度后，裂纹体积应变和裂纹环向应变以近似垂直方式减小。

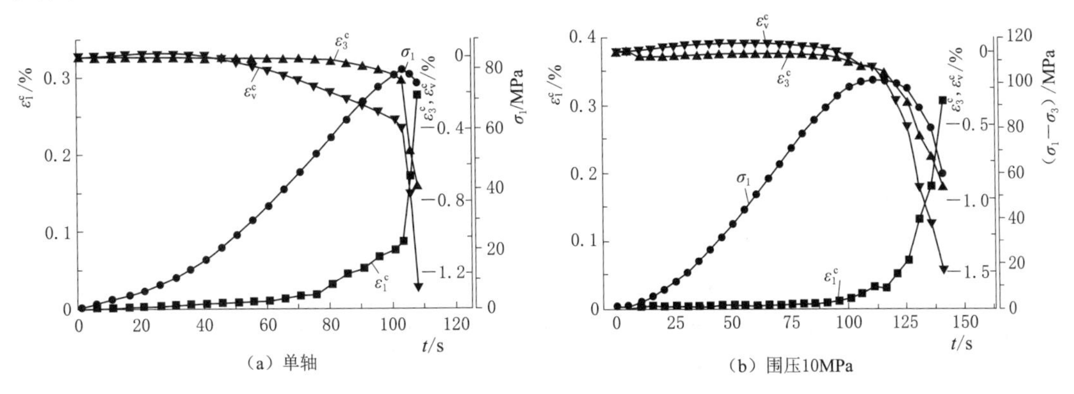

(a) 单轴

(b) 围压10MPa

图 2.62（一）　大理岩常规三轴加荷裂纹应变与时间的关系曲线

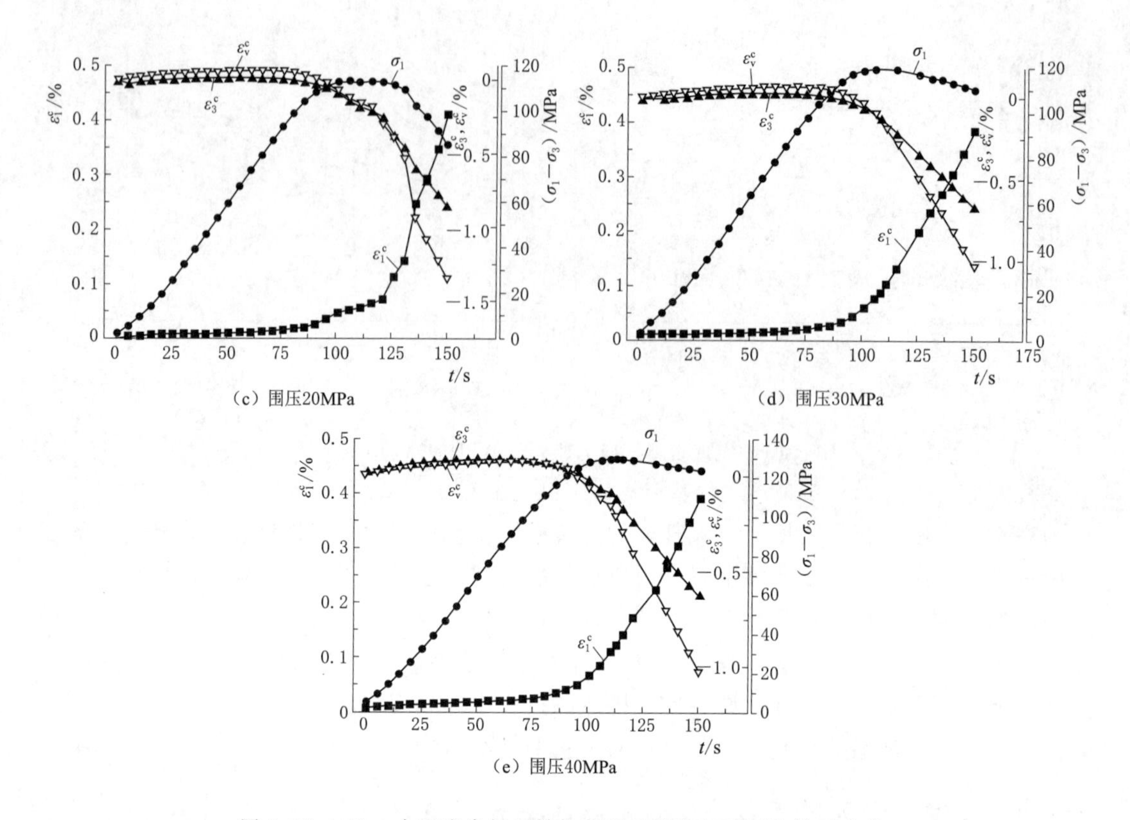

图 2.62（二） 大理岩常规三轴加荷裂纹应变与时间的关系曲线

施加围压后，大理岩的裂纹轴向应变随加荷时间呈非线性方式增加。随着加荷时间增加，大理岩内部裂纹逐渐增大，表现为裂纹体积应变及裂纹环向应变的逐步减小。

岩石受载变形过程中，裂纹应变扩展速率对其变形破坏过程具有重要影响。由于缺乏有效的实验手段，无法有效地测量实际的裂纹扩展速度。根据 Martin 提出的裂纹应变模型中的裂纹应变公式，即式（2.9）～式（2.13），可获得岩石变形过程中的裂纹应变与加荷时间的关系曲线，曲线上任一点的斜率即为裂纹应变扩展速率，其计算公式为

$$v_i^c=\frac{d\varepsilon_i^c}{dt} \tag{2.14}$$

式中 v_i^c——裂纹应变扩展速率；

ε_i^c——裂纹应变；

t——时间；

$i=1$、3——第一主应力方向和第三主应力方向。

裂纹应变扩展速率是单位时间内裂纹应变的变化量，描述的是试样内部裂纹应变扩展速率。本书计算裂纹扩展速率取 10 个点的平均裂纹扩展速率，后续以峰值应力点的裂纹扩展速率为例进行分析。

单轴和常规三轴加荷条件下大理岩裂纹应变扩展速率与围压关系如图 2.63 所示。图中 V_1^{cp}、V_3^{cp} 和 V_v^{cp} 分别表示大理岩峰值强度处的裂纹轴向应变扩展速率、裂纹环向应变扩展速率和裂纹体积应变扩展速率。随着围压的增大，裂纹应变扩展速率逐渐减小，围压抑制了裂纹的扩展。在相同围压下，大理岩的裂纹环向扩展速度和裂纹体积扩展速度均高于裂纹轴向扩展速度，表现出强烈的体积扩容现象。

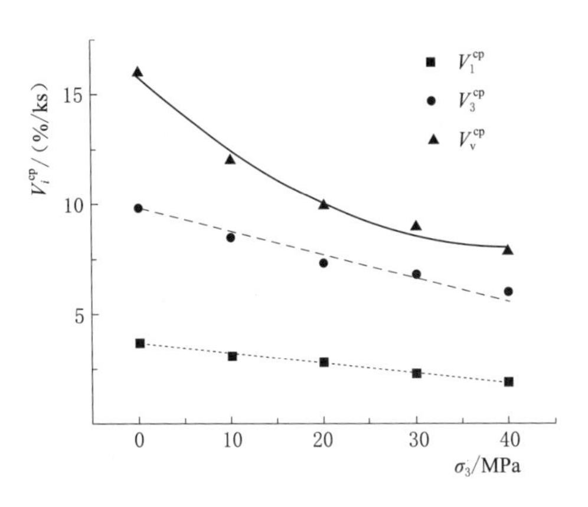

图 2.63 常规三轴加荷试验大理岩峰值强度点裂纹应变扩展速率与围压关系曲线

2. *应力控制加轴压、卸围压破坏试验*

不同卸荷速率下大理岩应力控制加轴压、卸围压试验过程中裂纹应变与加荷时间关系曲线如图 2.64 所示。前期大理岩的裂纹轴向应变基本保持不变，随着加荷时间增加，裂纹轴向应变开始缓慢增加。在 160s 时裂纹轴向应变垂直上升。裂纹环向应变及裂纹体积应变随着加荷时间增加先是缓慢增大，增大到最大值后开始减小，在接近峰值强度时，裂纹环向应变和裂纹体积应变垂直下降。不同卸荷速率下大理岩的裂纹应变演化特征与常规三轴加荷相似。常规三轴卸荷破坏试验中，大理岩峰值强度后阶段裂纹应变的演化规律不同于常规三轴加荷条件下裂纹应变的演化规律，由于到达应力峰值后应力下降明显快于常规

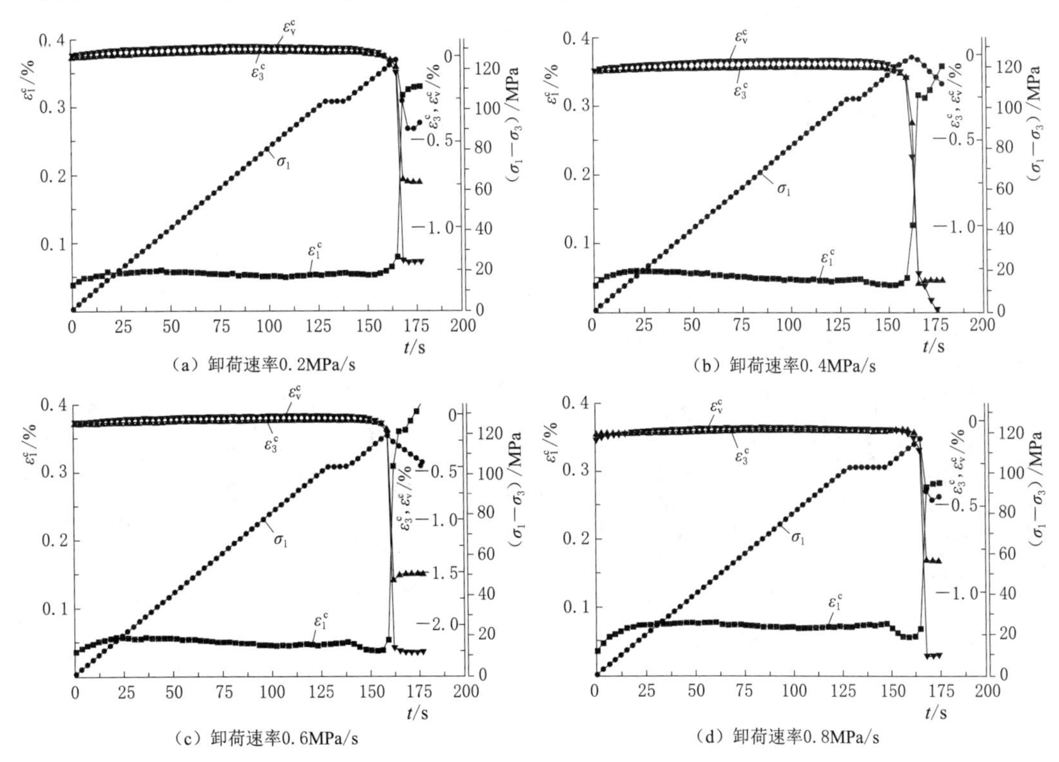

图 2.64 不同卸荷速率下大理岩裂纹应变与时间的关系

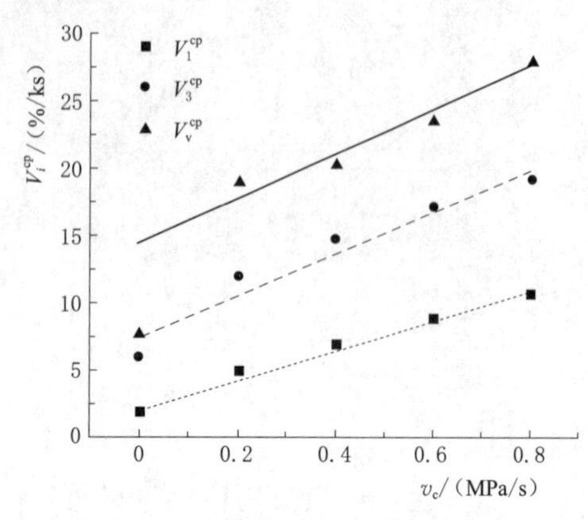

图 2.65 大理岩峰值强度点裂纹应变扩展速率与卸荷速率关系曲线

三轴加荷的应力下降速度，卸荷路径下大理岩峰值强度点处的裂纹环向应变和裂纹体积应变曲线呈垂直下降状态，而裂纹轴向应变曲线呈垂直上升状态。

大理岩峰值强度点裂纹应变扩展速率与卸荷速率关系曲线如图 2.65 所示。随着卸荷速率增加，裂纹轴向应变扩展速率、裂纹环向应变扩展速率和裂纹体积应变扩展速率均增加。这是由于卸围压速率越高，相同时间对应的围压越低，对大理岩试样的约束作用越小，裂纹扩展速率越快。

2.9 加荷、卸荷应力路径对破坏面特征的影响

2.9.1 恒轴压、卸围压破坏试验

1. 大理岩

围压 20MPa、峰值强度前和峰值强度后大理岩恒轴压、卸围压路径下的破坏形式如图 2.66 所示。卸荷速率 0.2～0.8MPa/s 范围内，大理岩岩样破坏形式为主剪切破坏，主剪切面贯穿整个试样，周围分布有许多小剪切裂缝。

围压 20MPa、峰值强度前和峰值强度后大理岩恒轴压、卸围压路径下的破坏形式如图 2.67 所示。峰值强度前卸荷破坏的大理岩岩样，破坏面凹凸分明，十分粗糙。峰值强度后卸荷破坏的岩样，破坏面间凸起部分被磨平，使得破坏面更加平整、光滑，表面均匀分布有白色岩粉。这是因为峰值强度后 80%卸荷时，岩样的主剪切面几乎已经形成，破坏面之间会产生摩擦力来承载轴力，岩样破坏面表面被摩擦痕迹明显，且均匀分布有大量白色岩粉。峰值强度前 80%卸荷时，岩样内部裂纹数量很少，主剪切面未形成，整个卸

0.2MPa/s

0.4MPa/s

0.6MPa/s

0.8MPa/s

(a) 峰值强度前不同卸荷速率

图 2.66（一） 峰值强度前、峰值强度后不同卸荷速率下大理岩宏观破坏形式

0.2MPa/s　　0.4MPa/s　　0.6MPa/s　　0.8MPa/s

(b) 峰值强度后不同卸荷速率

图 2.66（二） 峰值强度前、峰值强度后不同卸荷速率下大理岩宏观破坏形式

荷过程中岩样经历的变形明显小于峰值强度后卸荷破坏岩样，摩擦效应远不如峰值强度后卸荷破坏岩样明显。

0.2MPa/s　　0.4MPa/s　　0.6MPa/s　　0.8MPa/s

(a) 峰值强度前不同卸荷速率

0.2MPa/s　　0.4MPa/s　　0.6MPa/s　　0.8MPa/s

(b) 峰值强度后不同卸荷速率

图 2.67 峰值强度前、峰值强度后不同卸荷速率下大理岩宏观破坏形式

2. *灰岩*

灰岩恒轴压、卸围压破坏试验的破坏特征分为：主剪切（局部破碎）、共轭剪切、劈裂加剪切3种，如图2.68所示。总体而言，破坏时的围压较高，灰岩破坏形式以主剪破坏为主；随着破坏时围压的降低，灰岩破坏形式以共轭剪切为主；当围压继续降低，灰岩破坏形式以劈裂加剪切为主。

（a）主剪切破坏

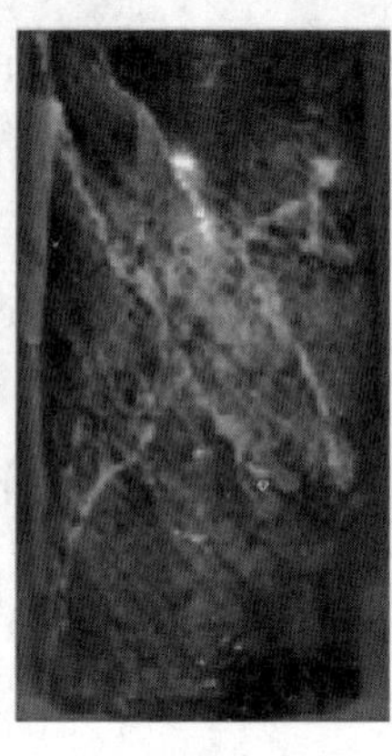

（b）共轭剪切破坏

（c）劈裂加剪切破坏

图2.68 恒轴压、卸围压路径灰岩破坏照片

（a）劈裂加剪切破坏

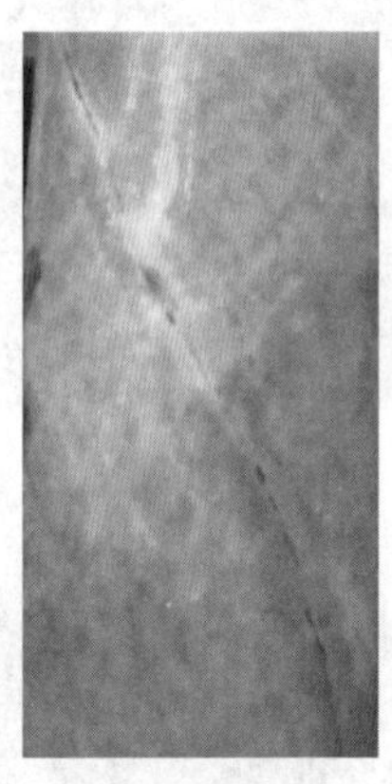

（b）主剪切破坏

图2.69 位移控制加轴压、卸围压大理岩破坏形式

2.9.2 位移控制加轴压、卸围压破坏试验

大理岩位移控制加轴压、卸围压破坏特征分为劈裂加剪切和主剪切破坏两种形式，典型大理岩岩样的破坏特征形式如图2.69所示。卸荷初始围压较低时（10MPa、20MPa），大理岩主要以劈裂加剪切破坏为主；卸荷初始围压较高时（30MPa、40MPa），大理岩以主剪切破坏为主，且主剪切面宽度较小。

卸荷破坏大理岩岩样的破坏角随卸荷速率变化图如图2.70所示。围压分别为10MPa、20MPa、30MPa时，随着卸荷速率增加，大理岩岩样破坏面与竖向轴线的夹角α逐渐减小，即岩样破坏角随着卸荷速率的增加逐渐增大。这是因为卸荷速率越大，岩样脆性破坏越剧烈，较强的脆性破坏对应较大的破裂角，随着围压的增加，破裂角对卸荷速率的敏感度逐渐降低。围压40MPa、峰值强度前80%卸荷路径下，随着卸荷速率的增加，大理岩岩样破裂角变化不大，这可能是试样峰后的裂纹发育及应变局部化过程受围压与卸荷速率共同影响，围压较高时卸荷速率的影响被弱化。

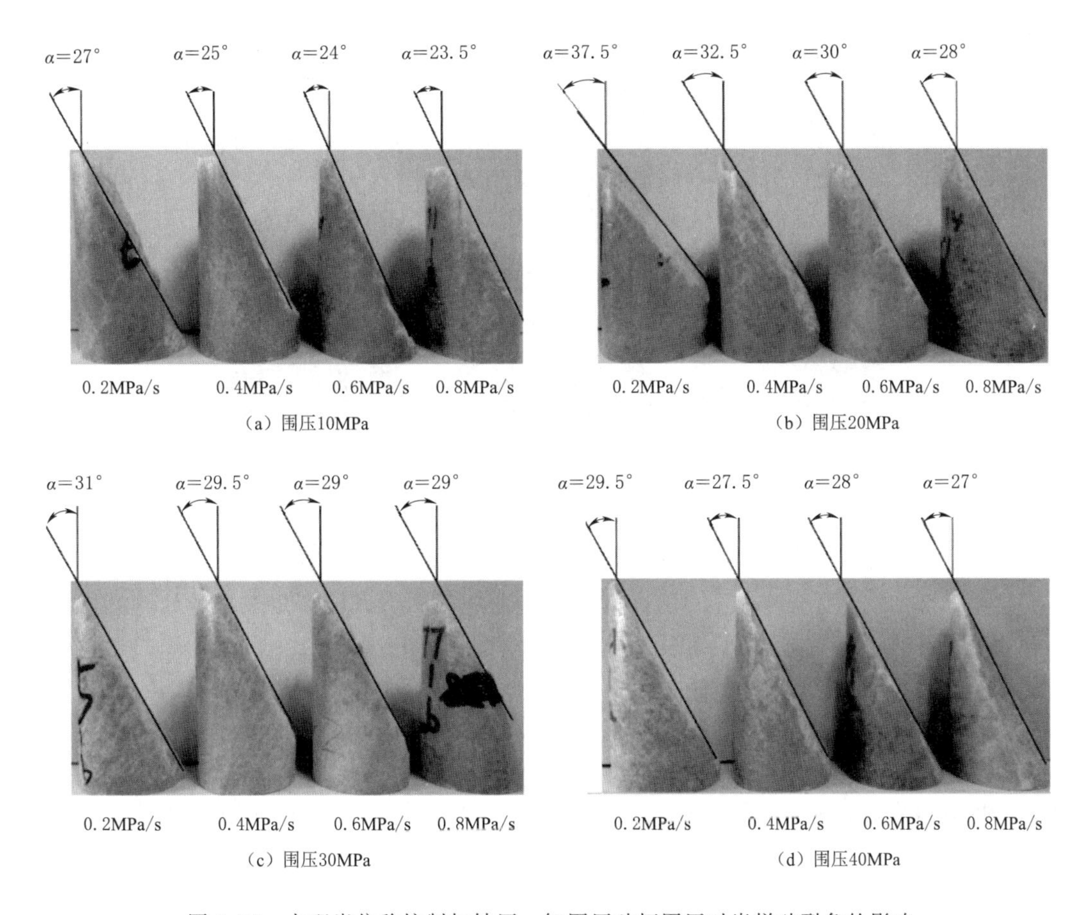

图 2.70 大理岩位移控制加轴压、卸围压破坏围压对岩样破裂角的影响

2.9.3 应力控制加轴压、卸围压破坏试验

1. 大理岩

大理岩应力控制加轴压、卸围压破坏特征分为主剪切破坏、共轭剪切破坏、劈裂加剪切破坏 3 种，这些破坏特征主要与大理岩岩样的卸荷初始围压和卸围压速率有关，典型大理岩的破坏照片如图 2.71 所示。

卸荷初始围压较高时（30MPa、40MPa），岩样以主剪切破坏为主，且主剪切面宽度较小，还有共轭剪切破坏；较低卸荷初始围压时，岩样以剪切破坏为主，剪切破坏面相互贯通形成具有一定宽度的剪切带，同时局部还伴随有张性裂纹。

卸围压速率较慢（0.2MPa/s）时，岩样以主剪切破坏为主；卸围压速率增加到 0.4MPa/s 时，岩样出现共轭剪切；卸围压速率为 0.6MPa/s 时，岩样局部出现张性裂纹；当卸围压速率增加为 0.8MPa/s 时，岩样出现劈裂加剪切破坏，剪切面附近出现贯通上下的劈裂纹。

岩样的破坏角定义为破坏面与水平轴的夹角，通过量测岩样的破坏角分析表明，相同卸荷初始围压下，随着卸荷速率的增加，破坏角也增大，如卸荷初始围压 20MPa 时，卸

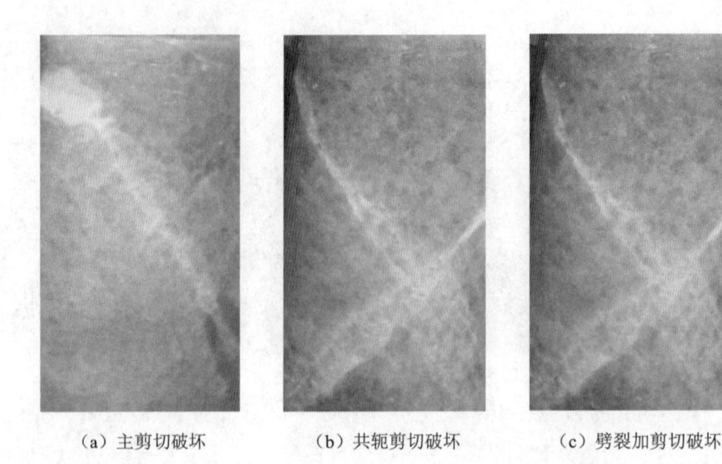

(a) 主剪切破坏　(b) 共轭剪切破坏　(c) 劈裂加剪切破坏

图 2.71　大理岩应力控制加轴压、卸围压典型破坏图片

荷速率从 0.2MPa/s、0.4MPa/s、0.6MPa/s、0.8MPa/s 变化，破坏角分别为 50°、56°、58°、62°。相同的卸围压速率下，随着卸荷初始围压的增大，破坏角减小，如卸围压速率为 0.4MPa/s 时，卸荷初始围压从 10MPa、20MPa、30MPa、40MPa 增大，破坏角从 62°、60°、57°、56°减小。

2. *灰岩*

应力控制加轴压、卸围压条件下，灰岩岩样破坏特征分为主剪切（局部破碎）、共轭剪切、劈裂加剪切 3 种，灰岩岩样的破坏特征与卸荷初始围压与卸荷速率密切相关，如图 2.72 所示。

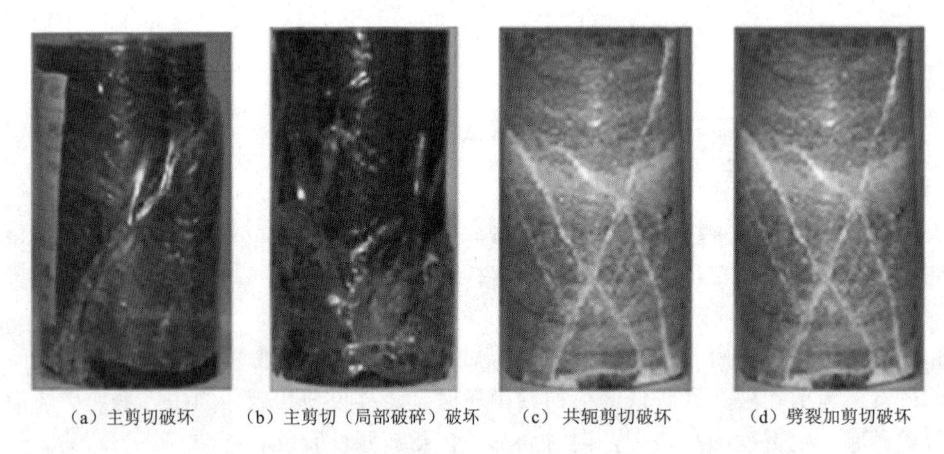

(a) 主剪切破坏　(b) 主剪切（局部破碎）破坏　(c) 共轭剪切破坏　(d) 劈裂加剪切破坏

图 2.72　灰岩应力控制加轴压、卸围压典型破坏图片

从卸荷时的初始围压来看，在卸荷初始围压较高时（30MPa、40MPa），岩样破坏以主剪切破坏为主；当围压降低（20MPa），岩样破坏以剪切破坏为主，同时局部有张性裂纹；当围压再降低时（10MPa），岩样出现劈裂破坏，局部有剪切带。

当卸荷速率较慢时（0.2MPa/s、0.4MPa/s），岩样出现主剪切破坏，即只有一个主破裂面；当卸荷速率较快时（0.6MPa/s），岩样出现共轭剪切破坏，还可能出现局部有破碎；当卸荷速率更快时（0.8MPa/s），岩样出现劈裂加剪切破坏，即以劈裂为主，局部有剪切带。

岩样破坏角方面，总体而言，卸荷初始围压相同，随着卸荷速率的增加，破坏角逐渐增加；卸荷速率相同，随着围压的升高，破坏角逐渐减小。

根据上述大理岩和灰岩的变形破坏特征，可将卸荷应力路径岩石的破坏特征概化为剪切破坏（主剪、共轭剪切）和劈裂破坏两大类，具体演化机制如图 2.73 和图 2.74 所示。

卸荷速率较慢出现剪切破坏。卸荷前阶段，轴向应力已经达到岩石峰值强度的 80%左右，岩样内部必然存在大量的微小张裂隙。卸荷开始后，轴向应力差迅速增大，卸荷引起的差异回弹使得这些微小张裂隙尖端拉应力集中，微裂隙迅速扩展，形成比较大的张裂隙；随着轴向应力差持续增大，部分较大的张裂隙间会出现剪应力集中，进而导致这些极大的张裂隙彼此联通；当应力差增大到峰值强度后，联通的张裂隙会沿那些相对较宽长的张裂隙形成一个剪切贯通破裂带，如图 2.73 所示。

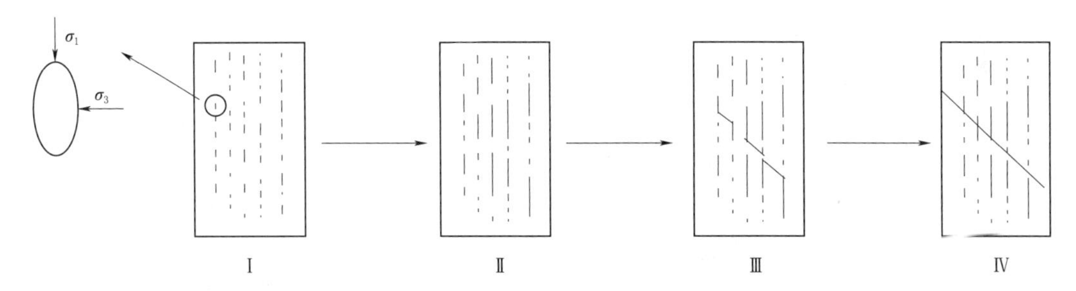

图 2.73　岩石剪切破坏过程示意图

快速卸荷出现劈裂破坏。卸荷前阶段，应力差已经达到岩石峰值强度的 80%左右，已经存在大量的微小张裂隙；卸荷开始后，轴向应力差迅速增大，卸荷引起的差异回弹使得这些微小张裂隙尖端拉应力集中，微裂隙迅速扩展，形成比较大的张裂隙；由于卸荷速率快，应力差增加迅速，岩体内裂隙的传播和应力的转移没有充分的时间来完成，在极短的时间内还没有剪断张裂隙间的岩桥，这些较大的张裂隙就追踪邻近的小张裂隙，形成更大、更多的张裂隙；当轴向应力差增大到峰值强度后，这些联通的张裂隙会进一步联通邻近的张裂隙，最终沿那些相对较宽、较长的张裂隙形成多个劈裂破裂带，如图 2.74 所示。

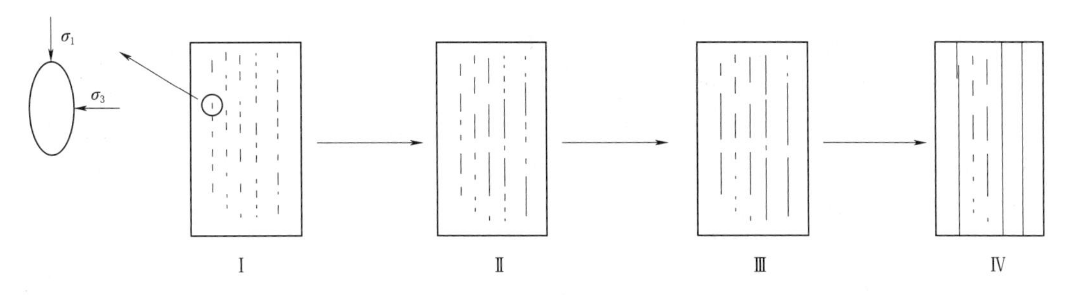

图 2.74　岩石劈裂破坏过程示意图

2.10 加荷、卸荷应力路径岩石破坏机理探讨

2.10.1 大理岩

1. 应力-应变曲线

(1) 轴向应变。与常规三轴加荷试验相比，在卸荷条件下，大理岩岩样破坏时产生的轴向应变较小，并且卸荷条件下岩样峰值轴向应力也小于岩样加荷条件下的峰值应力，表明卸荷路径下岩样破坏速度加快，降低了岩样的承载能力。相同试验条件下，不同卸荷路径下岩样的峰值轴向应变关系为应力控制加轴压、卸围压大于位移控制加轴压、卸围压大于恒轴压卸围压；相同试验条件下，不同卸荷路径的峰值轴向应力关系为应力控制加轴压、卸围压大于恒轴压卸围压大于位移控制加轴压、卸围压。

(2) 环向应变。对比不同路径的环向应变，位移控制加轴压、卸围压试验的曲线变化比较平缓，表明该路径下大理岩破坏不剧烈。相同试验条件下，不同试验路径的峰值环向应变关系为应力控制加轴压、卸围压大于常规三轴加荷大于位移控制加轴压、卸围压大于恒轴压卸围压，表明应力控制加轴压、卸围压试验岩样破坏前会积累更多的能量，从而引发岩样破坏。

(3) 轴向应变峰后突降速率。对比不同路径试验轴向应变峰后突降速率，常规三轴加荷试验与位移控制加轴压、卸围压试验相近，大于应力控制加轴压、卸围压试验，恒轴压、卸围压试验最小，表明大理岩在常规三轴加荷试验条件下破坏需要积累更多的能量，同时位移控制加轴压、卸围压试验中卸围压释放了岩样的能量，但位移控制加荷方式下岩样会积累更多的能量，因此岩样破坏时轴向应变突降速率会出现相近的情况。

2. 强度

相比常规三轴加荷条件而言，加轴压、卸围压条件下大理岩黏聚力是降低的，内摩擦角是提高的。并且应力控制加轴压、卸围压条件下大理岩黏聚力最低，内摩擦角最大，容易产生滑移。

大理岩在常规三轴加荷试验的残余强度要高于同等条件下卸荷试验的残余强度。相同试验条件下3种卸荷路径下残余强度的关系为应力控制加轴压、卸围压大于恒轴压、卸围压大于位移控制加轴压、卸围压。

3. 弹性模量变化

不同卸荷试验条件均会导致弹性模量降低。在高围压条件下，大理岩弹性模量的非线性减小特征都非常明显；而在低围压条件下，弹性模量的非线性减小特征是减弱的，即卸荷初始围压越高，曲线非线性特征越明显。在高卸荷速率下，大理岩弹性模量的非线性减小特征非常明显，而在低卸荷速率下，弹性模量的非线性减小特征是减弱的，即卸荷速率越高，曲线非线性特征越明显。

4. 岩样破坏特征

常规三轴加荷条件下大理岩基本上是主剪切破坏。卸荷条件下，大理岩破坏形式分为主剪切、共轭剪切、劈裂加剪切3种。大理岩的破坏角与卸荷初始围压和卸荷速率有关：

①在相同的卸荷初始围压下，破坏角随着卸荷速率的增大而增大；②相同的卸荷速率下，破坏角随着卸荷初始围压的增大而减小。另外，大理岩卸荷破坏产生的破坏角要略高于大理岩加荷破坏产生的破坏角。

2.10.2 灰岩

1. 应力-应变曲线

总体来看，灰岩加轴压、卸围压破坏时的应变值要比恒轴压、卸围压试验和常规三轴加荷试验破坏岩样的应变值要小。这说明加轴压、卸围压条件下灰岩破坏是最剧烈的，这点也可以从灰岩破坏时发出的声音得到验证，加轴压、卸围压的声音最响、最脆。另外，卸围压初始阶段灰岩环向应变和体积应变都出现突跳，说明卸荷初始对岩样扰动是非常明显的。

（1）轴向应变。卸荷破坏试验中，卸荷初始阶段灰岩轴向应变出现回弹，曲线斜率变缓，轴向应变增加量较小，当轴向应变增长到一定值之后，卸围压使得轴向应变迅速发展，应变强化阶段不明显，轴向应变峰值较小（$3\times10^{-3}\sim5\times10^{-3}$），脆性特征显著。加荷试验具有较为明显的应变强化阶段，轴向应变较大，延性特征明显，并且轴向应变峰值较大（$9\times10^{-3}\sim13\times10^{-3}$）。

（2）环向应变。卸荷初始阶段灰岩环向应变就出现向膨胀方向加速发展趋势，临近破坏时，环向变形增加速度很快（曲线呈水平线增加）。在加荷过程中，环向变形在过峰值点后才加速发展，但是增加速度小于卸荷条件下的环向应变增加速度（曲线为斜直线），而在峰值点前基本上是匀速增加。

（3）体积应变。卸荷初始阶段灰岩体积应变就出现向膨胀方向发展趋势，若忽略初始灰岩压缩变形，灰岩体积应变的发展趋势与环向应变的发展趋势基本相同。临近破坏时，灰岩体积膨胀增加速度很快。在加荷过程中，体积应变在过峰值点后才加速发展，在峰值点前体积应变变化较小，基本上处于压缩状态。可以认为灰岩的加荷破坏是因为轴向压缩变形所致，而灰岩的卸荷破坏是卸荷方向的强烈扩容所致。

2. 强度

相比加荷而言，加轴压、卸围压条件下灰岩黏聚力是降低的，内摩擦角是提高的。而恒轴压、卸围压条件下的试验数据离散性很大，得不出上述规律。但从相关文献来看，恒轴压、卸围压条件下岩样黏聚力是降低的，内摩擦角是提高的。

常规三轴加荷试验的残余强度要高于同等条件下卸荷试验的残余强度。在破坏时发生应力降方面，如果说破坏时发生大幅度的应力降是不确切的，因为这与试验过程的采样速度有关。第一次试验过程中的采样时间为1s，只有几个岩样采集到破坏时的应力降，而20～23号岩样将采样时间改为0.1s，破坏时就没有发生应力降。因此，应力降只有在采集时间相同的条件下才能比较（本书所指应力降就是在该前提下比较的）。然而，多数文献并没有说明采样时间问题，因此，不同文献之间应力降结果的比较是存在问题的。

3. 弹性模量变化

卸荷导致弹性模量降低，但降低值明显不同。高围压下卸荷的初始阶段（30MPa、40MPa），弹性模量的非线性增加特征明显，即卸荷初始弹性模量是增加的，而后随着围压的降低，弹性模量迅速降低。而在低围压下卸荷下，弹性模量的减小量较小。在相同的卸荷速率下，加轴压、卸围压试验中岩样弹性模量与围压间的非线性特征要比恒轴压、卸围压试验中岩样弹性模量与围压间的非线性特征明显。此外，弹性模量的降低值与围压大小有关，初始围压越大，降低越明显。

4. 泊松比变化

卸荷均导致泊松比的增加。在高围压下卸荷（30MPa、40MPa），所有控制方式下岩样泊松比的非线性增加特征都非常明显，而在低围压下卸荷，泊松比的非线性增加特征是减弱的，即卸荷初始围压越高，曲线非线性特征越明显。卸围压初始阶段，随着围压的降低，围压-泊松比近似直线关系，泊松比缓慢增加，增加值与初始围压成反比，即围压越高，泊松比增加越缓慢。随着围压的不断降低，泊松比不断增大，两者呈非线性关系，并且这种非线性特征与初始围压密切相关，临近破坏阶段泊松比近似水平线增加。

5. 岩样破坏特征

加荷、卸荷条件下岩样破坏时的声音都比较脆，加荷破坏岩样基本上是主剪切破坏，宏观破坏面一般很平整；卸荷破坏岩样以主剪切破坏为主，局部有劈裂面，并且破坏面不平整。这说明岩样破坏面的产生是与围压密切相关的，是一个渐进的过程，另外卸荷破坏岩样的破坏角要略高于加荷破坏岩样的破坏角，这说明卸围压时岩样内部积蓄的弹性能部分地沿卸荷方向释放了。

第3章

含天然节理灰岩加荷、卸荷破坏试验分析

节理岩体是岩体工程中最经常遇到的对象，节理的力学特性是影响岩体力学行为的主要因素，也是岩体工程在外载荷作用下变形和破坏的主要控制因素之一。例如采矿工程中发生的冒顶、片帮、底鼓等，都是由于开挖卸荷引起节理岩体的破坏导致的，最终诱发围岩发生破坏失稳。因此，研究节理岩体在加荷、卸荷条件下的力学特性、变形特征和破坏机制具有非常重要的意义。国内外对节理岩体的力学特性研究已经进行了大量的试验和理论研究工作，但节理岩样制备一般采用相似材料模型的办法，由相似材料制作的节理岩样力学特性较为单一，试验结果离散性小、规律性好，便于开展理论分析。实际岩体中天然节理因其成因、形成时的力学机制和环境因素差异，即使是同类岩体的节理也因张开程度、充填情况和表面形貌不同，其力学性质往往存在明显的差异，这与相似材料制作的节理岩样显然是有区别的。目前关于含天然节理岩样的力学特性研究报道还不多见，本章开展含天然节理灰岩岩样加荷、卸荷破坏试验研究，分析加荷、卸荷应力路径下含天然节理灰岩的物理力学特性和破坏特征。

3.1 试验介绍及试验应力路径

3.1.1 试验介绍

试验在中国矿业大学MTS815.02型电液伺服岩石力学试验机上进行，岩样选用现场钻孔取得的含天然节理灰岩试块，经实验室二次加工成标准圆柱体岩样，岩样加工精度满足岩石力学试验要求，并自然风干，部分岩样照片如图3.1所示。

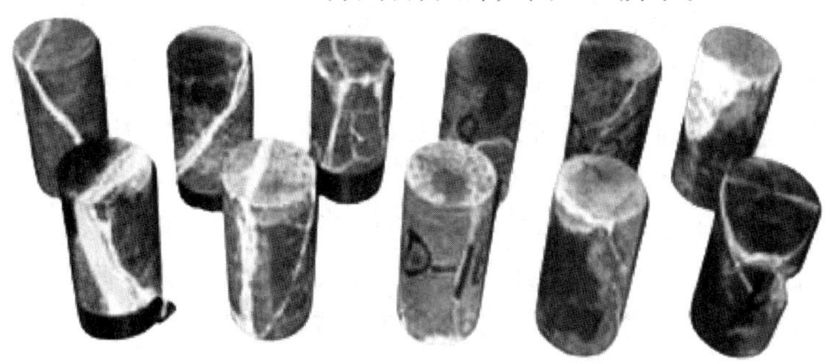

图3.1 含节理灰岩试样照片

3.1.2 试验应力路径

对含天然节理灰岩岩样进行常规三轴加荷破坏试验和应力控制加轴压、卸围压破坏试验，具体试验方案如下。

1. 方案Ⅰ（常规三轴加荷破坏试验）

试验分3个阶段：①按静水压力条件逐步施加围压 $\sigma_2=\sigma_3$ 至预定值；②保持围压不变，按照加荷速率为0.75MPa/s逐步提高轴向应力直至岩样发生破坏；③岩样破坏后采用变形控制方式保证采集到峰值强度后的变形曲线。

2. 方案Ⅱ（应力控制加轴压、卸围压破坏试验）

试验分4个阶段：①按静水压力条件逐步施加围压 $\sigma_2=\sigma_3$ 至预定值；②保持围压不变，按照加荷速率为0.75MPa/s逐步提高轴向应力至岩样破坏前的某一应力状态（峰值强度的80%左右）；③按照加荷速率为0.75MPa/s增加轴向应力，同时按照0.1MPa/s逐渐卸除围压直到岩样破坏；④岩样破坏后采用变形控制方式以保证峰后阶段的测试。

为了便于对比分析，试验前选取节理方向相同或者相近的两个岩样作为一组，其中一个做加荷试验，一个做相同围压下的卸荷试验。试验成功进行了17个岩样，其中方案Ⅰ试验完成了9个岩样，方案Ⅱ试验完成了8个岩样，见表3.1。

表3.1 含天然节理灰岩岩样分组表

试验方案	岩 样 编 号
方案Ⅰ	J01、J03、J05、J07、J11、J13、J15、J17、J19
方案Ⅱ	J02、J04、J06、J08、J10、J12、J14、J18

3.2 常规三轴加荷破坏分析

3.2.1 破坏特征

含天然节理灰岩岩样常规三轴加荷破坏试验数据见表3.2。灰岩岩样节理面与最大主应力夹角 $\theta=10°\sim46°$，围压 $\sigma=10\sim40$MPa。常规三轴加荷破坏试验中，含天然节理灰岩岩样破坏分为两类：穿切节理面破坏和沿节理面破坏，如图3.2所示。其中，穿切节理面破坏灰岩岩样破坏时表现为比较强烈的脆性破坏，破坏声音较脆，破坏面与节理面斜交，节理面闭合紧密，未见明显错动；沿节理面破坏灰岩岩样破坏时可以听到噗的一声，声音较小，岩样沿着节理面打开后可以看到节理面上存在明显的摩擦痕迹。

对加荷而言，9个岩样中只有3个是沿节理面破坏，另外6个岩样是穿切节理面破坏。其中，节理面与最大主应力夹角小于40°的岩样为穿切节理面破坏，夹角大于40°的岩样为沿节理面破坏（J13号岩样例外，夹角15°，破坏形式为沿节理面破坏）。上述结论与李宏哲等（2008）的结论完全相反。李宏哲等的试验结果表明，岩样的破坏形式主要取决于节理面与最大主应力夹角的大小，夹角大于40°的岩样破坏形式为穿切节理面破坏，夹角小于40°的岩样破坏形式为沿节理面破坏。李宏哲等的节理岩样取样方法是将岩样沿

表 3.2　含天然节理灰岩岩样常规三轴加荷破坏试验数据统计表

$\phi\times H$ /(mm×mm)	θ /(°)	σ_3 /MPa	破坏时轴压 σ_1'/MPa	破坏时围压 σ_3'/MPa	破坏时应力差 $(\sigma_1'-\sigma_3')$/MPa	破坏形式
灰岩 J01 50.4×104.3	38	30	254	30	224	穿切节理面
灰岩 J03 50.5×103.2	40	30	228	30	198	穿切节理面
灰岩 J05 50.5×103.1	43	30	198	30	168	沿节理面
灰岩 J07 50.5×104.5	42	30	273	30	243	沿节理面
灰岩 J11 50.1×101.0	23	10	154	10	144	穿切节理面
灰岩 J19 53.1×97.1	18	10	160	10	150	穿切节理面
灰岩 J13 50.1×100.7	15	20	233	20	213	沿节理面
灰岩 J15 50.0×104.1	11	20	214	20	194	穿切节理面
灰岩 J17 50.1×103.5	18	40	274	40	234	穿切节理面

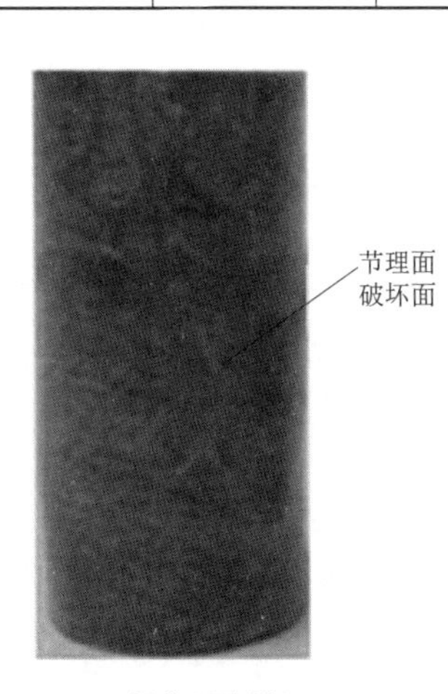

(a) 沿节理面破坏

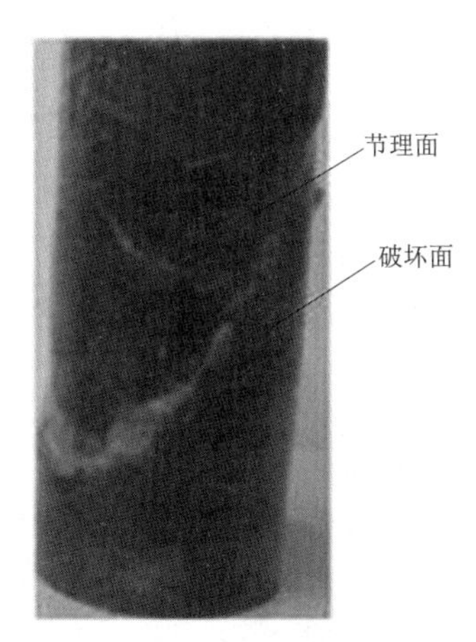

(b) 穿切节理面破坏

图 3.2　含天然节理灰岩岩样加荷破坏照片

节理面一分为二，然后拼在一起，这必然破坏了天然节理的原始结构。此外，节理岩体强度、破坏特征等不仅与节理方向有关，还与节理本身的强度有关，含天然节理灰岩岩样有的节理面发育非常明显，而有的发育不明显，这些都造成试验结果的差异。

3.2.2 应力-应变曲线

典型灰岩岩样加荷破坏全过程应力-应变关系曲线如图 3.3 所示。其中，J01 号、J03 号岩样发生穿切节理面破坏，J05 号、J07 号岩样发生沿节理面破坏。

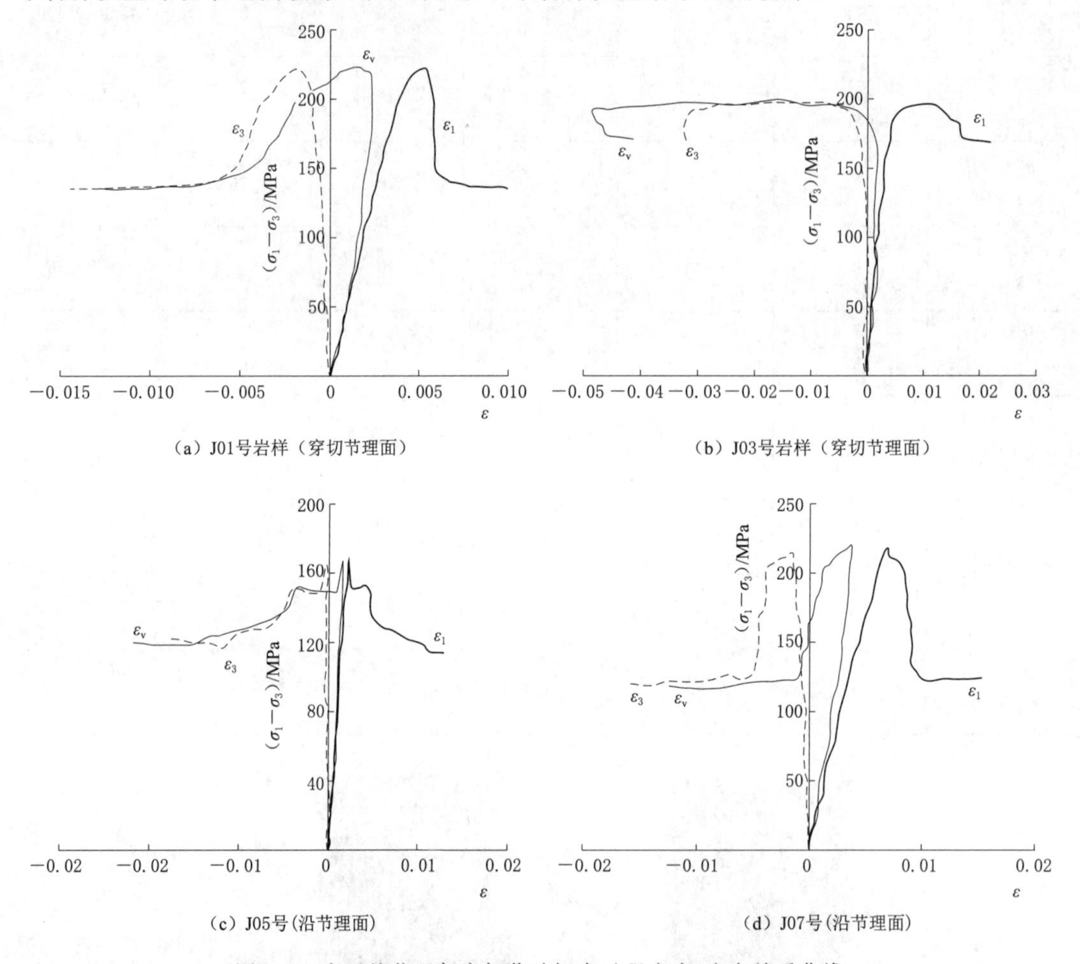

图 3.3 含天然节理灰岩加荷破坏全过程应力-应变关系曲线

1. 轴向应变

沿节理面破坏灰岩岩样峰值强度前基本为线弹性，峰值强度对应的轴向应变较小；穿切节理面破坏灰岩岩样峰值强度前具有明显的应变强化过程，峰值强度对应的峰值应变较大。沿节理面破坏灰岩岩样峰值应变到残余应变之间的变形大于穿切节理面破坏岩样峰值应变到残余应变之间的变形。

2. 环向应变

沿节理面破坏灰岩岩样峰值强度前环向应变基本为线弹性，并且应变值较小；穿切节理面破坏灰岩岩样峰值强度前环向应变有明显的非线性特征，应变值较大。另外，灰岩岩样破坏后，沿节理面破坏灰岩岩样的环向应变呈水平线形式增加，这可能是沿节理面滑移造成的，并非岩样真实环向应变；穿切节理面破坏灰岩岩样的环向应变有一段缓慢增加的过程，到达残余强度后环向应变才呈现水平线形式增加。

3. 体积应变

沿节理面破坏灰岩岩样体积应变在峰值强度前基本为线性变化，在峰值强度附近才出现从压缩到膨胀的迅速转变。穿切节理面破坏岩样体积应变在峰值强度前70%左右就出现压缩到膨胀的转变，随着轴向荷载的继续增加，体积应变曲线加速向负向增长，发生破坏后产生明显的体积扩容现象。

围压30MPa时，沿节理面破坏的J03号岩样发生了塑性流动，其塑性特征明显增强。与J01号岩样相比，J03号岩样在峰值强度附近出现了明显的屈服平台，轴向应变、环向应变、体积应变均大于J01号岩样。岩样破坏后，J03号岩样环向应变呈水平线形式增加，体积应变变化趋势与环向应变变化趋势一致，环向应变在达到30×10^{-3}之后保持不变，这是环向变形传感器的保护值设置为3mm造成的，环向应变30×10^{-3}之后阶段不代表灰岩岩样真实变形。

3.2.3 强度特征

沿节理面破坏灰岩岩样的峰值强度、残余强度明显低于穿切节理面破坏岩样的峰值强度和残余强度，具体数值与岩样节理面本身的强度有关。沿节理面破坏灰岩岩样强度在峰值强度前基本为线弹性变化，应变强化特征不明显；穿切节理面破坏灰岩岩样峰值强度前具有明显的应变强化过程。沿节理面破坏灰岩岩样的轴向应力在峰值强度后发生两次应力跌落现象：第一次应力脆性跌落的应力降较小，随后应力还能继续增加；第二次应力脆性跌落的应力降较大，然后进入残余变形阶段。穿切节理面破坏灰岩岩样峰值强度后发生应力脆性跌落后，直接进入残余变形阶段。

根据Mohr－Coulomb准则，拟合穿切节理面破坏灰岩岩样破坏时的轴压和围压的公式为

$$\sigma_1=4.25\sigma_3+110.31 \tag{3.1}$$

岩样加荷破坏时的实测值与理论值结果见表3.3。含天然节理岩样破坏时轴压的实测值与理论值之间误差在10%以内，因此可以认为含节理灰岩产生穿切节理面破坏实质上是岩样自身产生破坏，即穿切节理面破坏岩样的强度取决于岩石的强度，而节理的存在对这类岩样破坏强度基本没有影响。

表3.3　穿切节理面破坏灰岩岩样强度实测值与理论值

岩样编号	节理倾角 θ/(°)	σ_3 /MPa	破坏时轴压实测值 σ_1 /MPa	破坏时轴压理论值 σ_1' /MPa	误差 /%
J01	38	30	254	239	5.8
J03	40	30	228	239	4.9
J11	23	10	154	147	4.8
J19	18	10	160	147	8.1
J15	11	20	214	193	9.8
J17	18	40	274	286	4.2

灰岩岩样沿节理面破坏时，节理面上正应力 σ_n 和剪应力 τ 分别为（Hoek，2000）

$$\begin{cases}\sigma_n=\sigma_3+(\sigma_1-\sigma_3)\sin^2\theta \\ \tau=(\sigma_1-\sigma_3)\sin\theta\cos\theta\end{cases} \tag{3.2}$$

单弱面理论认为：当岩体沿节理面破坏时，节理将先于岩石材料达到极限平衡状态（Hoek，1983）。根据式（3.1）计算节理峰值抗剪强度 τ_{max}，不同灰岩节理岩样的正应力和剪应力关系见表 3.4。一般认为，节理面抗剪强度随节理面上正应力的增加而增大，表 3.4 中，J13 号岩样的围压为 20MPa，其抗剪强度反而比围压 30MPa 时破坏的 J05 号、J07 号岩样的抗剪强度要高。这种现象表明，自然界真实节理本身的抗剪强度存在很大的差异，试验室模拟的节理岩体的力学特性距离应用到实际工程中还有很多工作需要完善。

表 3.4　　沿节理面破坏灰岩岩样峰值抗剪强度与正应力关系统计表

岩样编号	节理倾角 θ/(°)	σ_3 /MPa	破坏时正应力 σ_n/MPa	破坏时抗剪度 τ_{max}/MPa
J05	43	30	146	78
J07	42	30	234	89
J13	15	20	110	105

3.2.4　围压对破坏应力差的影响

对发生穿切节理面破坏的灰岩岩样而言，随着围压增加，灰岩岩样破坏应力差逐渐增加，如图 3.4 所示。如 J19 号、J15 号、J03 号、J17 号岩样，围压分别为 10MPa、20MPa、30MPa、40MPa 时，加荷破坏时的应力差分别为 150MPa、194MPa、198MPa、234MPa。由于只有 3 个岩样发生沿节理面破坏，因此无法给出破坏时的应力差与围压关系。

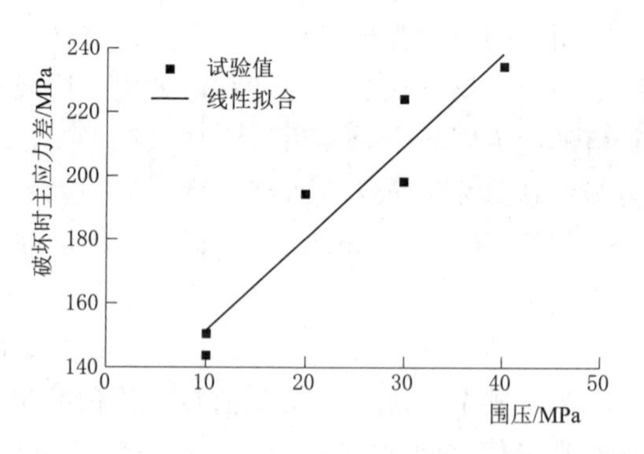

图 3.4　穿切节理面破坏灰岩岩样破坏时主应力差与围压关系曲线

3.3　加轴压、卸围压破坏分析

含天然节理灰岩岩样应力控制加轴压、卸围压破坏试验数据见表 3.5。

3.3.1　破坏特征

加轴压、卸围压破坏试验中，含天然节理灰岩岩样的破坏形式也有沿节理面破坏和穿切节理面破坏两种形式。8 个岩样中有 3 个岩样出现穿切节理面破坏形式，另外 5 个岩样是发生沿节理面破坏形式。节理面与最大主应力夹角小于 35°的灰岩岩样全都发生沿节理面破坏形式，如 J14 号、J16 号、J18 号岩样。夹角大于 35°的岩样破坏分为两种形式：

表 3.5　　含天然节理灰岩岩样加轴压、卸围压破坏试验数据

$\phi \times H$ /(mm×mm)	节理倾角 θ/(°)	σ_3 /MPa	破坏时轴压 σ_1'/MPa	破坏时围压 σ_3'/MPa	破坏时应力差 $(\sigma_1'-\sigma_3')$ /MPa	破坏形式
灰岩 J02 50.7×103.0	35	30	246	25.7	220.3	穿切节理面
灰岩 J04 50.6×103.4	41	30	191	26.5	164.5	沿节理面
灰岩 J06 50.4×100.6	46	30	200	25.1	174.9	沿节理面
灰岩 J08 50.8×102.4	45	30	243	25.9	217.1	穿切节理面
灰岩 J12 50.1×102.1	36	10	199	4.7	194.3	穿切节理面
灰岩 J14 50.1×104.0	10	20	211	14.8	196.2	沿节理面
灰岩 J16 50.1×103.1	21	20	175	17.2	157.8	沿节理面
灰岩 J18 50.1×101.4	25	40	254	28.9	225.1	沿节理面

①J04 号（夹角 41°）、J06 号（夹角 46°）灰岩岩样发生沿节理面破坏；②J02 号（夹角 35°）、J08 号（夹角 46°）、J12 号（夹角 36°）灰岩岩样发生穿切节理面破坏。夹角大于 35°时，两类破坏看不出与夹角的关系，说明卸荷破坏对真实节理岩体的影响是极为复杂的，亟需加强卸荷应力路径下真实节理岩体的力学特性研究。

3.3.2　应力-应变曲线

穿切节理面破坏和沿节理面破坏灰岩岩样卸荷破坏全过程应力-应变关系曲线如图 3.5、图 3.6 所示。

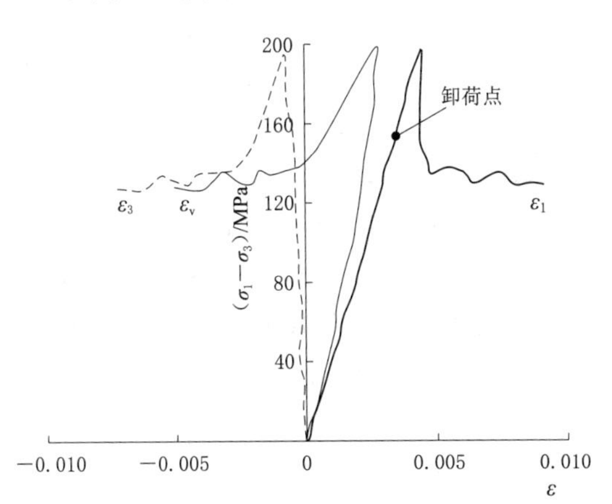

图 3.5　穿切节理面破坏灰岩岩样卸荷破坏全过程应力-应变关系曲线（J02 号）

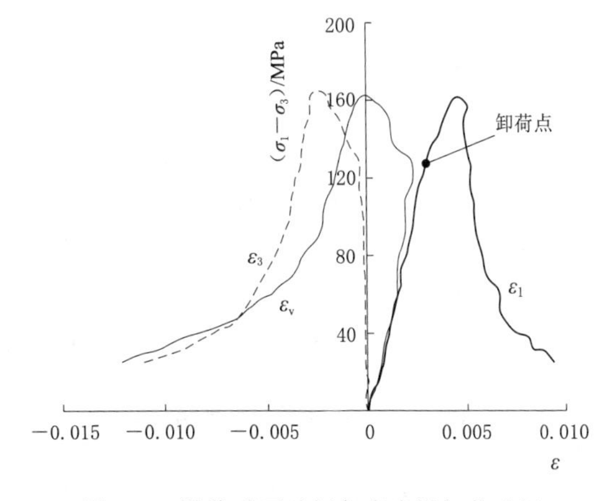

图 3.6　沿节理面破坏灰岩岩样卸荷破坏全过程应力-应变关系曲线（J04 号）

1. 轴向应变

卸荷开始后，穿切节理面破坏和沿节理面破坏灰岩岩样的轴向应变都出现曲线斜率变缓的趋势，即轴向应变有加速发展趋势，但是沿节理面破坏岩样轴向应变增加的更快一些。与此相对应，穿切节理面破坏灰岩岩样峰值应变略有增加，而沿节理面破坏灰岩岩样峰值应变明显增大。

2. 环向应变

穿切节理面破坏和沿节理面破坏灰岩岩样的环向应变变化规律与轴向应变变化规律基本相同，不再赘述。

3. 体积应变

穿切节理面破坏和沿节理面破坏灰岩岩样的体积应变变化规律与环向应变变化规律基本相同。沿节理面破坏灰岩岩样体积应变在卸荷开始后出现拐点，并迅速向负方向发展，发生体积膨胀。穿切节理面破坏灰岩岩样在卸荷开始后体积应变仍然向压缩方向发展，只是发展速度比加荷条件下缓慢一些，经过相当长的压缩阶段后，在峰值强度后才出现体积由压缩到膨胀的迅速转变。

3.3.3 强度特征

沿节理面破坏灰岩岩样的峰值强度、残余强度明显低于穿切节理面破坏岩样的峰值强度和残余强度，具体数值与岩样节理面本身的强度有关。按照3.2节的方法计算穿切节理面破坏岩样强度参数，结果见表3.6。围压30MPa时，灰岩岩样的强度实测值与理论值之间误差在3%以内；围压10MPa时，灰岩岩样的强度实测值与理论值之间误差为26%。由于穿切节理面破坏只有3个岩样，因此很难总结规律，但是从试验结果看，穿切节理面破坏岩样的峰值强度实测值高于理论值，可以认为，节理对这类岩样破坏强度基本上没有影响。

表3.6 穿切节理面破坏灰岩岩样强度实测值与理论值统计表

岩样编号	节理倾角 θ/(°)	(卸荷前/后围压) /MPa	峰值强度实测值 σ_1/MPa	峰值强度理论值 σ_1'/MPa	误差 /%
J02	35	30/25.7	246	239	2.8
J08	45	30/25.9	243	239	1.6
J12	36	10/4.7	199	147	26.1

按照3.2节的方法，根据式（3.2）计算节理峰值抗剪强度，不同节理岩样的正应力和峰值剪应力关系见表3.7。表3.7中，J14号、J16号灰岩岩样破坏时的围压分别为14.8MPa、17.2MPa，其抗剪强度反而比破坏时围压分别为26.5MPa、25.1MPa的J14号、J16号岩样的抗剪强度要高，这表明天然节理的抗剪强度存在很大差异。

3.3.4 围压对破坏应力差的影响

对穿切节理面破坏灰岩岩样而言，卸荷初始围压越大，破坏时的应力差越大，这与完整灰岩岩样卸荷破坏规律类似。如J02号、J12号岩样，卸荷初始围压分别为30MPa和10MPa，破坏时应力差分别为220.3MPa和194.3MPa。

表 3.7 沿节理面破坏灰岩岩样峰值抗剪强度与正应力的关系统计表

岩样编号	节理倾角 $\theta/(^\circ)$	(卸荷前/后围压) /MPa	破坏时正应力 σ_n/MPa	破坏时抗剪强度 τ_{max}/MPa
J04	41	30/26.5	31	26
J06	46	30/25.1	167	68
J14	10	20/14.8	73	90
J16	21	20/17.2	128	72
J18	25	40/28.9	33	30

对沿节理面破坏灰岩岩样而言，卸荷破坏的应力差与卸荷初始围压也有上述关系。例如，J18 号、J06 号、J16 号岩样，卸荷初始围压分别为 40MPa、30MPa、20MPa，破坏时主应力差分别为 225.1MPa、174.9MPa、157.8MPa。

另外，沿节理面破坏岩样破坏时围压都比较高，一般都大于 15MPa，是否具有普遍性还需要进一步验证。

3.4 含天然节理灰岩加荷、卸荷破坏机理探讨

1. 破坏特征

加荷、卸荷应力路径下，含天然节理灰岩岩样破坏形式分为两类：穿切节理面破坏和沿节理面破坏。其中，穿切节理面破坏岩样破坏时表现为比较强烈的脆性破坏，破坏声音较脆；沿节理面破坏岩样声音较小，破坏时可以听到噗的一声。对加荷破坏而言，节理面与最大主应力夹角小于 40°的岩样发生穿切节理面破坏，夹角大于 40°的岩样发生沿节理面破坏。对卸荷破坏而言，节理面与最大主应力夹角小于 35°的岩样是发生沿节理面破坏，夹角大于 35°的岩样破坏形式规律不明显。

2. 轴向应变

加荷破坏试验中，沿节理面破坏灰岩岩样轴向应变峰值强度前基本为线弹性，峰值应变较小，量值在 3.5×10^{-3} 左右。卸荷破坏试验中，卸荷开始后岩样轴向应变出现加速发展趋势，峰值应变明显增大，量值在 5×10^{-3} 左右。加荷破坏试验中，穿切节理面破坏岩样峰值强度前具有明显的应变强化过程，峰值应变较大，量值在 5×10^{-3} 左右。卸荷破坏试验中，卸荷开始后穿切节理面破坏岩样出现应力-应变曲线斜率变缓，峰值应变增加量较小，没有应变强化过程。

3. 环向应变

加荷、卸荷应力路径下沿节理面破坏灰岩岩样和穿切节理面破坏灰岩岩样的环向应变变化规律与轴向应变变化规律基本相同。

4. 体积应变

加荷破坏试验中，沿节理面破坏灰岩岩样体积应变在峰值前基本为线性变化，在峰值附近才出现从压缩到膨胀的迅速转变。卸荷破坏试验中，沿节理面破坏灰岩岩样体积应变在卸荷开始后曲线出现拐点，并迅速向膨胀方向发展。

加荷破坏试验中，穿切节理面破坏灰岩岩样体积应变在峰值强度的 70%左右就出现从压缩到膨胀的转变。卸荷破坏试验中，穿切节理面破坏灰岩岩样在卸荷开始后体积应变

仍然向压缩方向发展，只是速度比加荷时缓慢一些，经过相当长的压缩阶段后，在峰值强度后才出现从压缩到膨胀的迅速转变。

5. 强度

加荷、卸荷应力路径下沿节理面破坏灰岩岩样的峰值强度、残余强度都明显低于穿切节理面破坏灰岩岩样的峰值强度和残余强度。卸荷破坏中，沿节理面破坏灰岩岩样没有明显的屈服阶段，峰值强度后强度迅速降低，并没有出现加荷破坏中的屈服和强度再提高过程。除了J06号岩样外，含天然节理灰岩岩样卸荷破坏的峰值强度低于加荷破坏的峰值强度。

与完整灰岩岩样卸荷破坏相比，含天然节理灰岩岩样卸荷破坏发展的更为迅速，试验岩样都在围压降低不到5MPa时就发生破坏，见表3.3。完整灰岩岩样一般是在围压降低很大值时才发生破坏，见表2.11。就破坏后发生的应力降而言，沿节理面破坏岩样应力降较小。穿切节理面破坏岩样破坏后应力降较大。就加荷破坏而言，穿切节理面破坏岩样比较容易发生塑性流动，如J03号、J15号、J17号岩样。

6. 弹性模量

卸荷破坏试验中发生穿切节理面破坏灰岩岩样（J02号）与沿节理面破坏灰岩岩样（J04号）围压-弹性模量关系曲线如图3.7所示。卸荷过程中两种破坏形式对应的弹性模量都随着围压的降低而逐渐降低，其变化趋势与完整岩样卸荷破坏的变化规律相同。在卸荷初期，弹性模量缓慢减小，随着围压继续减小，弹性模量开始呈现非线性减小，接近峰值强度时，非线性减小特征更加明显。在卸荷过程中，穿切节理面破坏灰岩岩样弹性模量降低值很小，而沿节理面破坏灰岩岩样弹性模量降低值很大。

7. 泊松比

卸荷破坏试验中发生穿切节理面破坏灰岩岩样（J02号）与沿节理面破坏灰岩岩样（J04号）围压-泊松比关系曲线如图3.8所示。卸荷过程中两种破坏形式对应的泊松比都随着围压的降低而逐渐增大，其变化趋势与完整岩样卸荷过程中泊松比的变化规律相同。但是，随着围压降低，穿切节理面破坏岩样泊松比增加值较小，而沿节理面破坏岩样泊松比增加值较大。应该指出，图3.8中泊松比水平增加表示岩样已经破坏，此时试验过程变为保持围压不变，该阶段岩样已有宏观裂纹，泊松比不代表岩样真实泊松比，本书只比较卸围压段泊松比，水平段不考虑。

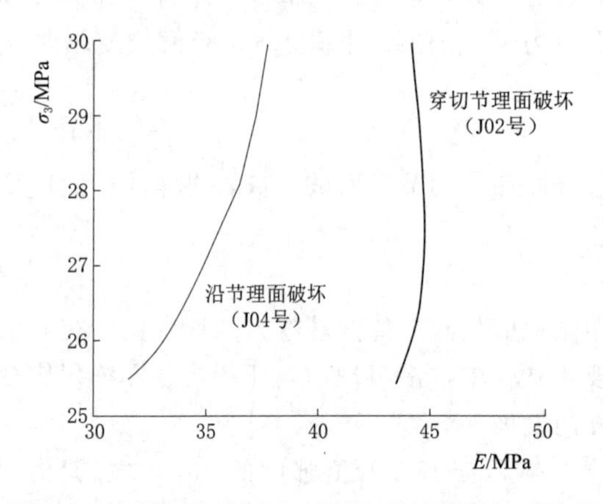

图3.7 岩样卸荷破坏试验围压-弹性模量关系曲线

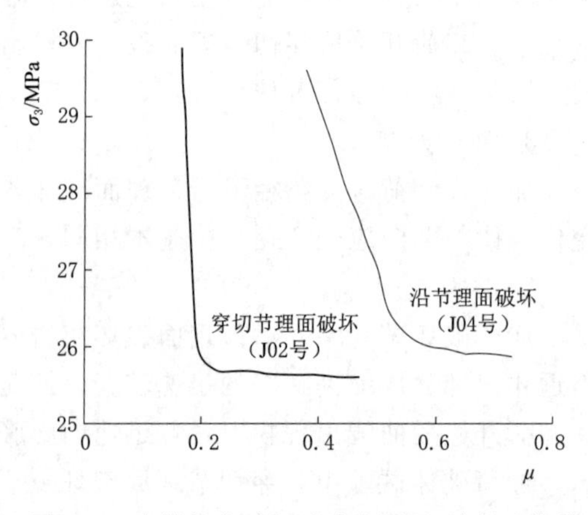

图3.8 岩样卸荷破坏试验中围压-泊松比曲线

第 4 章

岩石加荷、卸荷破坏过程能量演化特征与破坏前兆

随着岩体地下工程的增多，国内外学者从不同角度开展了对岩体卸荷破坏机制的研究，并取得了丰硕的成果。从能量转化的角度研究岩体破坏机制问题，目前是岩石力学研究领域的热点之一。从能量角度分析岩石单轴和常规三轴压缩变形破坏过程的研究已有很多，但从能量角度分析岩石三轴加荷、卸荷破坏机制的研究还刚刚起步，尤其是对不同卸荷应力路径下岩石变形过程的能量演化特征分析还比较少。本章应用多个能量指标解译大理岩、砂岩、花岗岩变形破坏过程中的能量演化机制，分析不同加荷、卸荷应力路径、不同卸荷围压、不同卸荷速率、不同卸荷应力水平条件下岩石的能量转化过程，探讨各因素对能量演化的影响规律，从能量转化角度解释岩石在卸荷状态下的损伤破坏机制。

4.1 岩石变形过程能量分析方法原理

按照能量守恒原理，忽略试验过程中的能量损失，岩样变形过程中吸收的总能量等于试验机对岩石试样所做的功。试验过程中轴向和侧向载荷分别使试样产生轴向变形 ε_1 和侧向变形 ε_2、ε_3。轴向能量 U_1 表示试样产生轴向变形所吸收的能量，侧向能量 U_2、U_3 分别表示沿围压 σ_2、σ_3 方向产生侧向变形所吸收的能量，则试验过程中岩样实际吸收的总能量 U_0 为

$$U_0 = U_1 + U_2 + U_3 \tag{4.1}$$

其中

$$U_1 = \int \sigma_1 \mathrm{d}\varepsilon_1 = \sum_{i=0}^{n} \frac{1}{2}(\varepsilon_{1i+1} - \varepsilon_{1i})(\sigma_{1i} + \sigma_{1i+1}) \tag{4.2}$$

$$U_2 = \int \sigma_2 \mathrm{d}\left(\frac{\varepsilon_2}{2}\right) = \sum_{i=0}^{n} (\varepsilon_{2i+1} - \varepsilon_{2i})(\sigma_{2i} + \sigma_{2i+1}) \tag{4.3}$$

$$U_3 = \int \sigma_3 \mathrm{d}\left(\frac{\varepsilon_3}{2}\right) = \sum_{i=0}^{n} (\varepsilon_{3i+1} - \varepsilon_{3i})(\sigma_{3i} + \sigma_{3i+1}) \tag{4.4}$$

式中 σ_1——轴向应力；

σ_2、σ_3——侧向应力；

ε_1——轴向应变；

ε_2、ε_3——侧向应变；

σ_{1i}——应力应变曲线计算点所对应的轴向应力；

ε_{1i}——应力应变曲线计算点所对应的轴向应变；

σ_{2i}、ε_{2i} 和 σ_{3i}、ε_{3i}——对应的计算点相应的两个侧向应力和侧向应变。

在试验过程中总能量又可以转化为两部分，存储在岩样内部的弹性能（U_e）及在变形损伤过程中消耗的耗散（U_d），三者的关系可以表示为

$$U_0=U_e+U_d \tag{4.5}$$

弹性能和耗散能的计算关系如图 4.1 所示。

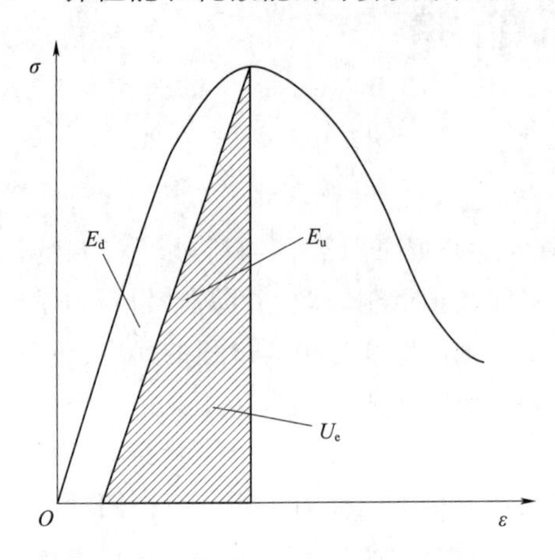

图 4.1 弹性能和耗散能的计算关系

真三轴试验中，弹性能的计算公式为

$$\begin{aligned}U_e&=\frac{1}{2E_u}[\sigma_1^2+\sigma_2^2+\sigma_3^2-2\mu(\sigma_1\sigma_2+\sigma_1\sigma_3+\sigma_2\sigma_3)]\\&\approx\frac{1}{2E_0}[\sigma_1^2+\sigma_2^2+\sigma_3^2-2\mu(\sigma_1\sigma_2+\sigma_1\sigma_3+\sigma_2\sigma_3)]\end{aligned} \tag{4.6}$$

式中 E_0——初始弹性模量；

E_u——卸荷的弹性模量。

计算时取初始弹性模量 E_0 代替 E_u（黄达等，2012），E_0 和 μ 的取值在弹性段按峰值强度 50%～60%取值。

特别指出，岩样破坏后环向应变沿轴向分布极不均匀，中间大、两端小，试验中测量环形变形的链条放置于岩样中部，测量的环向变形实际上是其最大值，所以计算时假设环向变形为试验测量值的一半（尤明庆等，2002）。

常规三轴压缩试验中（$\sigma_2=\sigma_3\neq 0$），岩样实际吸收的能量、弹性能计算公式为

$$U_0=U_1+2U_3 \tag{4.7}$$

$$U_e\approx\frac{1}{2E_0}[\sigma_1^2+2\sigma_3^2-2\mu(2\sigma_1\sigma_3+\sigma_3^2)] \tag{4.8}$$

根据式（4.1）～式（4.8）计算不同应力路径下岩样变形过程中的各能量指标，能量指标单位为 MJ/m^3。

4.2 常规三轴加荷破坏能量演化特征与破坏前兆

4.2.1 能量演化特征

1. 大理岩

岩石受荷变形过程中，从裂纹出现、扩展、贯通直至发生破坏的整个过程都伴随着能量的转化。M2-Ⅱ号与 M4-Ⅱ号大理岩试样分别在围压 10MPa、30MPa 时常规三轴加荷变形全过程能量演化曲线如图 4.2 所示。与围压大小无关，不同围压下岩石破坏过程都可统一划分为 5 段：①压密阶段（OA 段）：岩样吸收的总能量、弹性应变能和

耗散应变能都缓慢增加，外力功大部分转化为弹性应变能被存储于岩样内部，耗散能增加得很少；②弹性阶段（AB 段）：吸收的总能量和弹性能随着变形的增大而增大，弹性能增加得很快，而耗散能几乎没有增加；③裂纹扩展及扩容段（BC 段）：耗散能急剧增加，而弹性能增速变缓，并在峰值强度处达到最大值；④峰后破坏阶段（CD 段）：峰值点过后岩样存储的弹性应变能快速释放，岩石发生破坏，宏观破裂面贯通；⑤残余强度阶段（D 点之后）：该阶段弹性能基本保持不变且维持在较低的水平，而耗散能与总能量的增长速率基本一致，说明输入的能量基本被消耗了，吸收存储在岩样内部的能量很少。

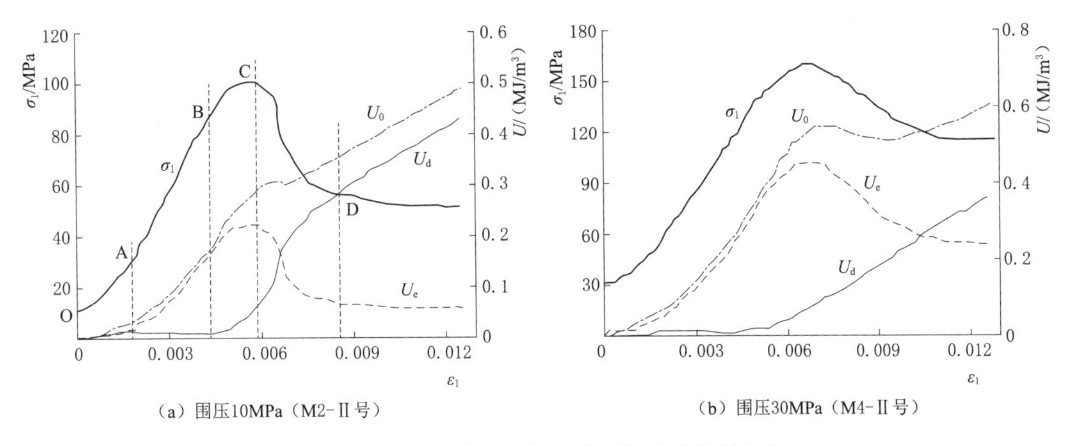

图 4.2 大理岩常规三轴加荷破坏过程能量变化

2. 灰岩

围压 30MPa 时 L4 -Ⅱ号灰岩试样常规三轴加荷破坏过程能量变化曲线如图 4.3 所示。压密阶段，岩石吸收的应变能都转化为内部的弹性能，耗散能很小；压密阶段后，弹性能持续增加，但弹性能曲线的斜率变缓，即弹性能的增速变慢，而耗散应变能的增加速度逐渐变快；临近峰值强度时，耗散能快速提高，弹性应变能释放，岩石发生破坏。由于轴向应力增速恒定，岩样并没有发生迅速的应力降低，而是缓慢降到残余强度。在此过程中，弹性能逐渐释放，耗散应变迅速增加，在残余强度后耗散应变能超过弹性能。

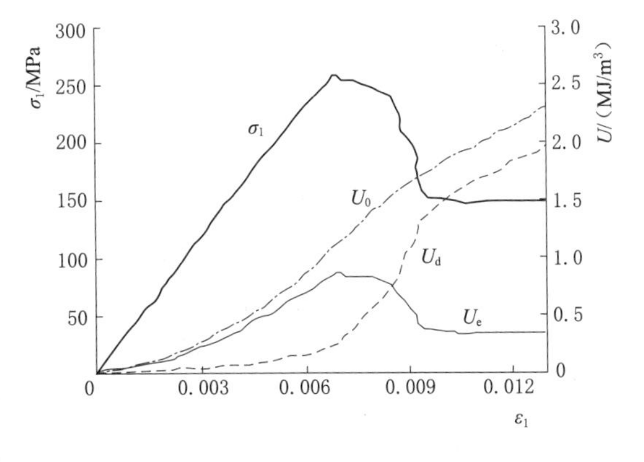

图 4.3 L4 -Ⅱ号岩常规三轴加荷破坏过程能量变化

4.2.2 围压的影响

1. 大理岩

大理岩加荷破坏试验的能量分析见表 4.1。从最初能量积聚，到后期能量释放，岩石变形过程中必然存在弹性应变能的极大值，即峰值点处所积聚的能量，称为储能极限

U^{e}_{max}。大理岩岩样破坏时各能量指标值与围压关系曲线如图 4.4 所示。大理岩岩样破坏时试验机输入的总能量 U_0 和储能极限 U^{e}_{max} 与围压呈较好的线性关系，随着围压的增大，总能量 U_0 和储能极限 U^{e}_{max} 都逐渐增大。大理岩岩样变形过程中的耗散能 U_d 与围压呈非线性关系，随着围压增大，耗散能 U_d 呈先增大后减小的趋势。但是，若忽略围压 10MPa 数据，耗散能总体随着围压增大而逐渐减小。

表 4.1 大理岩加荷破坏试验能量分析表

试验方案	试样编号	围压/MPa	峰值点		
			U_0/(MJ/m³)	U_e/(MJ/m³)	U_d/(MJ/m³)
常规三轴	M2-Ⅱ	10	0.27923	0.22565	0.05358
常规三轴	M3-Ⅱ	20	0.40260	0.31535	0.08725
常规三轴	M4-Ⅱ	30	0.53890	0.46018	0.07872
常规三轴	M5-Ⅱ	40	0.56884	0.52922	0.03962

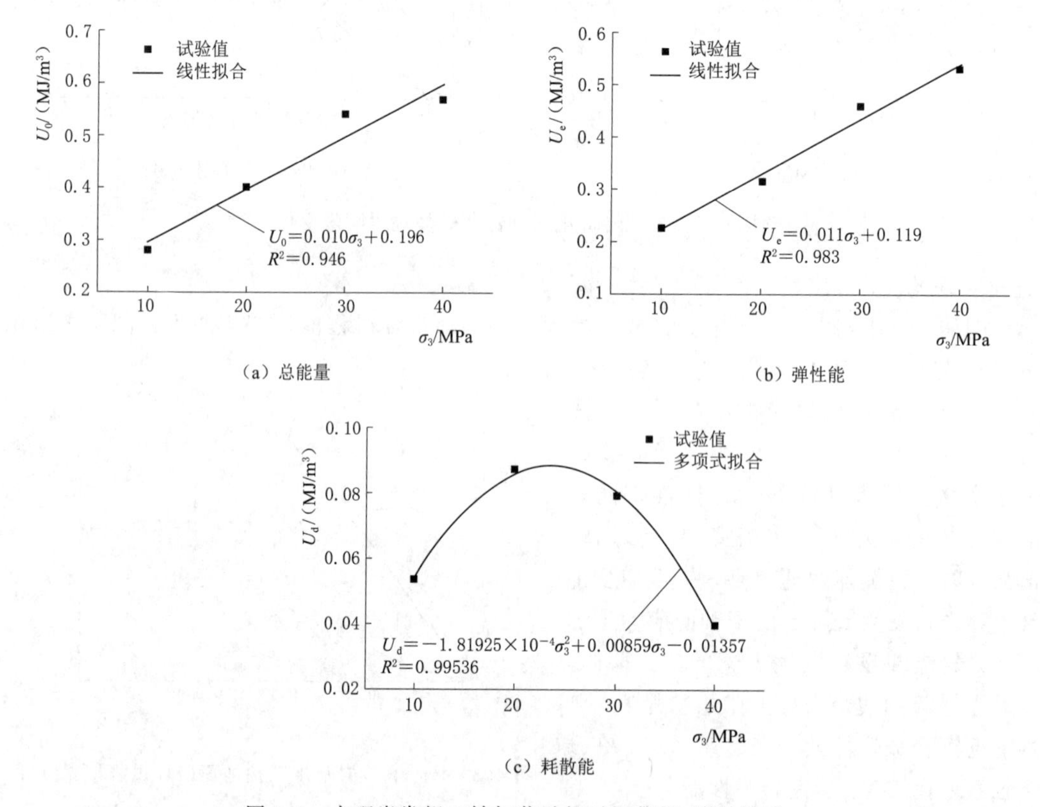

图 4.4 大理岩常规三轴加荷破坏过程能量-围压关系

2. 灰岩

灰岩岩样加荷破坏试验的能量分析见表 4.2。灰岩岩样破坏时各能量指标值与围压关系曲线如图 4.5 所示。随着围压升高，灰岩破坏吸收的总能量和积蓄的弹性能（储能极限）都增加，且与围压呈较好的线性关系。随着围压从 0、10MPa、20MPa、30MPa、

40MPa 逐渐增加，灰岩岩样吸收总能量从 0.212MJ/m³ 增加为 0.405MJ/m³、0.599MJ/m³、0.824MJ/m³、1.205MJ/m³，弹性能从 0.171MJ/m³ 逐渐增加为 0.327MJ/m³、0.465MJ/m³、0.601MJ/m³、0.987MJ/m³。

表 4.2　　灰岩岩样加荷破坏试验的能量分析表

试验方案	试样编号	围压/MPa	峰值点		
			U_0/(MJ/m³)	U_e/(MJ/m³)	U_d/(MJ/m³)
常规三轴	L2-Ⅱ	10	0.405	0.327	0.078
常规三轴	L3-Ⅱ	20	0.599	0.465	0.134
常规三轴	L4-Ⅱ	30	0.824	0.601	0.213
常规三轴	L5-Ⅱ	40	1.205	0.987	0.318

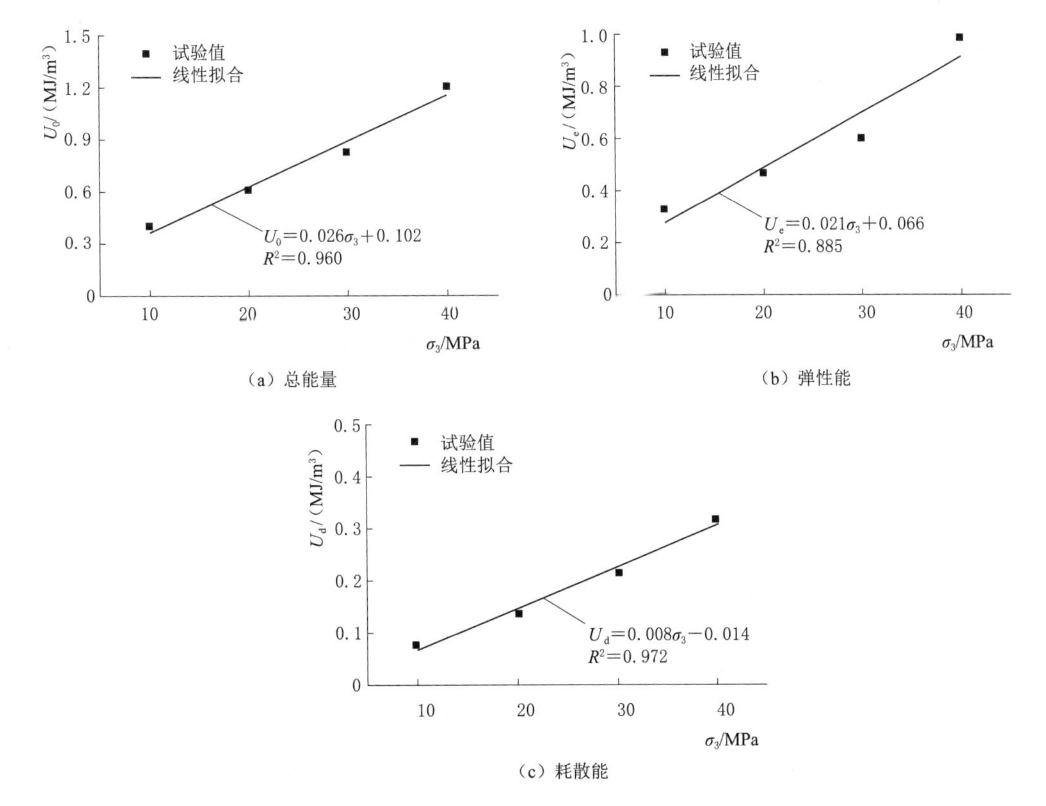

图 4.5　灰岩常规三轴加荷变形破坏过程能量-围压关系

由图 4.5 可以看出，灰岩破坏前耗散能会有突增现象，耗散能曲线突然变陡可以作为岩石破坏的前兆。由于围压抑制了内部裂纹的进一步发育，裂纹扩展需要消耗更多的能量，试验机对岩石做更多的功才会导致岩石破坏，导致常规三轴压缩破坏岩石的弹性能和耗散能数值均随围压的增大而增大，如图 4.5 (c) 所示。

4.3 恒轴压、卸围压破坏能量演化特征与破坏前兆

4.3.1 能量演化特征

M11-Ⅲ号大理岩试样在围压20MPa时、峰前80%峰值轴向应力处，以0.4MPa/s卸荷速率进行恒轴压、卸围压试验的能量演化曲线如图4.6所示。大理岩岩样变形的各个过程都伴随着能量的动态变化，恒轴压、卸围压路径下的大理岩能量演化过程大致分为3个阶段：①能量积聚（OA段），对应于压缩过程前期的压密阶段和变形的线弹性阶段，岩样吸收的总能量主要以弹性能的形式存储，吸收总能量和弹性能曲线基本呈平行发展，耗散能相对很小，而且增加缓慢；②能量耗散（AB段），在恒轴压、卸围压应力路径条件下，峰值强度前80%保持轴向压力不变，试验机对岩样做功变少，岩样吸收总能量增加变缓，弹性能基本保持不变，岩样内部裂纹快速扩展导致耗散能增加；③能量释放（BC段），随着卸围压的进行，体积扩容程度进一步加大，宏观裂纹出现并快速贯通。此阶段弹性能急剧快速释放，同时耗散能快速增长，大理岩岩样整体发生破坏。

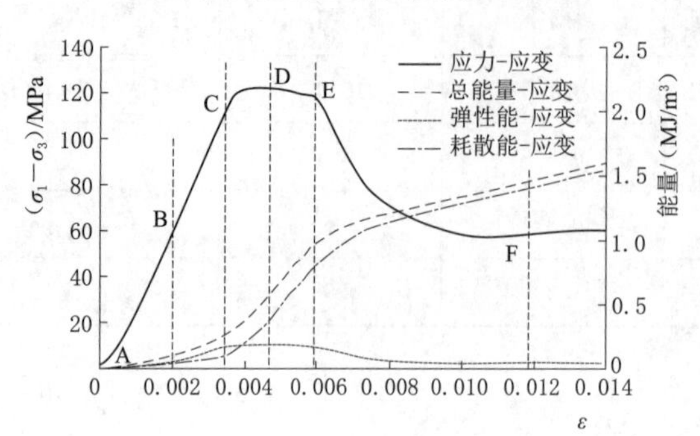

图4.6 M11-Ⅲ号大理岩岩样恒轴压、卸围压破坏试验能量演化曲线

4.3.2 卸荷速率的影响

M10-Ⅲ号、M11-Ⅲ号与M13-Ⅲ号大理岩试样在围压20MPa时、峰前80%峰值轴向应力处，分别以0.2MPa/s、0.4MPa/s、0.8MPa/s卸荷速率进行恒轴压、卸围压试验过程的总能量、弹性能和耗散能与轴向应变关系曲线如图4.7～图4.9所示。

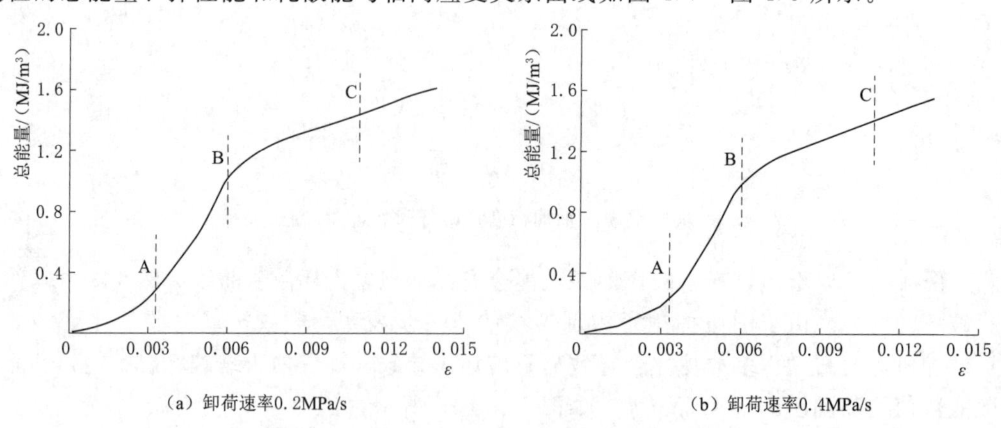

图4.7（一） 不同卸荷速率下大理岩变形全过程总能量-应变关系曲线

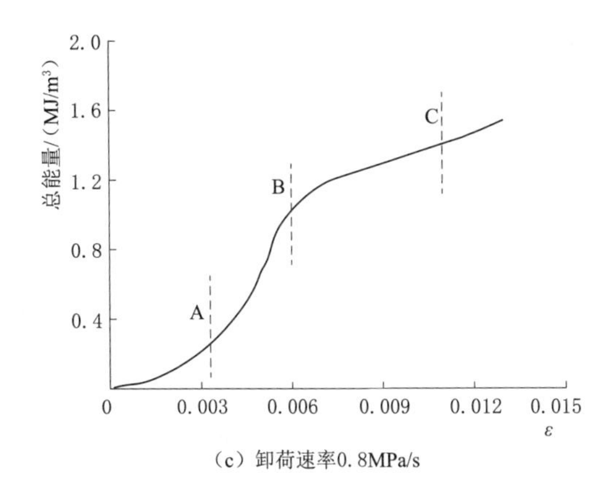

图 4.7（二） 不同卸荷速率下大理岩变形全过程总能量-应变关系曲线

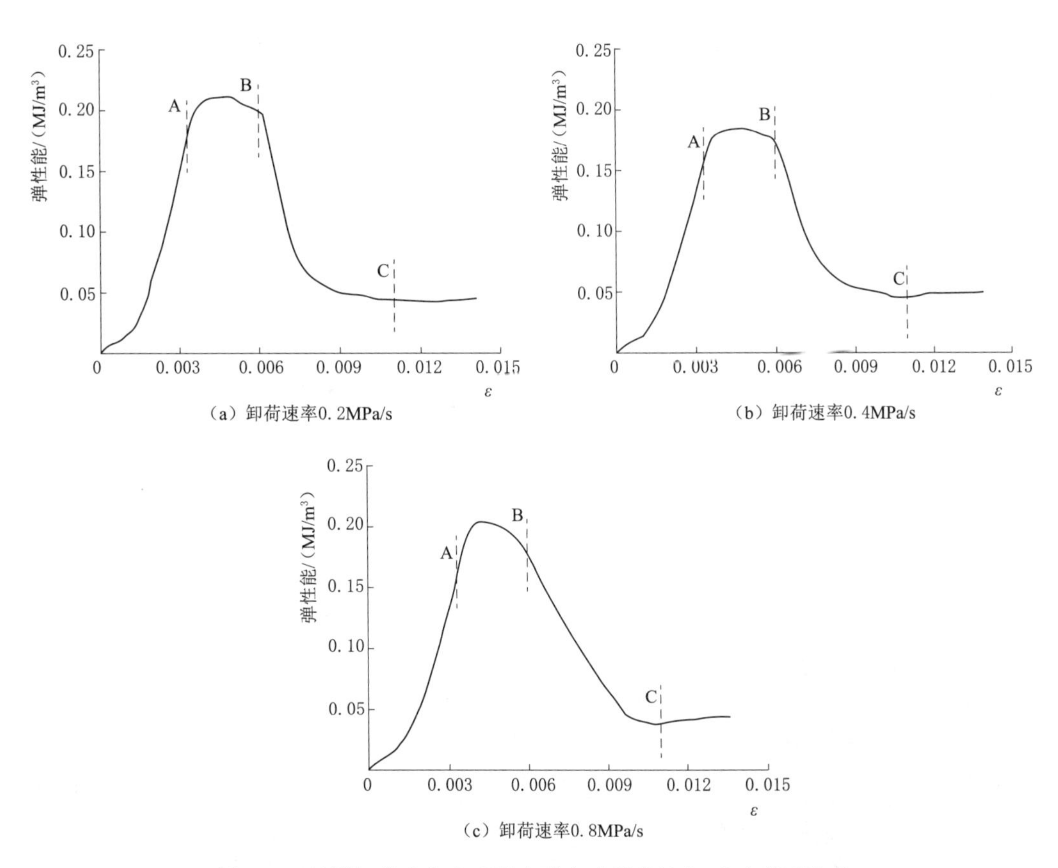

图 4.8 不同卸荷速率大理岩变形全过程弹性能-应变关系曲线

不同卸荷速率下大理岩岩样的总能量-应变演化规律趋于一致。卸荷点 A 之前，不同卸荷速率下岩样的能量变化曲线几乎完全重合。卸荷开始后（AB 段），由于卸荷速率不同，各个试样的总能量增长速率略有差异。岩样破坏后（BC 段），不同卸荷速率岩样的总能量曲线发生微小分离。总能量在残余强度阶段（C 点后）的变化趋于稳定。卸荷速率 0.2MPa/s、0.4MPa/s 和 0.8MPa/s 对应的总能量分别为 1.660MJ/m³、1.636MJ/m³ 和

1.599MJ/m³，不同卸荷速率对应的总能量差异很小，这表明卸荷速率对岩石吸收的总能量影响较小。

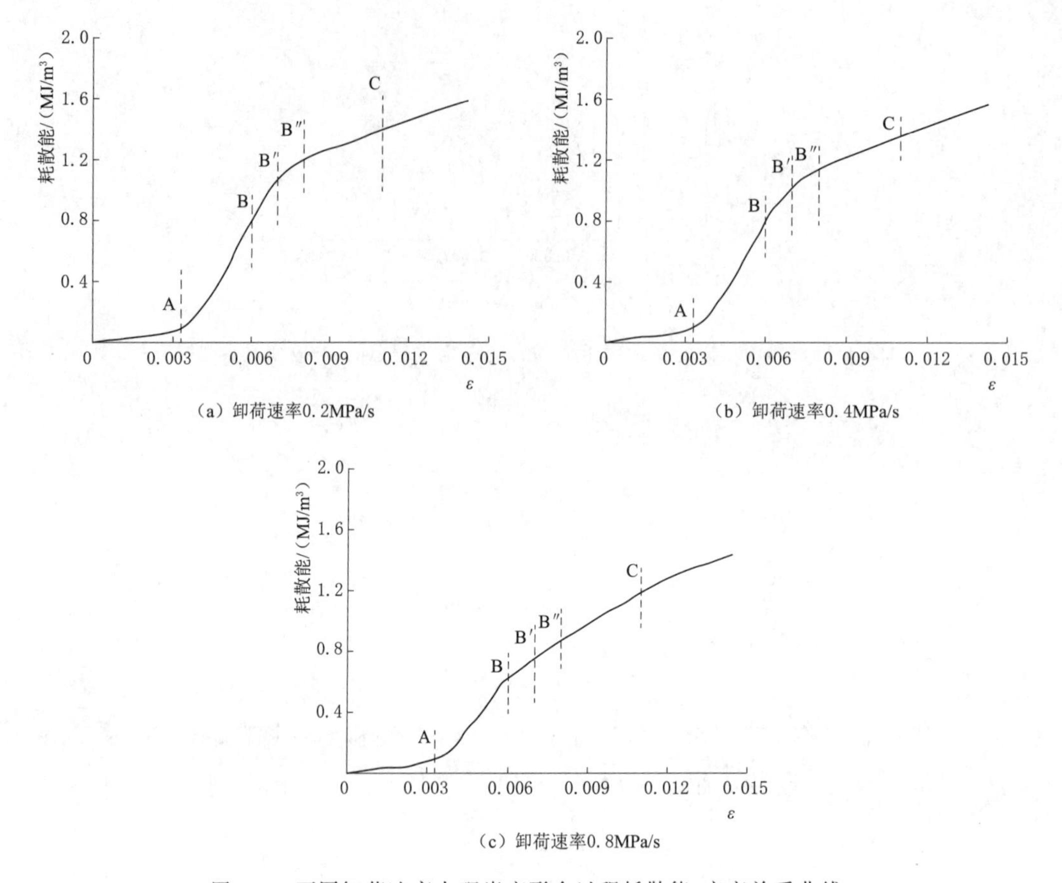

（a）卸荷速率0.2MPa/s

（b）卸荷速率0.4MPa/s

（c）卸荷速率0.8MPa/s

图4.9 不同卸荷速率大理岩变形全过程耗散能-应变关系曲线

从弹性能和耗散能演化过程看，在卸荷点A处弹性能和耗散能曲线的演化规律都会发生改变，弹性能在卸荷点后（AB段）增长速率明显减缓，达到应力峰值后开始释放，岩样破坏后（BC段）弹性能加速释放，残余阶段（C点之后）弹性能基本维持在某一数值。耗散能在卸荷点后（AB′段）耗散能增长速率明显加快，岩样发生破坏后（B′点之后），耗散能变化开始趋于缓和，增长速率减缓。

卸荷速率越大，达到破坏点B′对应的耗散能越小，这说明随着卸荷速率的增加，岩石裂纹扩展、摩擦滑移直至破裂所需要的能量越小，越容易发生破坏。岩样发生破坏后（BC段），耗散能随着卸荷速率的增加而降低。对比不同卸荷速率对岩石破坏过程能量的影响发现：随着卸荷速率的增大，岩样峰值点处的弹性能（即储能极限）呈先减小后增大的变化趋势，岩样破坏时需要消耗的耗散能减小。

4.3.3 卸荷应力水平的影响

图4.10为M10－Ⅱ号与M26－Ⅱ号大理岩试样在围压20MPa时，分别在峰前80%、峰后80%峰值轴向应力处，以0.2MPa/s卸荷速率进行恒轴压、卸围压试验中的应变能

与轴向应变关系。峰值强度前80%卸荷试验能量演化规律在4.3.1节中已描述，不再赘述。峰值强度后80%卸荷试验中，卸荷点在应力峰值强度点后，此时岩样弹性能开始释放。卸荷开始后应力-应变曲线进入平台期（EF段），该阶段围压开始降低，总能量仍不断增加，弹性能保持不变，但耗散能快速增长，平台期结束后弹性能继续释放，不断增大的耗散能主导岩样的破坏行为，直至岩样完全破坏。

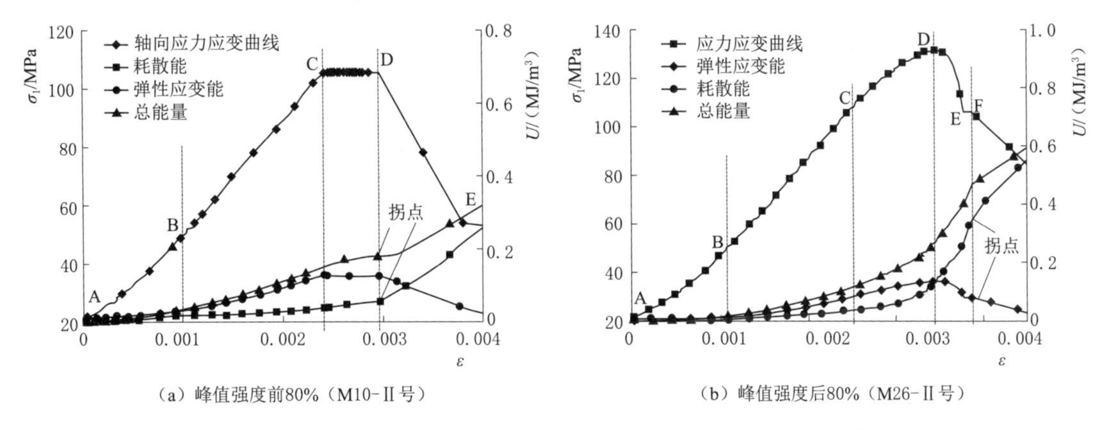

图4.10 不同卸荷应力水大理岩应变能与轴向应变关系曲线

峰值强度后80%处卸荷时，大理岩岩样内部储存的弹性能已经部分释放，仅剩一部分弹性能可沿破裂面释放，此时岩样破坏过程不如峰值强度前卸荷破坏强烈。对比常规三轴加荷破坏试验与峰值强度前、峰值强度后恒轴压、卸围压破坏试验可知：围压20MPa时，当岩样达到储能极限时，常规三轴试验中对应的弹性能为0.20MJ/m³，占岩样总能量的50%；峰前80%、峰后80%处恒轴压、卸围压路径下对应的弹性能分别为0.13MJ/m³与0.19MJ/m³，占总能量比值分别为36%与53%。常规三轴加荷破坏与峰值强度后恒轴压、卸围压试验的弹性能峰值相接近，均大于峰值强度前恒轴压、卸围压路径，说明常规三轴加荷破坏与峰值强度后恒轴压、卸围压试验路径下，试验机输入的总能量更多地转化为弹性能存储在岩样内部。

常规三轴加荷破坏试验中，大理岩岩样的耗散能最大值达到0.70MJ/m³，峰值强度前、峰值强度后恒轴压、卸围压试验中耗散能最大值分别为0.57MJ/m³与0.6MJ/m³。相同围压下，常规三轴加荷破坏试样需要消耗较多的能量才能破坏，与加荷路径比较，卸荷路径下岩样更容易发生破坏。峰值强度前恒轴压、卸围压路径下岩样消耗的能量最少，该路径下的岩样更容易发生破坏。

4.4 位移控制加轴压、卸围压破坏能量演化特征与破坏前兆

4.4.1 能量演化规律

位移控制加轴压、卸围压破坏大理岩变形过程各能量统计见表4.3。位移控制加轴压、卸围压破坏大理岩变形全过程能量变化曲线如图4.11所示。

表 4.3 位移控制加轴压、卸围压破坏大理岩变形过程各能量统计表

试验方案	试样编号	围压/MPa	卸荷速率/(MPa/s)	峰值点		
				U_0/(MJ/m³)	U_e/(MJ/m³)	U_d/(MJ/m³)
峰值强度前60%	M38-Ⅱ	10	0.2	0.20769	0.20095	0.00674
	M39-Ⅱ	10	0.4	0.18720	0.16381	0.02340
	M40-Ⅱ	10	0.6	0.17397	0.14313	0.03084
	M41-Ⅱ	10	0.8	0.13976	0.12497	0.01479
	M42-Ⅱ	20	0.2	0.30454	0.28828	0.01626
	M43-Ⅱ	20	0.4	0.22999	0.21748	0.01251
	M44-Ⅱ	20	0.6	0.22107	0.20605	0.01501
	M45-Ⅱ	20	0.8	0.18531	0.17474	0.01057
	M46-Ⅱ	30	0.2	0.28088	0.26324	0.01764
	M47-Ⅱ	30	0.4	0.26414	0.23933	0.02482
	M48-Ⅱ	30	0.6	0.25810	0.25580	0.00230
	M49-Ⅱ	30	0.8	0.21845	0.21565	0.00279
	M50-Ⅱ	40	0.2	0.38791	0.34943	0.03848
	M51-Ⅱ	40	0.4	0.29896	0.27064	0.02833
	M52-Ⅱ	40	0.6	0.31763	0.29719	0.02044
	M53-Ⅱ	40	0.8	0.28200	0.26249	0.01951
峰值强度前80%	M54-Ⅱ	10	0.2	0.23521	0.21256	0.02265
	M55-Ⅱ	10	0.4	0.21047	0.20016	0.01031
	M56-Ⅱ	10	0.6	0.12015	0.10886	0.01129
	M57-Ⅱ	10	0.8	0.18904	0.18264	0.00640
	M58-Ⅱ	20	0.2	0.30621	0.29089	0.01532
	M59-Ⅱ	20	0.4	0.27577	0.23696	0.03881
	M60-Ⅱ	20	0.6	0.15830	0.14689	0.01141
	M61-Ⅱ	20	0.8	0.25111	0.24061	0.01050
	M62-Ⅱ	30	0.2	0.34860	0.31095	0.03765
	M63-Ⅱ	30	0.4	0.62842	0.60774	0.02068
	M64-Ⅱ	30	0.6	0.20324	0.16937	0.03387
	M65-Ⅱ	30	0.8	0.34645	0.32100	0.02546
	M66-Ⅱ	40	0.2	0.43787	0.39308	0.04479
	M67-Ⅱ	40	0.4	0.40487	0.38873	0.01614
	M68-Ⅱ	40	0.6	0.25533	0.24847	0.00685
	M69-Ⅱ	40	0.8	0.36323	0.34311	0.02012

大理岩位移控制加轴压、卸荷破坏全过程能量演化曲线可分为3个阶段：①能量积聚（OA段），对应于压密阶段（OA段）和弹性阶段（AB段），能量积聚阶段耗散能有

少量增加，增加幅度很小，而吸收总能量和弹性能随轴向应变的增加而增大，且它们之间差值很小，基本呈平行发展，表明能量积聚阶段岩样内部裂纹闭合时有能量耗散，但消耗量很少，岩样吸收的总能量主要以弹性能的形式存储在岩样内部；②能量耗散（BC段），总能量继续增加，但弹性能增加速度逐渐变缓，并在峰值强度处达到最大值，该阶段最明显的特征是耗散能的快速增加。主要原因是围压减小导致环向变形增加速度变快，岩样内部微裂纹快速发育、贯通，宏观裂隙的产生消耗大量的能量；③能量释放（CD段），C点后岩样吸收存储的能量快速释放，同时耗散能快速增长，岩样的宏观破裂面贯通。

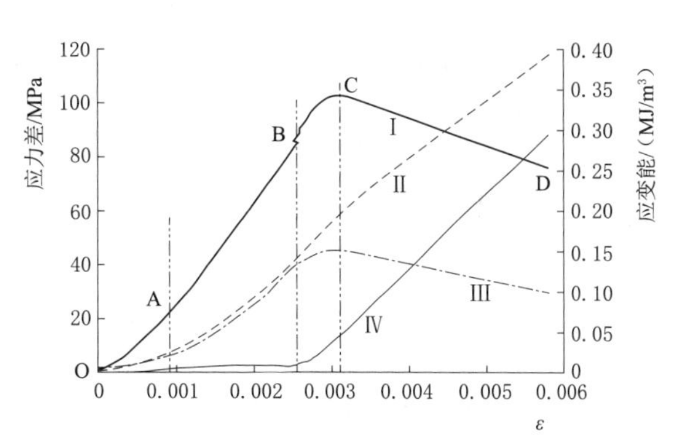

图 4.11　大理岩位移控制加轴压、卸荷破坏全过程能量演化曲线

Ⅰ—轴向应力；Ⅱ—吸收总能量-轴向应；Ⅲ—弹性能；Ⅳ—耗散能

4.4.2　卸荷初始围压的影响

位移控制加轴压、卸围压试验中，大理岩岩样在峰值强度前60%处以0.4MPa/s速率卸围压变形过程中各能量指标与围压关系曲线如图4.12所示。随着卸荷初始围压的增大，岩石吸收的总能量、弹性能都增大，但耗散能随围压的增大变化规律不明显，呈先减小后增大的变化趋势（围压20MPa过小，因为20MPa的弹性能突增），总体呈增大趋势。

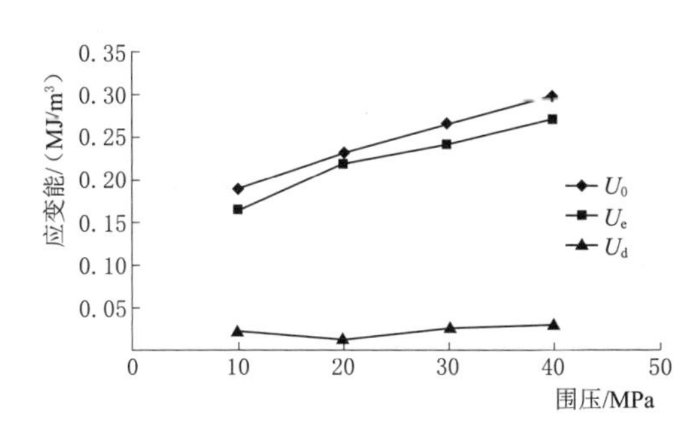

图 4.12　岩样卸围压变形全过程各能量指标与围压关系曲线

位移控制加轴压、卸围压试验中，大理岩岩样在峰值强度前60%卸围压变形过程中各能量指标与围压关系曲线如图4.13所示。岩石吸收的总能量和弹性能都随着围压增大而增大，围压越高，岩样的储能极限越大。

位移控制加轴压、卸围压路径下大理岩峰值强度点处各能量和总能量比值与围压关系曲线如图4.14所示。围压对弹性能与总能量的比值U_e/U_0和耗散能与总能量的比值U_d/U_0无明显影响规律，说明试验大理岩弹性能和耗散能所占吸收总能量的比例受围压影响不明显。

4.4.3　卸荷速率的影响

位移控制加轴压、卸围压试验中，围压20MPa、峰值强度前60%处以不同卸荷速率条件下大理岩变形过程各能量指标与卸荷速率关系如图4.15所示。卸荷速率越快，大理

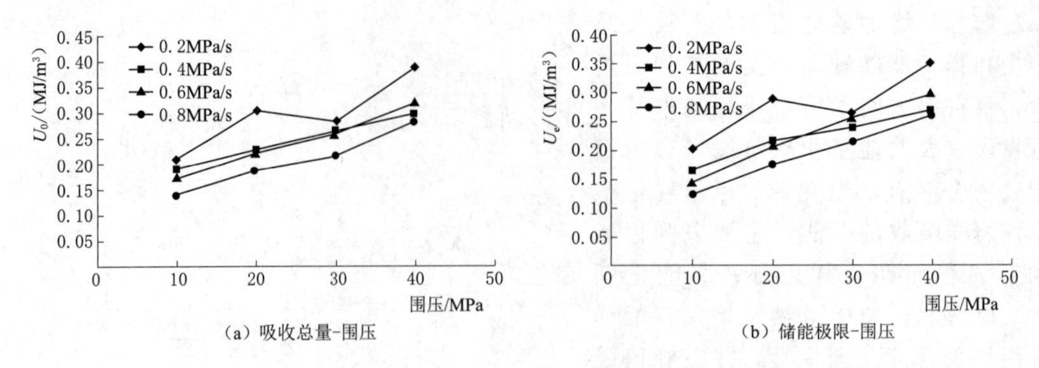

（a）吸收总量-围压 （b）储能极限-围压

图 4.13 不同卸荷速率下大理岩变形过程各能量指标与围压关系

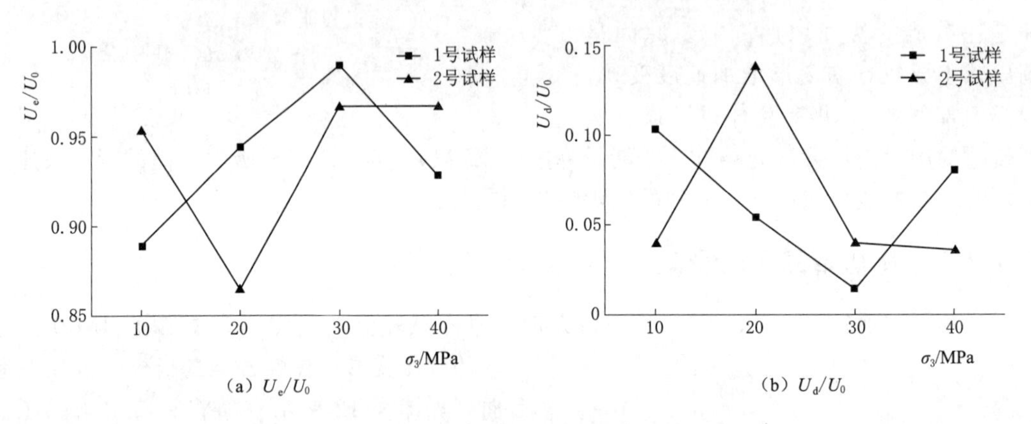

（a）U_e/U_0 （b）U_d/U_0

图 4.14 大理岩各能量和总能量比值与围压关系

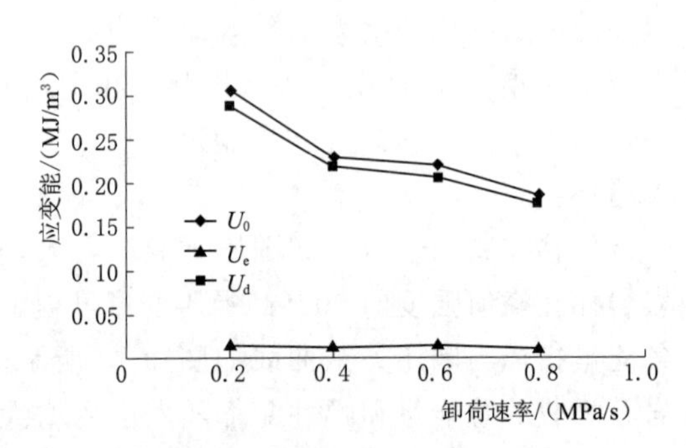

图 4.15 大理岩变形过程中各能量指标与卸荷速率关系

岩岩样在峰值强度处吸收的总能量 U_0 和弹性能 U_e 越小，而耗散能 U_d 与卸荷速率的关系不明显。

位移控制加轴压、卸围压试验中，围压10MPa、20MPa、30MPa、40MPa 时峰值强度前 60％处卸围压过程中大理岩各能量指标与卸荷速率关系如图 4.16 所示。相同围压条件下，随着卸荷速率的增大，总能量 U_0 和弹性能 U_e 减小，卸荷速率越大，储能极限越小。卸荷速率影响岩样内部微裂隙发育的速度，卸荷速率越快，围压减小越快，微裂隙沿环向发育扩展得越快，由此导致岩样越容易破坏。

位移控制加轴压、卸围压试验中各能量和总能比值与卸荷速率关系如图 4.17 所示，弹性能、耗散能所占吸收总能量的比值与卸荷速率关系不明显。

4.4.4 卸荷应力水平的影响

开展峰值强度前 60％卸围压和峰值强度前 80％卸围压，目的是探讨不同卸荷应力水

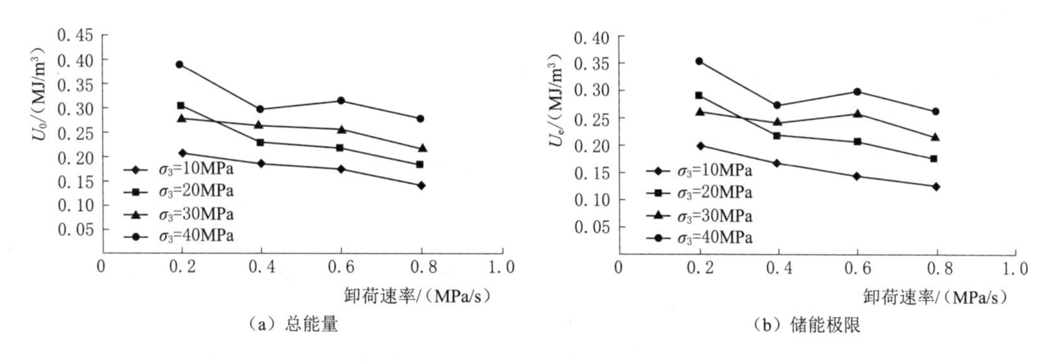

图 4.16　大理岩变形过程各能量指标与卸荷速率关系曲线

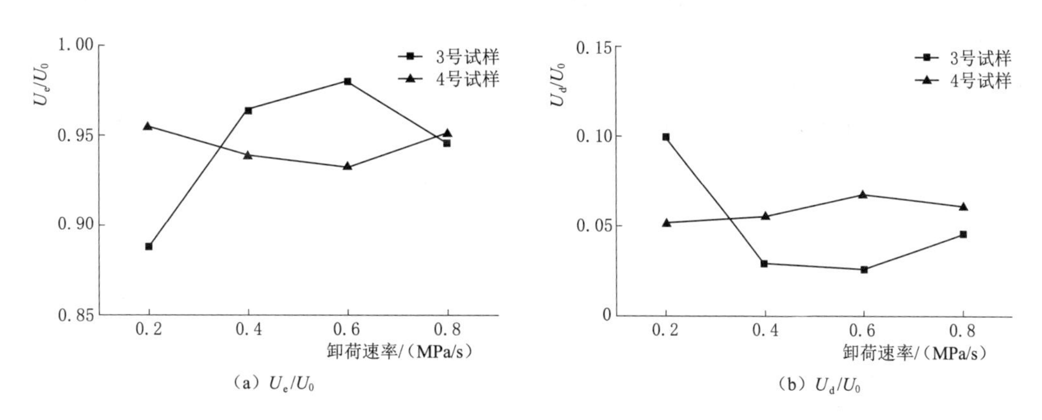

图 4.17　大理岩变形过程中各能量和总能量比值与卸荷速率关系曲线

平差异对试验结果的影响。峰值强度前60%卸荷时，大理岩岩样处于弹塑性分界附近；峰值强度前 80%卸荷时，大理岩岩样处于塑性阶段，但是两者试验结果差别不大。围压 30MPa、分别在峰值强度前60%、峰值强度前 80%处卸围压过程中弹性能与轴向应变关系如图 4.18 所示，卸围压后两者的能量曲线基本平行发展，说明卸荷应力水平对能量变化影响不明显。

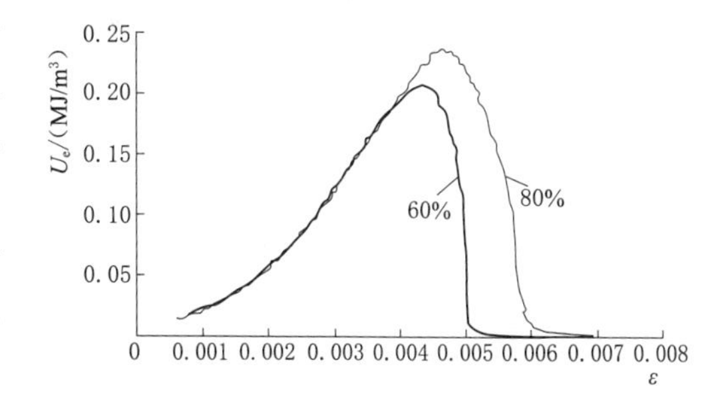

图 4.18　不同卸荷应力水平大理岩弹性应变能-轴向应变关系曲线

M51－Ⅱ号与 M67－Ⅱ号大理岩试样在围压 40MPa 时、分别在峰值轴向应力前 60%、80%处，以 0.4MPa/s 速率卸围压变形过程中峰值点处各能量指标值见表 4.4。峰值强度前 80%卸荷试验中，大理岩岩样在峰值点处吸收、存储的弹性能均大于峰值强度前 60%卸荷试验方案，而耗散能则呈现完全相反的规律。卸荷破坏试验过程中能量的吸收和积聚主要在卸荷点之前完成，卸荷点之后主要进行能量的释放和消耗，因此卸荷应力水平越高，峰前岩样内部存储的能量也越多。分别计算峰值点处弹性能、耗散能占总能量的比值发现，与峰值强度前 60%卸荷破坏试验比较，峰值强度前 80%卸荷试验岩样在峰值点前输入岩样的能量更多地转化为弹性能存储在岩样内部。

表 4.4　　不同卸荷应力水平大理岩峰值强度点处的能量

试样编号	卸荷点	σ_3 /MPa	卸围压速率 $v_{\sigma 3}$ /(MPa/s)	峰值点			U_e/U_0	U_d/U_0	BIM
				U_0/(MJ/m³)	U_e/(MJ/m³)	U_d/(MJ/m³)			
M51 - Ⅱ	峰值强度前 60%	40	0.4	0.299	0.271	0.028	0.905	0.095	0.105
M67 - Ⅱ	峰值强度前 80%	40	0.4	0.405	0.389	0.016	0.960	0.040	0.042

Aubertin 等（1994）将岩石峰值点的耗散能与弹性能的比值定义为脆性指标修正系数 BIM，BIM 值越小，岩石的脆性特性越强。计算 BIM 指数表明，峰值强度前 80%卸荷破坏试验方案的 BIM 值更小，表明峰值强度前 80%卸荷破坏试验方案中大理岩岩样的脆性特征更为明显。

4.5 应力控制加轴压、卸围压破坏能量演化特征与破坏前兆

4.5.1 能量演化规律

1. 大理岩

不同应力路径下应力控制加轴压、卸围压试验大理岩峰值强度点处的总能量、弹性能和耗散能汇总见表 4.5。

表 4.5　　不同应力路径下大理岩峰值强度点处各能量指标汇总表

试样编号	σ_3 /MPa	卸荷应力水平	卸围压速率 /(MPa/s)	峰值点		
				U_0/(MJ/m³)	U_e/(MJ/m³)	U_d/(MJ/m³)
M74 - Ⅱ	10	峰值强度前 80%	0.2	0.1432	0.1060	0.0372
M75 - Ⅱ	10	峰值强度前 80%	0.4	0.1281	0.0953	0.0328
M76 - Ⅱ	10	峰值强度前 80%	0.6	0.1042	0.0872	0.0186
M77 - Ⅱ	10	峰值强度前 80%	0.8	0.1009	0.0972	0.0037
M78 - Ⅱ	20	峰值强度前 80%	0.2	0.1680	0.1352	0.0328
M79 - Ⅱ	20	峰值强度前 80%	0.4	0.1515	0.1254	0.0269
M80 - Ⅱ	20	峰值强度前 80%	0.6	0.1246	0.1146	0.0100
M81 - Ⅱ	20	峰值强度前 80%	0.8	0.1213	0.1110	0.0103
M82 - Ⅱ	30	峰值强度前 80%	0.2	0.2307	0.1614	0.0692
M83 - Ⅱ	30	峰值强度前 80%	0.4	0.2079	0.1556	0.0523
M84 - Ⅱ	30	峰值强度前 80%	0.6	0.1755	0.1594	0.0165
M85 - Ⅱ	30	峰值强度前 80%	0.8	0.1635	0.1493	0.0142
M86 - Ⅱ	40	峰值强度前 80%	0.2	0.2438	0.1608	0.0707
M87 - Ⅱ	40	峰值强度前 80%	0.4	0.2136	0.1443	0.0633
M88 - Ⅱ	40	峰值强度前 80%	0.6	0.1999	0.1258	0.0740

续表

试样编号	σ_3 /MPa	卸荷应力水平	卸围压速率 /(MPa/s)	峰值点		
				U_0/(MJ/m^3)	U_e/(MJ/m^3)	U_d/(MJ/m^3)
M89-Ⅱ	40	峰值强度前 80%	0.8	0.1902	0.1325	0.0578
M70-Ⅱ	40	峰值强度前 60%	0.2	0.5455	0.1892	0.3562
M71-Ⅱ	40	峰值强度前 60%	0.4	0.4534	0.1576	0.1958
M72-Ⅱ	40	峰值强度前 60%	0.6	0.3127	0.1341	0.1786
M73-Ⅱ	40	峰值强度前 60%	0.8	0.2579	0.1661	0.1418
M102-Ⅱ	40	峰值强度后 60%	0.2	1.1688	0.1017	0.1058
M103-Ⅱ	40	峰值强度后 60%	0.4	1.0247	0.0974	0.9273
M104-Ⅱ	40	峰值强度后 60%	0.6	0.9859	0.0931	0.8928
M105-Ⅱ	40	峰值强度后 60%	0.8	0.9788	0.0907	0.8881

M74-Ⅱ号与M75-Ⅱ号大理岩试样分别在围压10MPa、20MPa时，峰前80%峰值轴向应力处，以0.2MPa/s卸围压速率进行应力控制加轴压、卸围压试验中的能量演化曲线如图4.19所示。卸围压前能量演化规律与常规三轴压缩试验相似。卸围压后，总能量继续增加，但弹性能增加速度逐渐变缓，并在峰值强度处达到最大值，该阶段最明显的特征是耗散能快速增加。主要原因是围压减小导致环向变形增加速度变快，岩样内部微裂纹快速发育、贯通，宏观裂隙的产生消耗大量的能量。峰值强度后岩样吸收存储的能量快速释放，耗散能快速增长。

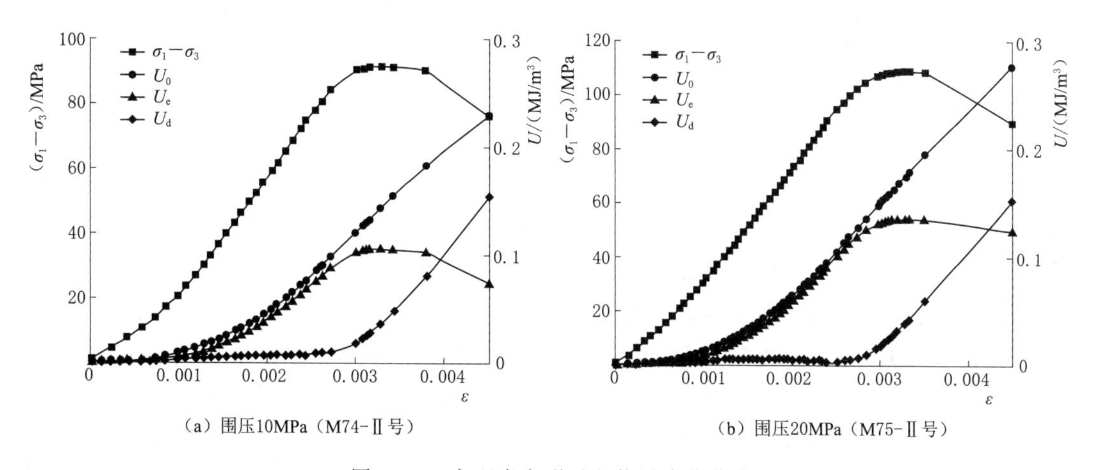

(a) 围压10MPa (M74-Ⅱ号)　　(b) 围压20MPa (M75-Ⅱ号)

图4.19 大理岩变形过程能量演化曲线

2. 灰岩

不同应力路径下应力控制加轴压、卸围压试验岩样峰值强度点处的总能量、弹性能和耗散能汇总表见表4.6。

L35-Ⅱ号灰岩试样在围压40MPa、峰前80%峰值轴向应力处，以0.4MPa/s卸荷速率进行应力控制加轴压、卸围压试验中的能量演化曲线如图4.20所示。

表 4.6 不同应力路径下灰岩峰值强度点处各能量指标汇总表

试样编号	σ_3/MPa	卸荷应力水平	卸围压速率/(MPa/s)	峰值点		
				U_0/(MJ/m^3)	U_e/(MJ/m^3)	U_d/(MJ/m^3)
L26-Ⅰ	20	峰值强度前80%	0.2	0.321	0.218	0.103
L27-Ⅰ	20	峰值强度前80%	0.4	0.239	0.202	0.037
L28-Ⅰ	20	峰值强度前80%	0.6	0.209	0.180	0.029
L30-Ⅰ	30	峰值强度前80%	0.2	1.024	0.340	0.684
L31-Ⅰ	30	峰值强度前80%	0.4	0.594	0.251	0.343
L32-Ⅰ	30	峰值强度前80%	0.6	0.488	0.187	0.301
L34-Ⅰ	40	峰值强度前80%	0.2	0.814	0.411	0.403
L35-Ⅰ	40	峰值强度前80%	0.4	0.683	0.389	0.294

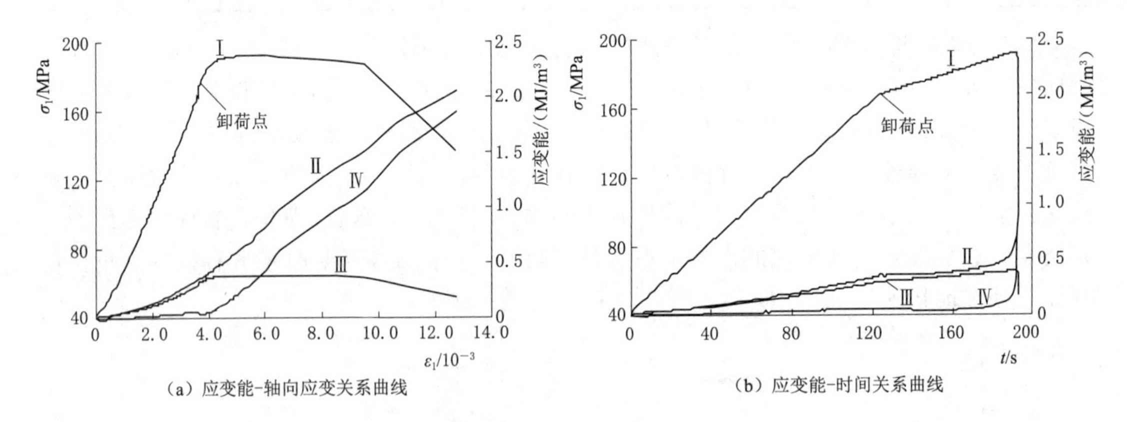

图 4.20 L35-Ⅱ号灰岩卸围压破坏试验各能量与轴向应变和时间关系曲线

Ⅰ—轴向应力；Ⅱ—吸收总能量；Ⅲ—弹性能；Ⅳ—耗散能

卸荷点之前灰岩岩样吸收的能量大都转化为弹性能存储，耗散能很小，与常规三轴加荷破坏试验完全相同。卸围压过程轴向力继续增加，卸荷初始阶段弹性能略有增加，随后弹性能基本不变，而耗散能增加速度变大，说明内部微裂纹扩展、贯通消耗的能量增多；到达峰值强度时，弹性能瞬间释放，微裂纹贯通，并形成最终贯通的破坏面。图4.20（b）灰岩卸荷破坏应变能-时间关系曲线表明，卸荷点之前应变能基本都是呈斜直线发展，卸荷初期灰岩吸收的总能量变化缓慢增加（120～180s）。从180s至峰值强度点轴向应力变化虽然不大，但单位时间内产生的轴向变形却相对变大，导致灰岩吸收的总能量在靠近峰值强度时突增，弹性能急剧降低，耗散能也同时出现突增，对应岩样快速发生破坏。整个卸荷过程中弹性能增速缓慢，说明弹性能的积蓄主要在加荷阶段完成。对实际岩体工程而言，工程开挖前岩体积蓄的弹性能是围岩最终破坏释放能量的主要来源，岩体所处的初始应力状态决定其破坏的能量转化过程。卸荷初期用于塑性变形以及裂纹发育扩展的耗散能基本不变，仅仅在临近峰值强度点才明显增加，卸荷破坏具有突发性。

4.5.2 卸荷初始围压的影响

1. 大理岩

（1）能量演化特征。M74－Ⅱ号、M78－Ⅱ号、M82－Ⅱ号与M86－Ⅱ号大理岩试样分别在围压10MPa、20MPa、30MPa、40MPa时，峰前80%峰值轴向应力处，以0.2MPa/s卸荷速率进行应力控制加轴压、卸围压试验的总能量和弹性能演化曲线如图4.21所示。大理岩岩样的总能量随着轴向应变的增加而增加，岩样的总能量的增长率呈现出“先慢后快”的趋

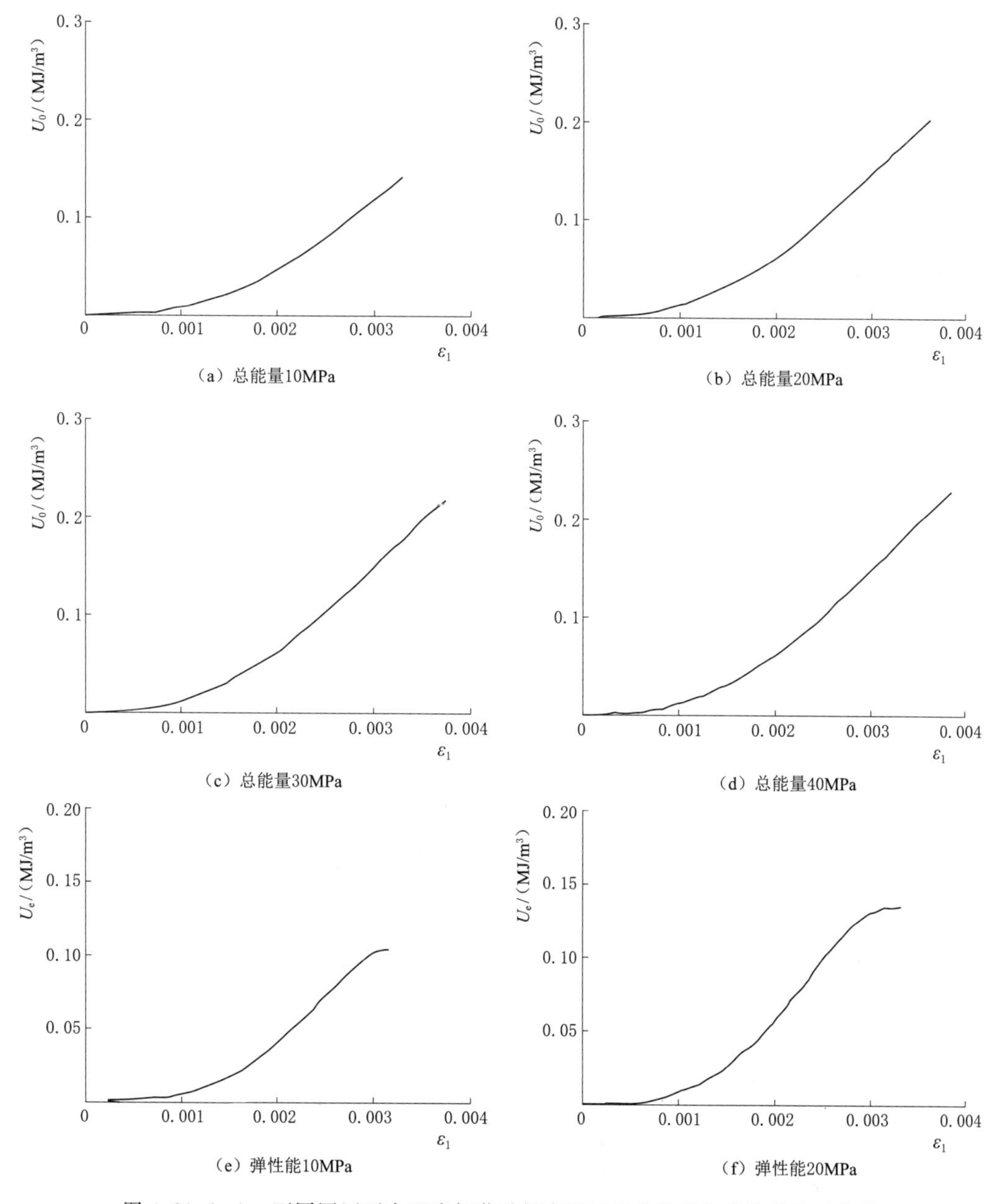

（a）总能量10MPa

（b）总能量20MPa

（c）总能量30MPa

（d）总能量40MPa

（e）弹性能10MPa

（f）弹性能20MPa

图4.21（一） 不同围压下大理岩卸荷破坏变形过程总能量与弹性能关系曲线

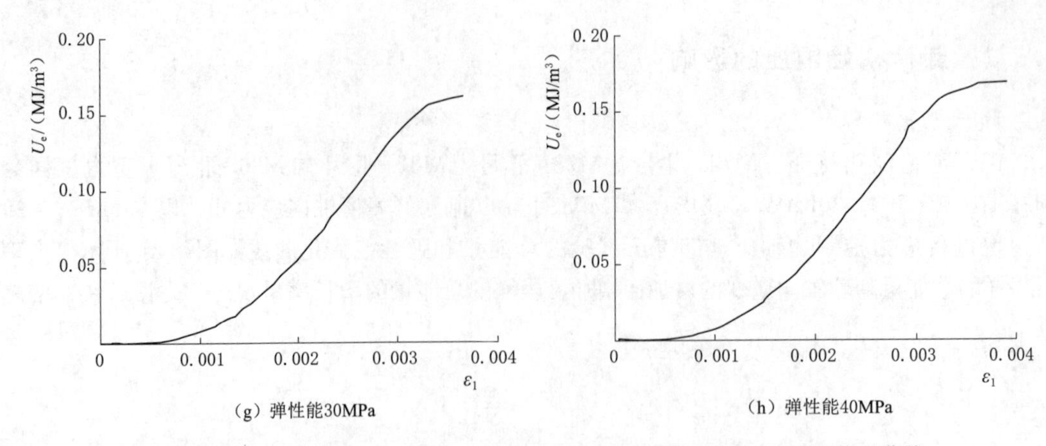

(g) 弹性能30MPa　　(h) 弹性能40MPa

图 4.21（二） 不同围压下大理岩卸荷破坏变形过程总能量与弹性能关系曲线

势，岩样的总能量随着围压的增加而增加。不同围压下岩样弹性能的演化曲线在卸围压之前基本吻合，卸围压后弹性能的增长速率迅速降低，弹性能极限值随着围压的增加而增加。

(2) 弹性能占比。M74-Ⅱ号、M78-Ⅱ号、M82-Ⅱ号与M86-Ⅱ号大理岩试样分别在围压10MPa、20MPa、30MPa、40MPa时，峰前80%峰值轴向应力处，以0.2MPa/s卸荷速率进行应力控制加轴压、卸围压试验的弹性能占总能量比值随偏应力变化关系曲线如图4.22所示。结果表明，弹性能占总能量的比值随着应力差的增大而增大，整体呈现

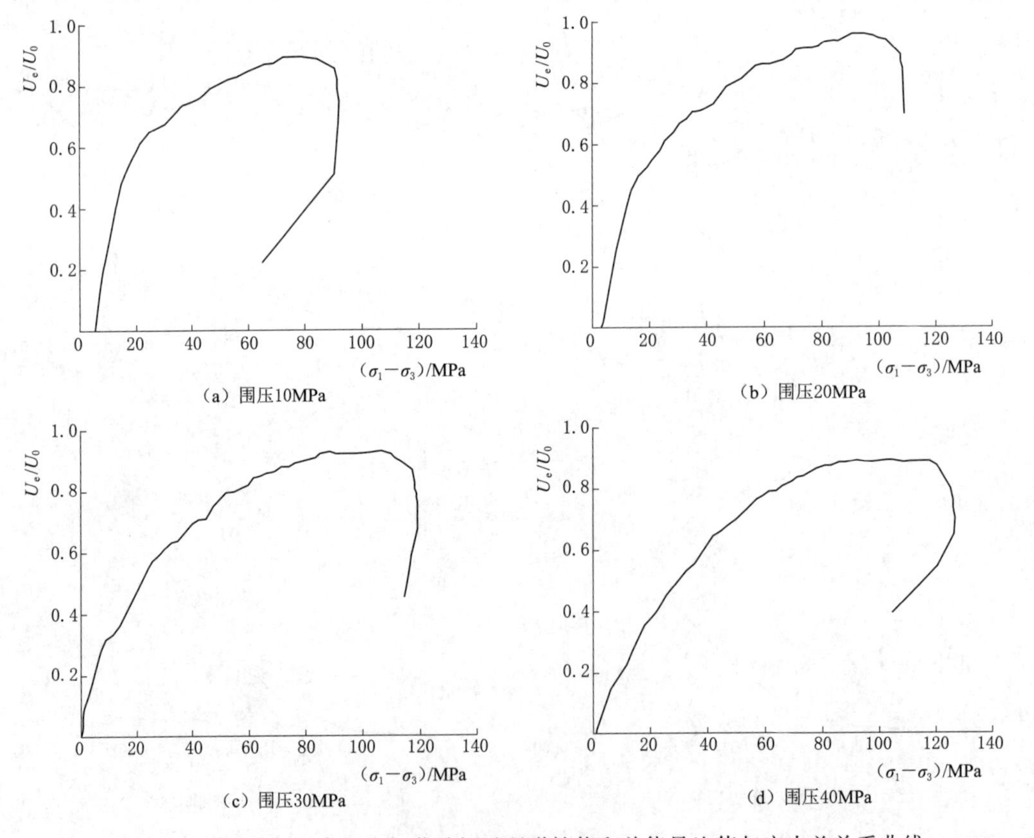

(a) 围压10MPa　　(b) 围压20MPa

(c) 围压30MPa　　(d) 围压40MPa

图 4.22 不同围压下大理岩卸荷破坏过程弹性能和总能量比值与应力差关系曲线

出“先快后慢”的增长趋势。随着围压的增大，U_e/U_0 在卸荷前阶段的增长速率减小，岩样存储弹性能的速率变慢。当围压从 10MPa、20MPa、30MPa、40MPa 变化时，U_e/U_0 最大值分别为 0.91、0.94、0.93 和 0.89。可以看出，随着围压的增大，U_e/U_0 最大值基本维持在 0.92 左右，说明围压对 U_e/U_0 最大值影响不大。

(3) 峰值强度点各能量指标值。根据表 4.5 绘制的峰值强度点各能量指标值与卸荷初始围压关系曲线如图 4.23 所示。随着卸荷初始围压增大，大理岩达到峰值强度时吸收的总能量、弹性能和耗散能都呈增大趋势。围压增大能够提高岩样的储能极限，同时岩样发生破坏需要消耗的能量也会增多。

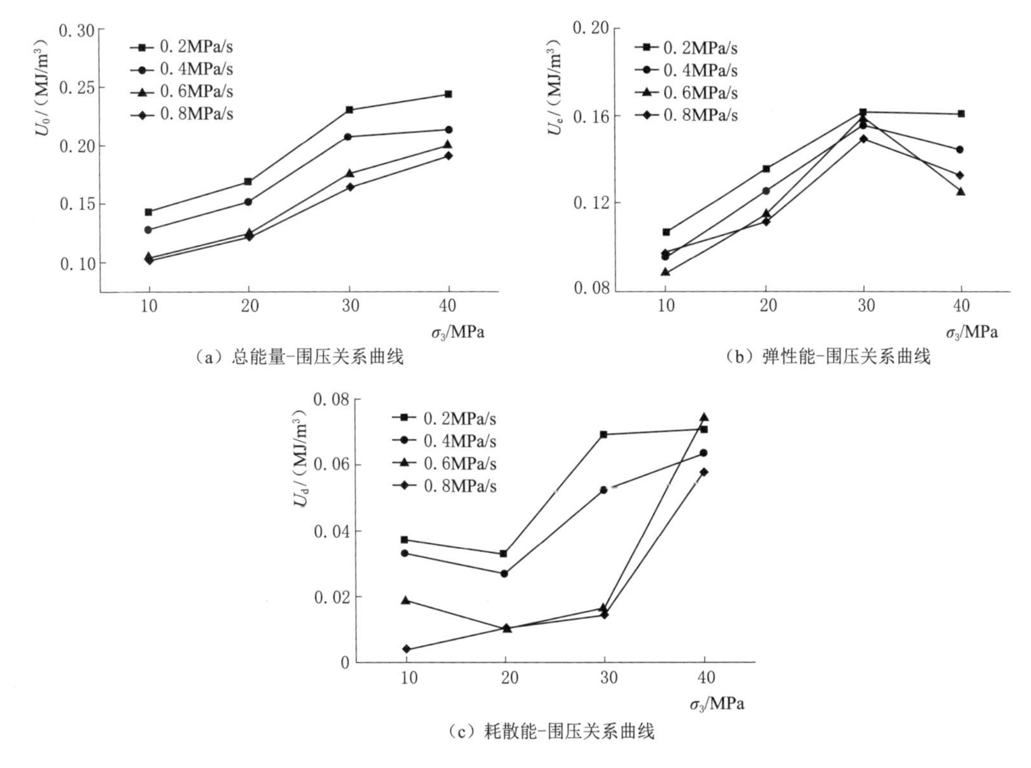

图 4.23 大理岩卸荷破坏峰值点各能量值与围压关系曲线

2. *灰岩*

卸荷速率分别为 0.2MPa/s、0.4MPa/s、0.6MPa/s 时，峰值强度点灰岩吸收的总能量和弹性能与卸荷初始围压关系曲线如图 4.24 所示。

卸荷初始围压对灰岩吸收的总能量以及弹性能的存储影响显著。随着围压的升高，灰岩岩样吸收的总能量和储存的弹性能都是呈升高的趋势。以卸荷速率 0.4MPa/s 为例，随着围压从 20MPa、30MPa、40MPa 逐渐增加，弹性能从 $202kJ/m^3$ 逐渐增加为 $251kJ/m^3$、$388kJ/m^3$，吸收总能量从 $239kJ/m^3$ 逐渐增加为 $593kJ/m^3$、$682kJ/m^3$。卸荷初始围压越高，灰岩存储的弹性能越多，对应的储能极限越大。

随着卸荷速率增加，相同围压下岩样吸收的总能量和储存的弹性能逐渐升高。卸荷速率 0.2MPa/s 时，不同围压下岩样吸收的总能量和储存的弹性能非常接近；随着卸荷速率

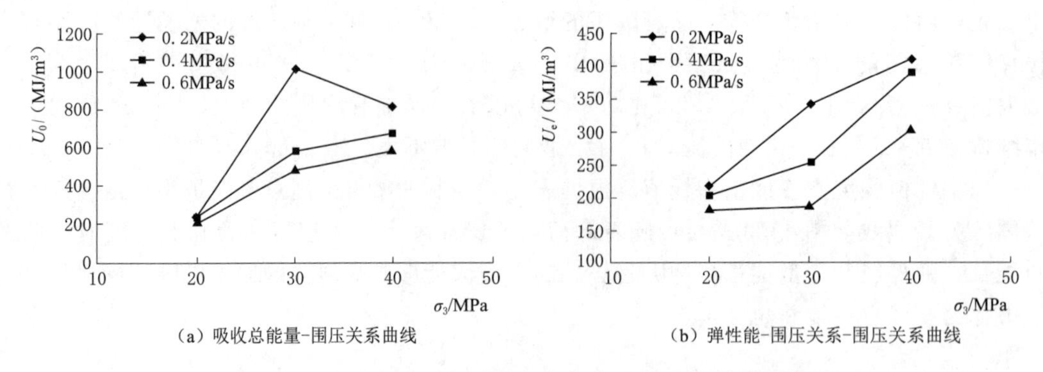

(a) 吸收总能量-围压关系曲线　(b) 弹性能-围压关系-围压关系曲线

图 4.24 灰岩卸荷破坏峰值强度点能量值-围压关系曲线

增加，各能量指标在不同围压下的差异逐渐增大。这说明，对试验灰岩而言，卸荷速率小于0.2MPa/s时围压对灰岩能量变化的影响不明显。

4.5.3 卸荷速率的影响

1. 大理岩

(1) 能量演化特征。M86－Ⅱ号、M87－Ⅱ号、M88－Ⅱ号与M89－Ⅱ号大理岩试样在围压40MPa、峰前80%峰值轴向应力处，以0.2MPa/s、0.4MPa/s、0.6MPa/s、0.8MPa/s卸荷速率进行应力控制加轴压、卸围压试验中的总能量和弹性能与轴向应变关系曲线如图4.25所示。大理岩岩样吸收的总能量随着轴向应变增加而增加，总能量的增长曲线呈现出“先慢后快”的趋势，峰值强度点的总能量随着卸荷速率的增加而减小。不同卸荷速率下岩样弹性能的演化曲线在卸围压之前基本吻合，卸围压后弹性能的增长速率迅速降低。随着卸荷速率提高，弹性能极限值降低。

(2) 弹性能占比。岩样在围压40MPa时、峰值强度前80%处不同卸围压速率大理岩岩样弹性能占岩样吸收的总能量的比值随轴向应变的变化曲线如图4.26所示。弹性能占岩样吸收的总能量的比值随着轴向应变的增大而增大，增长速率呈现“先快后慢”趋势。随着卸围压速率的增大，U_e/U_0增长速率几乎相同，U_e/U_0峰值总体上呈先减小后变大的趋势。当卸围压速率从0.2MPa/s、0.4MPa/s、0.6MPa/s、0.8MPa/s变化时，U_e/U_0

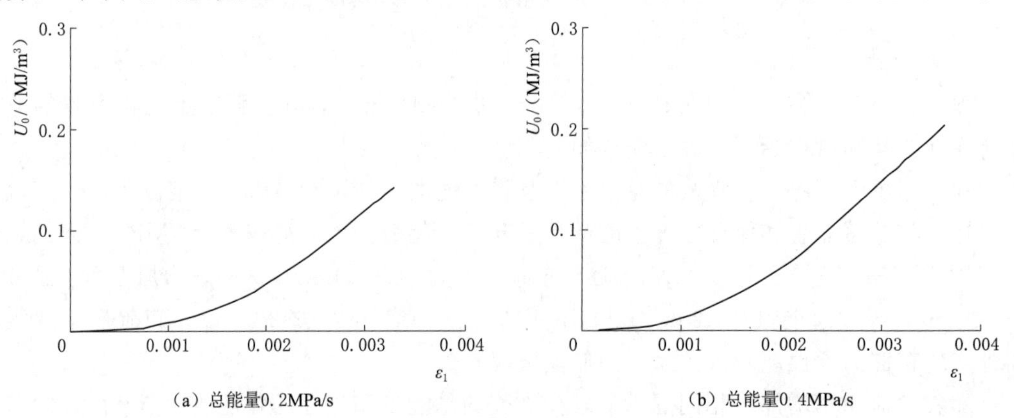

(a) 总能量0.2MPa/s　(b) 总能量0.4MPa/s

图 4.25（一） 不同卸围压速率大理岩总能量和弹性能与轴向应变关系曲线

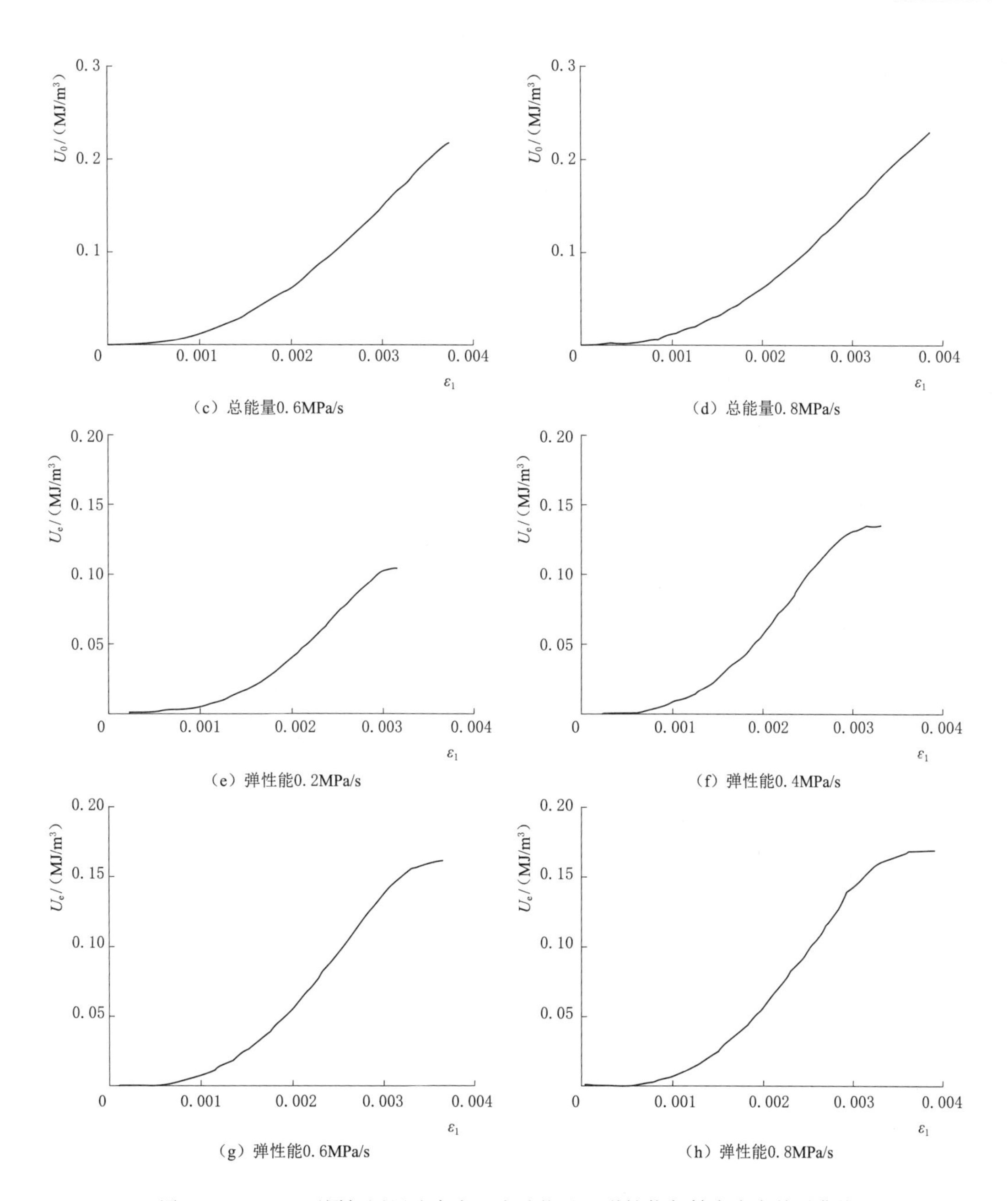

图 4.25（二） 不同卸围压速率大理岩总能量和弹性能与轴向应变关系曲线

的峰值分别为 89.91％、83.15％、76.48％和 83.91％。

（3）峰值强度点各能量指标值。根据表 4.5 绘制的大理岩峰值强度点各能量指标值与卸荷速率关系曲线如图 4.27 所示。随着卸荷速率增大，大理岩岩样峰值强度点吸收的总能量、弹性能和耗散能总体都呈减小趋势，卸荷速率增大削弱了岩样的储能极限。卸荷速率越大，岩样发生破坏需要消耗的能量越少。

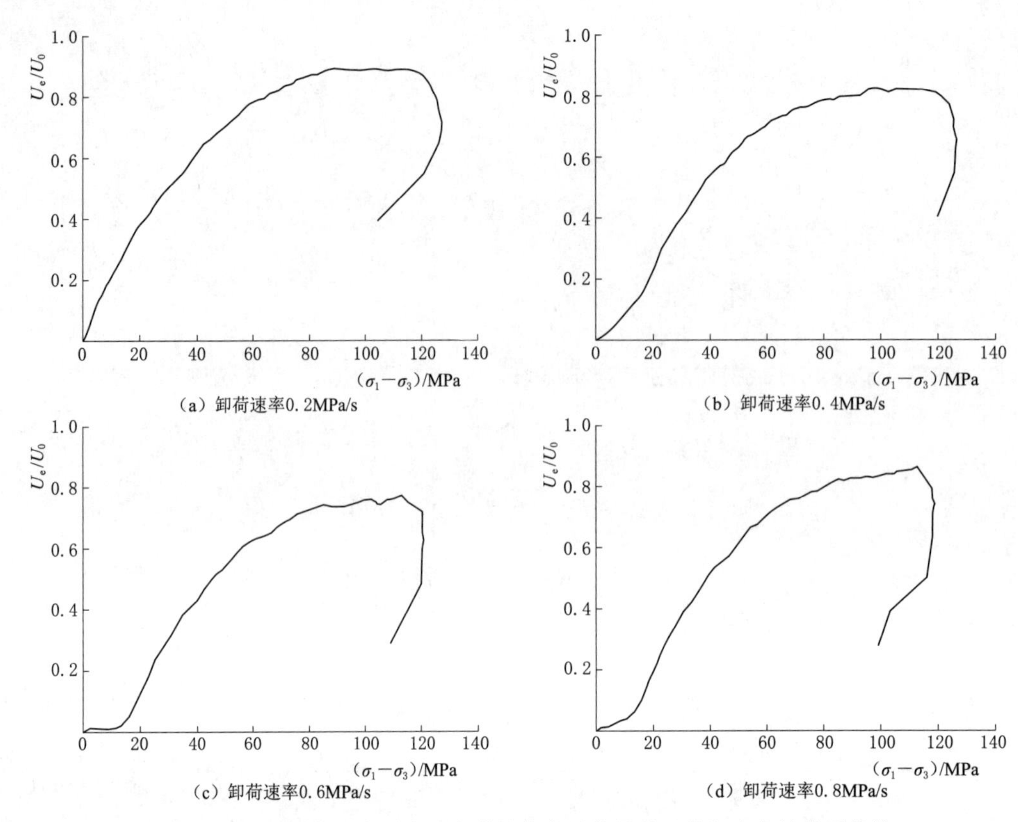

（a）卸荷速率0.2MPa/s

（b）卸荷速率0.4MPa/s

（c）卸荷速率0.6MPa/s

（d）卸荷速率0.8MPa/s

图 4.26　不同卸荷速率下大理岩弹性能占总能量的比值与应力差关系曲线

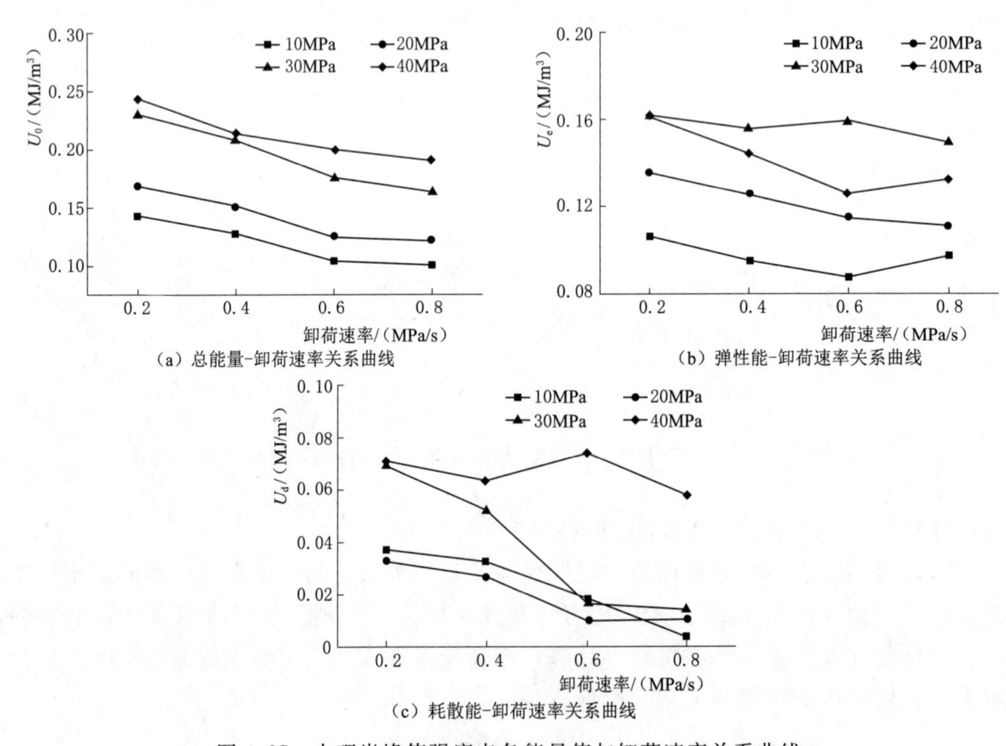

（a）总能量-卸荷速率关系曲线

（b）弹性能-卸荷速率关系曲线

（c）耗散能-卸荷速率关系曲线

图 4.27　大理岩峰值强度点各能量值与卸荷速率关系曲线

2. 灰岩

灰岩卸荷破坏峰值强度点吸收的总能量、弹性能和耗散能与卸荷速率关系曲线如图 4.28 所示。

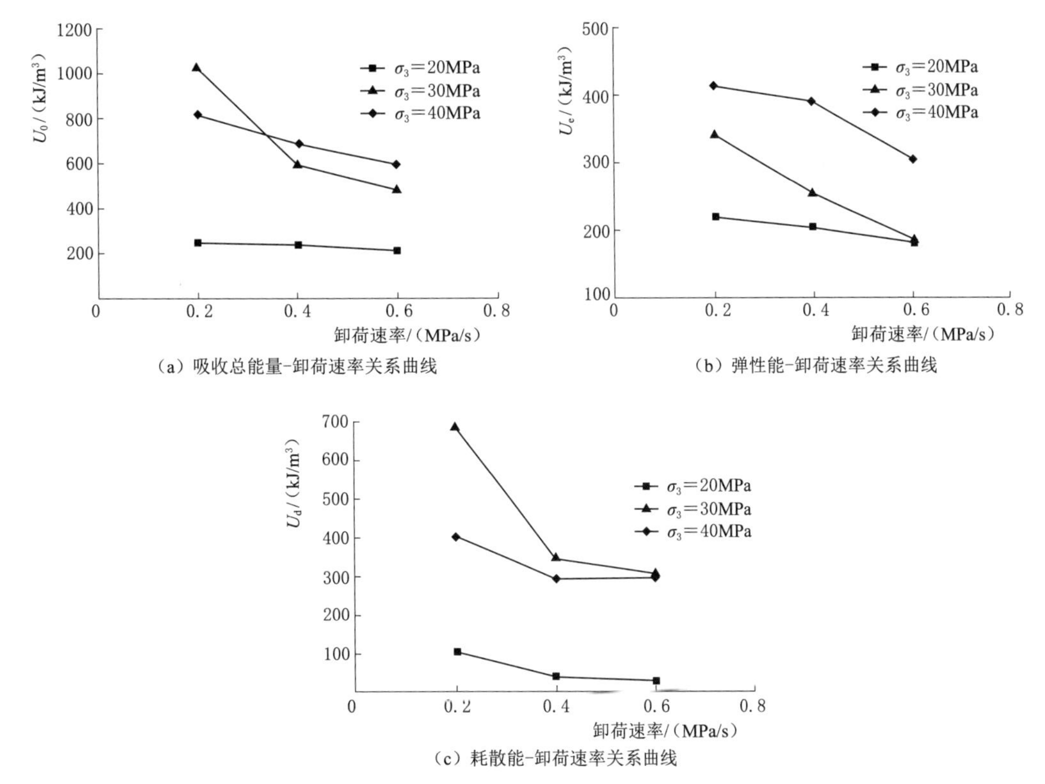

(a) 吸收总能量-卸荷速率关系曲线

(b) 弹性能-卸荷速率关系曲线

(c) 耗散能-卸荷速率关系曲线

图 4.28　灰岩卸荷破坏峰值强度点各能量值与卸荷速率关系曲线

随着卸荷速率的增大，灰岩卸荷破坏的总能量、弹性能和耗散能都减小，卸荷速率越大储能极限越小。这说明卸荷速率越快，驱动岩石破坏所需要的能量越少，岩石越容易发生破坏。卸荷速率越大，围压减小越快，应力差增速越快，应力差快速达到岩石的承载极限，微裂隙会沿环向快速发展，形成大的裂纹并迅速连通，导致卸荷速率越快，岩石越容易破坏。

随着围压增加，相同卸荷速率下岩样吸收的总能量和弹性能也逐渐升高。围压为30MPa、40MPa 时，各能量指标的减小比较明显，而围压 20MPa 时，各种能量指标的减小并不明显。这说明对试验灰岩而言，围压低于 20MPa 时卸荷速率对能量的影响不明显，围压小于 20MPa 时卸荷速率对能量指标的影响要远小于高围压对能量指标的影响。

4.5.4　卸荷应力水平的影响

1. 能量演化规律

M70－Ⅱ号、M86－Ⅱ号、M102－Ⅱ号与 M5－Ⅰ号大理岩试样在围压 40MPa 时，分别在峰前 60%、峰前 80%、峰后 80%峰值应力处，以 0.2MPa/s 卸荷速率进行应力控制加轴压、卸围压以及常规三轴压缩试验中的总能量和弹性能演化曲线如图 4.29 所示。

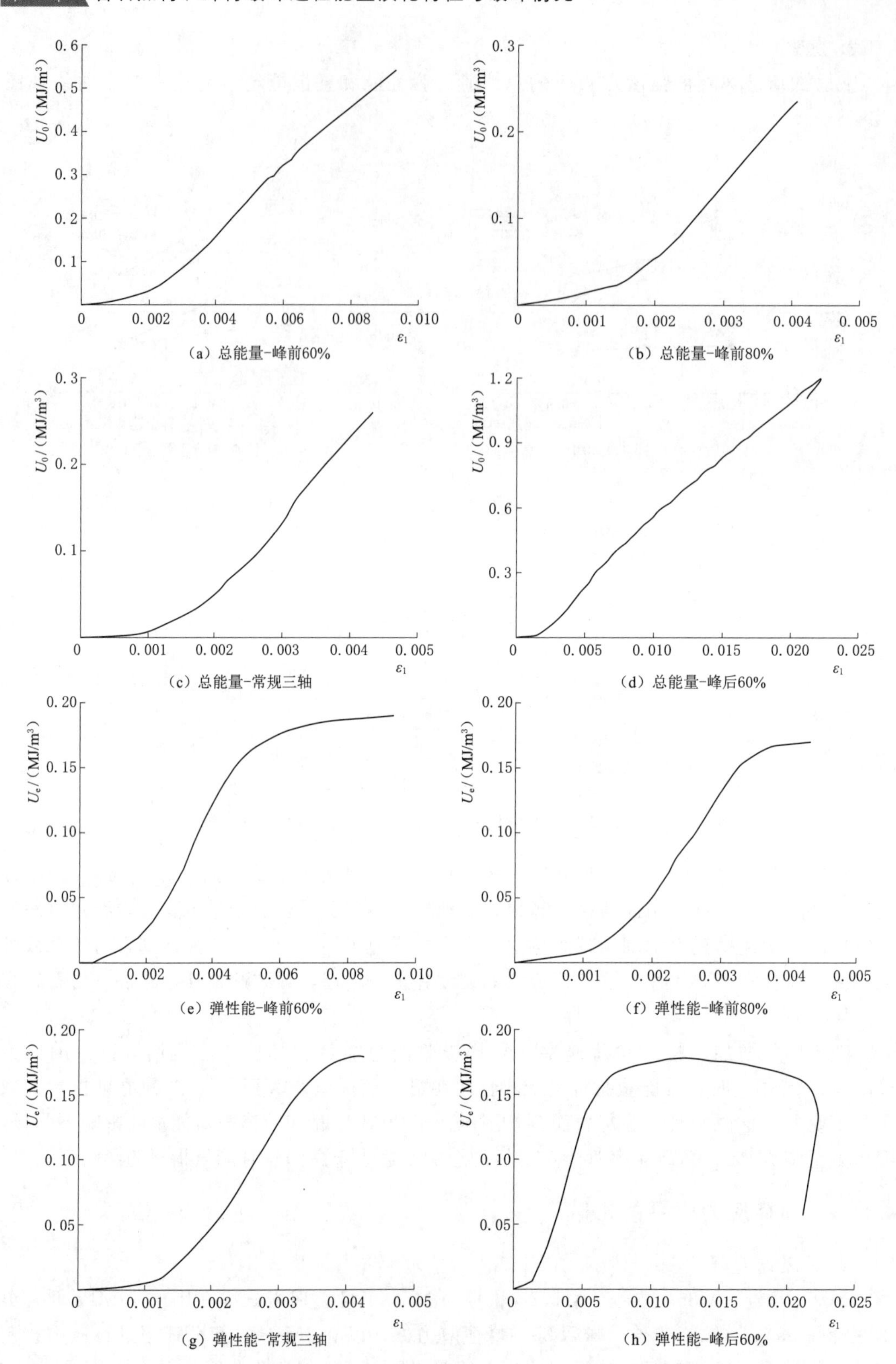

图4.29 不同卸荷应力水平大理岩总能量和弹性能与轴向应变关系曲线

大理岩岩样的总能量随轴向应变的增加而增加，增长速率呈现“先慢后快”趋势。不同卸荷应力水平的试样总能量存在差异。峰值强度前 60％卸围压试样总能量极限值为 0.53MJ/m³，峰值强度前 80％卸围压试样总能量极限值为 0.26MJ/m³，常规三轴试样总能量极限值为 0.28MJ/m³。不同卸荷应力水平下岩样弹性能演化曲线在卸围压之前大致重合，卸围压后不同试样的弹性能产生较大差异。峰值强度前 60％卸荷岩样弹性能极限值最高，其次是常规三轴与峰值强度后 60％卸荷，峰值强度前 80％卸荷弹性能极限值最小。峰值强度前 60％卸围压试样的弹性能极限值为 0.192MJ/m³，峰值强度前 80％卸围压试样的弹性能极限值为 0.172MJ/m³，峰值强度前 60％卸围压试样与常规三轴的弹性能极限值分别为 0.175MJ/m³ 和 0.175MJ/m³。

2. 弹性能占比

M70－Ⅱ号、M86－Ⅱ号、M102－Ⅱ号与 M5－Ⅰ号大理岩试样在围压 40MPa 时，分别在峰前 60％、峰前 80％、峰后 80％峰值应力处，以 0.2MPa/s 卸荷速率进行应力控制加轴压、卸围压以及常规三轴压缩试验中的弹性能占总能量比值随应力差变化关系曲线如图 4.30 所示。弹性能占吸收总能量的比值整体上随着应力差的增大而增大，U_e/U_0 增长速率表现为“先快后慢”。峰值强度前 80％卸围压与常规三轴试样 U_e/U_0 明显大于峰值强度前 60％与峰值强度后 60％卸围压试样的 U_e/U_0。弹性阶段，各试样 U_e/U_0 随应力差的变化增长速率相同。峰值强度后 60％卸围压试样 U_e/U_0 增长速率首先开始下降，其次是峰值强度前 60％卸围压试样，这可能是由于这两个试样存在天然缺陷导致能量参数出现

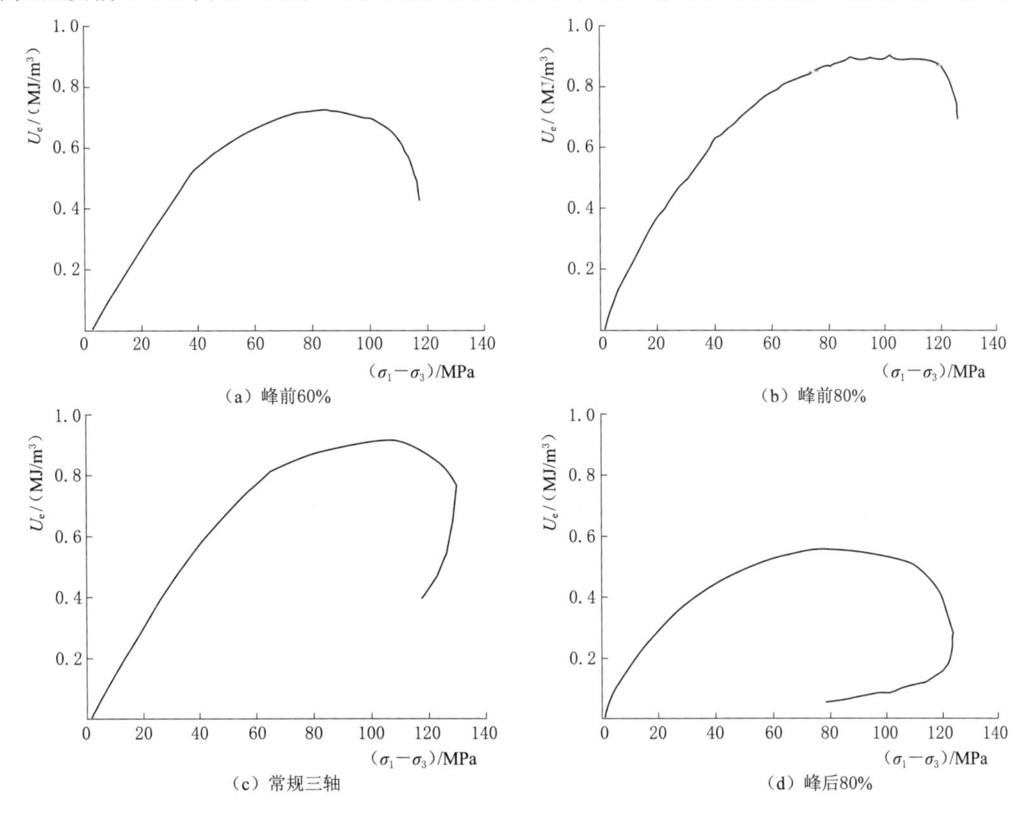

图 4.30　不同卸荷应力水平大理岩弹性能占总能量比值与应力差关系曲线

差异。卸荷应力水平分别为峰值强度前60％、峰值强度前80％、常规三轴和峰值强度后60％卸围压的岩样，U_e/U_0 分别为70.48％、90.15％、89.91％和56.19％。

3. 峰值强度点各能量指标值

根据表4.5绘制围压40MPa、峰值强度前60％、峰值强度前80％卸荷破坏大理岩岩样峰值强度点处各能量指标值与卸荷速率关系曲线如图4.31所示。峰值强度后60％卸荷时峰值强度点的能量指标与常规三轴压缩试验相近，不再赘述。峰值强度前60％卸荷破坏岩样的峰值强度值与峰值强度前80％卸荷破坏岩样的峰值强度值差距不大，但峰值强度前60％卸荷时岩样破坏对应的轴向变形、环向变形均比较大。

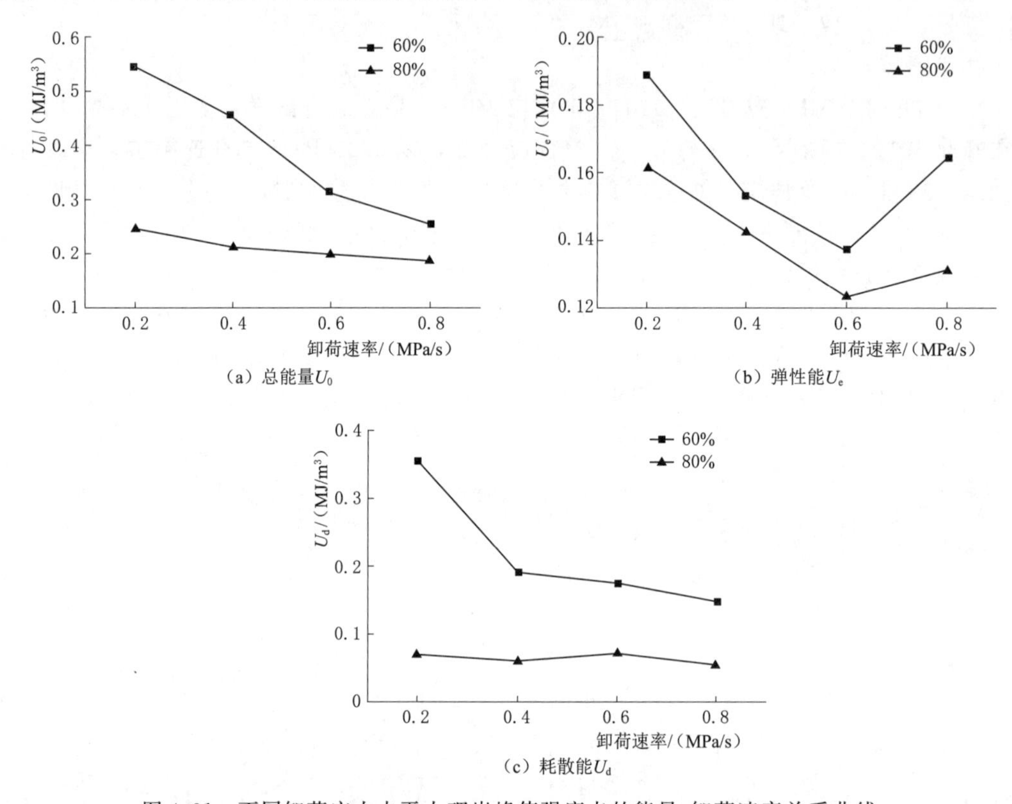

图4.31 不同卸荷应力水平大理岩峰值强度点的能量-卸荷速率关系曲线

4.6 保持轴向变形不变的卸荷破坏能量演化特征与破坏前兆

4.6.1 常规三轴加荷破坏能量演化规律

围压20MPa时粉砂岩三轴压缩变形全过程能量-应变关系曲线如图4.32所示。弹性阶段（AB段），试验机压缩岩样做功 U 以及岩样实际吸收的能量大致都成抛物线增加。岩样开始屈服时，由于轴向应力增加变慢而环向变形增加较快，岩样实际吸收的能量增加速度变缓，裂纹扩展及扩容阶段（BC段），试验机压缩岩样做功以及岩样实际吸收的能量呈现线性增加趋势。岩样发生破坏（CD段）后，岩样丧失承载能力，试验机对岩样做的功和岩样实际吸收的能量开始减少，相应的U、U_0曲线增长速率减缓。值得注意的是，残余阶段（DF段）之间岩样已经完全破裂，产生宏观的剪切滑移，U_0的变化就是剪切破坏面之间摩擦力所做的功。F点之后，由于破裂岩块处于静水压力状态，剪切破坏面之间没有摩擦力，所以岩样也就不再吸收能量。试验机对岩样轴向压缩所做功与岩样环向膨胀对液压油所做功相同。

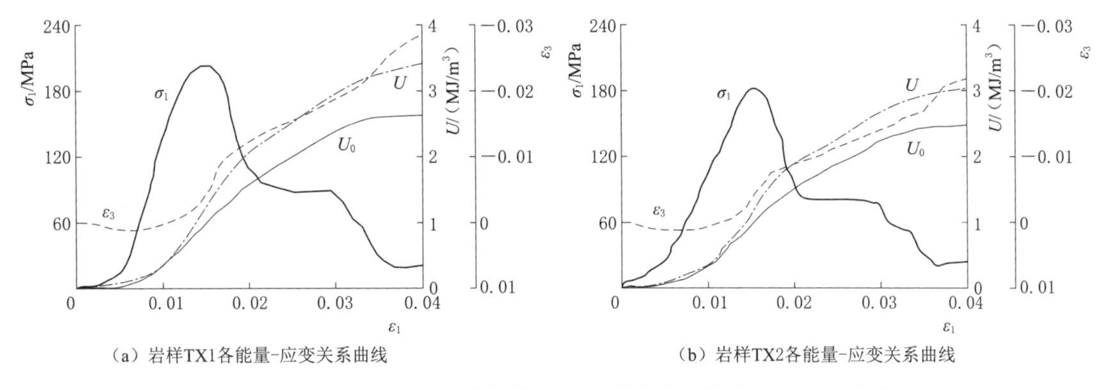

图4.32　粉砂岩常规三轴加荷破坏变形全过程能量-应变关系曲线

4.6.2　保持轴向变形不变的卸荷破坏能量演化规律

常规三轴加载后保持轴向变形不变降低围压，试验机不再对岩样压缩做功，岩样破坏是通过自身储存的弹性能释放来实现的。不仅如此，岩样卸围压破坏过程中产生的侧向变形还将克服围压对液压油做功，即岩样在破坏过程中持续地释放能量。粉砂岩岩样卸围压破坏过程中的轴向应力和能量-围压关系曲线如图4.33所示。岩样破坏时的围压越低，其释放的能量越大，粉砂岩岩样内材料实际吸收的能量越小。岩样破坏之后尽管环向变形增大较快，但由于围压较低，对外做功并不很大，U_0增加速率较为平缓。

粉砂岩岩样完全破坏后，岩样最终吸收的能量是0.78MJ/m³和0.63MJ/m³。与图4.32中常规三轴压缩岩样的能量结果相比，卸围压破坏过程中总的轴向压缩变形较小，没有产生大量的剪切滑移造成摩擦力做功，因而岩样最终破坏需要的能量很小。

华安增等（1995）研究单轴、常规三轴、保持轴向变形不变的卸围压试验过程中的能量变化表明，加载破坏与卸荷破坏在能量变化方面存在明显差异，无论是峰值强度之前还是峰值强度后，岩样加载破坏都是吸收试验机的能量；而卸荷破坏岩样不需要试验机对其做功，试件破坏是通过自身释放能量实现的，并且岩样卸荷破坏释放的能量主要源于卸荷前加载过程中岩样存储的能量。

4.6.3　围压对岩样破裂时吸收能量的影响

峰值强度C点粉砂岩岩样吸收的能量-围压关系曲线如图4.34所示。常规三轴压缩岩样破坏所需能量与围压成线性关系。单轴压缩破坏岩样通常会产生多个破裂面，围压作用下破坏通常只有一个主剪切破坏面，但后者破坏过程吸收的能量却大得多（尤明庆，2002）。岩样单轴压缩破坏时需要的能量只有0.3MJ/m³左右，围压20MPa时岩样破坏所

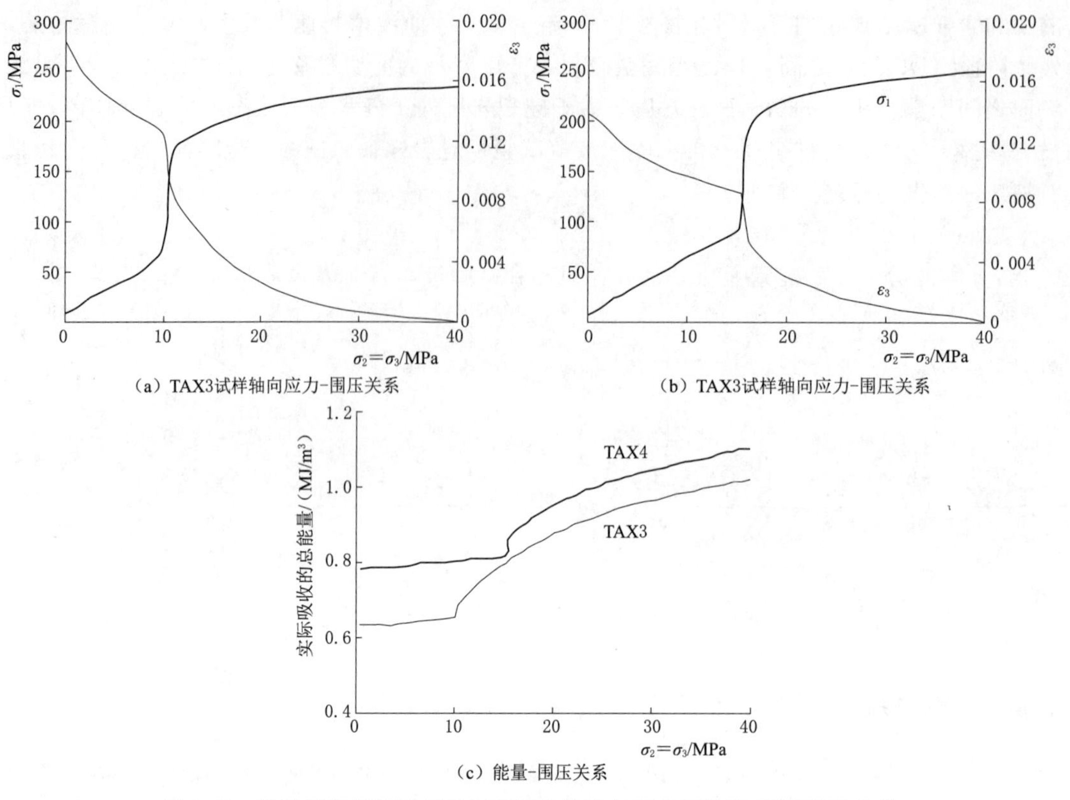

(a) TAX3试样轴向应力-围压关系 (b) TAX3试样轴向应力-围压关系

(c) 能量-围压关系

图 4.33 粉砂岩岩样卸围压破坏过程中的轴向应力和能量-围压关系曲线

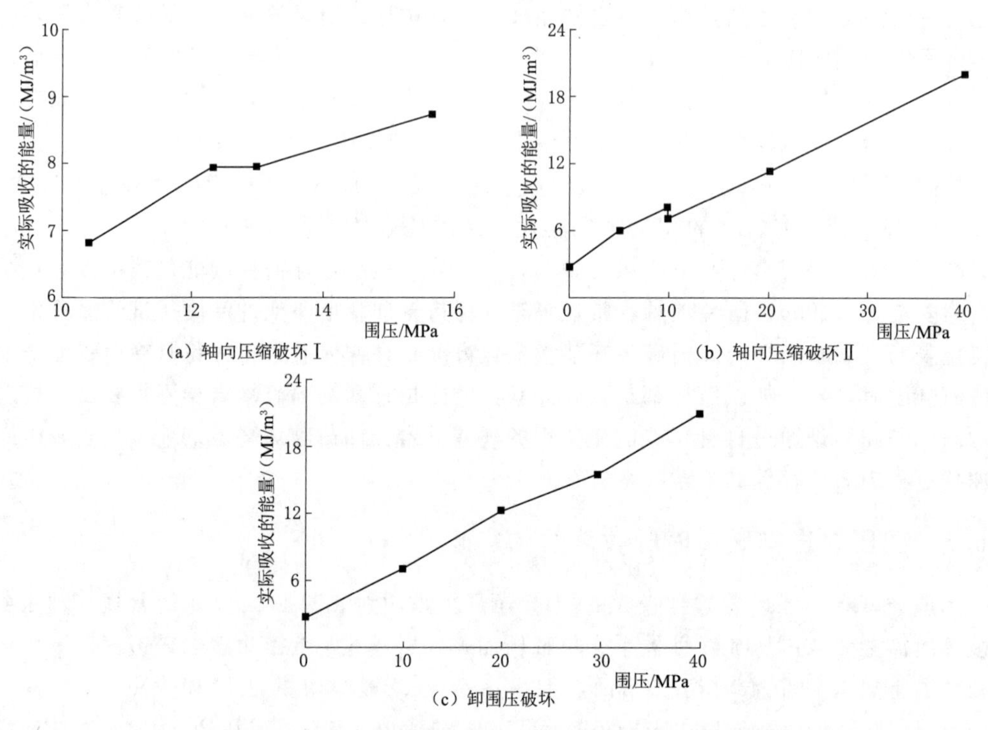

(a) 轴向压缩破坏Ⅰ (b) 轴向压缩破坏Ⅱ

(c) 卸围压破坏

图 4.34 粉砂岩峰值强度点吸收的总能量-围压关系曲线

需能量达到 1.2MJ/m³。这表明在围压作用下，岩样破坏时消耗的能量主要用于岩体内部摩擦，而用于裂纹扩展所消耗的能量较少。

卸围压过程中，岩样破坏是在轴向应力降低过程中发生的，说明岩样破坏主要发生在最弱承载断面，其破坏时需要消耗的能量偏低。粉砂岩岩样轴向压缩破坏时，峰值强度之前强度较高的材料由于轴向应力的增加而屈服，产生塑性变形而耗散能量。综上认为，处于三轴应力状态的岩体，某一方向的应力突然降低，造成岩石在较低应力状态下破坏，那么岩石实际能够吸收的能量是很小的，原岩储存的弹性能将对外释放。这就是说，如果对岩体缺少有效的支护（相当于围压），那么原岩释放的能量将转换为破裂岩块的动能，进而可能引起岩爆。

4.7 真三轴加荷、卸荷破坏能量演化特征与破坏前兆

4.7.1 真三轴加荷破坏能量演化特征

根据 2.5 节花岗岩真三轴加荷破坏试验结果，利用 4.1 节能量计算原理得到花岗岩变形过程各能量指标值，绘制花岗岩真三轴加荷破坏试验过程中能量-应变曲线如图 4.35 所示。花岗岩真三轴加荷试验能量曲线可以分为 5 段，具体如下：

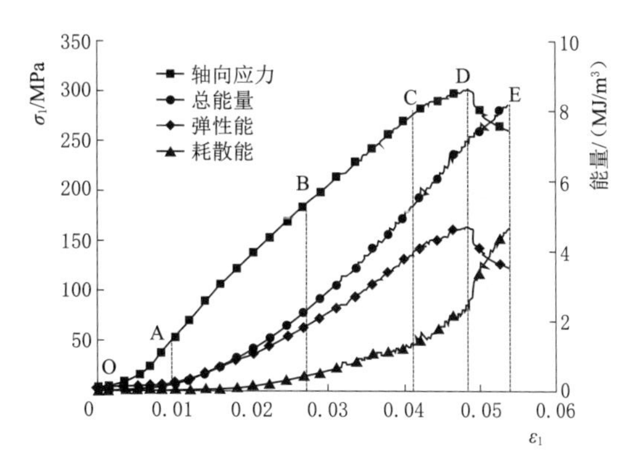

图 4.35 花岗岩真三轴加荷破坏试验能量-轴向应变曲线

（1）压密阶段（OA 段）：岩样消耗的能量较少，外力功主要以弹性能形式储存，总能量曲线增长缓慢。

（2）弹性阶段（AB 段）：总能量曲线与弹性能曲线继续增加，但是二者逐渐分离。这是因为随着轴向载荷的增加，岩样内部开始出现新生微裂纹，伴随新裂纹的产生与扩展，耗散能缓慢增加。因此，总能量曲线并没有完全呈线性增长。

（3）裂纹稳定扩展阶段（BC 段）：岩样内部微裂纹持续萌生、扩展消耗的能量增多，耗散能曲线稳定增加，弹性应变能增速变缓。

（4）裂纹非稳定扩展阶段（CD 段）：岩样内部微裂纹扩展速率加快，需要消耗更多能量，耗散能曲线增长速率进一步增大，弹性能增长速率明显减小，表明该阶段耗散能在能量分配中所占的比例进一步增大。

（5）峰后破坏阶段（DE 段）：岩样出现宏观破裂面，耗散能以稳定的速率快速增长，其值甚至超过了弹性能，这表明岩样发生宏观破坏时需要消耗大量能量。

4.7.2 真三轴卸荷破坏能量演化特征

不同卸荷速率下花岗岩岩样的能量演化规律相似，选取卸荷速率 0.30mm/min 的真

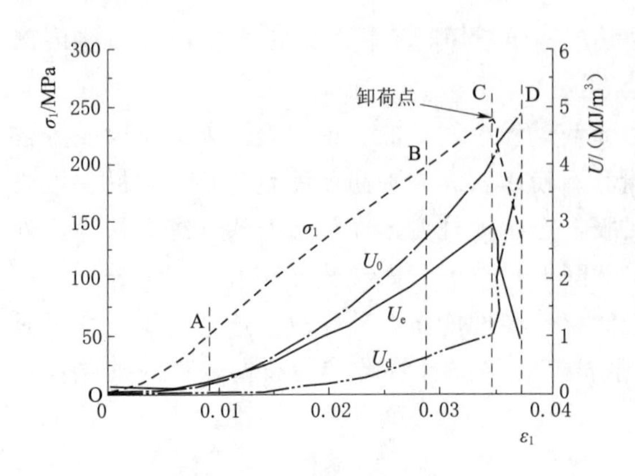

图 4.36 花岗岩真三轴卸荷破坏试验能量-轴向应变关系曲线

三轴卸荷破坏试验结果进行分析，其能量-应变关系曲线如图 4.36 所示。花岗岩真三轴加荷试验能量曲线可以分为 4 段。

加荷阶段，包括初始压密阶段（OA 段）、线弹性阶段（AB 段）以及裂纹稳定扩展阶段（BC 段）。加荷过程中能量演化规律与图 4.35 峰前 AC 段基本一致。

卸荷破坏阶段（CD 段）：卸荷开始后，花岗岩试样迅速丧失承载能力，轴向应力-应变曲线开始下降，裂纹迅速扩展，耗散能大幅度增加且增速加快，弹性能快速释放。在卸荷瞬间，岩样出现宏观破坏并沿卸荷方向迅速扩容，由于宏观裂纹的贯通以及岩样沿最小主应力方向扩容需要消耗大量能量，耗散能迅速增加，在能量分配中所占的比例超过弹性能，成为消耗能量的主体。

对比不卸荷速率下的花岗岩能量演化规律发现，试验范围内卸荷速率对花岗岩卸荷过程中能量的演化规律影响很小，这可能是试验中选取的卸荷速率均比较快且卸荷速率量值接近导致的。

4.7.3 加荷、卸荷能量演化特征对比

花岗岩真三轴加荷、卸荷破坏试验过程中总能量-轴向应变关系曲线如图 4.37 所示。总能量曲线一直呈增长趋势，增长速率先逐渐增大后趋于稳定。加荷阶段，加荷试验和不同卸荷速率下的总能量曲线基本重合。卸荷阶段，总能量曲线的增长速率发生明显变化。

加荷、卸荷两种应力路径下，花岗岩弹性能的变化趋势类似。加荷阶段，弹性能逐渐增大，增长速率逐渐增大后保持稳定。卸荷后岩样立即发生应力跌落，裂纹进一步扩展并贯通，试样由体积压缩变为体积扩容，弹性能开始释放，且卸荷路径下弹性能释放的速率

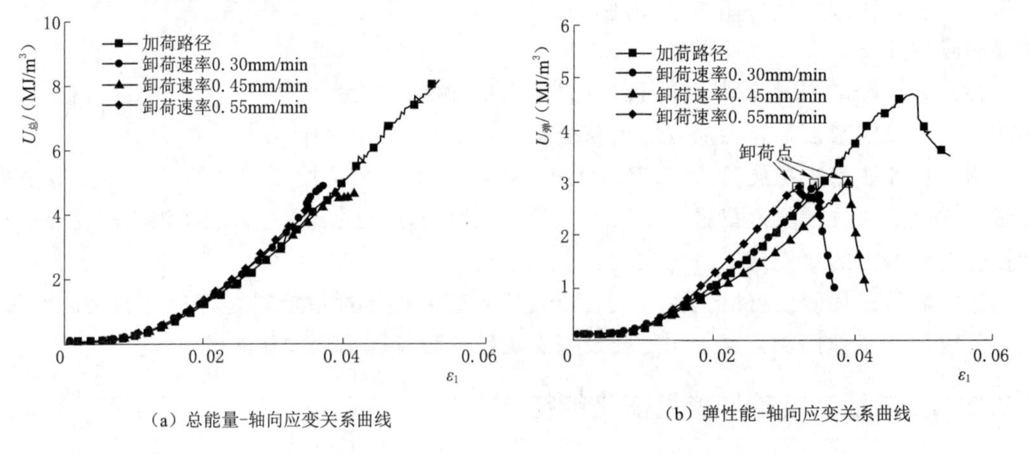

(a) 总能量-轴向应变关系曲线

(b) 弹性能-轴向应变关系曲线

图 4.37（一） 花岗岩真三轴加荷、卸荷破坏能量-轴向应变关系曲线

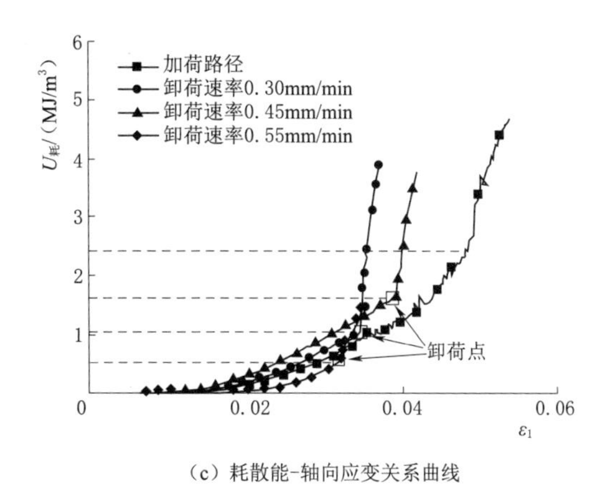

(c) 耗散能-轴向应变关系曲线

图 4.37(二) 花岗岩真三轴加荷、卸荷破坏能量-轴向应变关系曲线

要明显大于加荷路径。

加荷、卸荷两种应力路径下，花岗岩变形过程耗散能的增长趋势类似：加荷初期耗散能很小，随着荷载增大，花岗岩岩样内部产生裂纹，耗散能呈增加趋势，且增速逐渐增大；当加荷试验中轴向应力达到峰值强度以及卸荷试验中达到卸荷点时，耗散能大幅度增加，耗散能曲线出现转折点，增速进一步增大；随后耗散能增速变缓。卸荷试验中岩样破坏时耗散能量值明显小于加荷试验，表明卸荷路径下的岩样产生宏观破坏需要消耗的能量相对较少，相比加荷路径更加容易发生破坏。

4.8 基于能量演化特征的岩石破坏机理分析

4.8.1 围压的影响

常规三轴加荷破坏和卸荷速率 0.4MPa/s、峰值强度前 80%卸荷破坏大理岩峰值强度点处能量与围压的关系曲线如图 4.38 所示。不同应力路径下，峰值强度点总能量和弹性能均随围压的增大而增大。围压相同，不同应力路径下峰值强度点处总能量及弹性能的大小关系为常规三轴压缩最大，位移控制加轴压、卸围压次之，应力控制加轴压、卸围压最小。耗散能随围压的变化规律也与应力路径有关，常规三轴压缩和位移控制加轴压、卸围压岩样的耗散能都随围压的增大总体逐渐减小，应力控制加轴压、卸围压路径岩样的耗散能随围压的增大总体逐渐增大。围压相同，不同应力路径下峰值强度点处耗散能大小关系为，常规三轴压缩最大，应力控制加轴压、卸围压次之，位移控制加轴压、卸围压最小。

与常规三轴压缩试验相比，卸荷路径下岩样吸收、存储的能量减少，输入的能量更多地转化为裂纹扩展消耗的耗散能，因此工程实际中岩体开挖卸荷很容易引起岩爆、冲击地压等地质灾害。应力控制相比位移控制强度低，岩样吸收、存储的能量更少，释放、消耗的能量更多，岩样也更容易产生破坏。

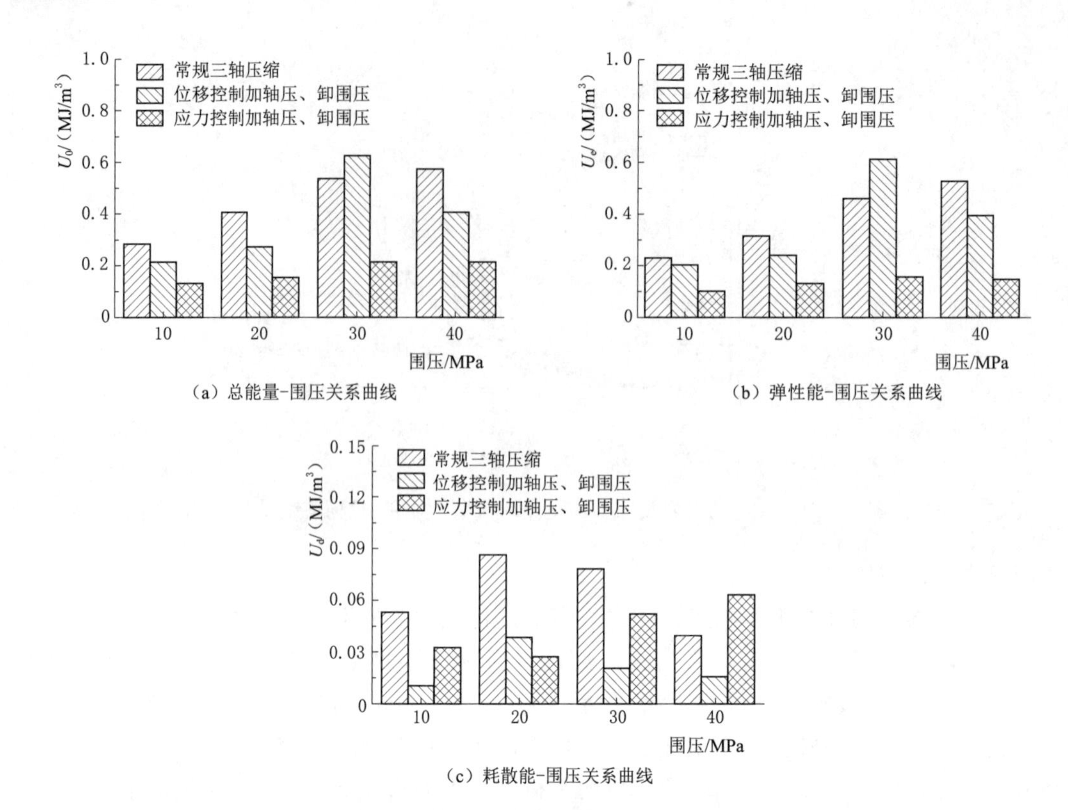

(a) 总能量-围压关系曲线

(b) 弹性能-围压关系曲线

(c) 耗散能-围压关系曲线

图 4.38 不同应力路径下大理岩峰值强度点各能量指标与围压关系曲线

4.8.2 卸荷速率的影响

常规三轴压缩试验和不同卸荷应力路径下岩样峰值强度点能量与卸荷速率的关系如图 4.39 所示。随着卸荷速率增大，不同应力路径下峰值强度点各能量指标值总体呈逐渐减小的趋势，说明高卸荷速率条件下岩样发生破坏时裂纹扩展需要消耗的能量很小，更容易发生破坏。卸荷速率相同，不同应力路径下峰值强度点总能量和弹性能的大小关系为常规三轴压缩最大，位移控制加轴压、卸围压次之，应力控制加轴压、卸围压最小，峰值强度点耗散能大小关系为应力控制加轴压、卸围压最大，常规三轴压缩次之，位移控制加轴压、卸围压最小。从图中也可以看出与应力控制加轴压、卸围压相比，位移控制加轴压、卸围条件下岩样内部能量在不同卸荷速率下量值变化范围较大，说明位移控制加轴压、卸围压路径下岩样内部能量受卸荷速率的影响较大。

与常规三轴压缩试验相比，卸荷条件下岩样吸收、存储的能量减少，输入的能量更多地转化为裂纹扩展消耗的耗散能，很容易引起岩爆、冲击地压等地质灾害。应力控制相对位移控制吸收、存储的能量更少，释放、消耗的能量更多，甚至比相同围压条件下常规三轴压缩消耗的能量还多，因此应力控制加轴压、卸围压条件下岩样更容易产生破坏。

综上所述，与加荷路径比较，卸荷路径岩样更容易发生破坏。与位移控制加轴压、卸围压比较，应力控制加轴压、卸围压方式下岩样更容易发生破坏。高卸荷速率条件下岩样破坏需要的能量更少，更容易发生破坏。

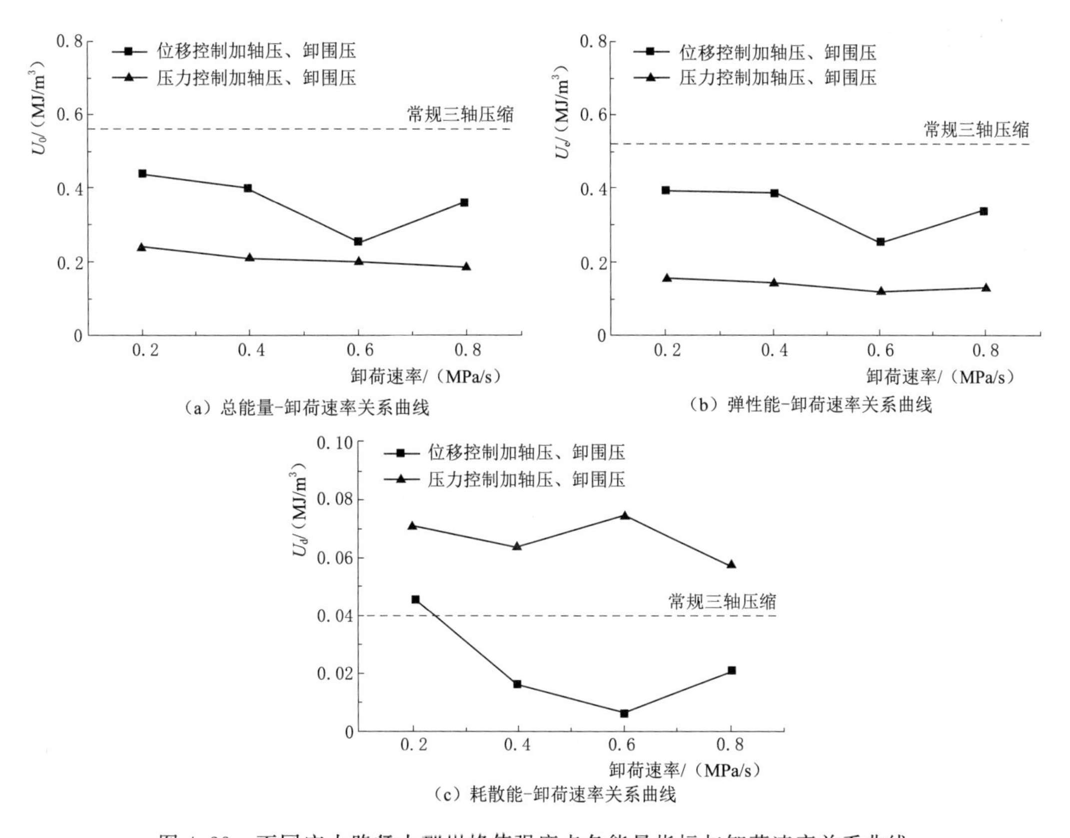

（a）总能量-卸荷速率关系曲线

（b）弹性能-卸荷速率关系曲线

（c）耗散能-卸荷速率关系曲线

图 4.39 不同应力路径大理岩峰值强度点各能量指标与卸荷速率关系曲线

第5章

岩石加荷、卸荷破坏过程声发射特征与破坏前兆

岩体变形和破坏过程中通常会伴随声发射（AE）现象。声发射现象可以反映岩石内部裂纹产生、发展直至岩石破坏的演化过程，通过声发射信号可以推测岩石内部裂纹变化，分析岩石破坏机理。岩石材料本身的物理力学性质和所处的外界环境不同，其声发射特征也各不相同，开展岩石破坏的预测预报研究，探索不同应力路径下岩石破坏的声发射前兆信息，对岩体稳定性预判具有重要意义。

5.1 声发射试验介绍

5.1.1 声发射试验原理

岩体变形过程中，内部微裂隙在外荷载作用下发生扩展、贯通，最终丧失承载力，岩体内部裂纹的扩展会伴随以应力波的形式向外界释放能量。声发射技术是利用放大声发射换能器接收应力波，转换为电信号，通过处理与分析信号参数或波形反推岩石内部裂纹的发展规律。声发射检测系统一般采用撞击计数、振铃计数、能量计数等参数分析岩石变形过程中的声发射规律。

1. 撞击计数

当某一信号超过阈值可使系统通道获得数据时，称为一次撞击。测得的撞击个数可分为累计数和计数率两类。累计数是岩石变形过程中声发射撞击总数，计数率是指单位时间内岩石产生声发射信号撞击数之和。岩石内部裂纹扩展过程中都伴随着声发射撞击，撞击计数可以较好地表征裂纹扩展速率和撞击总次数。

2. 振铃计数

振铃计数是信号脉冲越过门槛值的振荡次数，可记录一次撞击内的振铃数，振铃计数分为振铃计数率和振铃累计数两类。单位时间振铃计数称为振铃计数率，设定时间内的振铃总计数为振铃累计数。

3. 能量计数

能量计数是指信号检波包络线下的面积，可以作为声发射信号的能量度量指标。一次撞击的能量值与信号的幅值、持续时间有关，可作为岩石内部裂隙发展消耗的相对能量。

能量计数同样分能量计数率和能量累计数两类。单位采样时间的能量计数为能量计数率，一定时间的能量计数称为能量累计数。

5.1.2 声发射试验

1. 试验设备

试验在 MTS815.02 型电液伺服岩石力学试验机上完成，声发射测试分析系统采用 AE21C 声发射测试设备，如图 5.1 所示。该系统具有 18 位 A/D，频率范围 1kHz～3MHz，可以对声发射特征参数、波形进行实时处理。

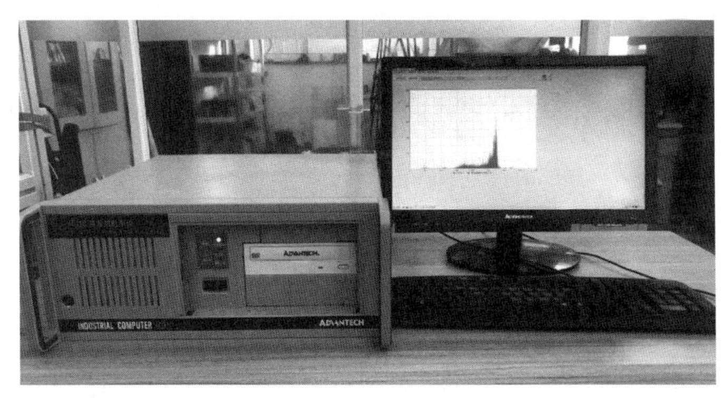

（a）声发射主机和电脑

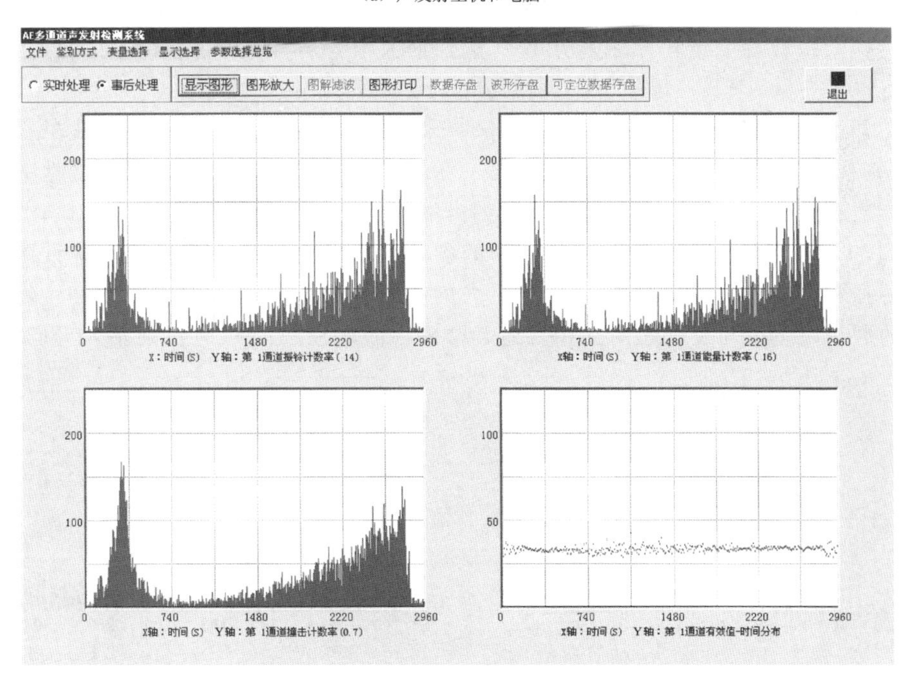

（b）声发射采集程序界面

图 5.1 AE21C 声发射检测仪

2. 试验过程

声发射测试是在第2章岩石加荷、卸荷破坏试验基础上进行，声发射测试的具体步骤如下：

（1）岩样分组。用游标卡尺测量记录岩样的高度与直径，用声波仪测试岩样波速，参数相近者分为一组。

（2）岩样入室。采用胶带和热缩膜密封试样，并将其放置到试验机压力室。

（3）放置探头。在压力室与声发射探头之间涂一层凡士林，并用胶带将探头固定在油缸表面。

（4）设置参数。对声发射检测系统设置参数，门槛值32dB，增益值32dB，撞击时间50μs，撞击间隔300μs，采样100ms/次。

（5）试验监测。监测岩石变形过程中的声发射信号，直到实验结束。

5.2 不同应力路径下岩石破坏的声发射特征与破坏前兆

5.2.1 常规三轴加荷破坏试验

M1-Ⅲ号大理岩岩样单轴压缩振铃计数率-时间关系曲线如图5.2所示。单轴压缩试验时声发射探头与岩样直接接触，受外界干扰比较少。线弹性变形阶段岩样声发射现象微弱，外荷载加载到峰值强度的40%左右出现较小的AE现象。加载到峰值强度的80%时声发射现象开始活跃，此阶段岩样内部破裂纹开始汇集、贯通，形成较大裂纹，最终主裂纹形成后，大理岩发生破坏，振铃计数率达到最大值，岩样破坏后声发射信号再次变得微弱。

M4-Ⅲ号大理岩试样在围压30MPa条件下常规三轴压缩围压变形过程中的振铃计数率-时间关系曲线如图5.3所示。压密阶段（OA段），应力-应变曲线偏离线性关系呈下凹趋势，岩石内部孔隙被压密，产生一定的声发射信号，但振铃计数率很小。弹性变形阶段（AB段），外荷载不足以使岩样产生新的裂纹，声发射活动比较微弱，弹性阶段声发射信号的强弱程度与岩石的成分组成有很大的关系。裂隙扩展阶段（BC段），岩样内部产生新的裂纹，裂纹与裂纹之间互相贯通、摩擦，形成破裂面，声发射活动逐渐变得活

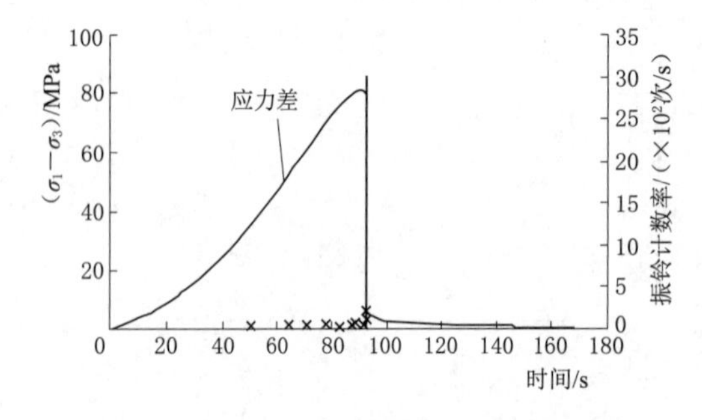

图5.2 M1-Ⅲ号大理岩岩样单轴压缩振铃计数率-时间关系曲线

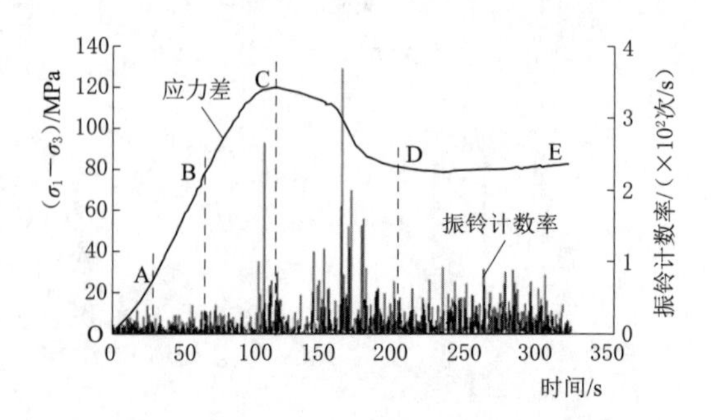

图5.3 M4-Ⅲ号大理岩常规三轴压缩振铃计数率-时间关系曲线

跃，振铃计数率达到最大值369次/s。峰后破坏阶段（CD段），试样承载能力降低，声发射活动减弱，岩石破裂面之间产生相互滑移。残余变形阶段（DE段），围压作用下岩样具有一定的残余强度，岩样内部还会产生小裂纹，同时破裂面之间会发生摩擦滑移，仍然能测试到声发射信号。

5.2.2 恒轴压、卸围压破坏试验

M11-Ⅲ号大理岩试样在围压20MPa时，峰前80%峰值轴向应力处，以0.4MPa/s卸围压速率进行恒轴压、卸围压试验过程中的声发射振铃计数率演化曲线如图5.4所示。恒轴压、卸围压路径下，变形初期大理岩岩样的振铃计数率很小，平均在5次/s左右。随着荷载增大，振铃计数率逐渐增加。当轴向应力增加到卸荷应力水平附近时，振铃计数率在165次/s左右。卸围压开始后，应力-应变曲线出现明显的转折，围压对岩样内部裂纹的抑制作用减弱，裂纹加速发育、扩展，振铃计数率量值快速增大，振铃计数率曲线出现转折。达到大理岩承载能力极限时，岩石突然发生破坏，此时振铃计数率达到最大值13042次/s。

5.2.3 位移控制加轴压、卸围压破坏试验

M64-Ⅰ号大理岩试样在围压30MPa时，峰前80%峰值轴向应力处，以0.6MPa/s卸围压速率进行位移控制加轴压、卸围压试验过程中的声发射振铃计数率演化曲线如图5.5所示。

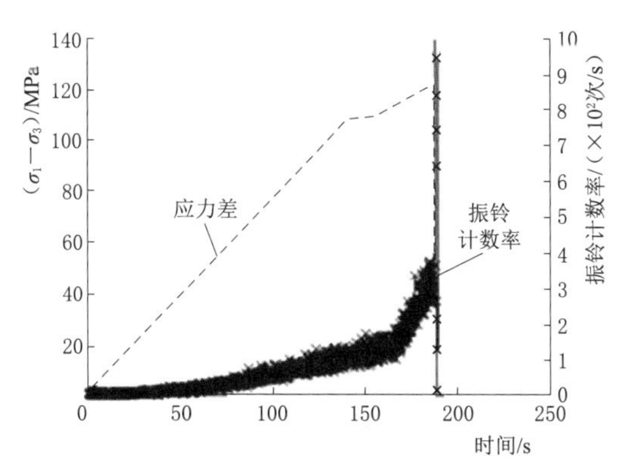

图5.4 M11-Ⅲ号恒轴压、卸围压路径大理岩变形过程声发射演化规律

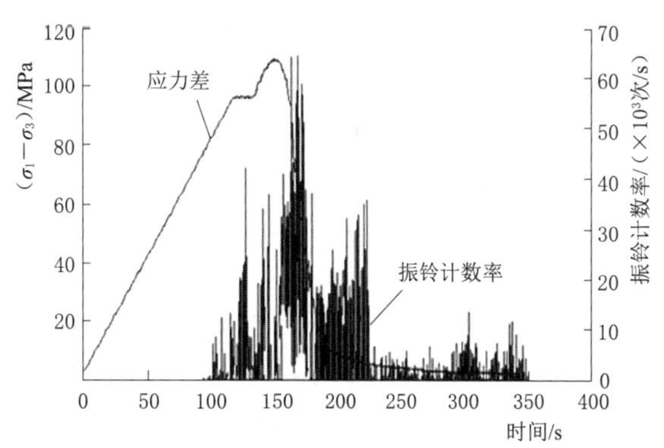

图5.5 M64-Ⅰ号位移控制加轴压、卸围压试验大理岩变形过程声发射振铃计数率演化曲线

加荷初期，声发射活动微弱，振铃计数率只有很小的数值，加载到常规三轴峰值强度的50%左右时，岩样内部出现新裂纹，声发射活动开始活跃。卸荷后围压开始减小，围压对岩样内部裂纹的抑制作用减弱，裂纹加速发育、扩展，声发射活动更为活跃，但峰值强度前声发射事件比较沉寂，持续大约11.8s。峰值强度后振铃计数率突然增大，声发射活动异常活跃，随后岩样发生破坏，并形成主破裂面。岩样破坏后，强度降低，声发射活动减弱，但由于破裂面之间依旧存在相对的滑移和摩擦，裂纹之间的相互作用导致仍然能检测到声发射事件。

5.2.4 应力控制加轴压、卸围压破坏试验

M87 - Ⅰ 号大理岩试样在围压 40MPa 时，峰前 80%峰值轴向应力处，以 0.4MPa/s 卸围压速率进行应力控制加轴压、卸围压试验过程中的声发射振铃计数率演化曲线如图 5.6 所示。

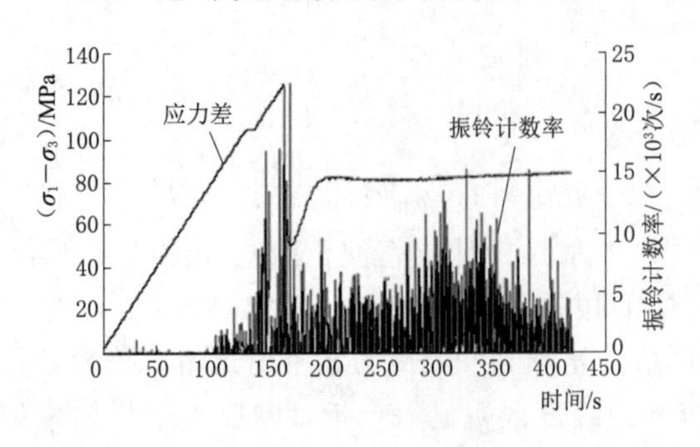

图 5.6 M87 - Ⅰ 号应力控制加轴压、卸围压试验大理岩变形过程声发射振铃计数率演化规律

加荷阶段由于岩样自身结构细密均质，声发射活动很少。轴向应力加载到岩样峰值强度的 65%左右，岩样内部出现微裂纹，声发射活动开始，振铃计数率维持在 2500 次/s 左右。卸围压后，微裂纹开始加速发展、贯通，声发射事件进入活跃状态，振铃计数率高达 16873 次/s。围压继续减小，岩样声发射活动进入临破坏前的平静期，该阶段声发射振铃计数率量值变化很小，活跃状态明显降低。达到大理岩岩样峰值强度时，岩样瞬间发生剧烈破坏，振铃计数率达到 22510 次/s。峰值强度后应力迅速跌落，岩样内部沿破裂面产生滑移，声发射信号随着应力降低而减少。岩样发生破坏后恒定围压、继续加轴压，随着应力的增大，岩样内部又出现新的裂纹，新裂纹之间又扩展、贯通，形成次生裂纹，声发射活动重新趋于相对活跃状态，期间又出现了两次数值较大的振铃计数率，对应于岩石表面的两条次生裂纹。

5.3 不同围压下岩石破坏的声发射特征与破坏前兆

5.3.1 常规三轴压缩破坏试验

对比单轴与常规三轴压缩条件下大理岩的声发射变化规律发现，单轴压缩时岩样的振铃计数率最大值明显高于常规三轴压缩的振铃计数率最大值，围压抑制了裂纹的扩展速率，大理岩破坏时的剧烈程度降低，导致声发射振铃计数率最大值降低。单轴与常规三轴压缩破坏岩样在声发射振铃计数率最大值前无明显的平静期。单轴压缩岩样声发射振铃计数率出现最大值后振铃计数率持续减小，常规三轴压缩岩样声发射振铃计数率出现最大值后振铃计数率虽然降低，但会出现声发射振铃计数率突跳的现象。

单轴和常规三轴压缩大理岩变形过程的声发射测试结果见表 5.1。常规三轴压缩条件下，岩样的声发射振铃计数率最大值随着围压的升高而增大，最大振铃计数率发生的时间随着围压的升高而延后。这是由于围压越高，对大理岩的约束作用越强，抑制作用也越明显，最大值出现的时间也越滞后。

5.3.2 位移控制加轴压、卸围压破坏试验

M56 - Ⅰ 号、M60 - Ⅰ 号、M64 - Ⅰ 号与 M68 - Ⅰ 号大理岩试样分别在围压 10MPa、

表 5.1　　　　常规三轴声发射试验结果

试样编号	围压/MPa	峰值应力/MPa	振铃计数率最大值/(次/s)	振铃计数率最大值出现时间/s
M1-Ⅲ	0	95.2	58532	185.0
M2-Ⅲ	10	119.5	674	325.1
M3-Ⅲ	20	139.8	852	411.3
M4-Ⅲ	30	159.3	1130	527.9
M5-Ⅲ	40	180.3	1451	536.9

20MPa、30MPa、40MPa时，峰前80%峰值轴向应力处，以0.6MPa/s卸荷速率进行位移控制加轴压、卸围压试验过程中的声发射振铃计数率-时间演化曲线如图5.7所示。不同围压条件下，加载初期大理岩内部声发射信号微弱，随着轴压继续增大，声发射事件开始逐渐活跃。卸围压开始后，声发射振铃计数率显著增加，持续一段时间后，大理岩进入声发射沉寂期。在卸围压速率相同的情况下，沉寂期持续时间随着围压的升高而缩短。例如，卸围压速率0.6MPa/s，初始围压分别为10MPa、20MPa、30MPa、40MPa时，沉寂期持续时间分别为22.1s、18.0s、11.8s、0s。沉寂期过后，大理岩声发射活动明显增强，应力达到峰值强度。峰值强度点后，岩样发生破坏，振铃计数率也达到最大值，且振铃计数率最大值随着围压的增大而增大。例如，卸围压速率0.6MPa/s，初始围压分别为10MPa、20MPa、30MPa、40MPa时，振铃计数率最大值分别为59292次/s、61660次/s、64532次/s、69314次/s。应该指出，在围压20MPa的条件下，大理岩的声发射振铃计数率最大值出现在卸围压阶段，说明在卸围压阶段岩样内部裂纹快速扩展、贯通，产生了大量的声发射事件。综上所述，位移控制加轴压、卸围压路径下，不同围压条件下大理岩变

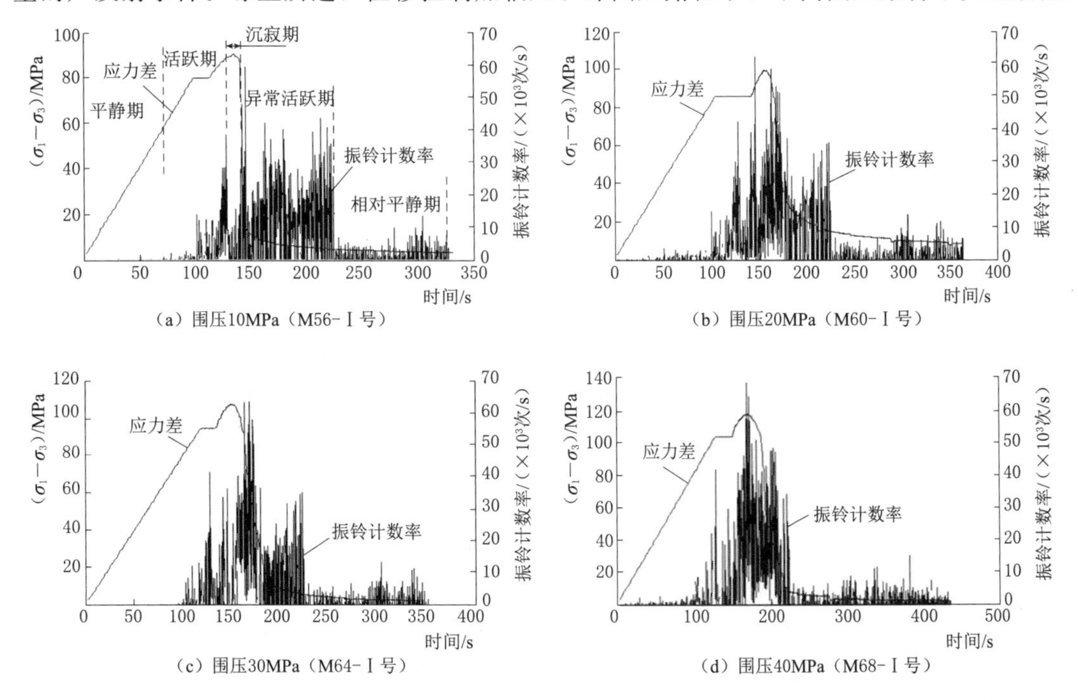

(a) 围压10MPa (M56-Ⅰ号)　(b) 围压20MPa (M60-Ⅰ号)
(c) 围压30MPa (M64-Ⅰ号)　(d) 围压40MPa (M68-Ⅰ号)

图5.7　不同围压下位移控制加轴压、卸围压大理岩变形过程声发射振铃计数率演化规律

形过程的声发射活动大致分为：平静期、活跃期、沉寂期、异常活跃期和相对平静期5个阶段。

5.3.3 应力控制加轴压、卸围压破坏试验

M76－Ⅰ号、M80－Ⅰ号、M84－Ⅰ号与M88－Ⅰ号大理岩试样分别在围压10MPa、20MPa、40MPa时，峰前80%峰值轴向应力处，以0.6MPa/s卸荷速率进行应力控制加轴压、卸围压试验过程中的声发射振铃计数率-时间演化曲线如图5.8所示。加荷阶段声发射活动很少，声发射信号处于平静期，但围压30MPa时大理岩在该阶段出现声发射振铃计数率最大值。卸围压后，声发射振铃计数率开始增大，围压越高，卸围压阶段声发射振铃计数率增大越明显。持续一段时间后，大理岩进入声发射沉寂期。沉寂期过后，大理岩声发射活动异常活跃，随后岩样达到峰值强度，发生破坏，振铃计数率达到最大值，且最大值随着围压的增大而减小。例如，围压为10MPa、20MPa、30MPa、40MPa时，振铃计数率最大值分别为45340次/s、36326次/s、28996次/s、25652次/s，其中围压30MPa条件下大理岩振铃计数率不是破坏过程中的最大值。与位移控制加轴压、卸围压相似，大理岩声发射活动可以分为平静期、活跃期、沉寂期、异常活跃期和相对平静期5个阶段。

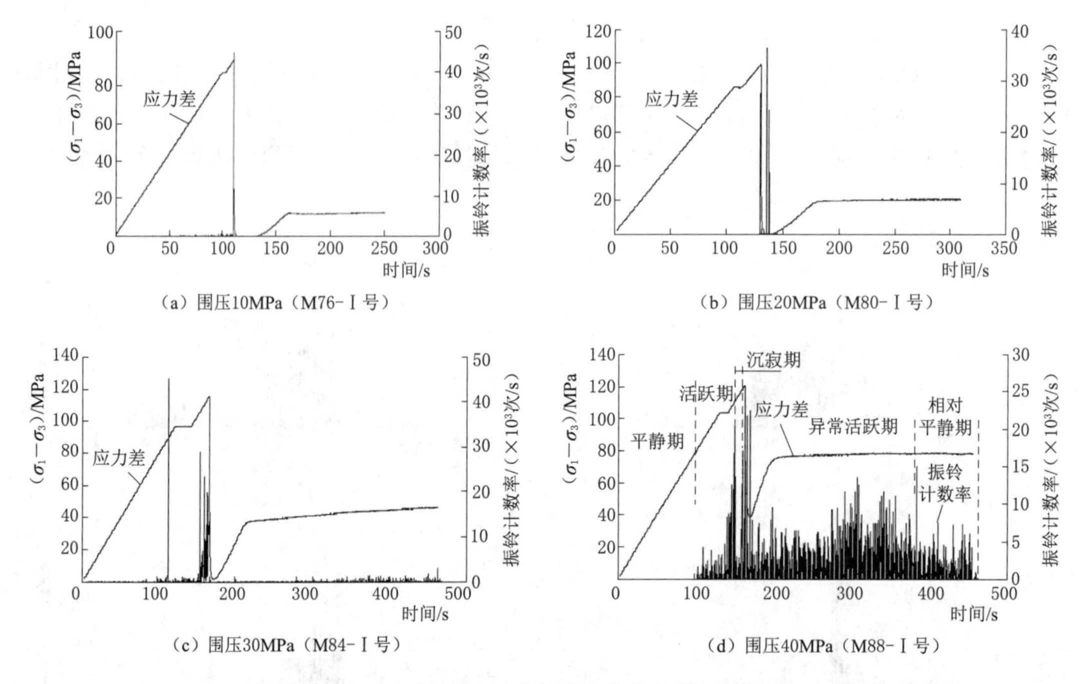

图5.8 应力控制加轴压、卸围压大理岩变形过程声发射振铃计数率-时间演化规律

相同卸荷速率、不同围压条件下，位移控制加轴压、卸围压和应力控制加轴压、卸围压试验大理岩变形过程中的声发射随时间的演化规律相似，但声发射振铃计数率最大值随着围压增大的变化规律存在差异。位移控制加轴压、卸围压试验中，声发射振铃计数率最大值随着围压的增大而增大；应力控制加轴压、卸围压试验中，声发射振铃计数率最大值

随着围压的增大而减小。这表明，卸荷应力路径对卸荷过程中的声发射振铃计数率-围压的关系有很大影响。围压较低时，振铃计数率总体水平较低，破坏时振铃计数率突增；高围压条件下，振铃计数率总体水平较高，破坏时振铃计数率也发生突增，但突增的程度有所减弱。这表明低围压下岩样破坏过程中消耗的能量少，更多能量被储存，可用于破坏释放的能量增多；高围压下岩样的声发射活动水平整体较高，岩样产生裂纹消耗的能量多，破坏瞬间释放的能量少。

5.4 不同卸围压速率下岩石破坏的声发射特征与破坏前兆

5.4.1 恒轴压、卸围压破坏试验

M18－Ⅲ号与M19－Ⅲ号大理岩试样在围压40MPa时，峰前80%峰值轴向应力处，分别以0.2MPa/s、0.6MPa/s卸荷速率进行恒轴压、卸围压试验过程中的声发射振铃计数率-时间演化曲线如图5.9所示。加荷初期，不同卸围压速率下大理岩的声发射活动强度都较弱，有零星的声发射事件产生。随着轴向载荷增加，岩样的声发射活动逐渐增强，声发射活动开始进入活跃状态。卸围压开始后，岩样声发射活动进一步增强，但随着围压的持续降低，声发射活动开始减弱，出现一段时间的“沉寂”。围压相同时，随着卸围压速率增加，沉寂期持续时间缩短。卸围压速率分别为0.2MPa/s、0.4MPa/s时，沉寂期持续时间分别为60s和20s。沉寂期过后，岩样声发射活动明显增强，峰值强度后岩样发生破坏，振铃计数率达到最大值。卸围压速率分别为0.2MPa/s、0.4MPa/s时，岩样的振铃计数率最大值分别为12978次/s和13072次/s，卸围压速率对声发射振铃计数率最大值的影响不明显。

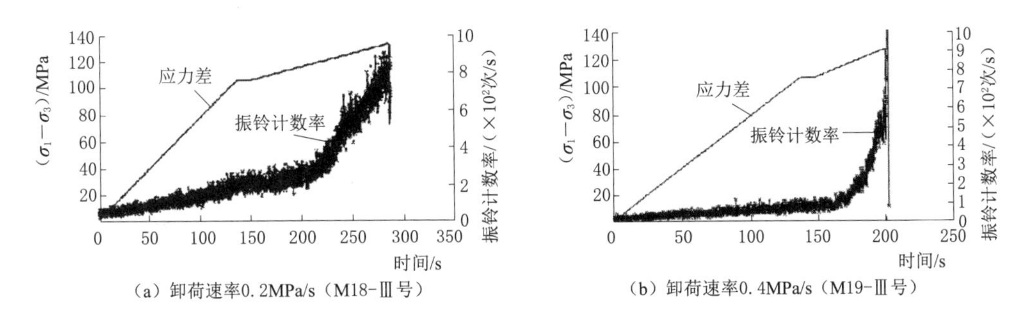

图5.9 恒轴压、卸围压路径不同卸围压速率大理岩变形过程声发射振铃计数率演化规律

5.4.2 位移控制加轴压、卸围压破坏试验

M66－Ⅰ号、M67－Ⅰ号与M69－Ⅰ号大理岩试样在围压40MPa时，峰前80%峰值轴向应力处，分别以0.2MPa/s、0.4MPa/s、0.8MPa/s卸荷速率进行位移控制加轴压、卸围压试验过程中的声发射振铃计数率-时间演化曲线如图5.10所示。加荷阶段大理岩声发射总体水平较低，随着轴向荷载的增大声发射事件开始活跃。卸围压开始后，声发射活动进一步增强，随着轴向载荷的增加和围压的降低，声发射活动开始减弱，出现一段时间的

“沉寂”。在围压相同的情况下，随着卸围压速率的增加，沉寂期持续时间缩短。例如，卸围压速率分别为0.2MPa/s、0.4MPa/s、0.8MPa/s时，大理岩声发射沉寂期持续时间分别为22.9s、15.1s、7.9s。沉寂期过后，岩样声发射活动明显增强，随后岩样达到峰值强度，发生破坏，振铃计数率达到最大值。随着卸围压速率的增大，振铃计数率最大值增加，卸围压速率分别为0.2MPa/s、0.4MPa/s、0.8MPa/s时，大理岩岩样的振铃计数率最大值分别为378次/s、753次/s、1610次/s。

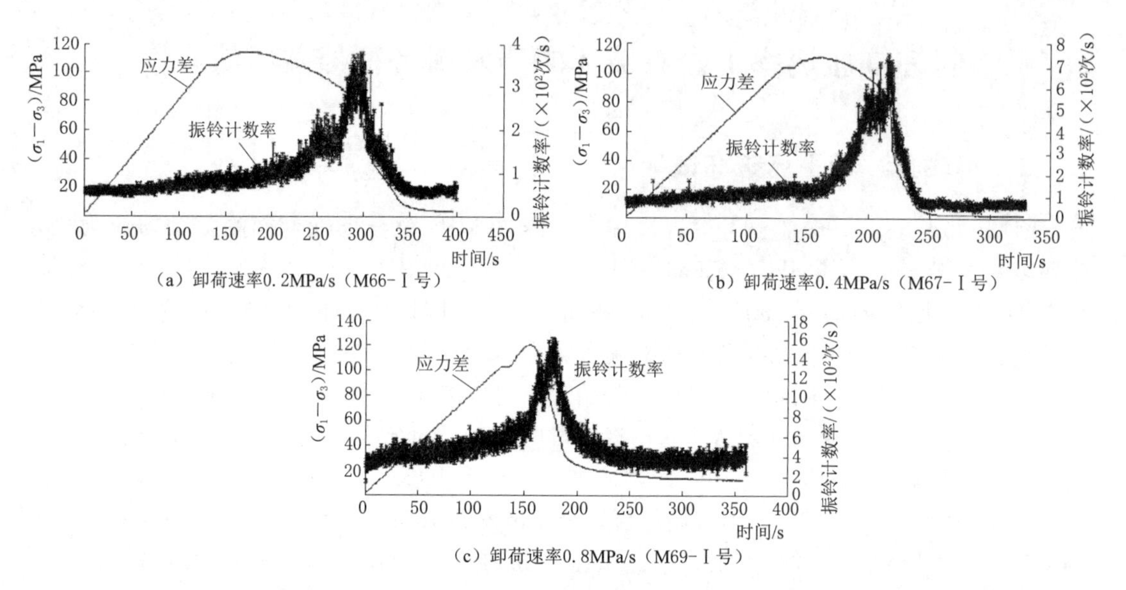

（a）卸荷速率0.2MPa/s（M66-Ⅰ号）

（b）卸荷速率0.4MPa/s（M67-Ⅰ号）

（c）卸荷速率0.8MPa/s（M69-Ⅰ号）

图5.10 位移控制加轴压、卸围压路径下不同卸围压速率大理岩变形过程声发射演化曲线

5.4.3 应力控制加轴压、卸围压破坏试验

M86-Ⅰ号、M87-Ⅰ号、M88-Ⅰ号与M89-Ⅰ号大理岩试样在围压40MPa时，峰前80%峰值轴向应力处，分别以0.2MPa/s、0.4MPa/s、0.6MPa/s、0.8MPa/s卸荷速率进行位移控制加轴压、卸围压试验过程中的声发射振铃计数率-时间演化曲线如图5.11所示。卸围压开始后，大理岩声发射活动较加荷阶段有进一步增强，但随着轴向载荷的增加和围压的持续降低，声发射活动开始减弱，出现一段时间的“沉寂”。在初始围压相同的情况下，随着卸围压速率的增加，沉寂期持续时间缩短。例如，卸围压速率分别为0.2MPa/s、0.4MPa/s、0.6MPa/s、0.8MPa/s时，沉寂期持续时间分别为14.2s、11.1s、6.3s、3.4s。沉寂期过后，岩样声发射活动明显增强，峰值强度后岩样发生破坏，振铃计数率达到最大值。随着卸围压速率的增大，振铃计数率最大值增加（除卸荷速率0.4MPa/s岩样），卸围压速率为0.2MPa/s、0.4MPa/s、0.6MPa/s、0.8MPa/s时，岩样的振铃计数率最大值分别为30205次/s、22510次/s、25652次/s、22541次/s。

相同围压、不同卸荷速率条件下，3种卸荷路径大理岩变形过程的声发射活动规律基本相似，可以分为平静期、活跃期、沉寂期、异常活跃期和相对平静期5个阶段。随着卸荷速率增加，3种路径下大理岩临近破坏时出现的沉寂期持续时间缩短。相同卸围压速率

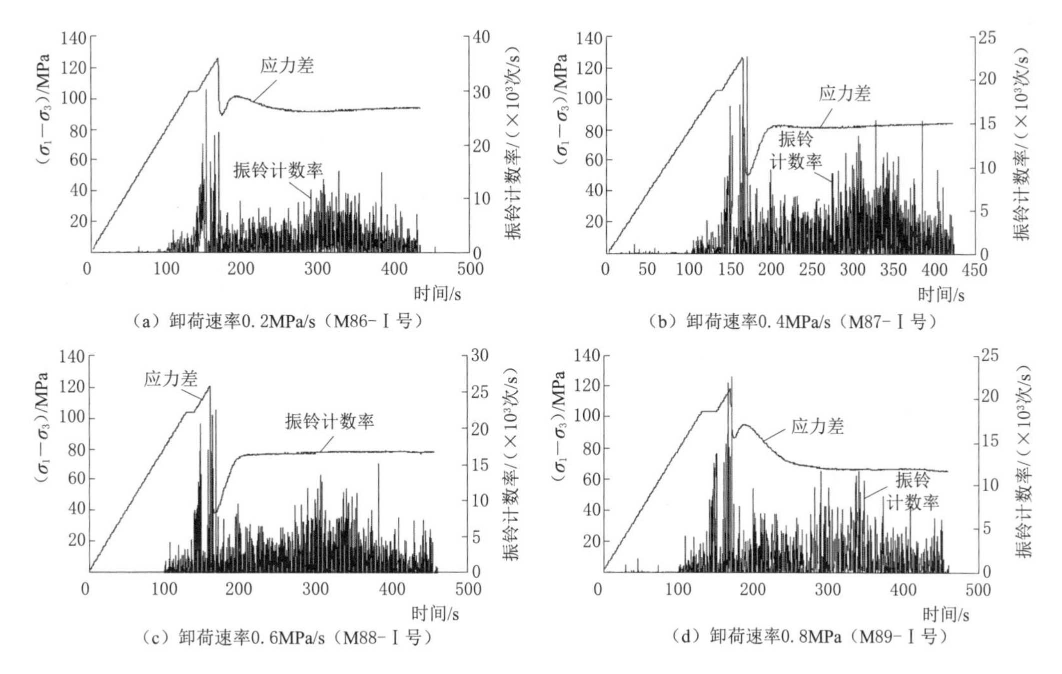

(a) 卸荷速率0.2MPa/s (M86-Ⅰ号)
(b) 卸荷速率0.4MPa/s (M87-Ⅰ号)
(c) 卸荷速率0.6MPa/s (M88-Ⅰ号)
(d) 卸荷速率0.8MPa (M89-Ⅰ号)

图5.11 应力控制加轴压、卸围压路径下不同卸围压速率大理岩变形过程声发射演化曲线

和相同围压条件下，应力控制加轴压、卸围压路径的相对平静期持续时间最短。例如，围压40MPa、卸围压速率为0.2MPa/s时，恒轴压卸围压、位移控制加轴压卸围压、应力控制加轴压卸围压3种卸荷路径下，相对平静期持续时间分别为60s、22.9s、14.2s，这表明应力控制加轴压、卸围压应力路径下大理岩发生破坏更突然。恒轴压、卸围压和位移控制加轴压、卸围压两种卸荷路径下，随着卸荷速率的增大，声发射振铃计数率最大值增大；应力控制加轴压、卸围压应力路径下，随着卸荷速率的增大，声发射振铃计数率最大值减小，这表明卸荷路径会改变岩样破坏过程中声发射事件极值与卸荷速率的关系。

5.5 岩石变形过程声发射信息去噪的ESMD方法

岩石常规三轴试验过程中加载测试系统会产生噪音信号，尤其是声发射探头放在三轴缸外部，采集的声发射数据中掺杂了很多外界噪音，降低了声发射监测数据的可靠性，严重影响声发射信号识别的准确程度。声发射信号去噪处理问题一直是阻碍声发射成果应用的理论难题，本节利用“极点对称模态分解方法”对声发射数据进行去噪处理，分析岩石常规三轴试验过程中声发射典型模态的振幅与频率时变规律，研究大理岩变形全过程的声发射分形特征变化规律，探索岩石卸围压破坏的前兆信息。

5.5.1 声发射信息去噪的ESMD方法

目前声发射数据的去噪处理多采用傅里叶频谱分析和小波变化等方法。傅里叶变换是一种整体的变换，处理线性的平稳信号比较便捷。小波变换在选取全局均线时缺乏可靠的依据，具有一定的随意性。本文采用“极点对称模态分解方法”（ESMD方法）对声发射数据进行分解、消噪和重构，去噪后的声发射数据不仅更为可靠，并且可以提供丰富的信息。

ESMD 方法是著名的 Hilbert－Huang 变换的新发展，可用于海洋和大气科学、信息科学等领域所有涉及数据分析的科研和工程。ESMD 方法是对非线性、非平稳信号数据处理的新方法，最初被用于研究气候数据分析，可以通过分解模态识别数据的变化趋势（Wang Jinliang，2013）。ESMD 方法将外部包络线插值改为内部极点对称插值，不仅可以直观体现各模态的振幅与频率时变性，还能够获知总能量的变化规律。ESMD 方法在处理非平稳信号时分两步进行，首先将数据分解为固有模态及自适应全局均线，然后采用极点对称插值法作出瞬时振幅和频率随时间的变化曲线。ESMD 在经验模态分解的基础上将包络线插值法优化为极点对称插值法，利用“最小二乘法”对剩余模态进行优化生成“自适应全局均线”，以此来确定数据最佳筛选次数。剩余模态可自行调节极值点个数，以达到优化残余曲线目的，使最后的自适应均线达到最优，模态分解方程为

$$s(t)=\sum_{i=1}^{n}c_i(t)+R(t) \tag{5.1}$$

式中 $s(t)$——原始数据；

$c_i(t)$——不同频率模态；

$R(t)$——剩余模态。

ESMD 方法根据数据本身的时间及频率特征进行瞬时频率分解，生成的图形可以精确描述每个模态的频率随时间的变化规律。ESMD 方法分解模态不存在频率交叉的问题，可以解决分解模态不满足“正交性”的“模态混叠”问题。不同模态虽然存在相同频率，但并不对应在同一时刻，即同一时刻的频率不交叉，保证了每一个模态都具有不受其他模态影响的独立性。

5.5.2 大理岩破坏过程声发射试验结果分析

试验过程中岩石力学试验机等产生的干扰信号全程存在，并且变化相对平稳，可以认为外界噪音属于规律性较强、频率相对稳定的一系列信号。利用 ESMD 方法将声发射信号分解为不同频率的有限个固有模态及自适应均线。以卸围压破坏试验中初始围压 10MPa 试验的声发射监测数据为例，分解声发射数据后的图形如图 5.12 所示。模态 1～模态 7 的数据点周期变大，频率逐渐降低，R 为剩余模态。每一频率范围内数据的波动情况非常清晰，低频率模态 7 的数据变化不明显。

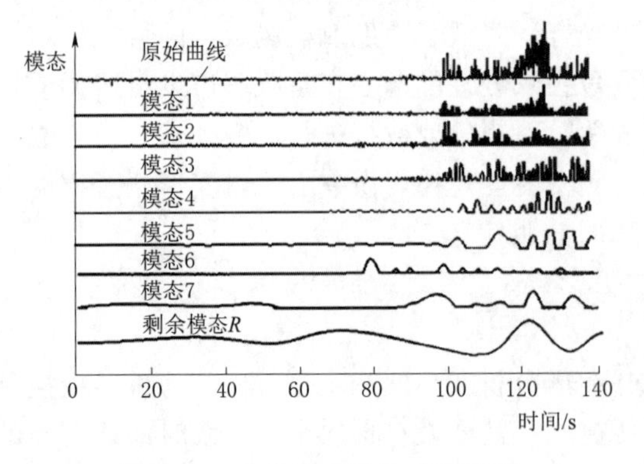

图 5.12 声发射 ESMD 分解结果

提取模态 1～模态 7 的分析数据，从原始数据中分离出频率相对较高的模态数据，围压 10MPa 岩样变形全过程的声发射监测数据如图 5.13 所示。

压密阶段声发射活动很弱，声发射信息基本处于沉寂状态。在 78s 时振铃计数

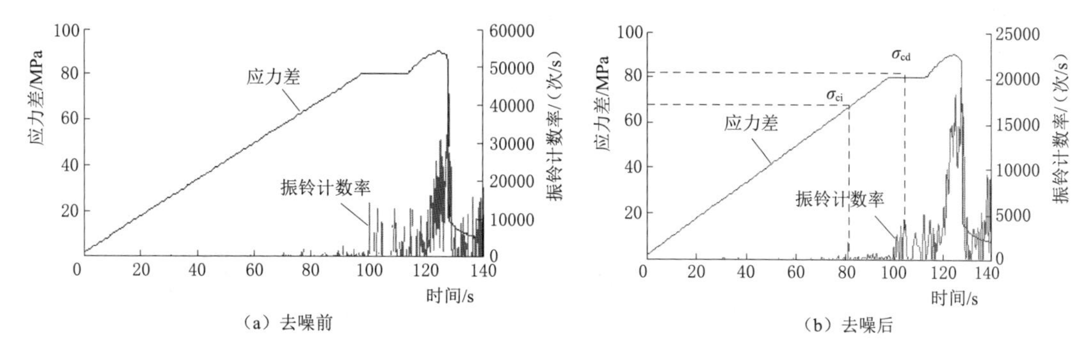

(a) 去噪前　　(b) 去噪后

图 5.13　大理岩卸围压变形过程振铃计数率-时间关系曲线

率出现第一个数据突跳点，此位置接近起裂应力位置，岩石内部弹性能开始释放。78～100s 时间段内大理岩裂纹开始缓慢扩展，声发射活动逐渐活跃，每一个振铃计数率都代表新生裂纹的产生。100s 时刻声发射进入剧烈活动期，振铃计数率陡然增大，说明大理岩内部损伤变化剧烈，此位置对应大理岩扩容应力点，岩石内部损伤程度加大。应力跌落点对应声发射振铃计数率达到最大值，形成主破裂面，岩样发生破坏。由图 5.13 可见，根据 ESMD 方法去噪后的声发射振铃计数率可确定起裂应力和扩容应力分别为 65MPa 和 80MPa，利用裂纹体积应变等方法（MARTIN C. D.，1994）确定的起裂应力和扩容应力分别为 68MPa 和 81MPa，如图 5.14 所示。裂纹体积应变方法和声发射信息变化规律确定特征应力点具有较好的一致性。起裂应力对应振铃计数率开始突跳点的应力，从起裂应力到扩容应力振铃计数率缓慢增大，而扩容应力对应振铃计数率迅速增大的位置。

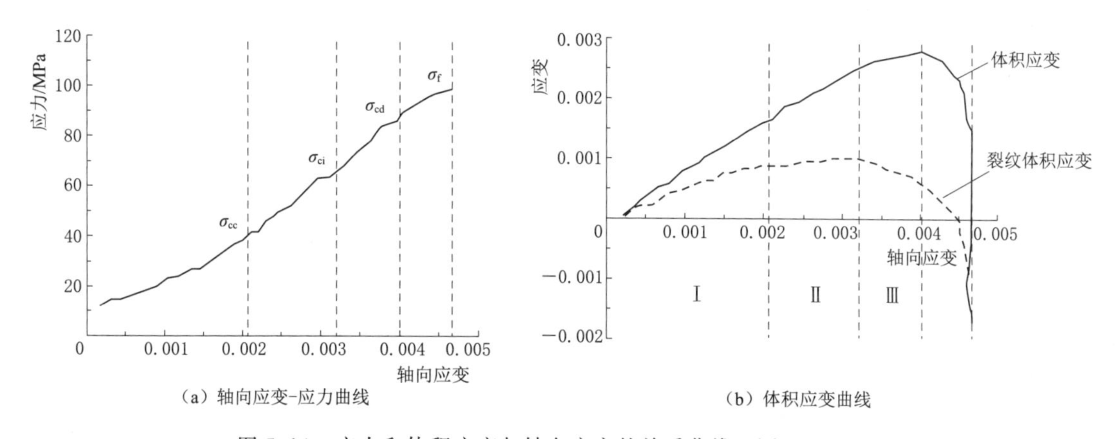

(a) 轴向应变-应力曲线　　(b) 体积应变曲线

图 5.14　应力和体积应变与轴向应变的关系曲线（围压 10MPa）

不同围压下大理岩岩样去噪前、后的声发射振铃计数率-时间关系曲线如图 5.15 所示。去噪后的声发射数据变化规律更加清晰，具体变现为

(1) 去噪后大理岩振铃计数率整体量值降低，最大值由 60×10^4 次/s 降低至 30×10^4 次/s，说明试验过程外界产生的噪音幅值较大，噪音的叠加效应明显。

(2) 处理后的声发射数振铃计数率明显降低、数据点数量明显减少，变形全过程的振铃计数率变化特征更明显。振铃计数率的数量和大小与岩石内部的裂纹发展密切相关，去噪后的声发射振铃计数率结果能更好地诠释岩石变形过程中内部裂隙产生、发展和贯通的全过程。

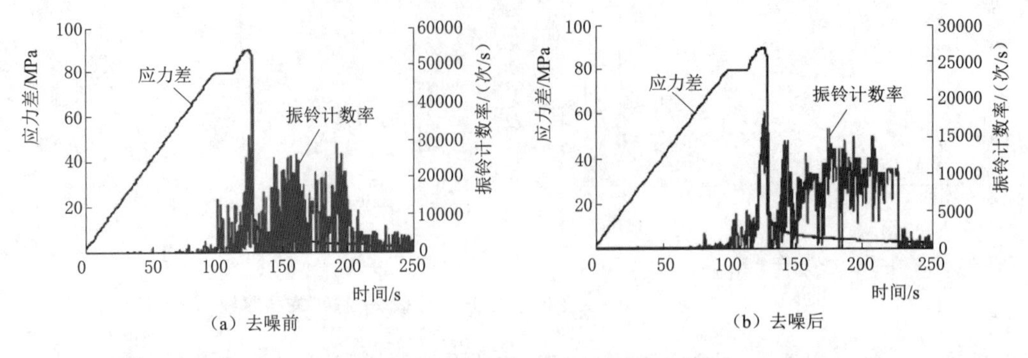

图 5.15 振铃计数率和应力与时间关系曲线（围压 20MPa）

5.5.3 大理岩变形过程的声发射频谱特征

大理岩加轴压、卸围压试验过程中，围压 10MPa 时声发射数据不同模态的频谱时变规律如图 5.16 所示。图中每一条曲线代表一个模态，通过频谱的变化可以发现模态的频率异常区域，有助于对岩石破坏前兆的分析。模态 3 数据振幅变化较大，说明这个模态对岩石的损伤演化过程极为敏感。

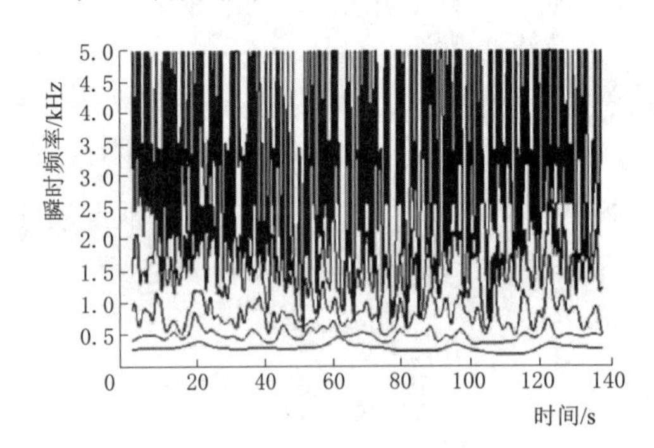

图 5.16 大理岩加轴压、卸围压变形过程声发射频谱时变曲线

不同围压下大理岩的典型频率-时间关系曲线如图 5.17 所示。具体特征如下：

（1）频率随时间变化呈现增大与降低的循环变化过程，每一个循环过程中的频率最大值和最小值相差不大。

（2）峰值强度前，各模态的频率都出现一个陡增，该频率值远大于前期出现的频率峰值，随后声发射信号频率大幅降低，岩样发生破坏。

（3）岩样变形破坏过程中存在多个频率升高过程，不能简单地认为频率升高就是岩石破坏的前兆，频率升高是岩石破坏的必要非充分条件。

单轴与常规三轴压缩大理岩声发射频率存在以下明显差异：

（1）单轴压缩破坏的裂纹扩展及扩容阶段不明显，声发射频率降低阶段较短，而常规三轴压缩破坏裂纹扩展及扩容阶段明显，声发射频率降低过程较长。

（2）单轴压缩破坏声发射频率整体的波动值要大于常规三轴缩破坏声发射频率整体的波动值，与常规三轴压缩相比，单轴压缩破坏裂纹扩展更为迅速。

（3）与应力-应变曲线对应，单轴压缩试验声发射频率的骤升-骤降出现在峰值强度附近的应力跌落阶段，常规三轴压缩试验大理岩声发射频率的骤升-骤降出现在峰值强度过后应力跌落到残余强度位置。

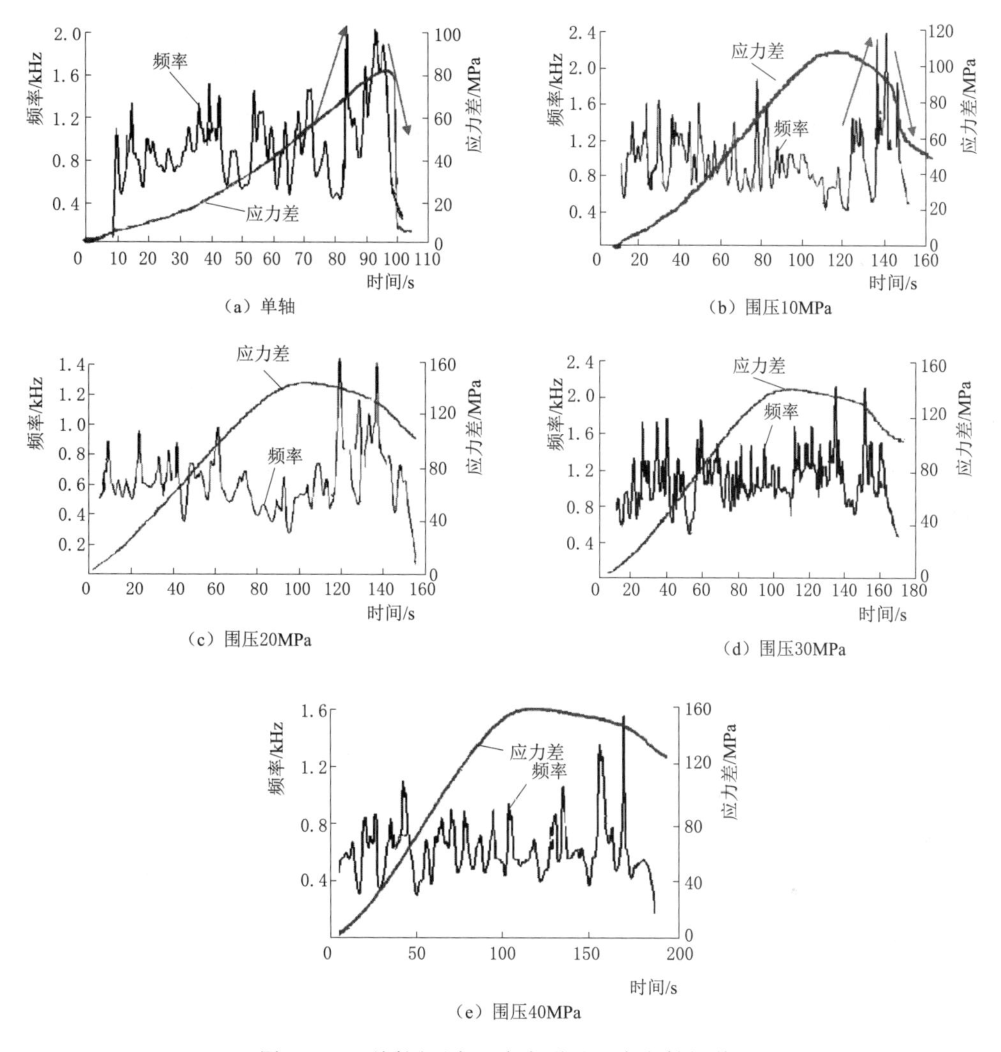

图5.17 不同围压大理岩变形过程声发射频谱图

不同围压下大理岩声发射频率规律也存在以下差异：

(1) 随着围压升高，大理岩声发射频率的整体波动有减小趋势。高围压下裂纹扩展要消耗更多的外力功，裂纹扩展变缓，导致声发射频率波动幅度减小。

(2) 随着围压增大，裂纹扩展及扩容阶段经历的时间增加，对应的声发射频率稳定阶段时间也增长。

5.5.4 大理岩变形过程的声发射 *b* 值特征

1. *b* 的物理意义与计算方法

声发射是岩石变形破坏过程中应变能释放所监测到的声波现象，将声发射事件认为是一种微震活动，通过地震震级及频率的相关参数 *b* 值，分析大理岩变形过程特征（张黎明，2015）。Gutenberg B. 和 Richter C. F.（1994）提出地震活动震级与频度的 $G-R$ 关

系式为

$$\lg N = a - bm \tag{5.2}$$

式中 m——地震震级；

N——震级在 Δm 范围内的地震次数，本书认为是岩石的声发射事件数；

a、b——试验常数。

对岩石声发射而言，b 值代表裂纹扩展尺度的函数（李小军等，2010）。b 与声发射样本空间大小、N 的取值和震级 m 的值密切相关。本书根据累积声发射事件数得到 N，震级 m 的取值需要根据声发射数据人为设置。

地震活动中能量与震级之间存在换算关系，声发射能量 Q 可以代表震级的大小。通过岩石变形过程中的声发射监测结果可获得能量的对数 $\lg Q_i$，该值代表震级 m，即

$$m = \lg Q_i \tag{5.3}$$

根据声发射试验采集频率，为防止因计算区间过小导致计算误差偏大，设定每 100 个 AE 事件作为一个计算段，得到这一时间段内的声发射事件频度 N 及代表震级的平均能量值，声发射 b（Gutenberg B.，1994）计算式为

$$b = \frac{\sum M_i \sum \lg N_i - \Delta m \sum M_i \sum \lg N_i}{\Delta m \sum M_i^2 - (\sum M_i)^2} \tag{5.4}$$

式中 Δm——震级分档总数，取 $\Delta m = 0.5$；

M_i——第 i 档震级中数；

N_i——第 i 档震级的声发射事件数。

结合声发射 b 的定义及其计算原理可知，声发射 b 值的物理意义是裂纹发展变化的量度，b 值的整体量值与变化趋势都与岩石内部裂纹发展息息相关。当 b 值减小时，说明声发射小事件所占比例减小，大事件增多；当声发射 b 增大时，说明小事件数升高；b 值稳定变化且幅度较小，说明声发射大事件和小事件发生次数稳定，即岩石内部裂纹发展是一种渐进式的稳定扩展；b 值大幅减小表示裂纹发展变化剧烈，是声发射大事件增多的标志，岩石可能发生破坏（曾正文等，1995）。

2. 声发射 b 特征

单轴压缩与常规三轴压缩过程大理岩变形过程声发射 b -时间变化规律如图 5.18 所示。

与声发射频率特征相似，声发射 b 一直处于上下波动的变化状态。加载初期，声发射 b 维持在较高量值。在围压 10MPa 条件下，加荷初期声发射 b 较大，随着荷载增加，声发射 b 出现小幅度波动，说明此阶段岩石内部裂纹发展缓慢，声发射大事件和小事件所占比例变化很小，各种不同能量事件数比例基本不变，尺度不一的原生裂纹和再生裂纹的发展较为稳定。进入裂纹扩展及扩容阶段，声发射 b 开始减小，裂纹发展缓慢，与声发射平静期对应。此过程中高能量的声发射事件所占比例增大，低能量的声发射事件所占比例减小，大尺寸的裂纹数量逐渐增多。荷载继续增大，声发射 b 持续降低，破坏前在应力发生跌落时声发射 b 出现骤降。b 骤降说明岩石内部裂纹发展形式出现改变，是裂纹突发式扩展的表现形式，结合应力-应变曲线认为，b 突跳式变化对应岩石应力跌落，岩石发生脆性破坏。

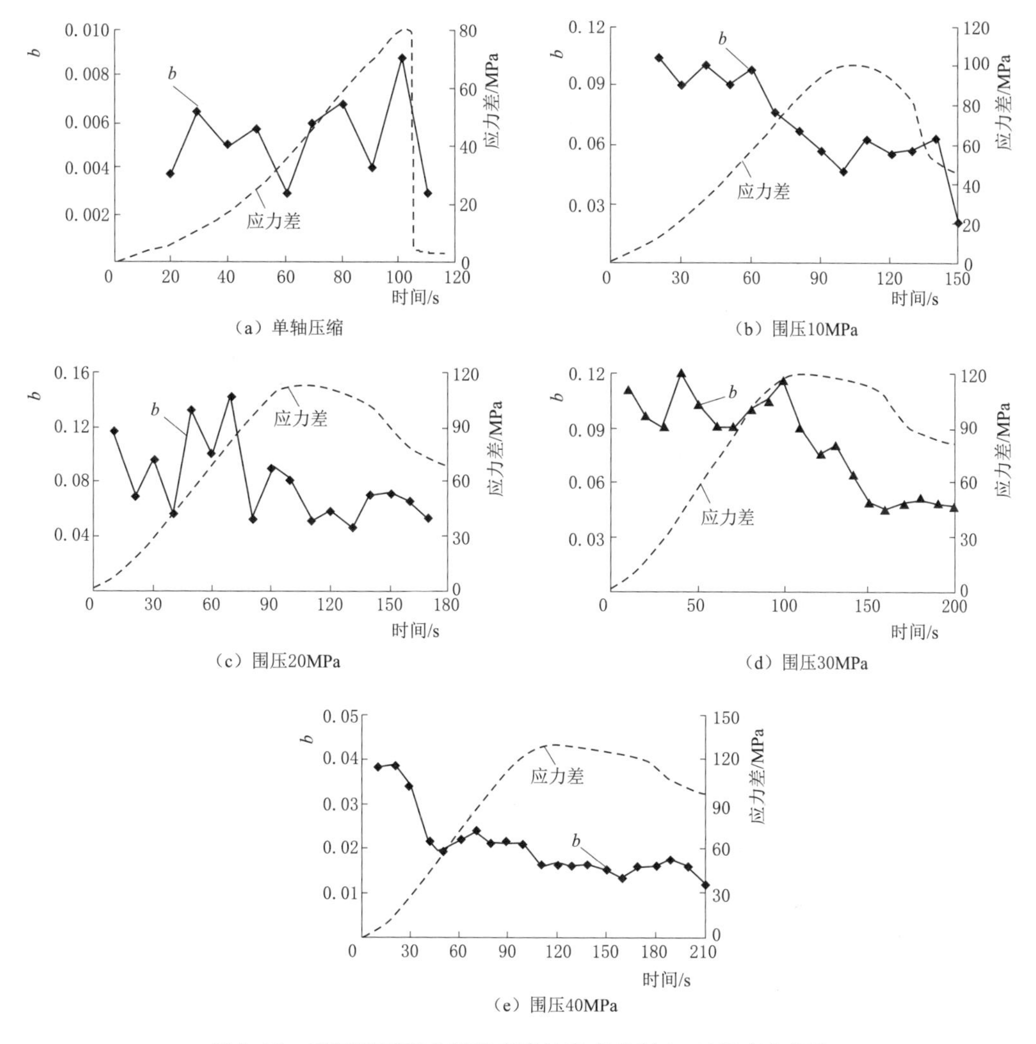

图 5.18 不同围压下大理岩变形过程声发射 b-时间变化规律

在围压 20MPa 和 30MPa 时，声发射 b 加载初期水平较高、变化幅度较大，临近峰值位置出现跌落现象，峰后 b 降低趋势缓慢。围压越高，岩石内部裂纹分布就越集中。由于裂纹尺寸大小不一，声发射事件能量差别较大。接近峰值强度时，小裂纹相互贯通并发展为较大尺寸的裂纹，大能量的事件增多。随着荷载增加，大部分裂纹扩展受围压的约束，少量裂纹能继续扩展，并贯通形成宏观裂纹，故此阶段声发射 b 变化较为缓慢。与大理岩岩样的应力-应变曲线相对应，岩样不存在明显的应力跌落段，而是发生渐进式破坏。高围压（40MPa）声发射事件的影响效果更为明显，加载初期声发射 b 较高，随后基本处于平稳降低状态。裂纹发展受到围压的限制，数量更少，声发射事件相对稳定。整体而言，与低围压下的声发射 b 相比，高围压下声发射 b 降低，声发射事件普遍能量较高，但数量减少。

与三轴压缩破坏相比，单轴压缩破坏大理岩岩样临近破坏时声发射 b 有骤降现象，但整体上单轴压缩声发射 b 比三轴试验声发射 b 小一个数量级，且整体波动幅度较大。由 b

定义可知，单轴压缩试验过程中声发射事件能量普遍较高，不同能量声发射事件在整个过程均有发生，裂纹发展不规则。围压对岩石内部裂纹发展及声发射特征均有很大影响。

5.5.5 大理岩变形过程的声发射分形特征

1. 声发射分形维数计算方法

分形维数可以定量地描述自然界的复杂性及规律性，其算法包括：Hausdorff 维数、容量维（盒维数）、信息维、关联维数等。本文采用关联维数描述大理岩变形过程中的声发射分形特征，其基本思路如下（谢和平，1996；俞缙等，2014；张黎明等，2015）。

试验采集的声发射信号为一维的数据波形，每一列声发射数据对应的数列集为 $\{x_i, i=1,2,\cdots,n\}$。将 n 列声发射数据构成 m 维的序列集，然后再将每一列数后移再取 m 个数，得到 $N=n-m+1$ 个向量，即

$$Y=\{y_j, j=1,2,\cdots,n-m+1\} \tag{5.5}$$

其中

$$y_i=\{x_j, x_{j+\tau},\cdots,x_{j+(m-1)\tau}\}$$

$$\tau=k\Delta t$$

式中 τ——时间迟滞参数。

重构后的关联维数计算公式为

$$C_r=\frac{1}{N^2}\sum_{j,k=1}^{N}H(r-\|Y_j-Y_k\|) \tag{5.6}$$

$$H(r-\|Y_j-Y_k\|)=\begin{cases}1 & (r-\|Y_j-Y_k\|)\geqslant 0\\ 0 & (r-\|Y_j-Y_k\|)<0\end{cases} \tag{5.7}$$

式中 $H(r)$——Heaviside 函数；

$\|Y_j-Y_k\|$——两相点间的距离；

r——相空间的描述尺度；

C_r——累积分布函数，表示相空间中两点距离小于 r 的概率。

调节量测尺度 r 的大小，分布积分 C_r 与尺度 r 之间具有如下关系，即

$$C_r=r^D, r\rightarrow 0 \tag{5.8}$$

式中 D——所求关联维数。

对式（5.8）两边同时取对数可得

$$D(m)=\ln C_r/\ln r \tag{5.9}$$

2. 声发射相空间维数的确定

相空间维数 m 对关联维数的计算至关重要，其取值需要通过计算确定。将 m 值由 1 开始增大，求得关联维数随相空间维数的变化规律如图 5.19 所示。每个 m 值对应的 $\ln C_r$ 与 $\ln r$ 关系曲线如图 5.19（a）所示。随着 m 值增大，曲线形式逐渐趋于一致。再根据式（5.6）计算不同 m 值对应的关联维数，如图 5.19（b）所示。随着 m 值增大，分形维数 D 增大，当 $m=13$ 时，关联维数趋于平稳状态，故 $m=13$ 即为这一声发射数列下的相空间维数，相应的关联维数值为 1.15。

3. 声发射分形特征

利用 MATLAB 软件编制程序计算不同围压下去噪前、后大理岩变形过程不同阶段的

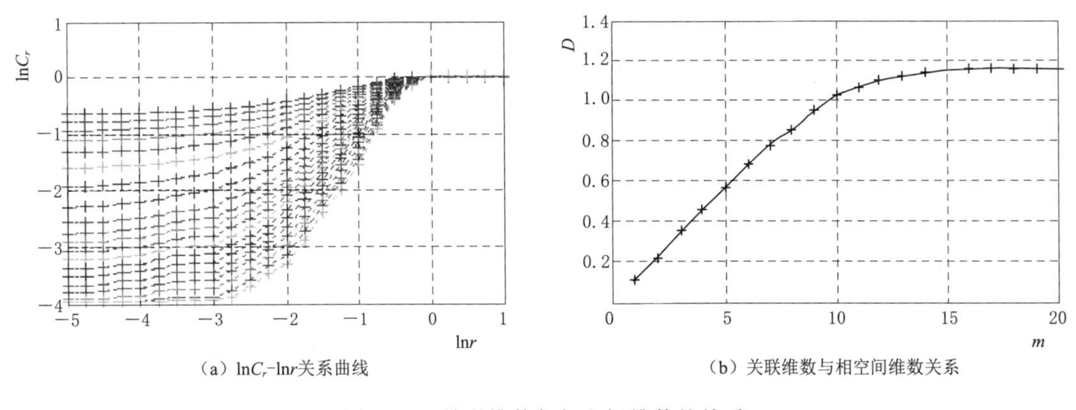

(a) $\ln C_r$-$\ln r$关系曲线

(b) 关联维数与相空间维数关系

图 5.19 关联维数与相空间维数的关系

声发射数据关联维数见表 5.2，根据表 5.2 绘制岩石不同变形阶段的关联维数-加载应力比关系如图 5.20 所示。去噪后的大理岩声发射关联维数值在变形全过程呈现波动性变化，加荷初始阶段，关联维数保持在较高水平，随后关联维数逐渐减小。去噪前的声发射关联维数值虽然也呈现波动性变化，但是没有出现关联维数减小的趋势，进一步说明了去噪效果的准确性。在应力比（轴向应力与峰值强度的比值）达到 0.8 左右时，关联维数突然增大，峰值强度前又大幅降低，说明频率变化特征与分形维的变化规律具有对应关系。

表 5.2　　不同围压下去噪前、后大理岩声发射分形维数统计表

围压	应力比	去噪前关联维数	去噪后关联维数	围压	应力比	去噪前关联维数	去噪后关联维数
10MPa	0.1	0.85	1.02	30MPa	0.1	0.60	0.80
	0.2	0.94	1.15		0.2	0.78	0.98
	0.3	0.88	1.14		0.3	0.76	0.96
	0.4	0.96	0.98		0.4	0.74	0.94
	0.5	0.90	0.90		0.5	0.38	0.58
	0.6	0.82	0.80		0.6	0.45	0.55
	0.7	0.85	0.85		0.7	0.31	0.51
	0.8	0.79	0.83		0.8	0.31	0.51
	0.9	1.10	1.05		0.9	0.95	1.15
	1.0	0.75	0.55		1.0	0.40	0.60
20MPa	0.1	0.88	1.06	40MPa	0.1	0.85	1.00
	0.2	1.05	1.00		0.2	1.00	1.34
	0.3	0.90	0.94		0.3	1.05	1.20
	0.4	0.87	1.20		0.4	1.07	0.75
	0.5	1.05	0.65		0.5	0.81	0.85
	0.6	0.85	0.65		0.6	0.95	0.64
	0.7	0.80	0.59		0.7	0.90	0.71
	0.8	0.90	0.62		0.8	0.83	0.91
	0.9	1.15	0.70		0.9	1.15	1.11
	1.0	0.80	0.55		1.0	0.90	0.53

声发射分形维数可以定量描述岩石内部裂纹发展规律。关联维数随应力比的变化规律表明，加载初期岩样处于压密阶段，声发射振铃计数较少，相应的分形维数 D 较低。外荷载增加，在应力比达到 0.2～0.4 时，岩石处于弹性阶段，裂纹数量很少，裂纹出现位置杂乱无序，分形维数 D 值保持在较高水平，且呈现波动状态。随着外荷载进一步增加，裂纹开始扩展，微裂纹之间开始集聚并相互贯通，关联维数开始持续降低，此阶段对应裂纹扩展及扩容阶段，裂纹尺寸变大。荷载增加到应力比达到 0.8 之后，关联维数迅速增加，此位置为卸围压起始位置，大理岩开始出现扩容现象，分形维数出现陡增。临近峰值强度时内部裂纹定向扩展，岩石内部裂纹从无序向有序变化，裂纹定向集聚并逐渐形成剪切带，关联维数大幅降低，破裂面形成，岩样迅速发生脆性破坏。岩石声发射分形维数急速上升-下降可认为是岩石破坏的前兆。

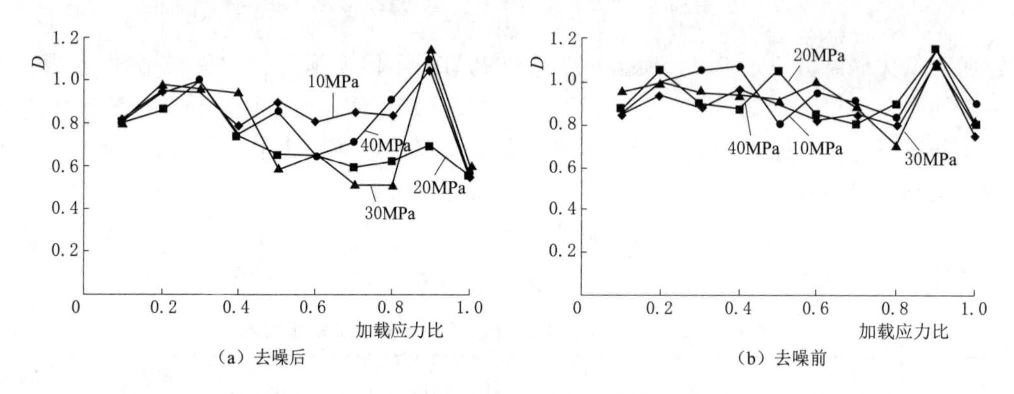

图 5.20 不同围压下去噪前、后大理岩声发射关联维数-加载应力比关系曲线

第 6 章

完整岩样和节理岩样加荷、卸荷破坏的颗粒流程序 PFC 模拟

前文的章节中，研究了加荷、卸荷应力路径下大理岩、灰岩、花岗岩的宏观力学行为，由于试样是放在密闭的设备中，因此室内试验难以获得岩样内部裂纹的萌生、演化和扩展过程，无法很好地分析岩石卸荷破坏的细观机理。随着计算机技术的飞速发展以及离散元理论的发展，离散元颗粒流程序 PFC 方法已在岩土工程中得到广泛应用，其能够模拟岩样在不同应力状态下的细观损伤机理。本章采用颗粒流程序 PFC 开展大理岩、灰岩、花岗岩试样的模拟研究，分析加荷、卸荷路径下不同岩样的细观破坏过程，探讨岩样加荷、卸荷路径下的破坏机理。

6.1 颗粒流程序 PFC 数值模拟方案

6.1.1 颗粒流程序 PFC 简介

1. 颗粒流程序 PFC 的基本假设

颗粒流程序 PFC 在模拟过程中做了如下的假设：

（1）颗粒单元为刚性体。

（2）接触发生在很小的范围内，即为点接触。

（3）接触特性为柔性接触，接触允许有一定的“重叠”量。

（4）“重叠”量的大小与接触力有关，与颗粒大小相比，“重叠”量很小。

（5）接触处有特殊的连接强度。

（6）二维颗粒单元为圆盘形，三维颗粒单元为球体。

假设颗粒单元为刚性体保证了模拟过程中颗粒本身不会破坏，这样可以模拟介质沿相互接触的表面发生运动的问题。颗粒单元为圆盘形（PFC^{3D} 中颗粒单元为球），但是可以用颗粒流中的簇逻辑机理生成任意形状的异形颗粒，每一簇颗粒由一系列颗粒重叠而成，这样可以根据模拟对象生成更接近真实情况的数值模型。

2. 颗粒流程序 PFC 的特点

离散单元法的原理是把整个散体系统分解为有限数量的离散单元，依据运动过程中颗粒间的相互作用预测散体群的行为。与其他离散元程序相比，离散元颗粒流程序 PFC 具有以下优点：

（1）颗粒流程序 PFC 具有潜在的高效性，因为与不规则块体相比，确定圆形颗粒间的接触特性更为容易。

（2）颗粒流程序 PFC 能对成千上万个颗粒的相互作用问题进行动态模拟。

（3）颗粒流程序 PFC 对于模拟对象的位移大小没有限制，可以有效地模拟大变形问题，颗粒流模拟的块体是由约束在一起的颗粒形成，这些块体可以实现因约束的破坏而彼此发生分离的现象。

（4）颗粒流程序 PFC 同其他离散单元法一样，采用按时步显示计算，这种计算方法的优点是所有矩阵不需要存储，所以大量的颗粒流单元仅需适中的计算机内存。

6.1.2 颗粒流程序 PFC 的接触模型

在颗粒流程序 PFC 中，接触不仅仅是指黏结在一起，而是指颗粒-颗粒、颗粒-墙之间通过接触产生相互作用，这才是 PFC 的接触。PFC 的接触模型主要包括接触-刚度模型、滑动分离模型、黏结模型 3 个组成部分。这 3 个接触模型分别从不同角度描述了接触的力学特性。

1. 接触-刚度模型

接触-刚度模型在接触力和相对位移之间是弹性关系，法向刚度、剪切刚度与法向分力、剪切分力及相对位移有关系。破坏过程中，通过模型的法向相对位移就可以计算总的法向力，已知剪力相对位移时可以计算剪力的增量。接触-刚度模型分为两种类型：线性模型和简化的 Hertz - Mindlin 模型。线性模型中接触刚度和相对位移呈线性关系，而 Hertz - Mindlin 模型中接触力和相对位移之间则表现为非线性关系。

2. 滑动分离模型

滑动分离模型允许两个接触实体发生相对滑动，如果有拉力在它们之间发展，且它们并未黏结在一起，所以两者是可以实现被分离。滑动发生的条件是

$$F_s \leqslant \mu F_n \tag{6.1}$$

式中 F_s——模型过程中接触实体间的切向分力；

μ——接触实体间的最小摩擦系数；

F_n——接触实体间的法向应力。

3. 黏结模型

黏结模型包括接触黏结模型与平行黏结模型。两者的区别在于：①几何特性，接触黏结模型接触区域趋近于一点，平行黏结模型的接触区域为圆形或矩形截面；②受力特性，接触黏结模型只能传递力，平行黏结模型可以同时传递力和力矩。

（1）接触黏结模型。接触黏结模型将接触黏结视为一对具有恒定法向刚度和切向刚度的弹簧，这对弹簧同时也具有法向抗拉强度和切向抗剪强度，因此接触黏结模型会抑制滑动行为的发生。

（2）平行黏结模型。平行黏结模型在相邻颗粒之间生成具有一定尺寸的黏结材料。平行黏结可以视为一列均匀分布在接触面上的弹簧，这些弹簧同样具有恒定法向刚度和切向刚度，也具备一定的法向抗拉强度和切向抗剪强度。平行黏结模型能同时传递力和力矩。

如果平行黏结上的最大法向力或切向力超过平行黏结的法向强度或切向强度，平行黏结就会发生破坏。

6.1.3 常规三轴加荷、卸荷破坏过程的颗粒流PFC数值模拟方案

1. 模型建立

颗粒流PFC数值模型尺寸与室内试样尺寸一致，为50mm×100mm。模型的建立和测试都是通过PFC内置的FISH语言实现的，用到的算法主要有半径扩大法和伺服调节法。

(1) 半径扩大法。使颗粒基本生成，设定颗粒的最大与最小半径，在模型尺寸范围内生成规定数目的颗粒，颗粒半径在最大与最小半径范围内随机分布。

(2) 伺服调节法。使模型内部应力达到平衡状态，颗粒分布均匀并满足设定的半径值以及孔隙率等。

初步建立大理岩数值模型如图6.1所示，图6.1 (a) 为颗粒未伺服均匀的初始模型，图6.1 (b) 为伺服均匀后最终建好的模型。伺服均匀后模型内部应力达到平衡状态，颗粒均匀分布，颗粒总数为10039个。开展常规三轴压缩模拟试验，经过一系列细观参数敏感性分析和试错试验，最终确定一组合理的细观参数。

2. 数值模拟方案

大理岩常规三轴加荷破坏模拟方案见表6.1，大理岩恒轴压、卸围压破坏试验模拟方案见表6.2，大理岩加轴压、卸围压破坏试验模拟方案见表6.3。

(a) 初始模型

(b) 最终模型

图6.1 常规三轴加荷破坏PFC数值模型

表6.1 大理岩常规三轴加荷破坏模拟方案

试验方案	围压/MPa
常规三轴加荷试验	10
	20
	30
	40

(1) 常规三轴加荷破坏试验。

1) 生成四面“墙”，利用伺服控制给四面墙施加围压至预定值(10MPa、20MPa、30MPa、40MPa)。

2) 保持围压恒定，施加轴向荷载，使顶面及底面的“墙”以恒定的速度相向运动，模拟真实试样的轴向加载过程，直至试样破坏。

（2）恒轴压、卸围压破坏试验。

1）生成四面“墙”，利用伺服控制给四面墙施加围压至预定值（5MPa、10MPa、20MPa、30MPa、40MPa）。

2）保持围压不变，通过顶面及底面的“墙”以恒定速度相向运动对模型施加轴向荷载。

3）当加载到大理岩常规三轴峰值强度的60%、70%、80%、90%时，利用伺服控制保持轴向的第一主应力恒定，以不同速率移动“侧墙”，实现不同速率的卸围压模拟，直至试样发生破坏。

表6.2　　大理岩恒轴压、卸围压破坏试验模拟方案

<table>
<tr><th>试验方案</th><th>卸荷点位置</th><th>围压/MPa</th><th>卸荷速率/(MPa/s)</th></tr>
<tr><td rowspan="5">恒轴压
卸围压</td><td>峰值强度前60%</td><td rowspan="4">5、10、20、30、40</td><td rowspan="5">0.2、0.4、0.6、0.8
2.0、4.0、6.0、8.0</td></tr>
<tr><td>峰值强度前70%</td></tr>
<tr><td>峰值强度前/后80%</td></tr>
<tr><td>峰值强度前90%</td></tr>
<tr><td>峰值强度后80%</td><td>20</td></tr>
</table>

（3）加轴压、卸围压试验。

1）生成四面“墙”，利用伺服控制给四面墙施加围压至预定值（10MPa、20MPa、30MPa、40MPa）。

2）保持围压不变，通过顶面及底面的“墙”以恒定速度相向运动对模型施加轴向荷载。

3）当加载到大理岩常规三轴试验峰值强度的80%时，以不同速率移动“侧墙”实现不同速率的卸围压，直至试样发生破坏。

表6.3　　大理岩加轴压、卸围压破坏试验模拟方案

<table>
<tr><th>试验方案</th><th>卸荷点位置</th><th>围压/MPa</th><th>卸荷速率/(MPa/s)</th></tr>
<tr><td rowspan="4">加轴压
卸围压</td><td>峰值强度前80%</td><td>10</td><td>0.6</td></tr>
<tr><td>峰值强度前80%</td><td>20</td><td>0.6</td></tr>
<tr><td>峰值强度前80%</td><td>30</td><td>0.6</td></tr>
<tr><td>峰值强度前80%</td><td>40</td><td>0.6</td></tr>
</table>

6.2　细观参数对宏观变形与强度的影响

有限元等程序中材料的物理力学参数可以通过室内试验获得，但PFC颗粒流程序中包含很多室内试验不能获得的细观参数。PFC颗粒流模型由颗粒与颗粒间的黏结组成，模型的宏观参数由颗粒的细观参数决定。颗粒流模型的细观参数较多，目前多采用“试错法”确定细观参数，即在室内试验的基础上，不断调节模型细观参数，将数值模拟结果与室内试验结果进行比对，根据差异性对参数进行合理的修改，直至数值模拟与室内试验取得较为一致的结果。试错法是学者在确定细观参数过程中总结出来的，确定参数的效率也很高。

试错法不仅要分析单一平行黏结模型细观参数对宏观力学特性的影响，建立宏观、细观参数之间的定性关系，还要分析各参数之间的相互作用，根据数值试验结果，采用多元函数拟合建立参数之间的关系。若满足室内试验和数值模拟获得的峰值荷载、变形参数、剪切强度等数值接近，应力-应变演化规律相同，破坏形态一致，则认为该组细观力学参数可以反映岩石的主要力学性质，并将其用于后续数值模拟计算，可以认为，这组参数应该是最优的参数。

本文采用平行黏结模型，模型参数包括颗粒黏结模量 E_c、平行黏结模量 $\overline{E}_c$、颗粒刚度比 k_n/k_s、平行黏结刚度比 $\overline{k}_n/\overline{k}_s$、平行黏结半径乘子 $\overline{\lambda}$、平行黏结法向强度 $\overline{\sigma}_c$、平行黏结切向强度 $\overline{\tau}_c$、摩擦系数 μ。平行黏结模型的细观参数较多，若能合理有序地确定与宏观参数的对应规律，能在很大程度上提高建模的效率。本书通过确定平行黏结模型宏观、细观参数之间的关系，找出两者间的影响变化规律，从而确定细观参数。

6.2.1 细观参数对弹性模量的影响

大量的文献表明，平行黏结模型中，弹性模量主要受 E_c、k_n/k_s、$\overline{\lambda}$、$\overline{E}_c$、$\overline{k}_n/\overline{k}_s$ 影响，泊松比受 k_n/k_s、$\overline{k}_n/\overline{k}_s$ 影响。为确定影响宏观参数的主要细观因素，可以尝试先变化其中某一个细观参数的数值，控制其余细观参数保持不变；若找出该细观参数对宏观参数的影响规律，再开始调节下一个细观变量的影响规律，以此类推。

颗粒黏结模量与峰值强度和弹性模量的关系曲线如图 6.2 所示，改变颗粒黏结模量时宏观参数的变化值见表 6.4。可以看出，颗粒黏结模量与宏观弹性模量和峰值应力成正比关系，随着颗粒黏结模量的增大，宏观弹性模量和峰值应力也呈现出增加趋势。

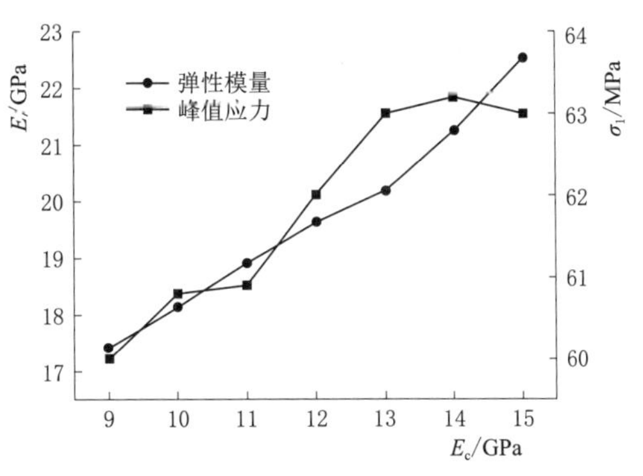

图 6.2 颗粒黏结模量与峰值强度和弹性模量的关系曲线

表 6.4 改变颗粒黏结模量时宏观参数的变化统计表

颗粒黏结模量/GPa	宏观弹性模量/GPa	峰值应力/MPa	颗粒黏结模量/GPa	宏观弹性模量/GPa	峰值应力/MPa
9	17.39	60.0	13	20.19	63
10	18.13	60.8	14	21.24	63.2
11	18.91	60.9	15	22.5	63.0
12	19.62	62.0			

平行黏结模量与模型峰值应力和弹性模量的关系曲线如图 6.3 所示，改变平行黏结模量时宏观参数的变化值见表 6.5。可以看出，平行黏结模量对模型宏观弹性模量的影响较大，两者正相关。但是，平行黏结模量在 9～15GPa 范围内变化时，峰值应力变化不明显。

表 6.5　　改变平行黏结模量时宏观参数的变化值

$\overline{E}_c$/GPa	宏观弹性模量/GPa	峰值应力/MPa	$\overline{E}_c$/GPa	宏观弹性模量/GPa	峰值应力/MPa
9	17.62	60.8	13	21.25	59.5
10	18.13	60.8	14	22.38	59.1
11	19.24	60.8	15	23.24	60.2
12	20.23	60.7			

颗粒刚度比与峰值应力和弹性模量的关系曲线如图 6.4 所示，改变颗粒刚度比时宏观参数的变化值见表 6.6。可以看出，随着颗粒刚度比增大，弹性模量与峰值应力都呈减小趋势。

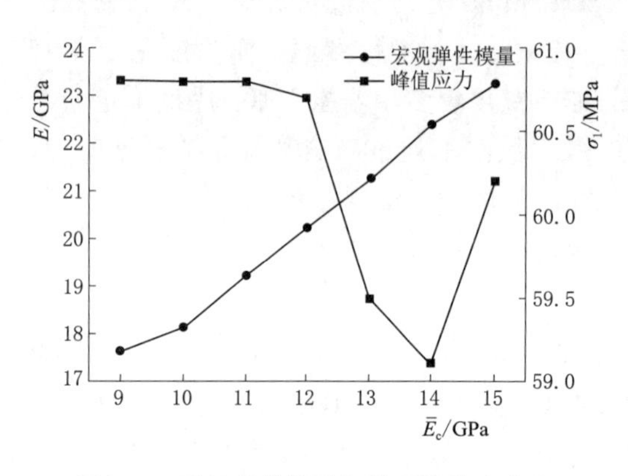

图 6.3　平行黏结模量与模型峰值应力和弹性模量的关系曲线

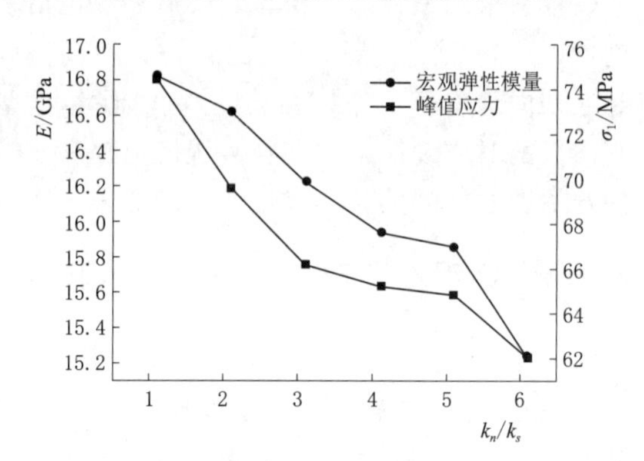

图 6.4　颗粒刚度比与峰值强度和弹性模量的关系

表 6.6　　改变颗粒刚度比时宏观参数的变化

k_n/k_s	宏观弹性模量/GPa	峰值应力/MPa	k_n/k_s	宏观弹性模量/GPa	峰值应力/MPa
1.1	16.82	74.42	4.1	15.94	65.23
2.1	16.62	69.61	5.1	15.86	64.86
3.1	16.22	66.18	6.1	15.23	62.01

不同平行黏结刚度比与模型峰值应力和弹性模量的关系曲线如图 6.5 所示，改变平行黏结刚度比时宏观参数的变化值见表 6.7。可以看出，平行黏结刚度比在 1.1～6.1 范围内变化时，弹性模量不断减小，峰值应力表现出先增大后减小的趋势。

表 6.7　　改变平行黏结刚度比时宏观参数的变化

$\overline{k}_n/\overline{k}_s$	宏观弹性模量/GPa	峰值应力/MPa	$\overline{k}_n/\overline{k}_s$	宏观弹性模量/GPa	峰值应力/MPa
1.1	19.64	58.00	4.1	15.94	65.23
2.1	17.32	61.54	5.1	15.05	61.62
3.1	16.82	71.37	6.1	14.89	60.17

平行黏结半径乘子与峰值应力和弹性模量的关系曲线如图 6.6 所示，改变平行黏结半径乘子时宏观参数的变化值见表 6.8。可以看出，宏观弹性模量以及峰值应力都与平行黏结半径乘子成正比关系。

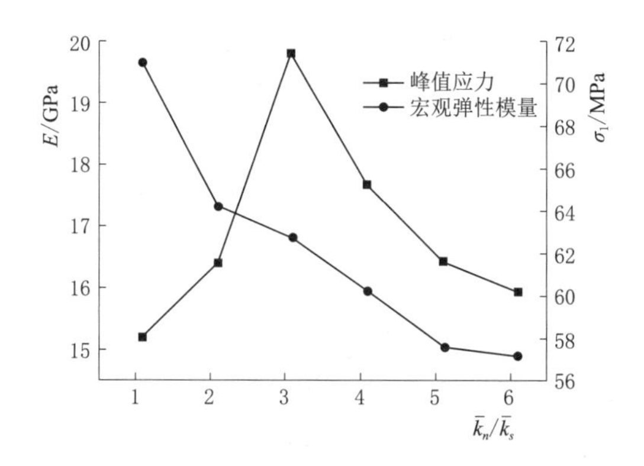

图 6.5 平行黏结刚度比与峰值强度以及弹性模量的关系

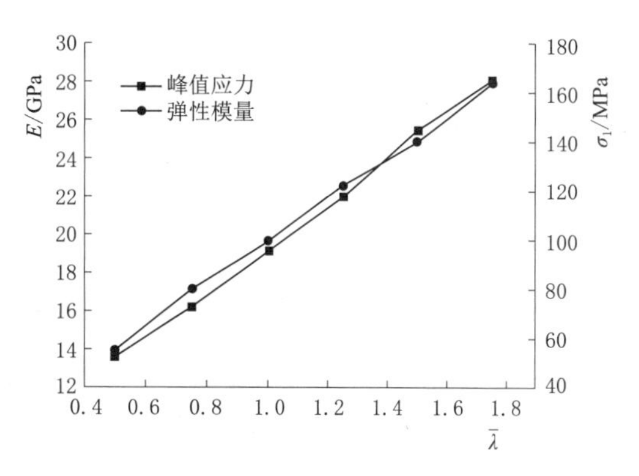

图 6.6 平行黏结半径乘子与峰值强度以及弹性模量的关系

表 6.8　改变平行黏结半径乘子时宏观参数的变化

$\bar{\lambda}$	宏观弹性模量/GPa	峰值应力/MPa	$\bar{\lambda}$	宏观弹性模量/GPa	峰值应力/MPa
0.50	13.94	52.14	1.25	22.57	117.39
0.75	17.15	72.91	1.50	24.80	144.26
1.00	19.61	95.45	1.75	27.90	165.11

6.2.2 细观参数对应力-应变关系的影响

PFC 模拟分析过程中，平行黏结半径乘子取 1 时，应力-应变曲线还会受到平行黏结法向强度平均值与平行黏结切向强度均值的影响，具体变化见表 6.9。平行黏结法向强度均值与平行黏结切向强度均值增大，对应峰值应力也不断增大。当 $\bar{\sigma}_c$ 与 $\bar{\tau}_c$ 分别从 25MPa 增大到 45MPa 时，即增大 1.8 倍时，对应峰值应力分别增大 1.13 倍和 1.33 倍，两者对应力-应变关系曲线的变化影响都比较明显。

表 6.9　改变平行黏结法向与切向强度时宏观参数的变化

$\bar{\sigma}_c$	峰值应力/MPa	$\bar{\tau}_c$	峰值应力/MPa
25	57.24	25	69.56
30	60.8	30	78.07
35	61.11	35	82.89
40	63.87	40	91.28
45	64.59	45	92.81

6.2.3 细观参数对破坏形式的影响

根据 PFC 学习手册，平行黏结法向强度均值与其标准差的比值 $\bar{\sigma}_c/\bar{\sigma}_{cs}$ 和平行黏结法向强度与切向强度均值（标准差）之间的比值 $\bar{\tau}_c/\bar{\tau}_{cs}$ 等都会影响岩样最终的破坏形式，故选取了不同黏结强度比值下的数值模拟结果进行对比，如图 6.7～图 6.9 所示。下文数值模拟的破坏形式中，深黑色区域表示张拉破坏，浅灰色区域表示剪切破坏。

同时保持法向强度（切向强度）均值与其标准差的比值 $\overline{\sigma}_c/\overline{\sigma}_{cs}=7.69(\overline{\tau}_c/\overline{\tau}_{cs}=7.69)$ 不变，使法向强度与切向强度均值（标准差）的比值 $\overline{\sigma}_c/\overline{\tau}_c(\overline{\sigma}_{cs}/\overline{\tau}_{cs})$ 同步减小时对应的岩样破坏形式如图6.7所示。图6.7中岩样的破坏形式主要为张剪破坏，保持 $\overline{\sigma}_c/\overline{\sigma}_{cs}$ 与 $\overline{\tau}_c/\overline{\tau}_{cs}$ 不变，随着 $\overline{\sigma}_c/\overline{\tau}_c$、$\overline{\sigma}_{cs}/\overline{\tau}_{cs}$ 不断减小，剪切裂纹数量明显减少，张拉裂纹明显增多。

（a）$\overline{\sigma}_c/\overline{\tau}_c=40/30$ $\overline{\sigma}_{cs}/\overline{\tau}_{cs}=5.2/3.9$　（b）$\overline{\sigma}_c/\overline{\tau}_c=40/50$ $\overline{\sigma}_{cs}/\overline{\tau}_{cs}=5.2/6.5$　（c）$\overline{\sigma}_c/\overline{\tau}_c=40/70$ $\overline{\sigma}_{cs}/\overline{\tau}_{cs}=5.2/9.1$

图6.7　$\overline{\sigma}_c/\overline{\tau}_c$ 比值同步减小对破坏形式的影响

同时保持 $\overline{\sigma}_c/\overline{\sigma}_{cs}=4.44$、$\overline{\tau}_c/\overline{\tau}_{cs}=4.44$ 不变，使 $\overline{\sigma}_c/\overline{\tau}_c$ 和 $\overline{\sigma}_{cs}/\overline{\tau}_{cs}$ 同步减小时对应的岩样破坏形式如图6.8所示。图6.8与图6.7的区别在于，$\overline{\sigma}_c/\overline{\sigma}_{cs}$，和 $\overline{\tau}_c/\overline{\tau}_{cs}$ 的量值较小。图6.8中试样破坏形式基本为共轭剪切破坏，随着 $\overline{\sigma}_c/\overline{\tau}_c$ 不断减小，剪切裂纹数量明显减少，张拉裂纹明显增多。

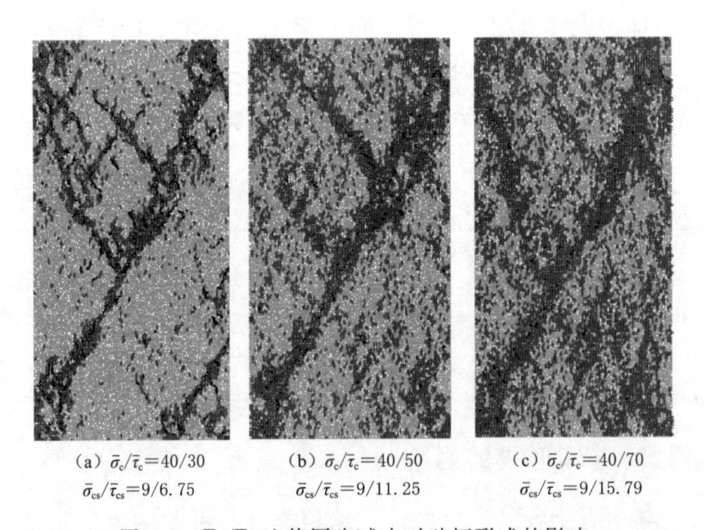

（a）$\overline{\sigma}_c/\overline{\tau}_c=40/30$ $\overline{\sigma}_{cs}/\overline{\tau}_{cs}=9/6.75$　（b）$\overline{\sigma}_c/\overline{\tau}_c=40/50$ $\overline{\sigma}_{cs}/\overline{\tau}_{cs}=9/11.25$　（c）$\overline{\sigma}_c/\overline{\tau}_c=40/70$ $\overline{\sigma}_{cs}/\overline{\tau}_{cs}=9/15.79$

图6.8　$\overline{\sigma}_c/\overline{\tau}_c$ 比值同步减小对破坏形式的影响

同时保持 $\overline{\sigma}_c/\overline{\sigma}_{cs}=7.69$、$\overline{\tau}_c/\overline{\tau}_{cs}=7.69$ 不变，使 $\overline{\sigma}_c/\overline{\tau}_c$、$\overline{\sigma}_{cs}/\overline{\tau}_{cs}$ 同步增大时对应的岩样破坏形式如图6.9所示。图6.9中岩样破坏形式基本为主剪切破坏，随着比值 $\overline{\sigma}_c/\overline{\tau}_c$、$\overline{\sigma}_{cs}/$

$\overline{\tau}_{cs}$ 增大，张拉破坏区域逐渐减小。图 6.9（c）中的破坏方向与图 6.7、图 6.9（a）、图 6.9（b）中破坏方向相反。

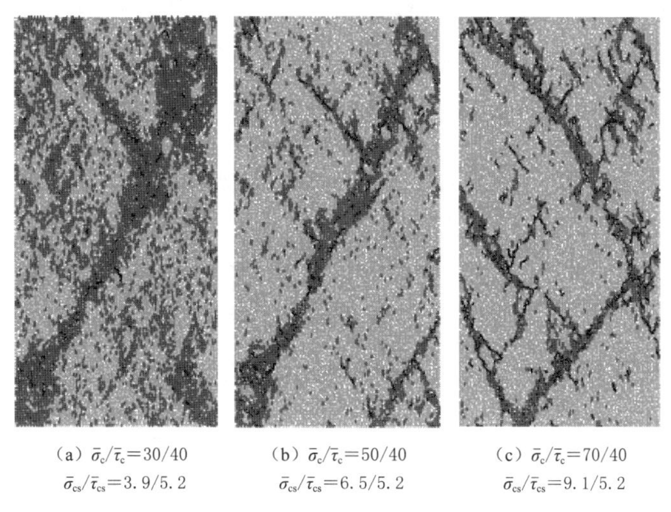

（a）$\overline{\sigma}_c/\overline{\tau}_c=30/40$ $\overline{\sigma}_{cs}/\overline{\tau}_{cs}=3.9/5.2$ （b）$\overline{\sigma}_c/\overline{\tau}_c=50/40$ $\overline{\sigma}_{cs}/\overline{\tau}_{cs}=6.5/5.2$ （c）$\overline{\sigma}_c/\overline{\tau}_c=70/40$ $\overline{\sigma}_{cs}/\overline{\tau}_{cs}=9.1/5.2$

图 6.9 $\overline{\sigma}_c/\overline{\tau}_c$ 比值同步增大对破坏形式的影响

6.2.4 摩擦系数对岩样宏观力学特征的影响

研究发现，平行黏结模型中的摩擦系数对所有宏观力学参数均影响显著，摩擦系数对宏观力学参数的影响规律见表 6.10。摩擦系数从 0.1 增加至 0.5，弹性模量增加了 3.37GPa，峰值应力增加了 15.7MPa。表明摩擦系数增加时，弹性模量与峰值应力也会相应增加。

表 6.10 摩擦系数增加时宏观参数的变化

μ	0.1	0.2	0.3	0.4	0.5
弹性模量/GPa	23.41	24.55	25.60	26.00	26.80
峰值应力/MPa	69.11	73.21	78.60	81.98	85.23

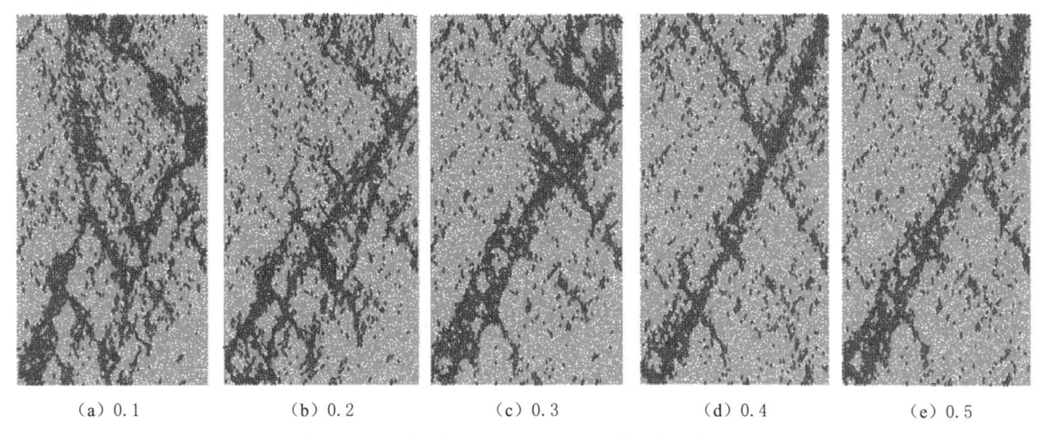

（a）0.1 （b）0.2 （c）0.3 （d）0.4 （e）0.5

图 6.10 不同摩擦系数对岩样破坏形式的影响

不同摩擦系数对岩样破坏形式的影响规律如图 6.10 所示。摩擦系数为 0.1 时，破坏面多且杂乱；当摩擦系数增大至 0.5 时，破坏面从模型的右上端面连接、贯通至左下端面，并贯穿整个模型，次要破坏面减少，表现出主剪切破坏的特征。整体而言，随着摩擦系数增大，次要破坏面减少，岩样破坏形式由共轭剪切破坏形式向主剪切破坏转换。

6.2.5 颗粒流模拟细观参数确定

经过分析，最终确定本文大理岩颗粒流模型的细观参数见表 6.11。

表 6.11 大理岩颗粒流模型细观参数表

接触模型参数	数 值	接触模型参数	数 值
摩擦系数	0.5	黏结半径乘子	1.0
最小粒径/mm	0.3	平行黏结模量/GPa	24
半径比	1.66	黏结刚度比	2.0
颗粒密度/(g/cm^3)	2670	平行黏结法向强度/MPa	42/5.5
颗粒接触模量/GPa	20	平行黏结切向强度/MPa	30/4.5
颗粒刚度比	2.0		

6.3 大理岩常规三轴加荷破坏的细观特征

6.3.1 应力-应变分析

大理岩常规三轴加荷破坏室内试验与数值模拟试验对比如图 6.11 所示。数值模拟的应力-应变曲线与室内试验曲线演化规律基本一致，但还是存在一定的差异。在初始加荷阶段，由于实际岩样微裂隙的压密，室内试验曲线为下凹曲线，而数值模拟应力-应变曲线基本呈直线，这是因为在颗粒生成过程中，颗粒已在其重力加速度作用下进行压密，所以数值模拟试验没有初始压密阶段。压密阶段后，室内试验和数值模拟的曲线基本一致。

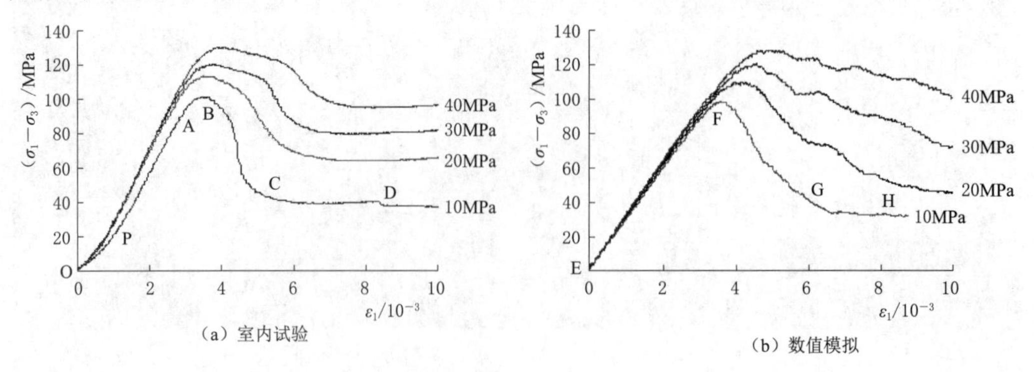

图 6.11 不同围压下大理岩常规三轴加荷破坏试验轴向应力-应变关系曲线

6.3.2 破坏形式分析

围压 10MPa、20MPa 和 30MPa 条件下室内试验与 PFC 数值模拟的大理岩加荷破坏形式对比图如图 6.12 所示（图中黑色区域表示张拉破坏，浅灰色区域表示剪切破坏，灰色区域标识未发生破坏）。PFC 模拟的岩样破坏面与室内试验的破坏面基本一致，其破坏形式主要是剪切破坏。随着围压的增加，内部裂纹增多，但仍然以剪切破坏为主。

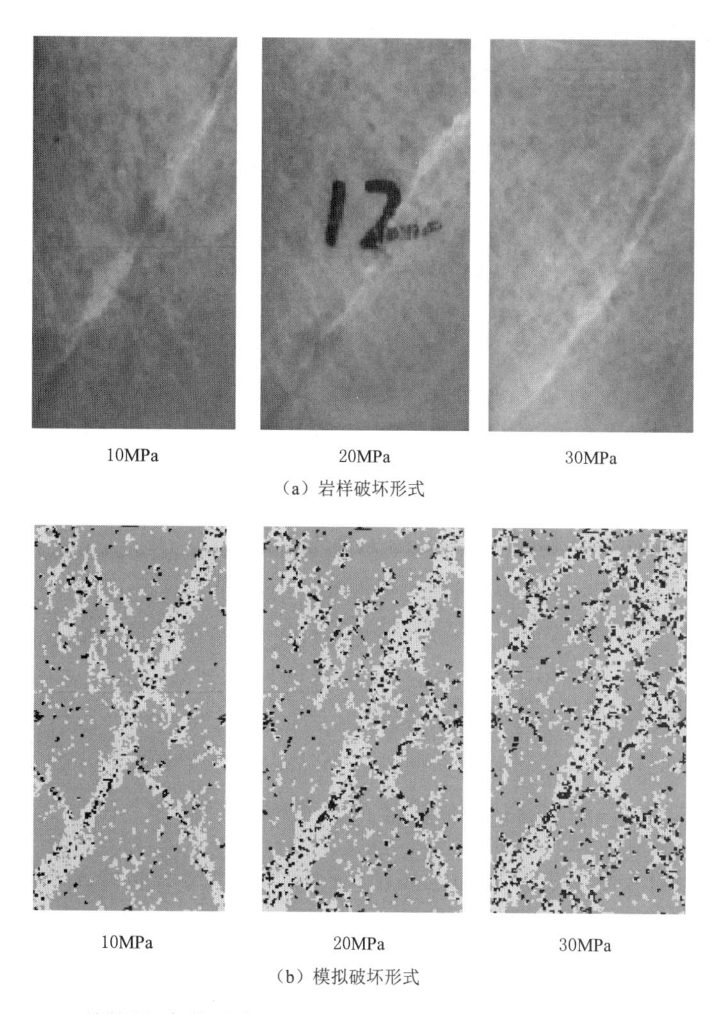

图 6.12 不同围压条件下大理岩室内试验与数值模拟三轴加荷破坏形式对比

6.3.3 黏聚力与内摩擦角分析

室内试验与 PFC 数值模拟得出的不同围压下大理岩的峰值强度试验结果见表 6.12。

根据 Mohr - Coulomb 强度准则，并根据式（2.2）对表 6.12 中的数据进行线性回归分析，得到轴压和围压关系曲线如图 6.13 所示。

试验数据和数值模拟得到的以主应力形式表示的 Mohr - Coulomb 强度准则分别为

表 6.12 大理岩常规三轴室内试验与数值模拟峰值强度试验结果

围压/MPa	峰值强度/MPa		围压/MPa	峰值强度/MPa	
	室内试验	数值模拟		室内试验	数值模拟
10	110	109	30	149	150
20	133	132	40	169	169

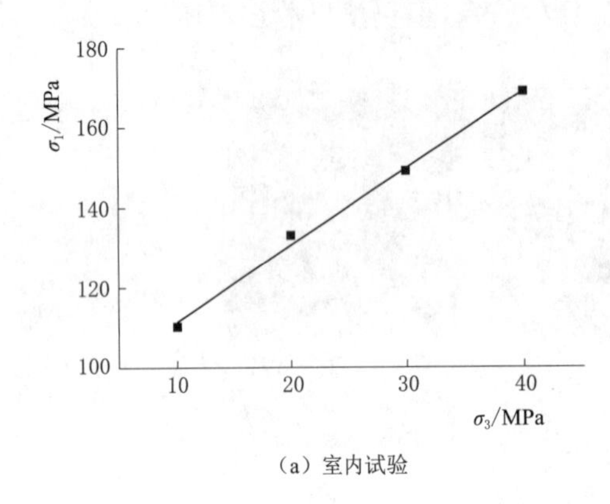

(a) 室内试验

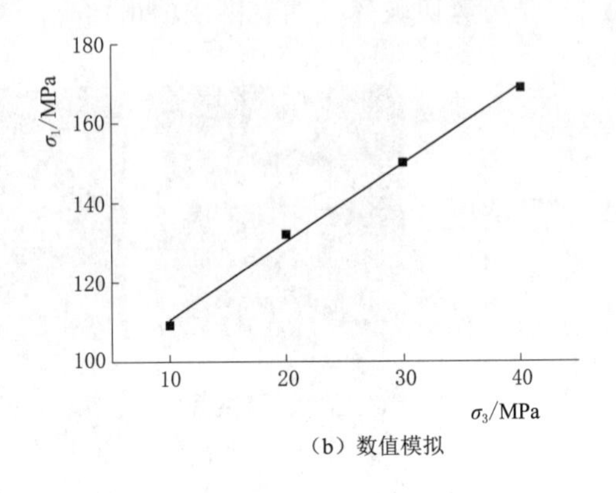

(b) 数值模拟

图 6.13 Mohr - Coulomb 强度准则回归分析

$$\sigma_1 = 1.93\sigma_3 + 92.0 \tag{6.2}$$

$$\sigma_1 = 1.98\sigma_3 + 90.5 \tag{6.3}$$

根据式(2.3)、式(2.4)计算得出，室内试验大理岩的内摩擦角为 18.51°，黏聚力为 33.11MPa；颗粒流数值模拟得出的内摩擦角是 19.20°，黏聚力是 32.16MPa。数值模拟数据与室内试验数据基本一致，模拟效果较为理想。

6.4 大理岩卸荷破坏的细观特征

6.4.1 室内试验与颗粒流模拟中卸荷速率转换关系

室内试验中卸荷速率的单位为 MPa/s，而颗粒流程序中的卸荷速率是以 MPa/step 为单位进行的。为建立两者的对应关系，参考丛怡等的方法，实现室内试验与颗粒流模拟试验两者之间的单位转换，即在相同围压条件下，若室内试验与数值模拟围压-轴向应变曲线斜率一致，则认为室内试验与数值模拟的卸荷速率相同。经过多次调试，最终得出室内试验与数值模拟的卸荷速率转换关系为 1MPa/s = 0.006MPa/step。卸荷速率为 0.2MPa/s 时室内试验与颗粒流模拟的围压-轴向应变曲线如图 6.14 所示。

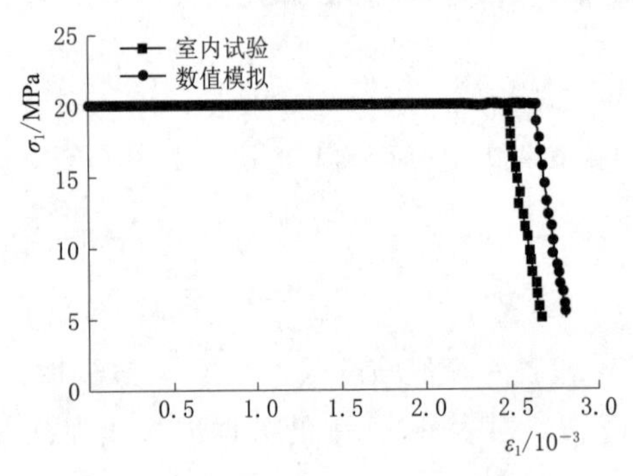

图 6.14 室内试验与颗粒流模拟的围压-轴向应变关系曲线

6.4.2 恒轴压、卸围压破坏试验

1. 卸荷初始围压的影响

（1）裂纹数量。恒轴压、卸围压应力路径，卸荷速率0.2MPa/s时不同围压下大理岩颗粒流数值模型的总裂纹数与轴向应变关系曲线如图6.15所示。随着围压由5MPa增至40MPa，试样破坏时的轴向应变逐渐增大，说明围压增强了岩样抵抗变形的能力。随着围压升高，总裂纹-应变曲线斜率越小，说明较高围压能够抑制岩样内部裂纹扩展。卸荷破坏时岩样的总裂纹数随着围压增大逐渐增多，也说明了围压能够增强岩样抵抗变形破坏的能力。

恒轴压、卸围压应力路径，卸荷速率0.2MPa/s时大理岩数值模型各裂纹数量与围压的关系曲线如图6.16所示。随着卸荷初始围压的增大，总裂纹数、剪切裂纹数与张拉裂纹数均增加。不同围压条件下，张拉裂纹数量明显高于剪切裂纹数量，但剪切裂纹占总裂纹比值逐渐增大。例如围压5MPa时，岩样破坏时的剪切裂纹为163个，占总裂纹比值的5.6%；围压50MPa时，剪切裂纹占总裂纹比值为16.7%。

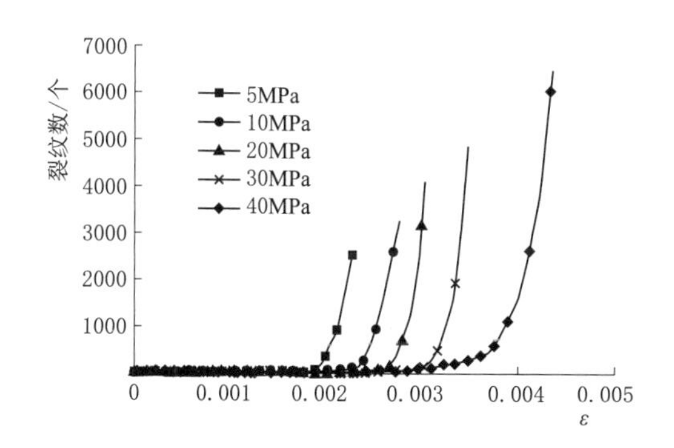

图6.15 恒轴压、卸围压路径大理岩数值模拟试样的总裂纹数-轴向应变关系曲线

图6.16 恒轴压、卸围压路径大理岩数值模拟试样的裂纹数量-围压关系曲线

（2）破坏形式。恒轴压、卸围压应力路径，卸荷速率0.2MPa/s时不同围压下大理岩细观模型的破坏形式如图6.17所示。围压对大理岩的最终破坏形式有显著影响。随着围压提高，模型次生破裂面增多。当围压超过30MPa时，大理岩试样由单一的主剪切破坏

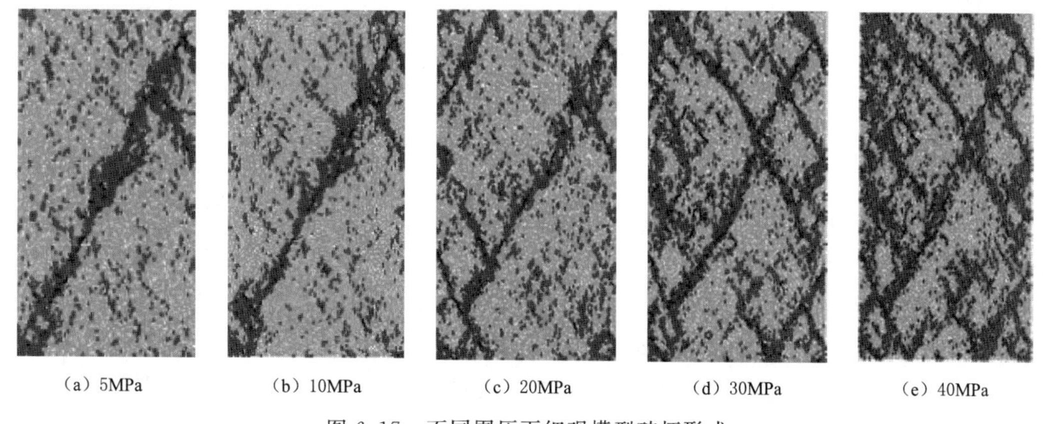

(a) 5MPa　(b) 10MPa　(c) 20MPa　(d) 30MPa　(e) 40MPa

图6.17 不同围压下细观模型破坏形式

形式向共轭剪切破坏形式转换。

2. 卸围压速率的影响

(1) 应力-应变曲线。以围压 20MPa 为例，分析不同卸荷速率下大理岩数值模型在峰值强度前 80%卸荷时的应力-应变关系，如图 6.18 所示。

卸荷速率 0.2～0.8MPa/s 范围内，大理岩数值模拟的应力-应变曲线与室内试验的应力-应变曲线基本一致。由卸荷点附近的放大图可知，卸荷速率越慢，恒轴压、卸围压过程越长，对应的应力-应变曲线的平台期增长，峰值强度后应力下降越慢。当卸荷速率超过 2.0MPa/s 后，卸荷之后立即达到岩样的峰值强度，峰后段曲线基本重合，均呈现垂直下降状态，说明围压一定时，超过 2.0MPa/s 后卸荷速率对试样的强度和变形影响很小。

(2) 裂纹数量。恒轴压、卸围压应力路径峰值强度前 80%卸荷时，不同卸荷速率下大理岩数值模型的总裂纹数量-应变曲线如图 6.19 所示。不同卸荷速率条件下，裂纹数量-轴向应变关系曲线的变化规律大致相同。在加荷初期，裂纹数量曲线几乎与 x 轴平行，说明此时没有裂纹产生，或者裂纹数量很少，随着加载的继续，裂纹数量逐渐增多，但裂纹增加速率十分缓慢。卸荷开始后，裂纹数量-应变曲线斜率逐渐增大。随着卸荷速率的增大，裂纹数量-应变曲线斜率逐渐增大。卸荷速率小于 2.0MPa/s 时，卸荷点后裂纹数量-轴向应变曲线呈现平滑曲线形式增大，是一种渐进增大的趋势；当卸荷速率超过 2.0MPa/s 时，卸荷点后裂纹数量-轴向应变曲线斜率几乎重合，均呈现垂直上升状态，是一种突增的趋势，说明围压一定时，卸荷速率超过 2.0MPa/s 后，裂纹扩展速率受卸荷速率的影响较小。

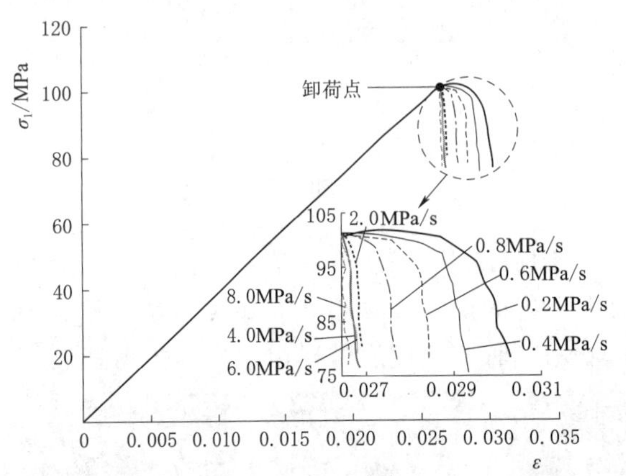

图 6.18 不同卸荷速率下大理岩数值模型的应力-应变曲线

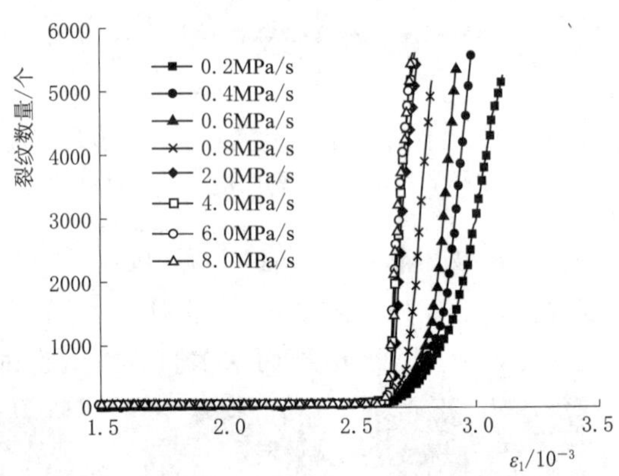

图 6.19 不同卸荷速率下大理岩数值模型的总裂纹数量-轴向应变关系曲线

恒轴压、卸围压应力路径，峰值强度前 80%卸荷时，不同卸荷速率下颗粒流大理岩数值模型在卸围压平台期结束位置对应的裂纹数量如图 6.20 所示。卸荷速率越慢，卸围压平台期结束位置对应的总裂纹数量越多。这是因为低卸荷速率下，卸围压的时间变长，平台期更长，裂纹孕育、发展的时间增加，导致同一应力水平下的裂纹数量增加。高卸荷速率下（8.0MPa/s），卸围压平台期结束位置处的总裂纹数量很少，说明卸荷速率增快后，平台期时间缩短，模型内部裂纹扩展时间变短，裂纹没有充分时间扩展，裂纹数量减少。

（3）裂纹分布和颗粒位移场。以卸荷速率分别为 0.2MPa/s 与 8.0MPa/s 为例，选取峰值强度前 80%卸荷大理岩数值模型变形过程应力-应变曲线中的 6 个参照点，对比大理岩不同卸荷速率下的裂纹扩展趋势，各点位置如图 6.21 所示。图中 A 点为卸荷点，点 BF 段、B_1F_1 段分别对应卸荷速率 0.2MPa/s 与 8.0MPa/s 条件下峰值强度前 90%、80%、70%、60%、50%应力水平点。

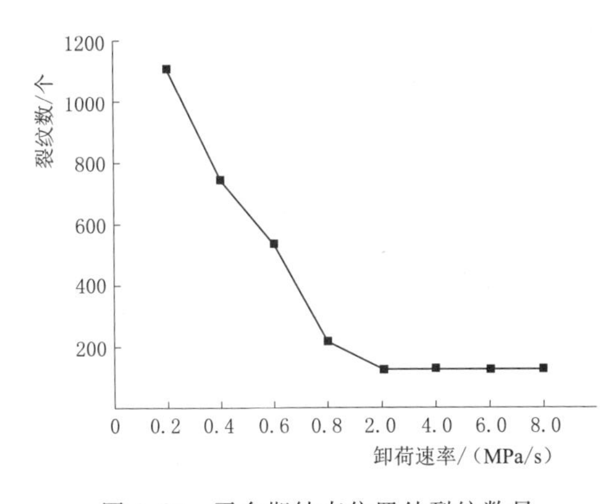

图 6.20 平台期结束位置处裂纹数量随卸荷速率变化趋势

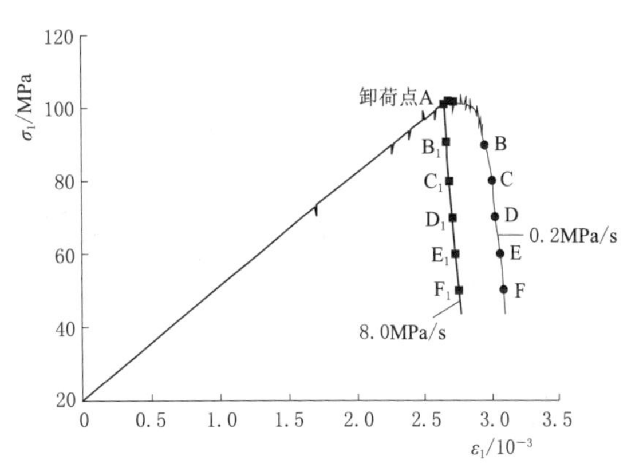

图 6.21 不同卸荷速率下峰值强度前 80%卸荷大理岩数值模型应力-应变曲线

选取恒轴压、卸围压路径下围压 20MPa，卸荷速率分别为 0.2MPa/s 与 8.0MPa/s 时峰值强度前 80%数值模拟试样的裂纹扩展过程进行分析，如图 6.22 所示。卸荷点 A 处，裂纹分布较为分散，随着卸荷速率的增大，裂纹数量减少。峰后参照点 B(B_1) 处，裂纹数量明显增多。应力继续降低（BD 段、B_1D_1 段），卸荷速率对裂纹发展的影响开始显现，卸荷速率越高，裂纹分布越集中，裂纹主要围绕剪切带附近发育。当应力减小至参照点 E(E_1) 处，裂纹沿主剪切面附近扩展的趋势减弱，卸荷速率越高，次生裂纹越多。这是因为卸荷导致试样逐渐失去围压的抑制作用，卸荷速率越快，围压的约束作用减小越快，颗粒沿横向运动的速度也越快，导致次生裂纹更容易沿横向扩展，而裂纹沿主剪切面的扩展趋势减弱。在卸荷点 A 到参照点 B(B_1) 应力水平处，卸荷速率 0.2MPa/s 的试样裂纹数量较多，这主要是由于从峰前卸荷点 A 到峰后参照点 B(B_1) 应力水平处，卸荷速率 0.2MPa/s 比 8.0MPa/s 经历的时间长，裂纹发育较为充分。参照点 B(B_1) 到参照点 E(E_1) 处，卸荷速率 8.0MPa/s 的试样裂纹扩展数量较多。

恒轴压、卸围压路径峰值强度前 80%卸荷，卸荷速率 0.2MPa/s 与 8.0MPa/s 时大理岩数值模型参考点的颗粒位移场分布特征如图 6.23、图 6.24 所示。当卸荷速率为 0.2MPa/s 时，试样从开始卸荷到最终破坏过程中（AF 段），模型颗粒的平均位移呈增大趋势，尤其当轴向应力从参照点 C 下降至参照点 D 处，模型中颗粒平均位移增量达到 0.019mm，为 BC 段平均位移增量的 3.8 倍。CD 段中，数值模型大部分颗粒位移形成“交错面”，颗粒位移发生倾斜，表明这一阶段主剪切面开始形成。当轴向应力继续下降，剪切带两侧颗粒异向运动，形成宏观破裂面。

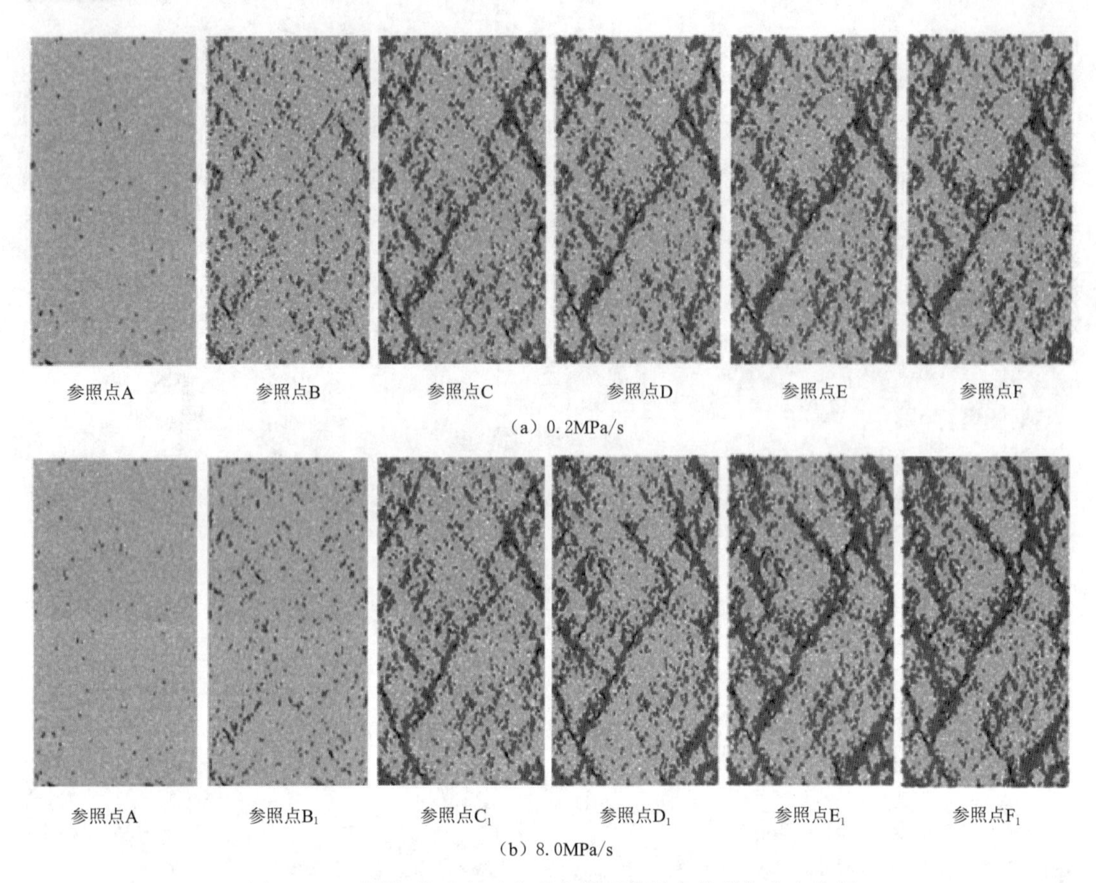

图 6.22 不同卸荷速率下大理岩模型参照点的裂纹分布特征

当卸荷速率为8.0MPa/s时，试样从开始卸荷到最终破坏过程中（AF段），模型颗粒的平均位移呈增大趋势，尤其当轴向应力从参照点D_1下降至参照点E_1处，模型中颗粒平均位移增量达到0.114mm，为C_1D_1段平均位移增量的2.78倍。C_1D_1段中试样主剪切面开始形成。当轴向应力继续下降，剪切带两侧颗粒异向运动，逐渐形成最终的宏观破裂面。

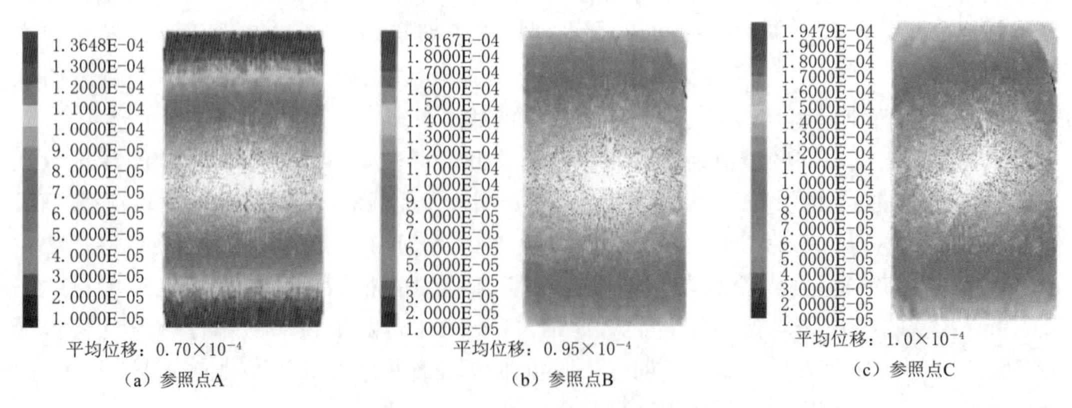

图 6.23（一） 卸荷速率0.2MPa/s时大理岩参考点的颗粒位移场分布特征

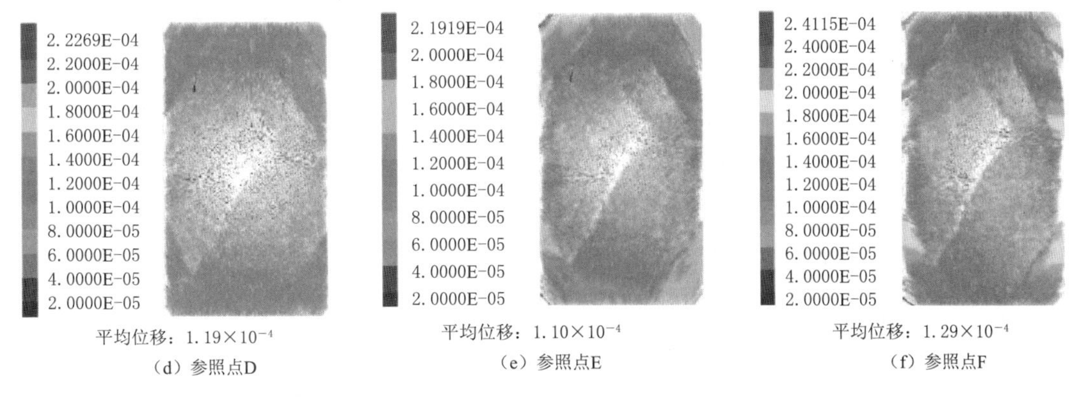

图 6.23（二） 卸荷速率 0.2MPa/s 时大理岩参考点的颗粒位移场分布特征

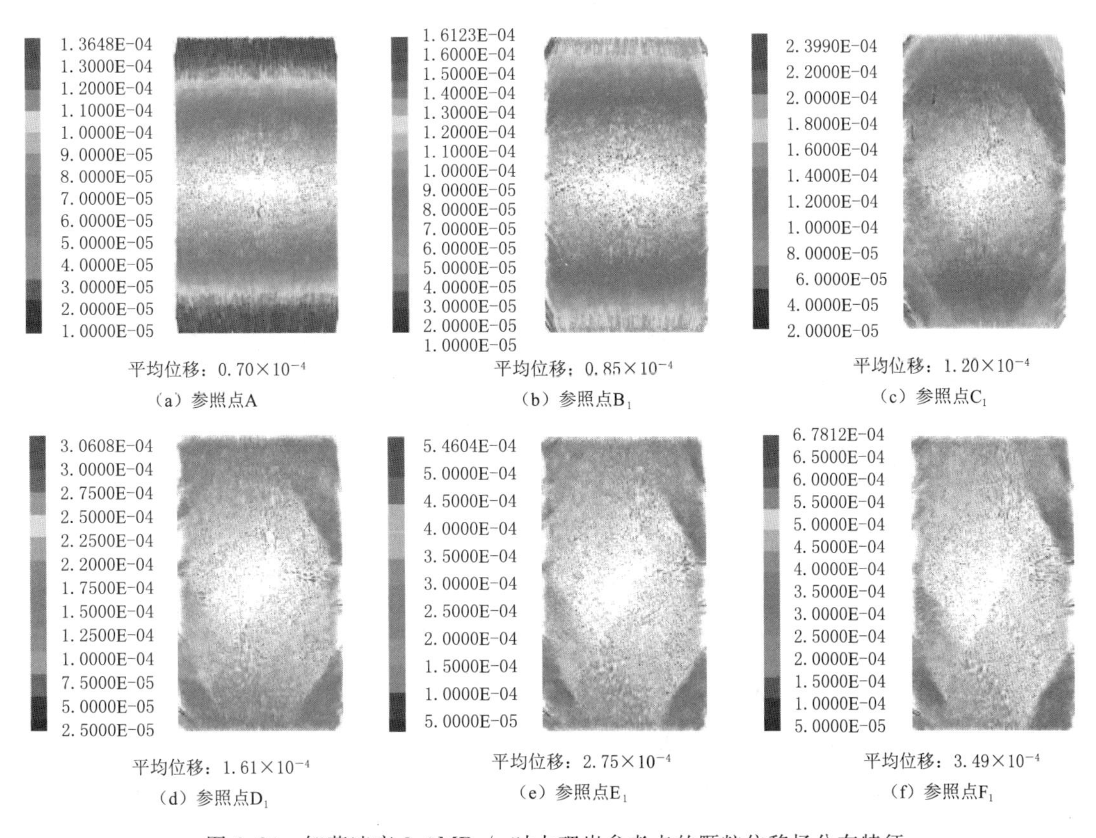

图 6.24 卸荷速率 8.0MPa/s 时大理岩参考点的颗粒位移场分布特征

不同卸荷速率条件下，模型中颗粒位移场变化趋势相似。卸荷点 A 变化至参照点 $F(F_1)$ 过程中，颗粒平均位移逐渐增大。在 $B(B_1)$ 点处，卸荷速率 0.2MPa/s 条件下颗粒平均位移较大，但仅仅是卸荷速率 8.0MPa/s 条件下的 1.12 倍，差异不大；$B(B_1)$ 点过后，卸荷速率 8.0MPa/s 条件下数值模型的颗粒平均位移较大，以参照点 $F(F_1)$ 为例，卸荷速率 8.0MPa/s 条件下颗粒平均位移为卸荷速率 0.2MPa/s 条件下颗粒平均位移的 2.71 倍。

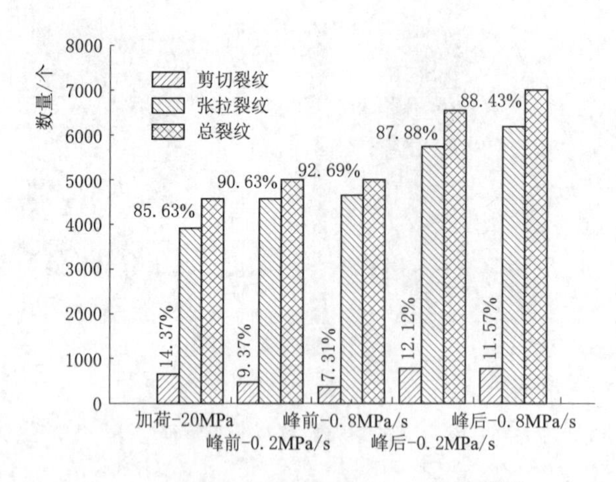

图6.25 加荷、卸荷应力路径大理岩数值模型破坏时的裂纹数量柱状图

(4) 加荷、卸荷数值模型破坏时的裂纹数量。加荷、卸荷应力路径下围压20MPa、大理岩数值模型最终破坏时的裂纹数量柱状图如图6.25所示。围压相同，卸荷应力路径下大理岩数值模型在破坏时产生的裂纹更多，剪切裂纹占比更少。随着卸荷速率的增大，张拉裂纹比呈增大趋势，剪切裂纹比呈减小趋势，说明卸荷速率越快，试样内部的张拉裂纹越多。

围压相同、卸荷速率相同的条件下，与峰前卸荷相比，峰后卸荷试样破坏时产生的裂纹更多。虽然峰后卸荷破坏时张拉裂纹占比小于峰前卸荷破坏时张拉裂纹占比，但峰后卸荷破坏时的张拉裂纹数量仍明显大于剪切裂纹数量。与峰前卸荷相比，峰后卸荷破坏试样的内部裂纹扩展数量更多，裂纹发育更为充分。

3. *卸荷应力水平的影响*

(1) 应力-应变曲线。恒轴压、卸围压路径下不同卸荷应力水平对应的大理岩数值模型应力-裂纹数-应变关系曲线如图6.26所示。卸荷前的应力-应变曲线与常规三轴加荷破坏试验一致。峰值强度前卸荷破坏试验模拟中，恒轴压、卸围压过程应力-应变曲线会有一段平台期，卸荷速率越慢，卸围压的平台期越长。卸围压平台期结束后，试样发生破坏，应力-应变曲线快速下降，随着卸荷速率的增大，应力-应变曲线下降速率越快。峰值强度后卸荷破坏试验模拟中，卸围压后应力-应变曲线没有出现明显的平台期，表现为应力-应变曲线持续性下降，随着卸荷速率增大，应力-应变曲线下降速率增大。

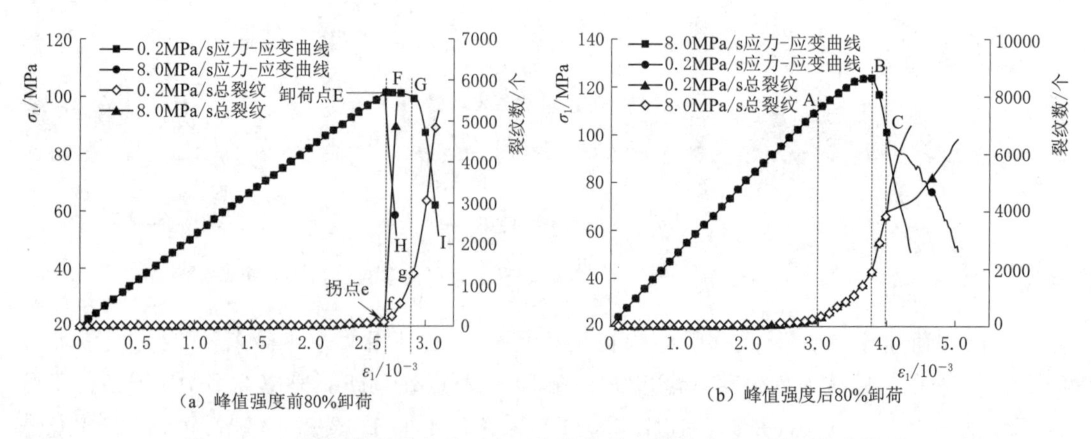

图6.26 不同卸荷应力水平下大理岩数值模型轴向应力-裂纹-应变曲线

(2) 裂纹数量。恒轴压、卸围压路径峰值强度后80%卸荷、不同卸荷速率下大理岩数值模型在卸围压平台期结束位置对应的裂纹数量如图6.27所示。卸荷速率越快，卸围

压平台结束位置对应的总裂纹数越少。这是因为卸围压速率越快，平台期越短，平台期内裂纹扩展、贯通的时间越短，导致平台期结束位置对应的总裂纹数越少。与图 6.20 中峰值强度前 80%卸荷相比，峰值强度后 80%卸荷时，不同卸荷速率下试样在卸围压平台期结束位置的裂纹数量差异极小。以卸荷速率 0.2MPa/s 与 8.0MPa/s 为例，峰值强度后卸荷破坏数值模型的裂纹数量差异仅为 333 个。说明与峰值强度前卸荷比较，峰值强度后卸荷时卸荷速率对平台期结束位置的裂纹数量影响不明显。

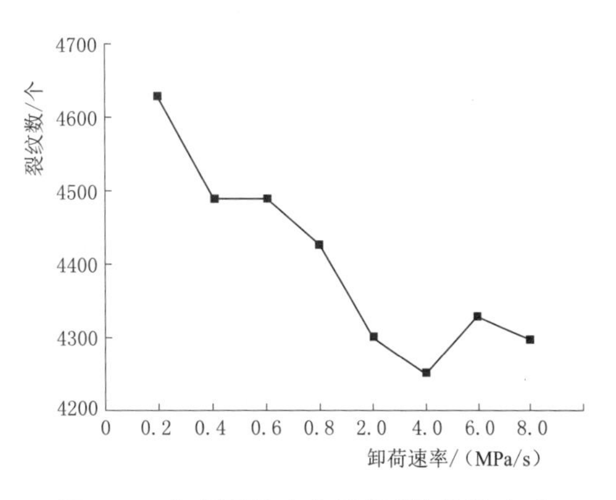

图 6.27 卸围压结束位置处裂纹数量-卸荷速率关系曲线

(3) 破坏形式。恒轴压、卸围压路径卸荷速率 0.2MPa/s 时、峰值强度前不同卸荷应力水平对应的大理岩数值模型破坏形式如图 6.28 所示。卸荷应力水平对岩样破坏时裂纹分布规律的影响非常明显。峰值强度前 60%、70%处卸荷，试样破坏时表现为沿单一节理面发生剪切破坏，裂纹集中分布在破裂面上。随着卸荷应力水平的增大，试样破坏时开始出现多个剪切破裂面。卸荷速率相同时，与峰值强度前卸荷破坏模型的破坏形式相比，峰值强度后卸荷破坏模型的破坏形式基本一致，但峰值强度后卸荷破坏模型的主剪切带宽度明显变宽。

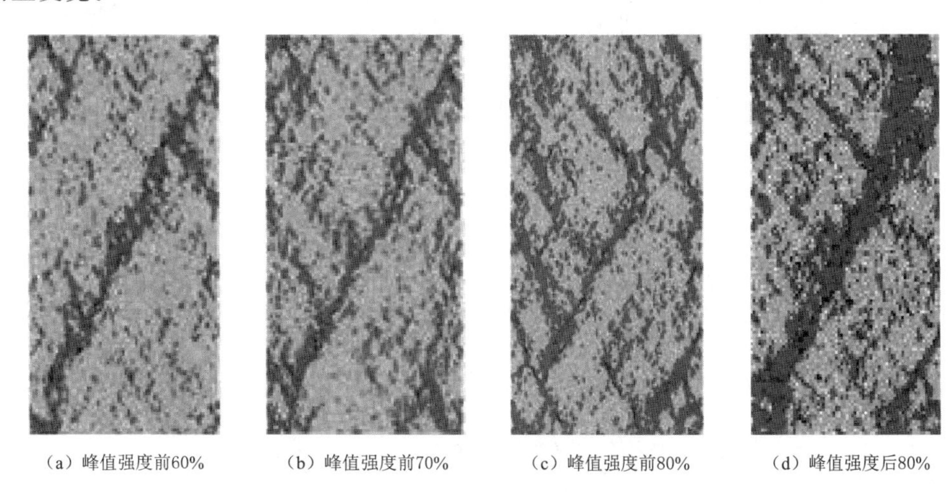

图 6.28 不同初始卸荷应力水平对应的大理岩数值模型破坏形式

(4) 颗粒位移场。以卸荷速率分别为 0.2MPa/s 与 8.0MPa/s 为例，选取峰值强度后 80%卸荷大理岩数值模型变形过程应力-应变曲线中的 6 个参照点，对比大理岩不同卸荷速率下的裂纹扩展趋势，各点位置如图 6.29 所示。图中 A 点为卸荷点，B_3E_3 段、B_4E_4 段分别对应卸荷速率 0.2MPa/s 与 8.0MPa/s 条件下峰值强度后 70%、60%、50%、40%应力水平点。

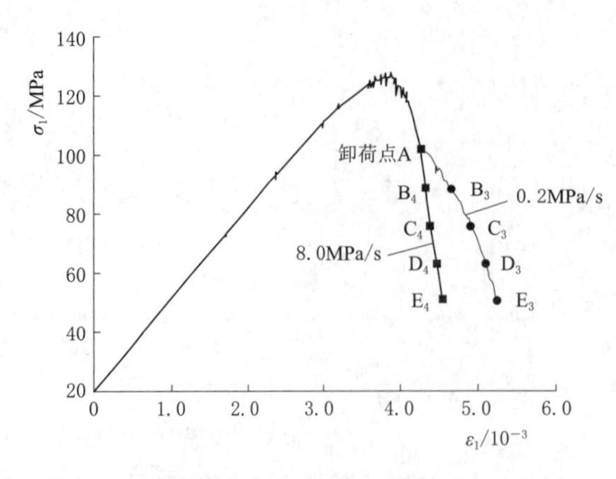

图 6.29 不同卸荷速率下峰值强度后 80%卸荷大理岩数值模型应力-应变曲线

峰值强度后 80%卸荷，卸荷速率分别为 0.2MPa/s 与 8.0MPa/s 时大理岩数值模型变形过程中参考点的颗粒位移场分布特征如图 6.30、图 6.31 所示。从开始卸荷到破坏这一过程中（AE_3 段和 AE_4 段），模型颗粒的平均位移呈增大趋势，但在卸荷围压初期（AB_3 段和 AB_4 段），大理岩数值模型中颗粒平均位移量值变化很小，基本维持在 0.175mm 左右，并且位移量值与卸荷速率关系不明显。随着卸荷速率的增大，峰后卸荷破坏过程中颗粒平均位移总体呈增大趋势，说明卸荷速率越快，峰后卸荷模型内部裂纹扩展、贯通地越迅速。

与峰前卸荷破坏相比，峰后卸荷时卸荷点处模型已经发生破坏，大理岩数值模型中大部分颗粒已经形成沿着主剪切面异向运动的趋势。

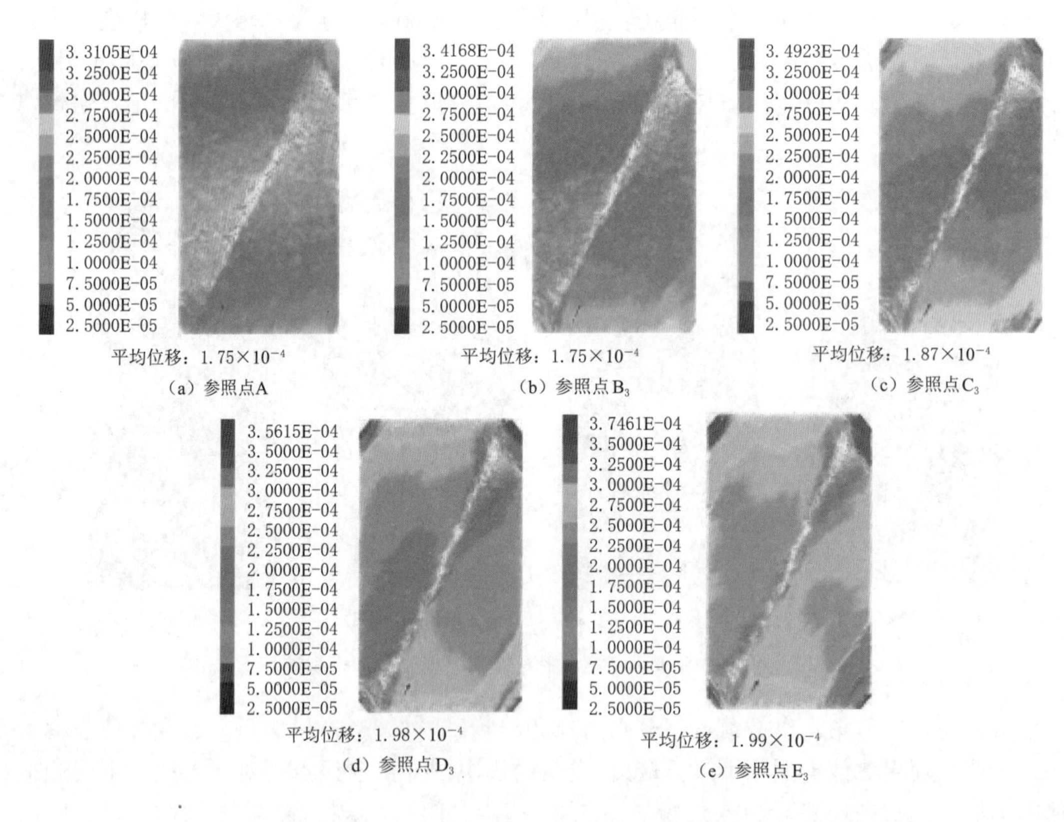

图 6.30 卸荷速率 0.2MPa/s 时大理岩参考点的颗粒位移场分布特征

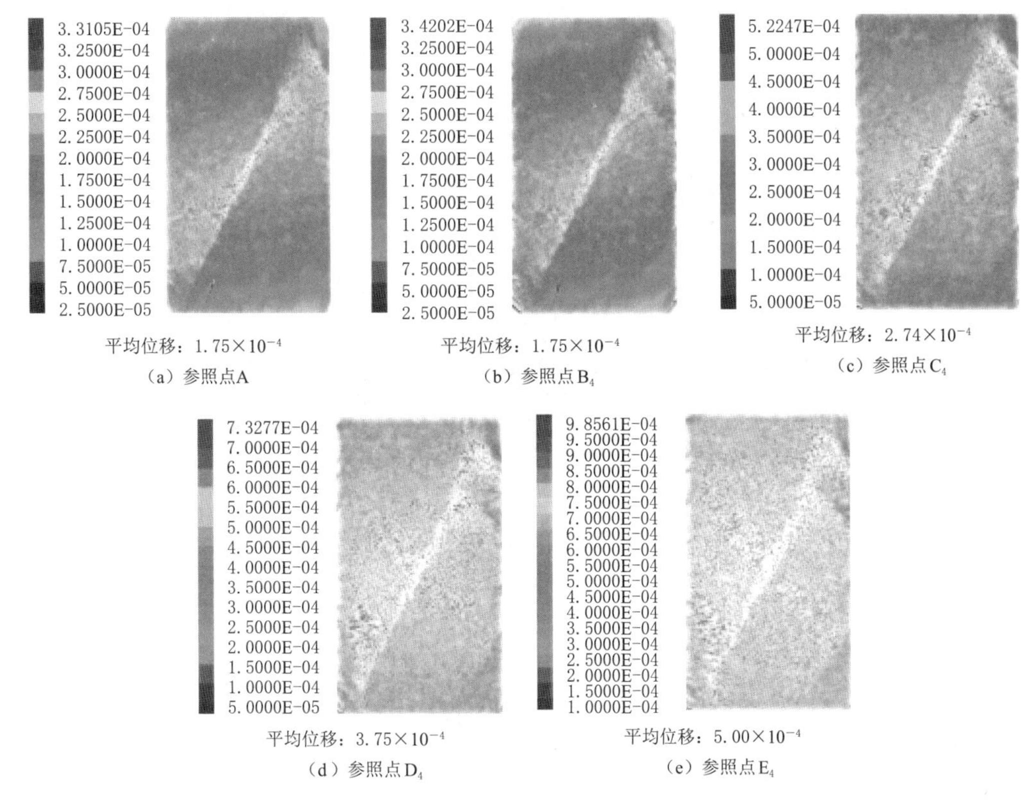

图 6.31　卸荷速率 8.0MPa/s 时大理岩参考点的颗粒位移场分布特征

6.4.3　加轴压、卸围压破坏试验

1. 卸荷初始围压的影响

（1）应力-应变曲线。加轴压、卸围压路径，大理岩卸荷破坏数值模拟变形过程应力-应变曲线如图 6.32 所示。峰值强度前，应力-应变曲线近似弹性发展，随着围压的增大，峰值强度增大，这与常规三轴加荷破坏试验模拟曲线相似。峰值强度后应力快速下降，试样开始发生破坏。随着卸荷初始围压的增大，试样峰值强度后应力下降速率越快，破坏时间缩短，岩石的脆性破坏特征越明显。

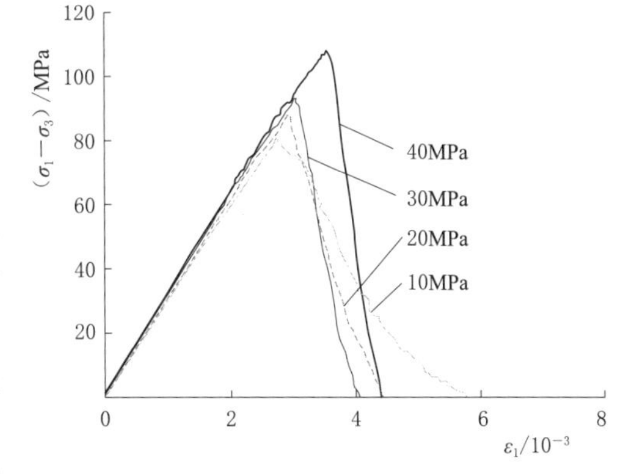

图 6.32　大理岩加轴压、卸围压数值模拟试样变形过程应力-应变曲线

（2）破坏形式。加轴压、卸围压路径，围压分别为 10MPa、20MPa、30MPa 时大理岩卸荷破坏试验与数值模拟的破坏形式对比图如图 6.33 所示。大理岩数值模拟与室内试验的破坏形式相似，不同围压条件下大理岩卸荷破坏都主要沿单一破裂面发生剪切破坏。卸荷速率相同条件下，与高围压相比，低围压下卸围压破坏的岩样破坏时产生

的裂纹数量减少，高围压下卸围压破坏岩样主破裂面附近形成多条次生裂纹。

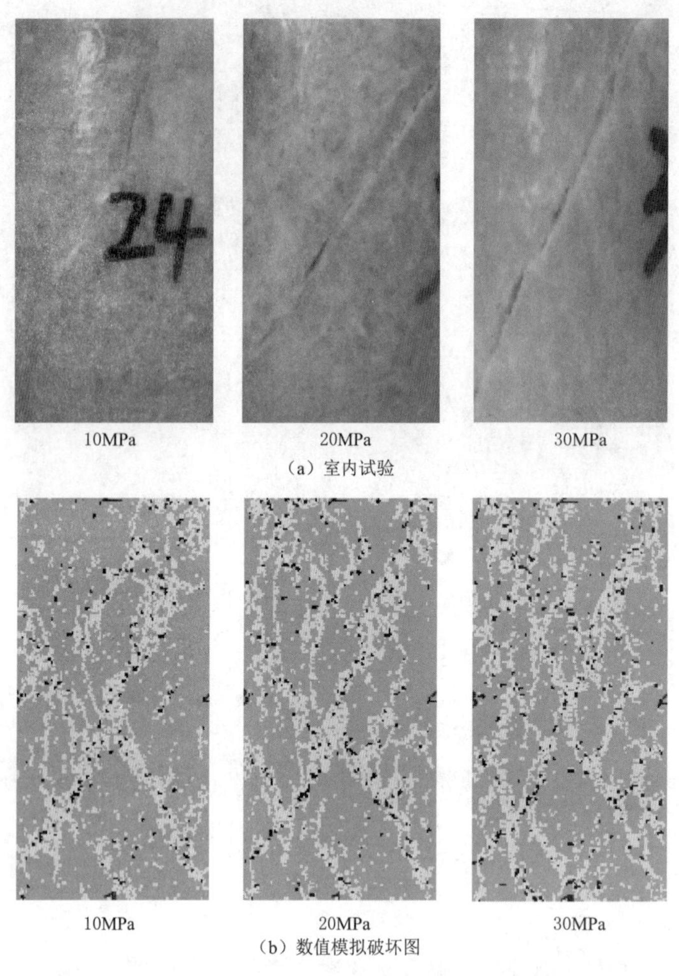

图 6.33　不同围压条件下大理岩卸荷破坏形式

2. 卸围压速率的影响

(1) 应力-应变曲线。加轴压、卸围压路径，不同卸荷速率下大理岩数值模拟的轴向应力-轴向应变关系曲线如图 6.34 所示。卸荷点以前，应力-应变曲线近似弹性发展，与常规三轴加荷破坏试验模拟曲线相似。卸荷开始后，应力-应变曲线斜率增大，试样快速达到峰值强度，且随着卸荷速率的增大，峰值强度逐渐降低。这是由于与较高卸荷速率相比，较低卸荷速率条件下的岩样在同一时间内有更高的围压，围压越高，相应的岩样强度越高。卸荷速

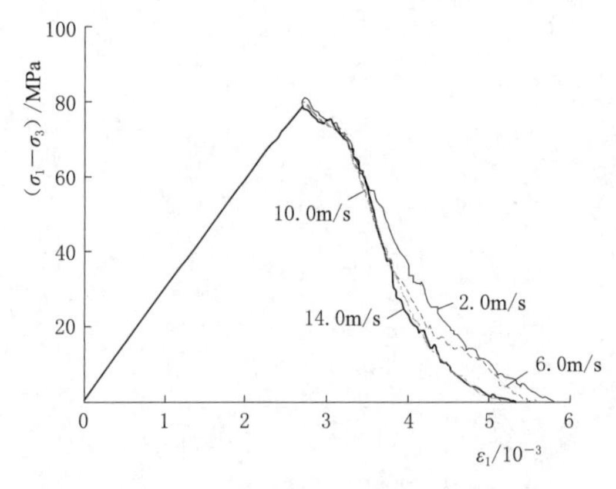

图 6.34　不同卸荷速率大理岩数值模拟的应力-应变关系曲线

率较低时，峰值强度后应力下降速度较慢。当卸荷速率超过 10m/s 时，卸荷后应力-应变曲线立即达到峰值强度，峰值强度后应力下降速度较快，且应力-应变曲线基本重合，说明围压一定时，卸荷速率超过 10m/s 后对试样的强度与变形特征影响不明显。

（2）破坏形式。加轴压、卸围压路径峰值强度前 80%处，卸荷速率分别为 2.0m/s、6.0m/s、14.0m/s 时大理岩试样的破坏形式如图 6.35 所示。在较低卸荷速率条件下，岩样破裂带中拉剪裂纹数量较多，较高卸荷速率下，岩样主破裂带中拉剪裂纹基本分布在破坏面上，其余部位较少。

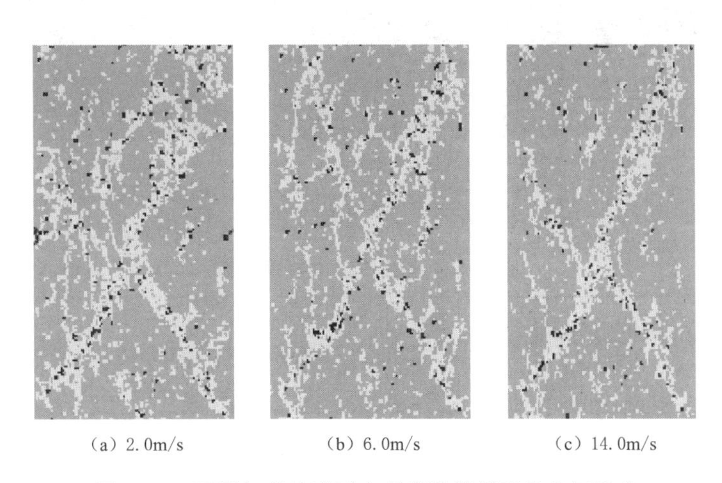

（a）2.0m/s　　（b）6.0m/s　　（c）14.0m/s

图 6.35　不同卸荷速度下大理岩数值模型的破坏形式

6.5　灰岩卸荷破坏的细观特征

6.5.1　含节理灰岩常规三轴加荷、卸荷破坏试验的颗粒流 PFC 数值模拟方案

1. 计算模型及计算参数

（1）完整灰岩。采用二维颗粒流程序 PFC^{2D}，通过 FISH 语言编程，实现对灰岩加荷、卸荷破坏过程的模拟。通过反复调整模型的输入参数，最终确定数值试验基本输入参数见表 6.13，生成的颗粒流数值模型如图 6.36（a）所示。

表 6.13　　完整灰岩数值模拟细观参数

岩样尺寸 /(mm×mm)	最小粒径 /mm	最大粒径 /mm	颗粒密度 /(kN/m^3)	颗粒法向接触刚度 /MPa	颗粒切向接触刚度 /MPa	摩擦系数	孔隙率
50×100	0.06	0.1	26	200	200	0.5	0.09

（2）含节理灰岩。灰岩中节理部分计算参数见表 6.14，其他计算参数选用完整灰岩的参数，贯通节理和非贯通节理的颗粒流计算模型如图 6.36（b）、图 6.36（c）所示，图中灰色部分表示节理，节理与竖直方向夹角为 45°。

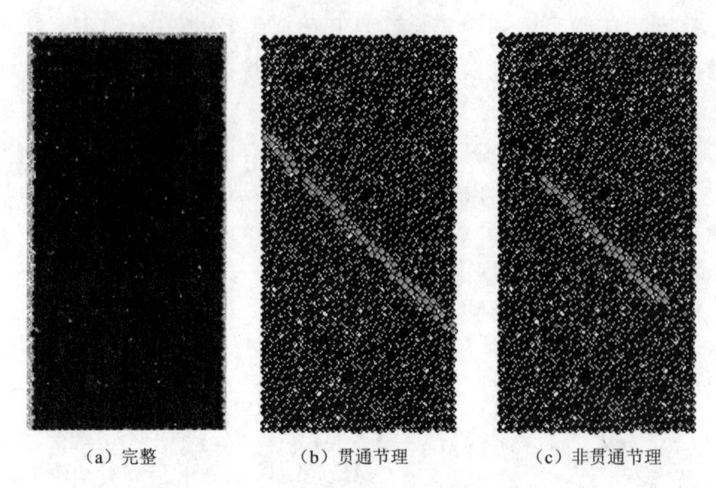

图 6.36 灰岩岩样模型

表 6.14 **含节理灰岩数值模拟细观参数**

节理编号	最小粒径 /mm	最大粒径 /mm	颗粒密度 /(kN/m³)	颗粒法向接触刚度 /MPa	颗粒切向接触刚度 /MPa	摩擦系数	孔隙率
节理 1	0.06	0.1	24	50	50	0.35	0.12

2. 数值模拟方案

对完整灰岩与含节理灰岩进行常规三轴加荷和加轴压、卸围压数值模拟试验，加荷方式与 6.1.3 节一致。

6.5.2 灰岩常规三轴加荷破坏细观分析

1. 应力-应变曲线

(1) 完整灰岩。围压 10MPa 时完整灰岩颗粒流数值模拟与室内试验的应力-应变关系曲线如图 6.37 所示，不同围压下完整灰岩颗粒流数值模拟的应力-应变关系曲线如图 6.38 所示。颗粒流数值模拟中，轴向应力达到峰值强度后的 80%时停止计算。与室内试验比较，PFC 数值模拟的应力-应变曲线与室内试验曲线基本一致，能够体现岩样峰值强度的围压效应，综上认为数值模拟结果能重现灰岩常规三轴压缩的室内试验结果。

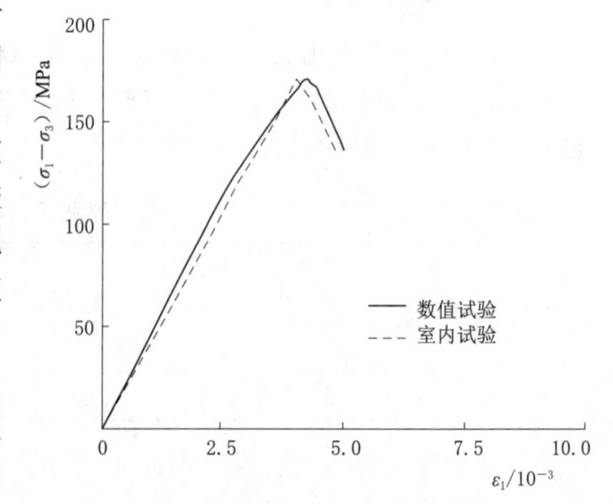

图 6.37 完整灰岩常规三轴压缩颗粒流模拟应力-应变曲线

(2) 含节理灰岩。不同围压下含节理灰岩颗粒流数值模拟的应力-应变关系曲线如图 6.39 所示。含节理灰岩的塑性特征显著，峰值强度前具有明显的应变非线性强化特征，峰值强度后具有明显的屈服平台，岩样峰值强度具有围压效应。

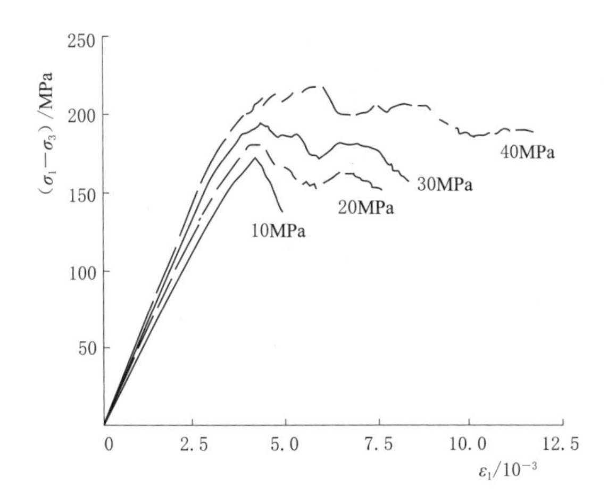

图 6.38　完整灰岩常规三轴压缩颗粒流模拟应力-应变曲线

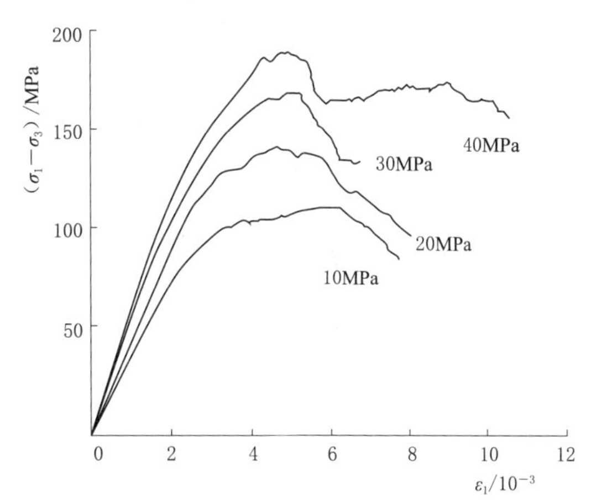

图 6.39　含节理灰岩常规三轴压缩颗粒流数值模拟应力-应变关系曲线

2. 破坏形式

(1) 完整灰岩。不同计算步时灰岩常规三轴压缩模拟的裂纹扩展过程如图 6.40 所示（图中黑色区域表示张拉破坏，白色区域表示剪切破坏）。完整灰岩变形破坏过程大致可以分为以下阶段：

1）线弹性阶段。由于外荷载远低于岩样的承载能力，灰岩岩样的内部没有出现裂纹，如图 6.40 (a) 所示。

2）裂纹产生并扩展阶段。灰岩岩样内部开始出现裂纹，裂纹零星分布在岩样各个部分，初始裂纹数量很少。随着外载荷增大，原有裂纹的尖端产生应力集中，裂纹不断扩展，产生更大、很多的新裂纹，并且最先出现的裂纹附近会出现更多的裂纹，裂纹密度不断增大，如图 6.40 (b)～图 6.40 (d) 所示。

3）裂纹定向扩展阶段。灰岩岩样内部裂纹定向扩展，裂纹主要在剪切带附近发展，其他部分裂纹基本没有发生变化。随着载荷的增加，岩样底部和中间部分的裂纹不断地产生、扩展、密集，裂纹逐渐贯通，如图 6.40 (e)～图 6.40 (g) 所示。

4）裂纹沿剪切带贯通阶段。外载荷达到灰岩岩样的承载能力，岩样裂纹集中沿相对较弱的方向相互贯通，形成一个具有一定宽度的剪切带，如图 6.40 (h)～图 6.40 (i) 所示。

(2) 含节理灰岩。不同计算步时含节理灰岩常规三轴压缩颗粒流模拟的裂纹扩展过程如图 6.41 所示。含节理灰岩变形破坏过程大致可以分为以下阶段：

1）线弹性阶段。加荷过程节理灰岩内部裂纹分布特征与完整灰岩相同，如图 6.41 (a) 所示。

2）裂纹产生并沿节理方向扩展阶段。灰岩岩样节理部分开始出现裂纹，裂纹零星分布在节理各个部分，裂纹数量很少。随着外载荷增加，原裂纹的尖端产生应力集中，裂纹不断扩展、变大，数量逐渐增多，裂纹密度不断增大，并逐渐沿节理方向不断扩展。在此

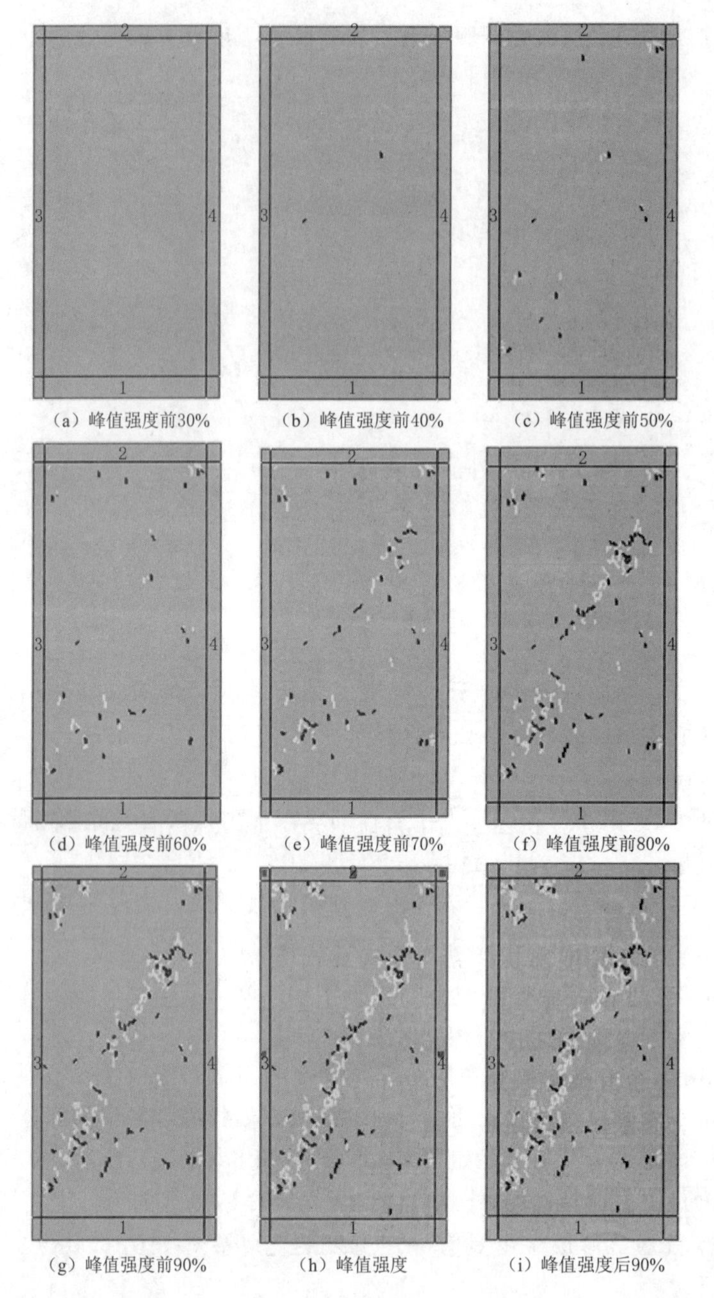

（a）峰值强度前30%　（b）峰值强度前40%　（c）峰值强度前50%

（d）峰值强度前60%　（e）峰值强度前70%　（f）峰值强度前80%

（g）峰值强度前90%　（h）峰值强度　（i）峰值强度后90%

图 6.40　完整灰岩岩样常规三轴压缩颗粒流模拟裂纹扩展模式图

过程中，岩样其他部分没有裂纹产生，如图 6.41（b）～图 6.41（d）所示。

3）裂纹沿节理面贯通阶段。随着外载荷增加到含节理灰岩的承载能力，节理内部的裂纹密集程度不断增大，并相互贯通。同时，岩样顶部和底部出现裂纹，并且裂纹数量在不断增加，有形成局部剪切带的趋势，如图 6.41（e）～图 6.41（f）所示。

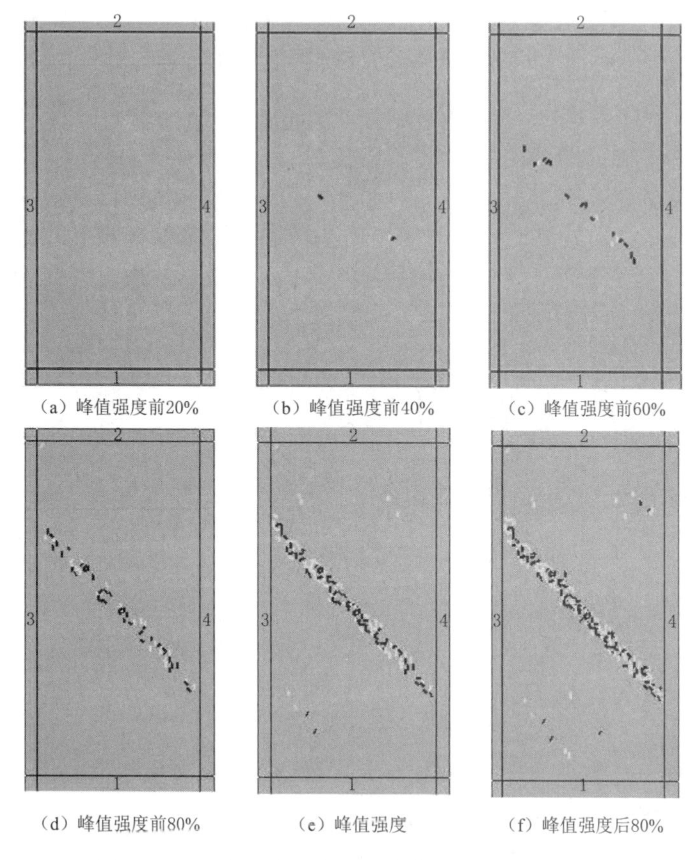

图 6.41　含节理岩样常规三轴模拟裂纹扩展模式图

为了验证灰岩节理岩样常规三轴压缩颗粒流数值模拟结果的正确性，将本书数值模拟结果与刘刚的数值模拟结果进行对比。刘刚采用 RFPA 程序得到的非贯通节理岩样破裂过程如图 6.42 所示，本书得到的非贯通节理岩样破裂过程如图 6.43 所示。本书的非贯通节理灰岩岩样裂纹发展过程与刘刚的模拟结果基本一致，验证了节理灰岩颗粒流模拟结果的正确性。

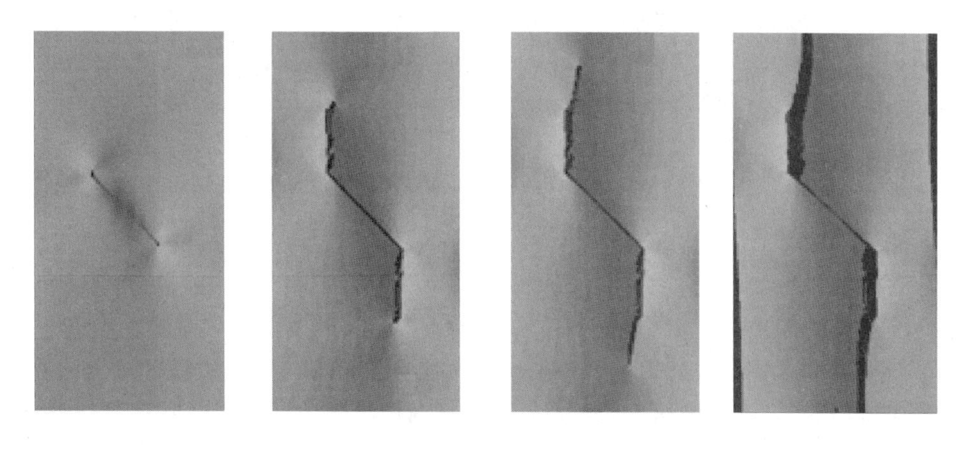

图 6.42　RFPA 非贯通节理模型裂纹产生与扩展模式图

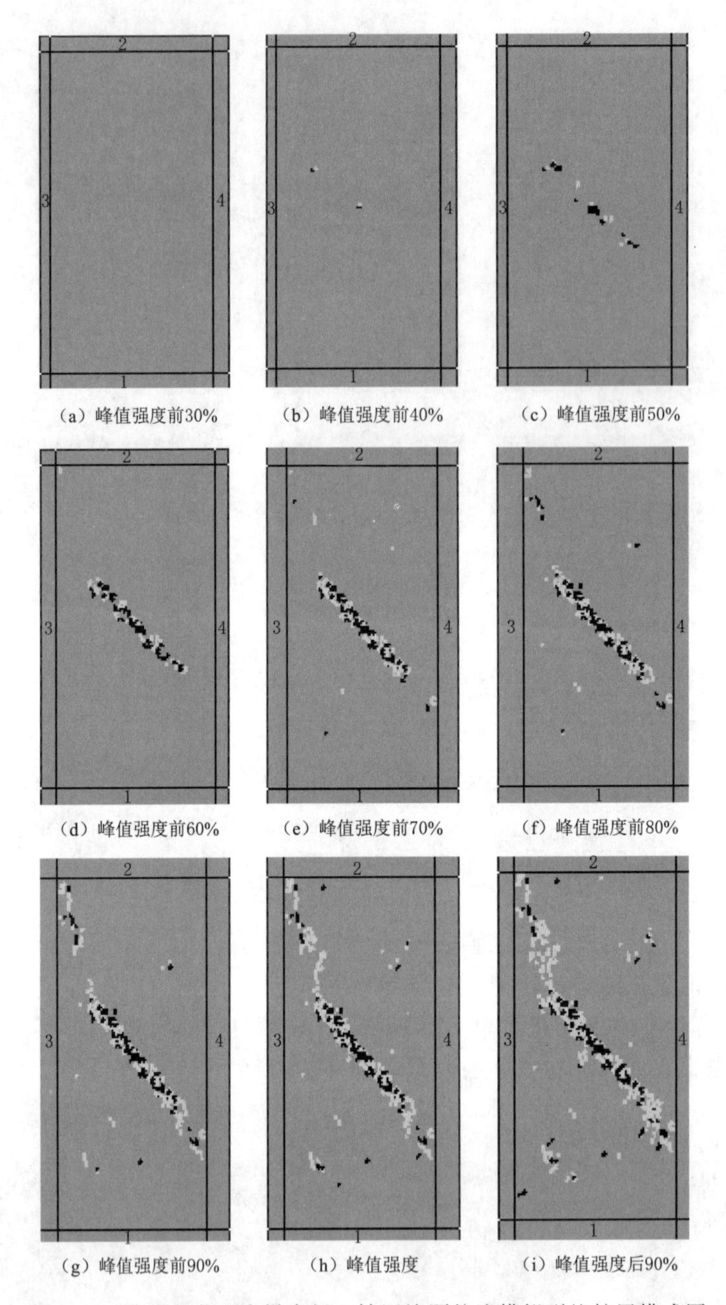

（a）峰值强度前30%　（b）峰值强度前40%　（c）峰值强度前50%

（d）峰值强度前60%　（e）峰值强度前70%　（f）峰值强度前80%

（g）峰值强度前90%　（h）峰值强度　（i）峰值强度后90%

图 6.43　非贯通节理岩样常规三轴压缩颗粒流模拟裂纹扩展模式图

6.5.3　灰岩卸荷破坏细观分析

1. 应力-应变曲线

（1）完整灰岩。完整灰岩岩样卸荷破坏颗粒流数值模拟与室内试验的应力-应变关系曲线如图 6.44 所示，不同围压下完整灰岩岩样卸荷破坏颗粒流数值模拟的应力-应变关系曲线如图 6.45 所示。对比颗粒流数值模拟与室内试验的应力-应变关系曲线可知，两者的应力-应变曲线变化规律基本一致，说明基于颗粒流程序 PFC 的数值模拟能重现灰岩三轴卸围压试验过程。图 6.45 表明，随着卸荷初始围压的增大，峰值强度增大，破坏后的应力降也更明显，与室内试验结果相一致。

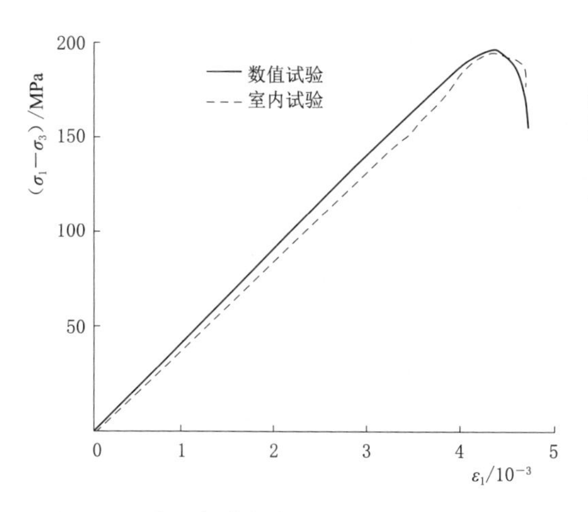

图 6.44 完整灰岩卸荷破坏颗粒流数值模拟与室内试验的应力-应变关系

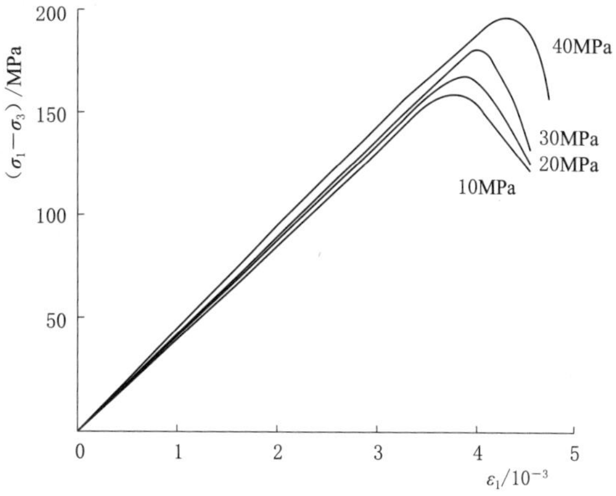

图 6.45 不同围压下完整灰岩卸荷破坏颗粒流数值模拟的应力-应变关系

（2）含节理灰岩。不同围压下含节理灰岩卸荷破坏颗粒流模拟的应力-应变关系如图 6.46 所示。卸荷路径下含节理岩样的塑性特征不明显，峰值强度降低，峰值强度后发生应力脆性跌落，几乎没有残余强度。卸荷初始围压越大，峰值强度也越大，破坏后的应力降也越明显。

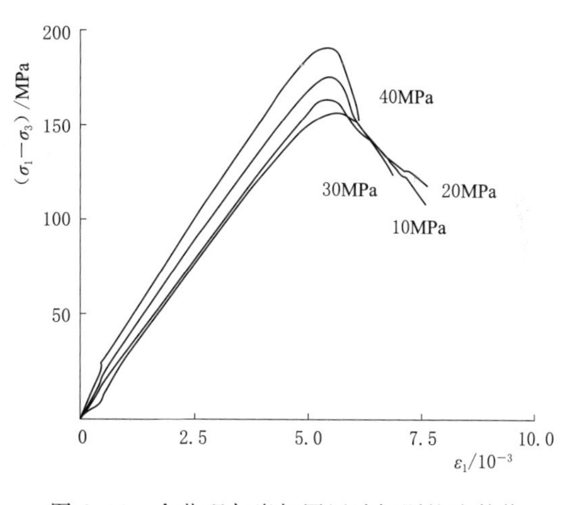

图 6.46 含节理灰岩卸围压破坏颗粒流数值模拟的应力-应变关系

2. 破坏形式

（1）完整灰岩。不同计算步完整灰岩卸围压破坏颗粒流模拟的裂纹扩展过程如图 6.47 所示。

完整灰岩变形破坏过程大致可以分为 4 个阶段：

1）线弹性阶段。该阶段与常规三轴加荷过程的细观模拟结果相同，如图 6.47（a）所示。

2）裂纹产生并扩展阶段。该阶段为加荷过程，裂纹发展趋势与常规三轴加荷过程的细观裂纹发展趋势相同，如图 6.47（b）～图 6.47（d）所示。

3）裂纹定向扩展阶段。该阶段围压卸荷与常规三轴加荷过程裂纹要在剪切带附近扩展不同，卸围压过程中裂纹不仅沿主剪切带方向扩展，而且岩样顶部和底部裂纹数量也迅速增加。同时，岩样内部出现较多的张拉裂纹，如图 6.47（e）～图 6.47（g）所示。

4）裂纹沿剪切带贯通阶段。随着围压的持续降低，轴向载荷很快达到灰岩的承载能

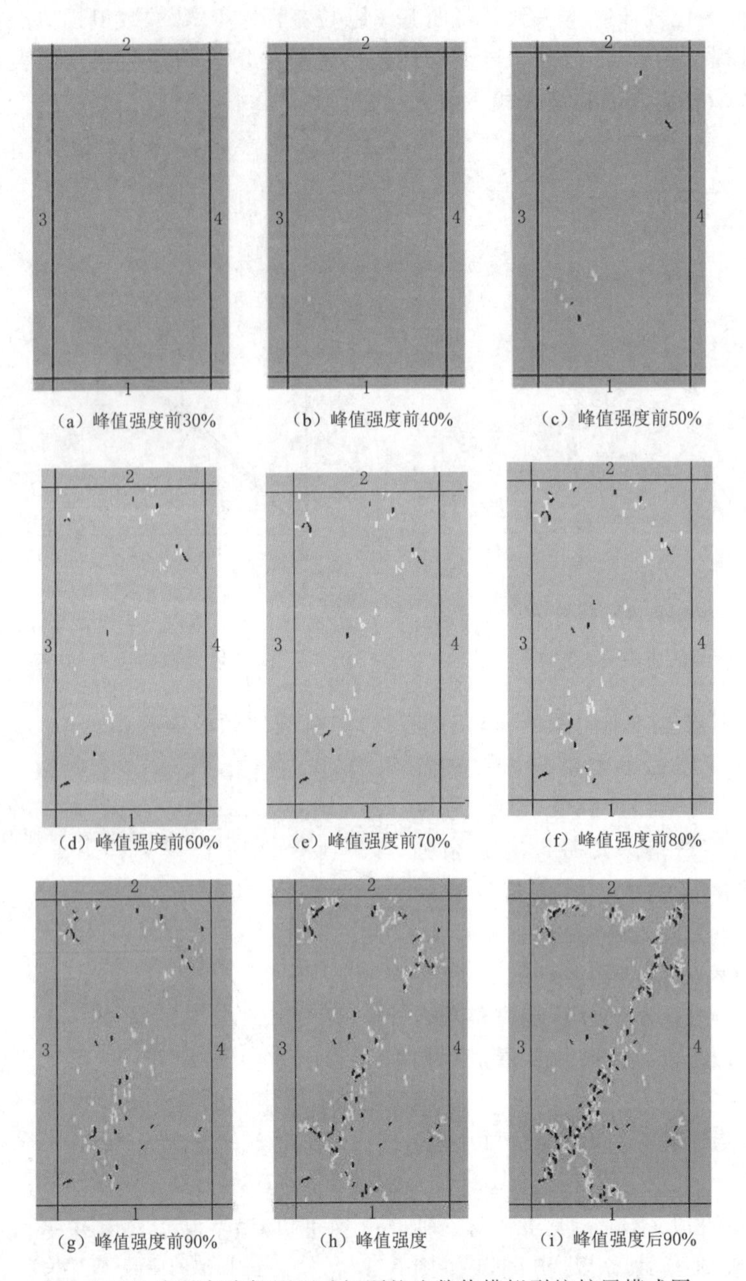

（a）峰值强度前30%　（b）峰值强度前40%　（c）峰值强度前50%

（d）峰值强度前60%　（e）峰值强度前70%　（f）峰值强度前80%

（g）峰值强度前90%　（h）峰值强度　（i）峰值强度后90%

图 6.47　完整灰岩卸围压破坏颗粒流数值模拟裂纹扩展模式图

力极限，岩样内部裂纹集中沿相对较弱的方向相互贯通，并迅速形成一个具有一定宽度的主剪切带，同时，岩样顶部和底部各形成一个局部剪切带，如图 6.47（h）～图 6.47（i）所示。

（2）含节理灰岩。不同计算步含节理灰岩卸围压破坏颗粒流模拟的裂纹扩展过程如图 6.47 所示。含节理灰岩变形破坏过程大致可以分为以下阶段：

1）线弹性阶段。该阶段与常规三轴加荷过程模拟结果相同，如图 6.48（a）所示。

2）裂纹产生并沿节理方向扩展阶段。岩样节理部分开始出现裂纹，裂纹零星分布在节理各个部分，数量很少。随着轴向应力增大，原有裂纹的尖端产生应力集中，原裂纹不断扩展，裂纹尺寸逐渐增大，裂纹数量逐渐增多，并且最先出现的裂纹附近会出现更多的新裂纹，裂纹密度不断增大，沿节理方向不断扩展。此过程中，岩样其他部位几乎没有裂纹产生，如图 6.48（b）～图 6.48（e）所示。

3）裂纹沿节理面贯通阶段。随着围压持续降低，灰岩节理方向的裂纹密集程度不断增大，并相互贯通，形成具有一定宽度的剪切带，如图 6.48（f）所示。

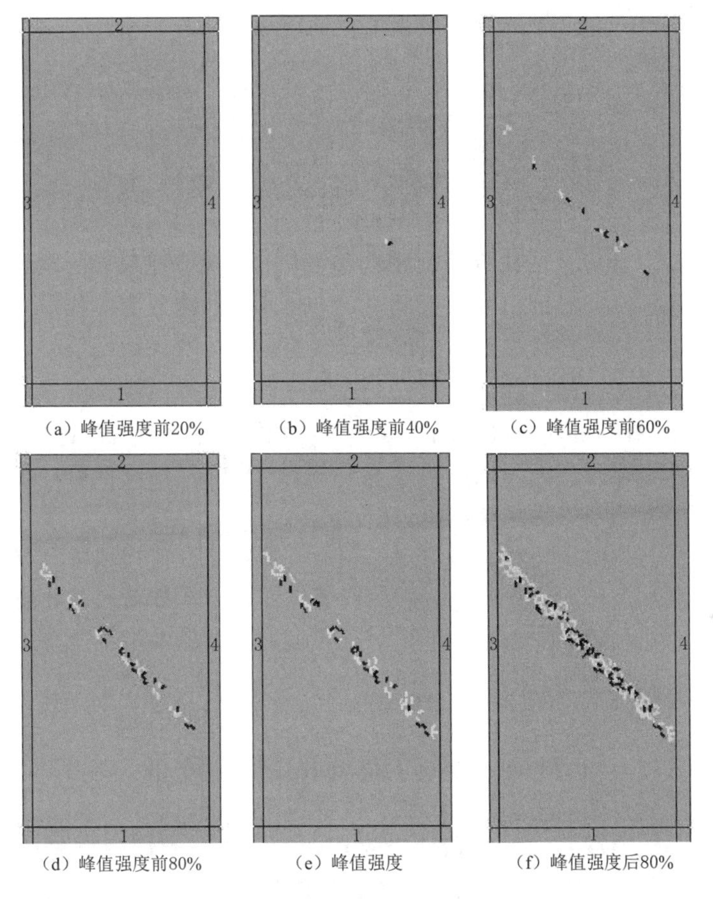

（a）峰值强度前20%　（b）峰值强度前40%　（c）峰值强度前60%

（d）峰值强度前80%　（e）峰值强度　（f）峰值强度后80%

图 6.48　含节理灰岩卸围压破坏颗粒流模拟裂纹扩展模式图

6.5.4　灰岩加荷、卸荷破坏颗粒流细观结果对比分析

1. 完整灰岩

（1）破坏时间。常规三轴加荷破坏颗粒流数值模拟中，灰岩从开始加荷到最终破坏需要较长的时间，卸荷破坏颗粒流数值模拟的计算时间较短。在划分球体数目和力学参数完全相同的前提下，卸荷破坏需要的时间短，说明卸荷破坏比加荷破坏更具有突发性。

（2）破坏特征。常规三轴加荷破坏颗粒流数值模拟中，灰岩破坏后只形成一个主剪切带，没有局部剪切带。卸荷破坏颗粒流数值模拟中，灰岩破坏后除了有主剪切带外，顶部和底部还形成了局部剪切带。此外，加荷数值模拟中主剪切带的宽度大于卸荷数值模拟中主剪切带的宽度。

(3) 峰值强度。初始围压相同，常规三轴加荷破坏颗粒流数值模拟中灰岩的峰值强度高于卸荷破坏颗粒流数值模拟中岩样的峰值强度，说明卸荷应力路径会导致岩样强度的降低。

(4) 峰值应变。初始围压相同，常规三轴加荷颗粒流数值模拟中岩样的峰值应变明显大于卸荷颗粒流数值模拟中岩样的峰值应变，卸荷破坏时对应的应变量值更小，说明卸荷应力路径容易导致岩体发生脆性破坏。

2. 含节理灰岩

(1) 破坏时间。与完整灰岩相比，相同应力路径下，含节理灰岩从开始加荷到最终破坏需要的时间缩短。其中，含节理灰岩卸荷破坏颗粒流数值模拟的计算时间最短。这不仅表明岩体卸荷破坏的突发性，还说明卸荷路径对节理岩体的影响程度远大于对完整岩样的影响程度，卸荷更容易导致节理岩体发生破坏。

(2) 破坏特征。常规三轴加荷颗粒流数值模拟中，含节理灰岩的破坏是沿着节理面发生的，破坏后岩样顶部和底部出现了少量裂纹。卸荷颗粒流数值模拟中，含节理灰岩沿节理面发生破坏后，岩样内部其他部位出现的裂纹很少。

(3) 峰值强度。初始围压相同，常规三轴加荷颗粒流数值模拟中含节理灰岩的峰值强度明显高于卸荷颗粒流数值模拟中含节理灰岩的峰值强度，说明卸荷会导致节理岩体强度降低，并且含节理岩体强度的降低值明显大于完整岩样强度的降低值，说明含节理岩体比完整岩体对卸荷应力路径更为敏感。

(4) 峰值应变。初始围压相同，常规三轴加荷颗粒流数值模拟中含节理灰岩的峰值应变大于卸荷颗粒流数值模拟中含节理灰岩的峰值应变，说明卸荷容易导致含节理岩体发生脆性破坏。此外，在相同的应力路径下，常规三轴加荷数值模拟中含节理灰岩的峰值应变都大于完整灰岩的峰值应变。

6.6 花岗岩真三轴加荷、卸荷破坏的细观特征

在花岗岩真三轴加荷、卸荷破坏试验的基础上，本节利用颗粒流离散元程序 PFC^{3D} 模拟真三轴加荷、卸荷应力路径下花岗岩变形过程的细观损伤演化过程，探究中间主应力对岩石卸荷破坏物理力学特性的影响。

6.6.1 花岗岩真三轴破坏过程的颗粒流 PFC^{3D} 模拟方案

1. 模型建立

花岗岩真三轴破坏数值模拟通过离散元颗粒流程序 PFC^{3D} 完成，模型尺寸与室内试样尺寸一致，为 50mm×50mm×100mm。通过建立“墙”确定颗粒流数值模型的边界，颗粒直径的变化范围设定为 2.5～3.75mm。在“墙”组成的空间内生成规定数目的颗粒，颗粒半径在最大与最小半径范围内随机分布。利用伺服调节法使模型内部应力达到平衡状态，生成的颗粒模型满足设定的半径值以及孔隙率等，得到最终的花岗岩三维数值计算模

型。花岗岩真三轴颗粒流数值模型的建立过程如图6.49所示。

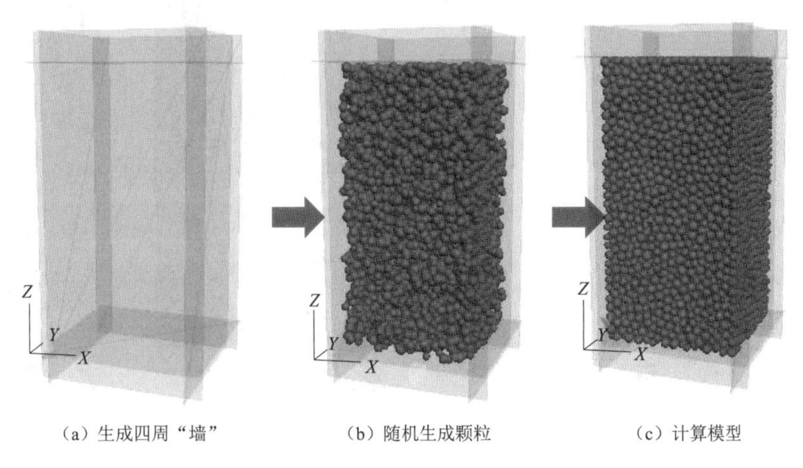

(a) 生成四周“墙”　　(b) 随机生成颗粒　　(c) 计算模型

图6.49　花岗岩真三轴颗粒流数值模型的建立过程

2. 细观参数确定

颗粒间的接触设置为平行黏结模型。平行黏结是为颗粒间提供一定截面形状和厚度的黏结材料，将颗粒黏结在一起，能够同时传递力和力矩，可以更好地反映岩石材料的塑性特征。由于颗粒流程序 PFC^{3D} 中没有给出宏观、细观参数之间明确的对应关系，为保证数值模拟结果能逼近实际岩石的宏观力学响应，先依据宏观临界强度初步选定细观参数，然后通过试错法进行细观参数标定，调整各个细观参数以确保颗粒流数值模型所得应力-应变关系、峰值强度、峰值应变室内试验相吻合。当颗粒流数值模拟与室内试验得到的应力-应变曲线基本一致时，认为该组细观参数为满足计算所用细观参数。

根据岩石类材料宏观力学特征与细观参数之间的定量关系，主要通过调整颗粒-颗粒接触模量 E_c 使数值模型的宏观弹性模量与室内试验相近，调整 $\overline{\sigma}_c$ 与 $\overline{\tau}_c$ 得到合适的峰值轴向应力，调整 $\overline{\sigma}_c/\overline{\tau}_c$ 与 $\overline{\sigma}_{cs}/\overline{\tau}_{cs}$ 得到与室内试验一致的破坏形式以及裂纹分布。通过试错法最终标定的细观参数见表6.15。

表6.15　花岗岩真三轴颗粒流数值模型细观参数

颗粒-颗粒接触模量/GPa	颗粒刚度比	平行黏结弹性模量/GPa	平行黏结刚度比	颗粒摩擦系数	平行黏结半径乘子	平行黏结法向强度均值/MPa	平行黏结法向强度标准差/MPa	平行黏结切向强度均值/MPa	平行黏结切向强度标准差/MPa
7	6	7	6	0.5	0.85	130	5	10	0

根据表6.15中参数，颗粒流模拟花岗岩真三轴加荷破坏试验的应力-应变曲线及破坏形式与室内试验对比如图6.50所示，数值模型中深灰色部分表示试件破坏部分，浅灰色部分表示试件未破坏部分。三维颗粒流数值模拟的应力-应变曲线与试验曲线基本重合，破坏方式、宏观裂纹的分布也基本一致。在初始加载阶段，由于实际岩样微裂隙的压密，室内试验曲线为下凹曲线，而数值模拟在颗粒生成过程中，球体已在其重力加速度作用下

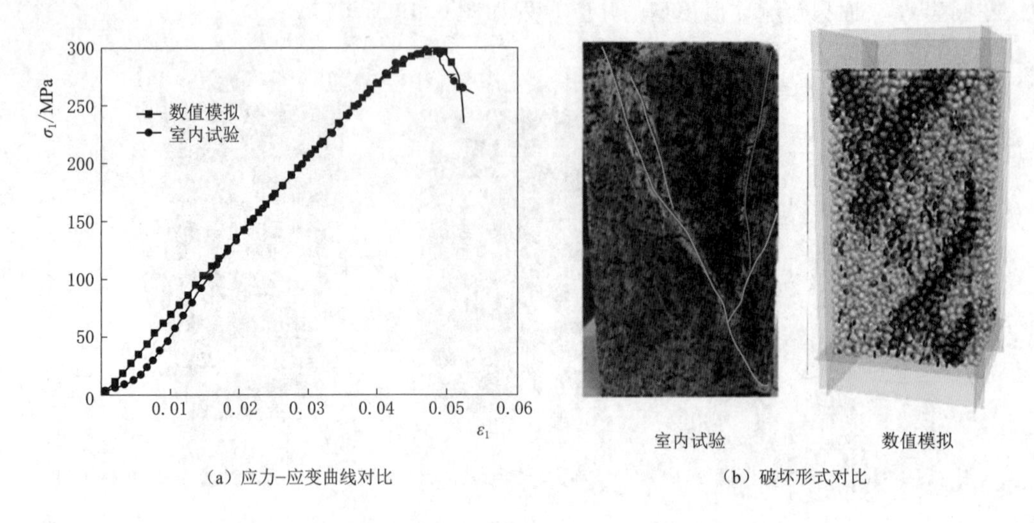

(a) 应力-应变曲线对比　　(b) 破坏形式对比

图 6.50　室内试验与数值模拟应力-应变曲线与破坏形式对比

进行压密，因此，数值模拟没有初始压密阶段。综上认为，表 6.19 中的细观参数能较好地描述花岗岩真三轴破坏的主要力学特征。

3. 三维颗粒流数值仿真实现

三维颗粒流数值模拟的应力路径与室内试验的一致。三维颗粒流程序 PFC^{3D} 内嵌 FISH 语言，可通过伺服调节法控制模型“墙体”运动，进而实现加载与卸载的过程。与室内试验以 mm/min 为卸载速率的单位不同，三维颗粒流程序 PFC^{3D} 程序中利用时间步来记录加载、卸载的过程，卸载速率单位为 mm/步。参考丛怡等的方法建立两者对应关系，可以实现室内试验与颗粒流程序 PFC^{3D} 模拟之间的单位转换，即相同应力路径下，若三维颗粒流数值模拟与室内试验最小主应力-轴向应变曲线斜率一致，则认为两者卸荷速率相同，最终得到的对应关系为，室内试验卸载速率 0.30mm/min 相当于三维颗粒流程序 PFC^{3D} 卸载速率 0.01mm/步。卸荷速率为 0.30mm/min 时的室内试验与三维颗粒流程序模拟的围压-轴向应变关系曲线如图 6.51 所示。

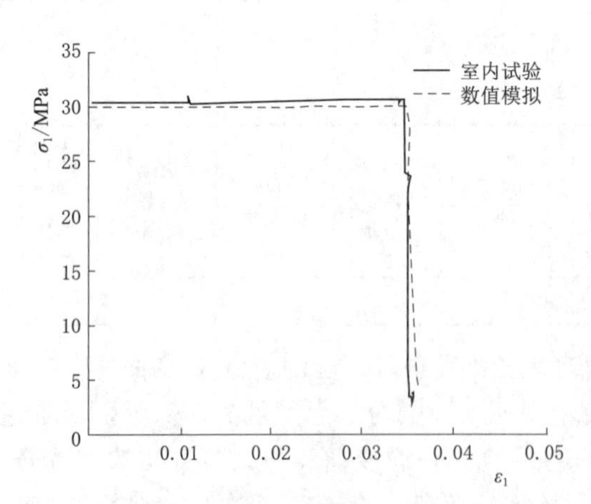

图 6.51　室内与三维颗粒流程序模拟中的最小主应力-轴向应变关系曲线

4. 数值模拟方案

真三轴加载试验的模拟过程主要可以分为两个过程。首先，利用三维颗粒流程序 PFC^{3D} 中的伺服控制给四周“墙体”施加围压，使第二主应力和第三主应力达到设定值；然后保持第二主应力和第三主应力恒定，通过伺服控制使数值模型的顶面和底面的“墙”以恒定的速度相向运动，实现模拟室内试验中轴向加载过程，直至试样发生破坏。具体试验方案见表 6.16。

表 6.16 加荷破坏三维颗粒流数值拟试验方案

试验组别	第二主应力/MPa	第三主应力/MPa	试验组别	第二主应力/MPa	第三主应力/MPa
1	40	30	3	20、30、40、50、60	20
2	30、50、60、70	30	4	10、20、30、40、50	10

真三轴卸荷破坏试验的三维颗粒流数值模型是在加载模型的基础上调节得到的，主要分以下 3 个过程：①生成三维颗粒流模型的六面“墙”，利用伺服控制给四周“墙体”施加围压，使第二主应力和第三主应力达到设定值（$\sigma_2=40$MPa、$\sigma_3=30$MPa）；②保持第二主应力和第三主应力不变，利用伺服控制使模型顶面及底面的“墙”以恒定的速度相向运动模拟轴向加载；③增加轴向荷载至真三轴压缩试验峰值强度的 80%，利用伺服控制保持轴向的第一主应力恒定，移动第三主应力方向的一面“墙”，实现单面卸载最小主应力，直至试样发生破坏为止。

6.6.2 花岗岩真三轴加荷、卸荷破坏过程的三维颗粒流细观分析

花岗岩三维颗粒流数值模拟的破坏形式如图 6.52 所示，其中深灰色部分表示试件破坏部分，浅灰色部分表示试件未破坏部分。三维颗粒流模拟中花岗岩的破坏模式为张剪复合破坏，张拉裂纹与剪切裂纹主要从岩样两端向中间扩展，形成贯通的宏观主破裂面，在与宏观主破裂面近似垂直的方向形成次要破裂面。对比图 6.50 与图 6.52 可知，三维颗粒流数值模拟与室内试验的花岗岩试样在沿第二主应力方向上裂纹的分布基本一致，沿第三主应力方向的裂纹分布有所不同。由于室内试验的花岗岩岩样内部存在原始裂隙，岩样破坏时在沿第二主应力方向产生了少量的剪切裂纹，而颗粒流数值模拟模型中没有原始裂隙，因此，花岗岩数值模型在沿第二主应力方向无明显贯通的裂纹。

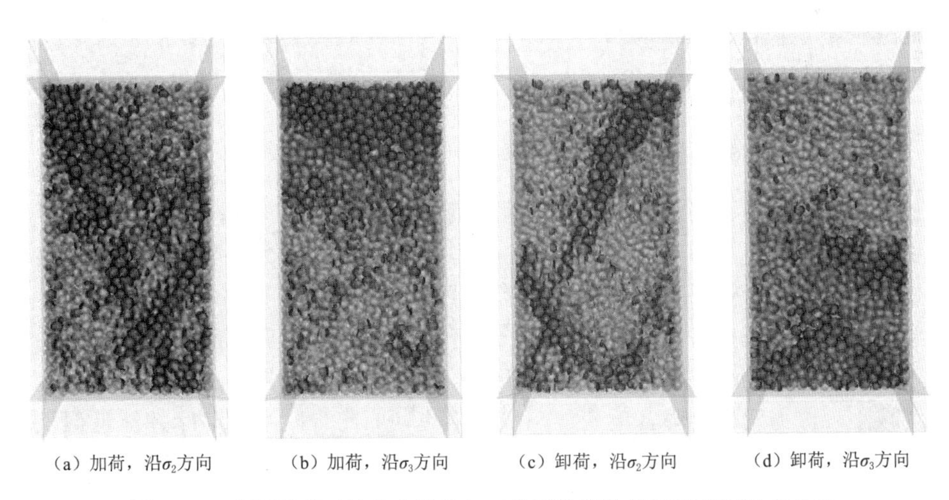

(a) 加荷，沿σ_2方向　(b) 加荷，沿σ_3方向　(c) 卸荷，沿σ_2方向　(d) 卸荷，沿σ_3方向

图 6.52　花岗岩真三轴室内试验与三维颗粒流数值模拟破坏形式对比

6.6.3 细观能量演化特征

三维颗粒流程序 PFC^{3D} 中的能量分析是从细观角度考虑岩样内部能量变化，细观能

量主要包括边界能、黏结能、摩擦能、动能和应变能。其中：边界能是由与模型边界接触的球能量累积而成的，是边界作用力与位移的乘积；黏结能是储存在模型中所有颗粒间平行黏结模型储存的应变能，是克服颗粒间黏结力做的功；摩擦能是颗粒间滑动消耗的能量，是摩擦力与位移的乘积；动能是系统颗粒运动消耗的能量；应变能是颗粒与颗粒间累计储存的能量。

花岗岩真三轴加荷、卸荷应力路径下三维颗粒流数值模拟的细观能量演化规律如图6.53所示。在加载前期，试样处于被压缩的状态，“墙体”边界一直对模型做正功，边界能量呈增长趋势，增长速率逐渐增大，轴向应变达到一定值（加载时为0.050，卸载时为0.037），模型开始发生明显的侧向变形，增长速率逐渐减缓，整个过程中边界能明显高于其他能，表明试验过程中试样吸收的能量主要来源于边界能。黏结能变化特征与应力-应变曲线形式基本对应，这是因为随着微裂隙的产生、扩展，颗粒间的黏结发生张拉断裂，存储在平行黏结模型中的应变能释放。黏结能仅小于边界能，是整个试验消耗能量的主体。当轴向应变达到一定值时，模型发生破坏，黏结能与应变能出现峰值，由于微裂纹进一步扩展、贯通，颗粒间的黏结断裂并发生剪切滑动，此时，摩擦能的增长速率增大。与其他细观能量相比，动能变化不明显，表明试验过程中颗粒运动不剧烈。

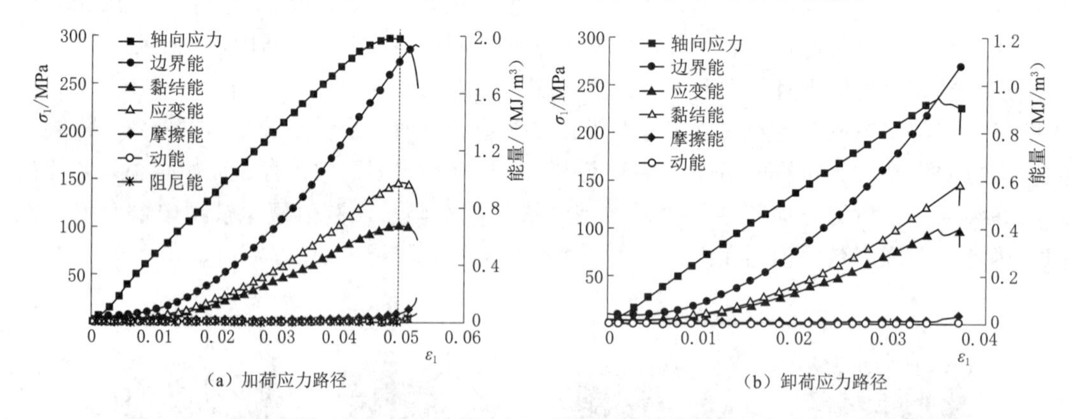

图6.53 花岗岩真三轴加荷与卸荷破坏三维颗粒流数值模拟各细观能量演化规律

对比加荷、卸荷应力路径花岗岩三维颗粒流模拟可知，在轴向应力上升阶段，加荷、卸荷两种应力路径下，各细观能量的变化趋势一致。在轴向应力下降阶段，两种路径下各细观能量的变化则有所不同。在加载应力路径下，当轴向应力达到峰值强度后97.4%时，应变能与黏结能达到最大值，摩擦能的增长速率增大；在卸荷应力路径下，第三主应力开始减小，轴向应力也逐渐减小，但黏结能仍继续增大，应变能先减小后增大，随着第三主应力继续减小，应力发生陡降，应变能与黏结能也同时出现陡减，而摩擦能近似呈垂直上升趋势，由0.0459MJ/m^{3}迅速增到0.113MJ/m^3。卸围压阶段花岗岩各能量变化率明显大于加荷路径各能量的变化率，表明卸荷路径下花岗岩发生破坏更剧烈。

6.6.4 裂纹扩展过程

花岗岩真三轴加荷三维颗粒流数值模拟中轴向应力分别加载到起裂应力、损伤应力、峰值应力和峰值应力后70%时细观裂纹的分布情况见表6.17。当轴向应力加载到起裂应力时，裂纹开始萌生，张拉裂纹与剪切裂纹数量均比较少；加载到损伤应力时，张拉裂纹零散遍布于整个岩样，剪切裂纹开始萌发，零星分布；达到峰值强度时张拉裂纹布满岩样，剪切裂纹分布零散；加载到峰值强度后 70%时，张拉裂纹密集布满岩样，剪切裂纹主要由两端向中间发展，贯通形成宏观的剪切破坏面带。

表 6.17　　花岗岩真三轴加荷三维颗粒流模拟的细观裂纹演化过程

裂纹类型	加荷至 σ_{ci}	加荷至 σ_{cd}	加荷至 σ_p	峰后 70%
总裂纹	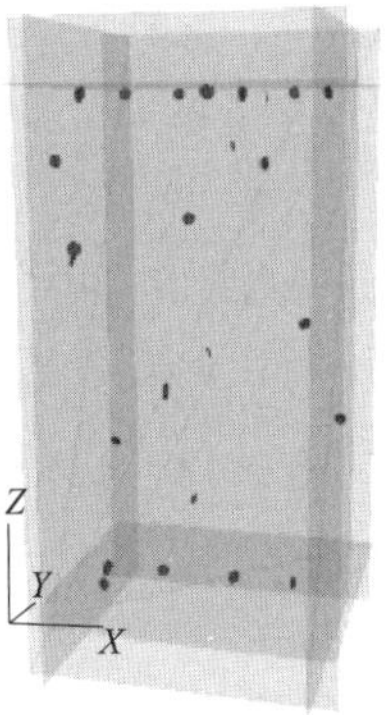	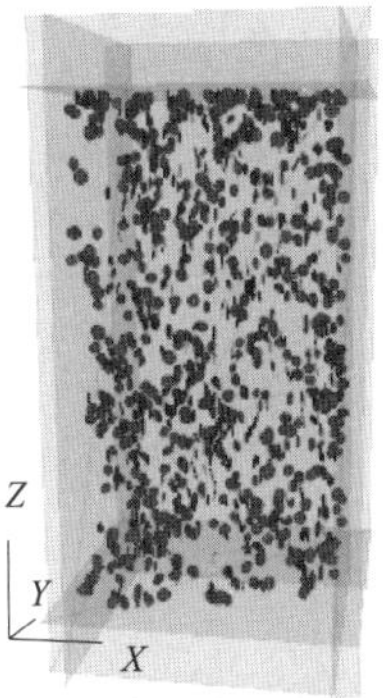	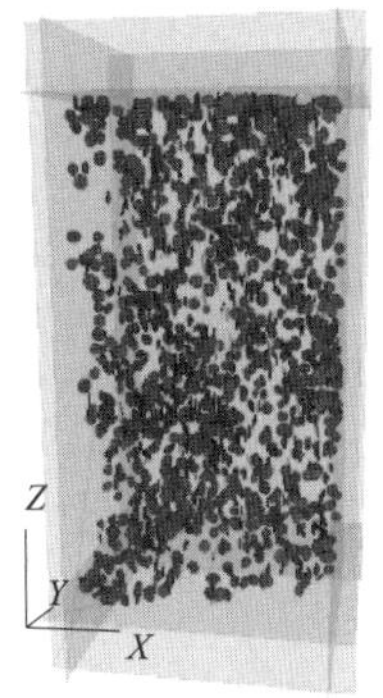	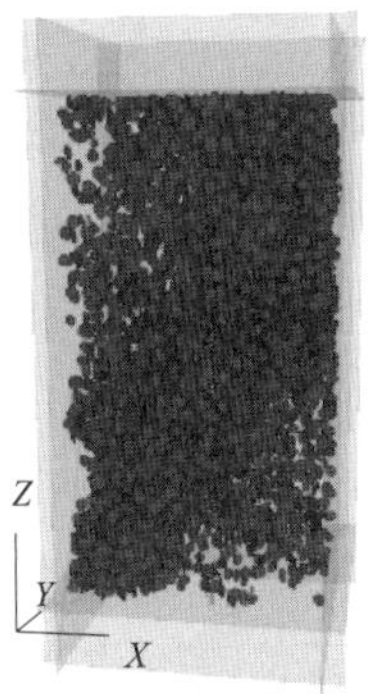
剪切裂纹	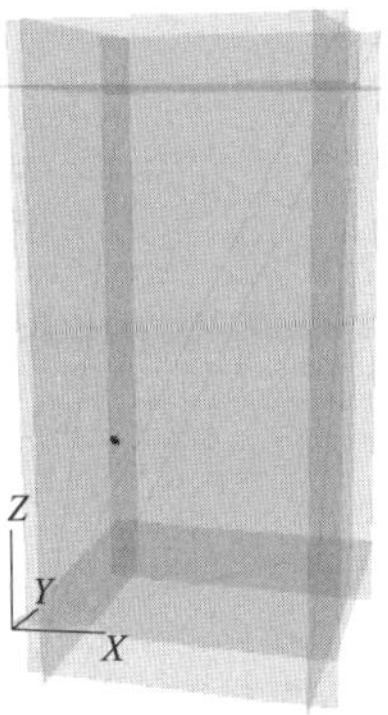	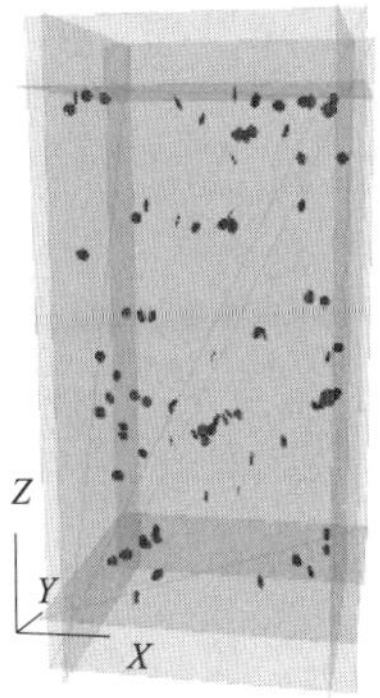	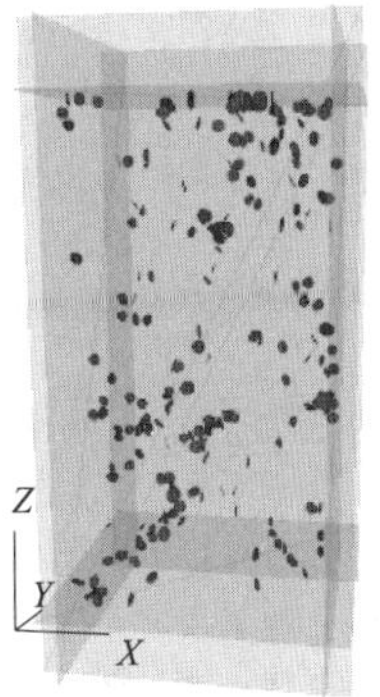	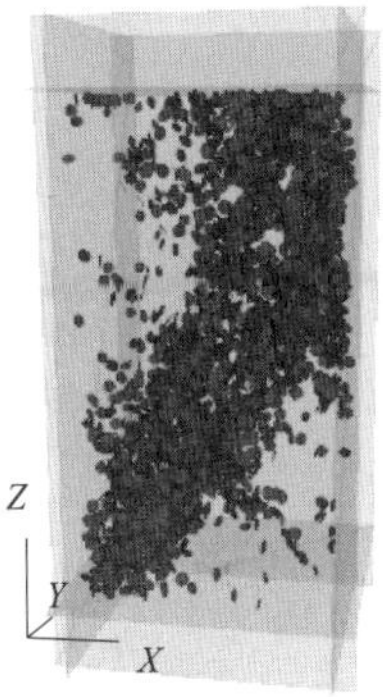
张拉裂纹	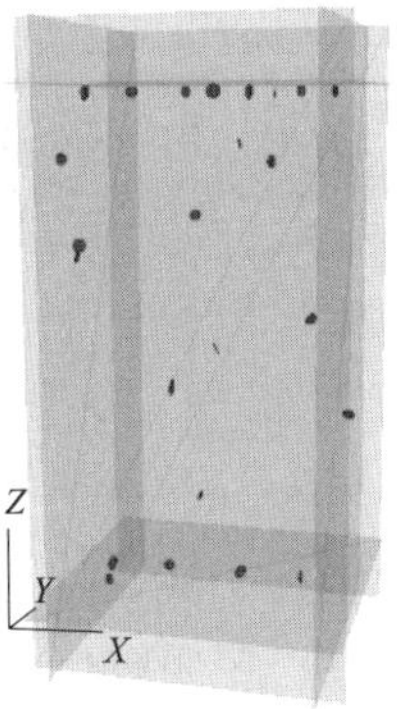	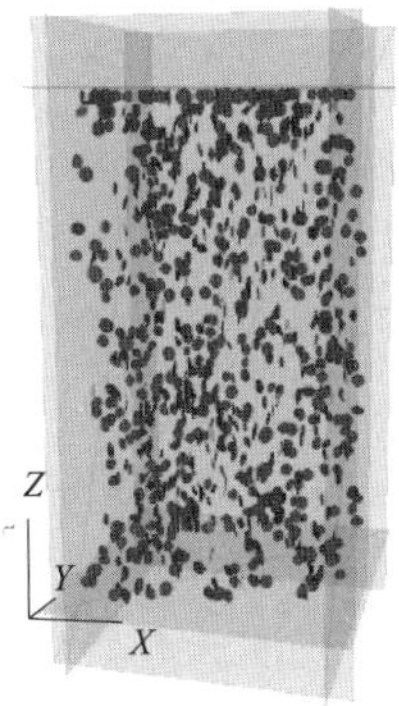	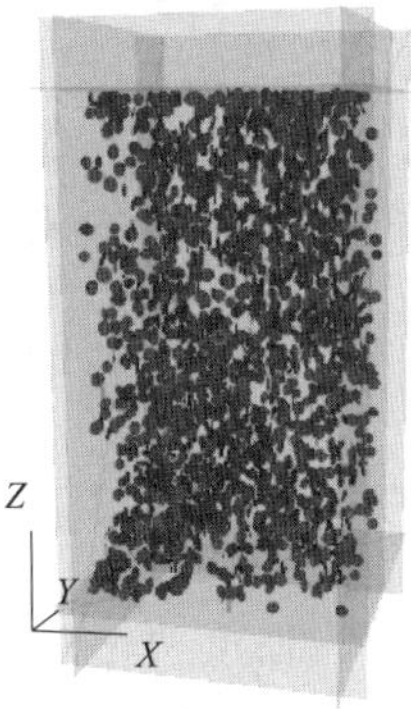	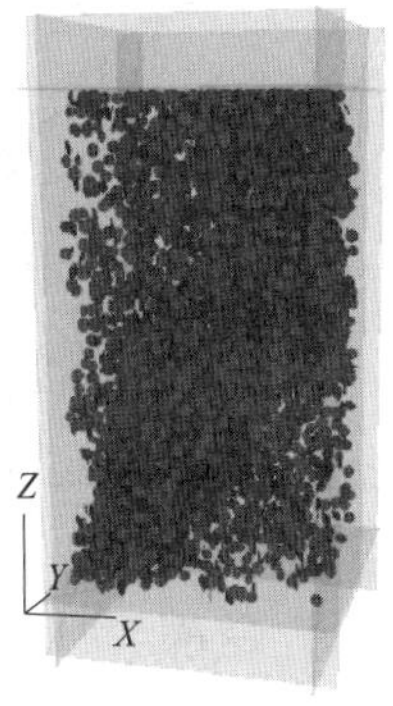

花岗岩真三轴卸荷三维颗粒流数值模拟中轴向应力分别加载到起裂应力、峰值强度前 80%（卸荷点）、第三主应力卸载至 15MPa，第三主应力卸载至 10MPa 和破坏时细观裂纹的分布情况见表 6.18。当轴向应力加载到起裂应力时，试样内部裂纹开始萌生，张拉裂纹与剪切裂纹数量均比较少；当轴向应力加载到峰值强度前 80%后开始卸载第三主应

力，张拉裂纹零散分布，剪切裂纹数量仍比较少；当第三主应力卸载到 15MPa 和 10MPa 时，张拉裂纹增多，零散分布在岩样内部，剪切裂纹增加不明显，也呈零星分布；破坏时，张拉裂纹与剪切裂纹迅速增多，张拉裂纹与剪切裂纹主要由两端向中间发展，最后贯通形成 1 条主剪切带以及 2 条次剪切带。

表 6.18　　花岗岩真三轴卸荷破坏三维颗粒流细观裂纹演化过程

裂纹类型	加荷至 σ_{ci}	峰值强度前 80%	$\sigma_3=15$MPa	$\sigma_3=10$MPa	破坏
总裂纹	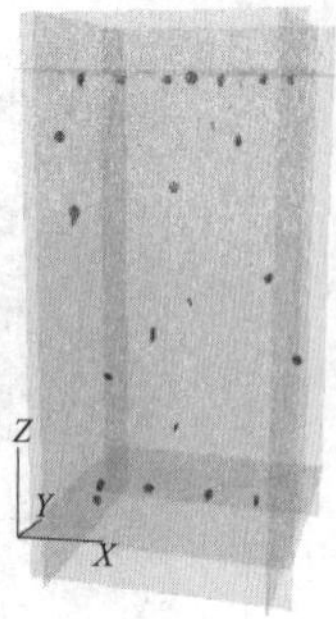	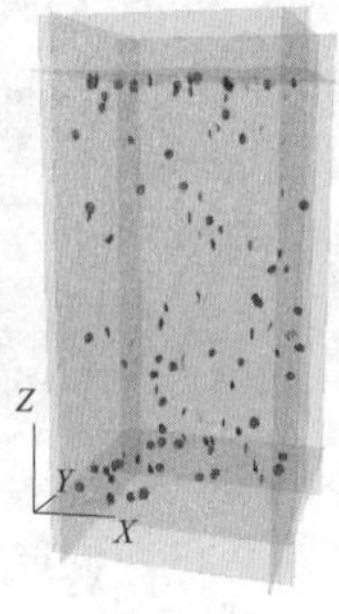	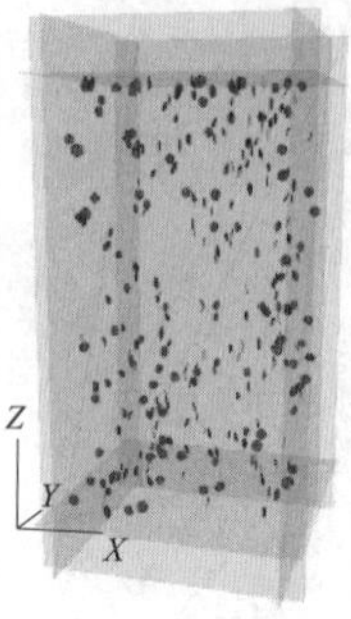	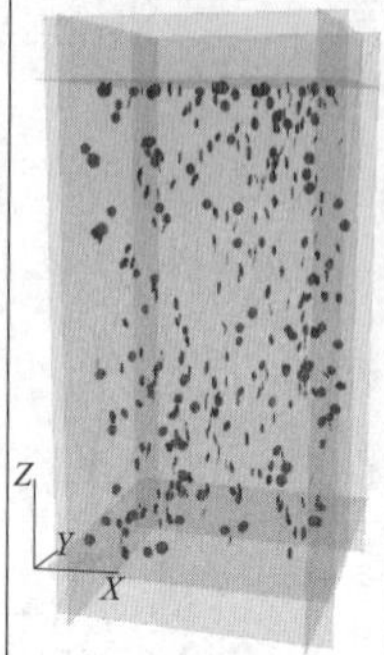	
剪切裂纹	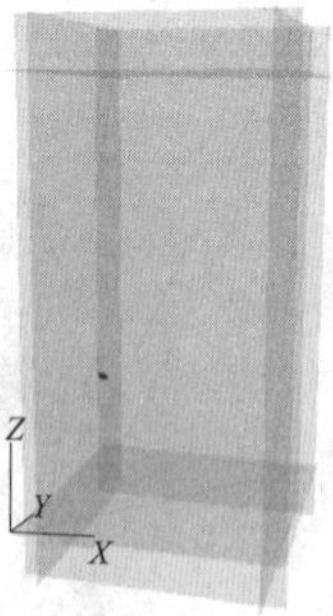	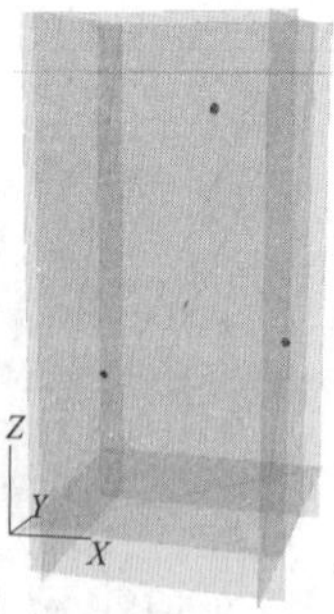	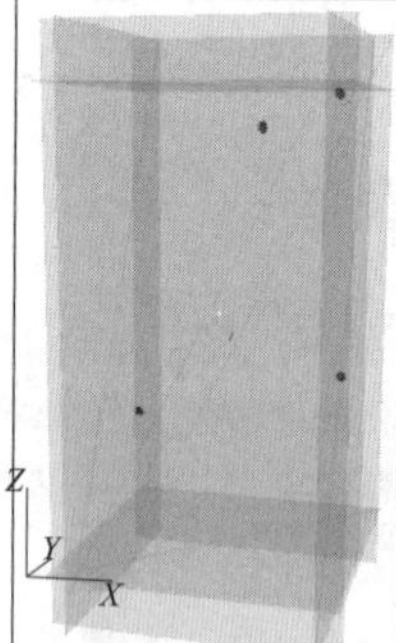	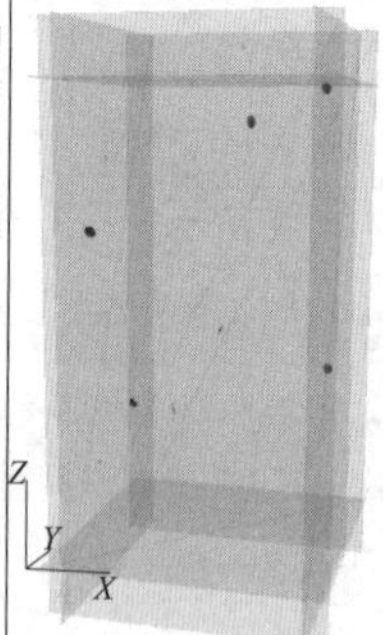	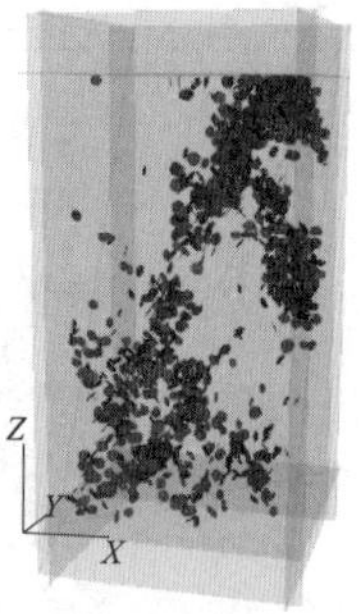
张拉裂纹	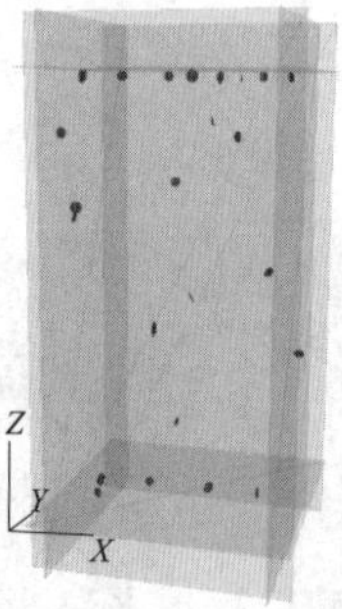	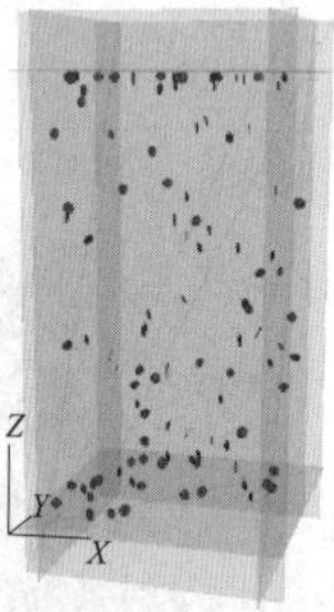	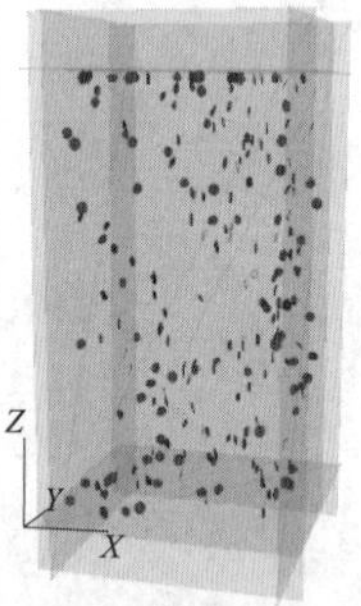	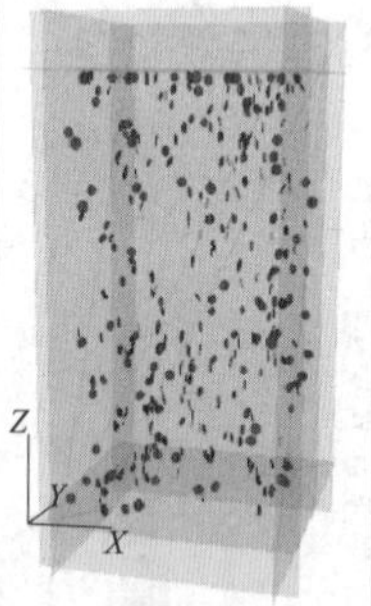	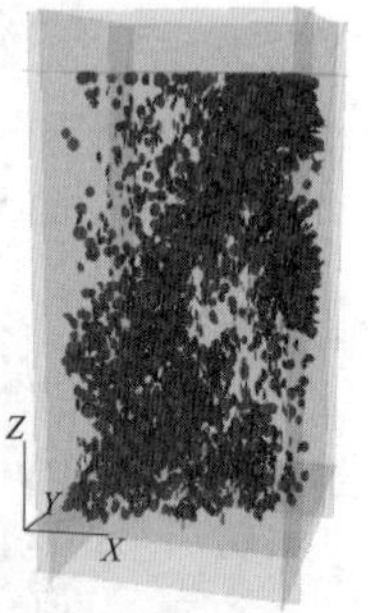

图 6.54 为花岗岩真三轴加荷、卸荷破坏三维颗粒流模拟中第一主应力和裂纹数量关系。在加荷应力路径下，张拉裂纹与剪切裂纹增长趋势基本一致，初始阶段裂纹数量增加很少，第一主应力-裂纹曲线接近于水平直线；随着荷载增加，裂纹增多，第一主应力-裂纹曲线斜率逐渐增大；当达到峰值应力之后，第一主应力-裂纹曲线呈直线上升状态。在卸荷应力路径下，试样内部裂纹在卸载后开始逐渐扩展，随着最小主应力的减小，裂纹数量逐渐增多；试样临近破坏时，裂纹数量急剧增加，且剪切裂纹的增长速率大于张拉裂纹的增长速率。

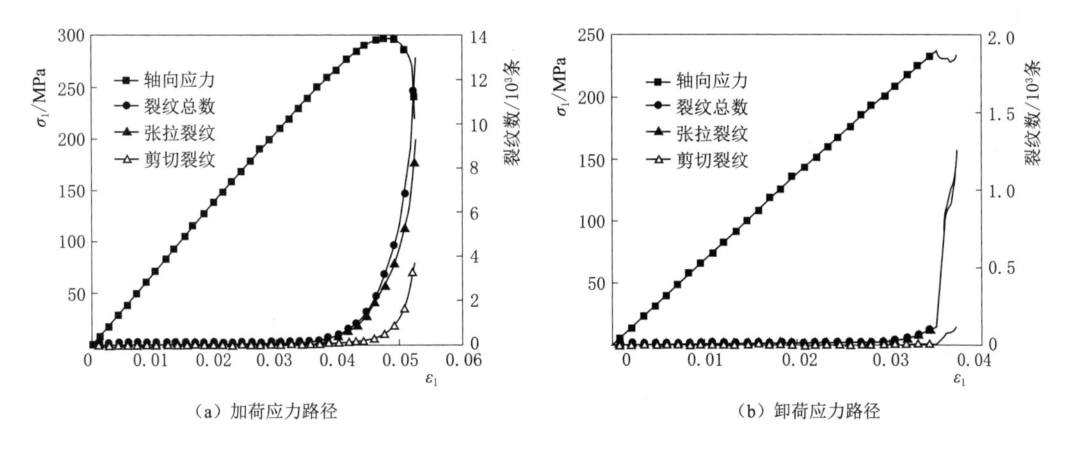

(a) 加荷应力路径　　(b) 卸荷应力路径

图 6.54　花岗岩真三轴加荷、卸荷破坏三维颗粒流模拟第一主应力和裂纹数量关系曲线

花岗岩三维颗粒流模拟的不同应力阶段张拉裂纹和剪切裂纹数量变化柱状图如图 6.55 所示。整个试验过程中，试样内部张拉裂纹数量均明显多于剪切裂纹数量。加荷应力路径下，随着荷载增加，剪切裂纹数在总裂纹数中的占比由 0 增加到 28.8%，卸荷应力路径下，随着最小主应力的卸载，剪切裂纹数在总裂纹数中的占比由 0.1%增加到 21.0%。

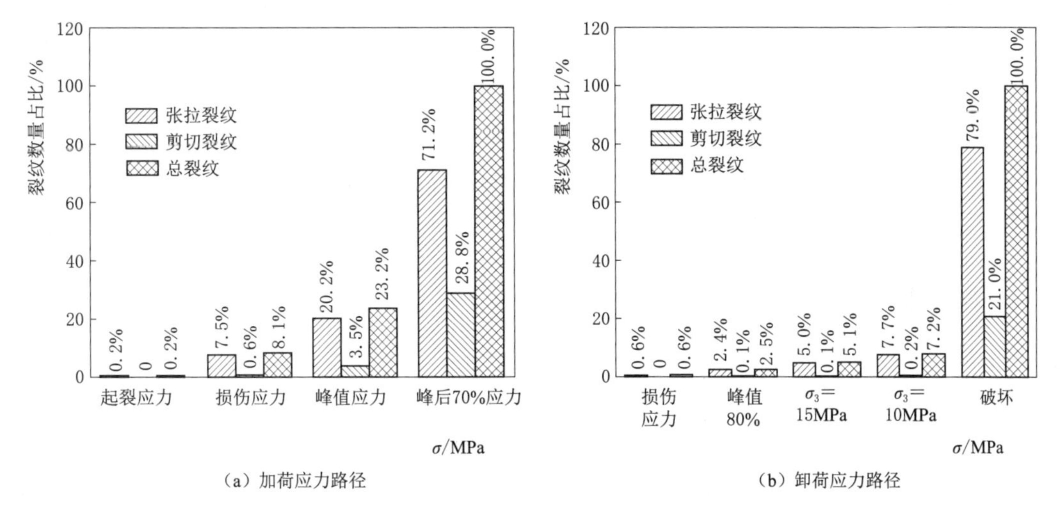

(a) 加荷应力路径　　(b) 卸荷应力路径

图 6.55　花岗岩三维颗粒流模拟的不同应力阶段张拉裂纹和剪切裂纹数量变化柱状图

在花岗岩真三轴加荷、卸荷破坏试验过程中，试样内部张拉裂纹数量均明显多于剪切裂纹数量。加荷应力路径下，荷载达到起裂应力时，花岗岩试样内部首先产生张拉裂纹；荷载继续增大到损伤应力时，张拉裂纹数量明显增多，剪切裂纹也开始发育；从损伤应力到峰值应力这一阶段，各裂纹仍保持快速扩展，但剪切裂纹数量明显少于张拉裂纹数量；峰值应力过后，试样开始丧失承载能力，张拉裂纹和剪切裂纹都迅速增大，虽然剪切裂纹数量仍然少于张拉裂纹数量，但剪切裂纹占比明显增大。例如，峰值应力点处与峰值应力后 70%应力点处，张拉裂纹、剪切裂纹占比分别为 5.77、2.47。

卸荷应力路径下，轴向荷载达到损伤应力时，首先产生的是张拉裂纹；荷载继续增大达到峰值应力前 80%（卸荷点处，$\sigma_3=30\text{MPa}$）时，张拉裂纹数量增多，剪切裂纹刚刚开始发育；卸围压后（从 $\sigma_3=30\text{MPa}$ 到 $\sigma_3=15\text{MPa}$），张拉裂纹、剪切裂纹数量继续增多，但剪切裂纹数量增长速率非常缓慢；随着围压继续减小，试样发生破坏，裂纹迅速发育扩展，各裂纹数量明显增多。例如，第三主应力卸载至 15MPa 与破坏时模型内部裂纹数量相比，张拉裂纹、剪切裂纹数量分别增多了 10.26 倍、105 倍，但张拉裂纹数量仍明显多于剪切裂纹数量。

对比图 6.54 和图 6.55 可知，花岗岩真三轴加荷、卸荷路径下数值模型首先产生张拉裂纹，且达到失稳破坏阶段后，张拉裂纹数量都明显多于剪切裂纹数量，说明颗粒间的黏结破坏以张拉破坏为主。此外，试样真三轴加荷、卸荷变形过程中，试样的张剪裂纹比均下降。例如，卸荷应力路径下，$\sigma_3=10\text{MPa}$ 时和破坏时的试样内部张剪裂纹比分别为 38.50、3.76，因此试样破坏形式表现为张剪复合破坏形式。

6.6.5 第二主应力对试验结果影响

不同围压下花岗岩真三轴破坏试验的峰值应力数值见表 6.19。表中的增长率是第三主应力 σ_3 相同时，第二主应力 σ_2 每增加 10MPa 时对应的峰值应力增长率。第三主应力 σ_3 相同，随着第二主应力 σ_2 的增加，峰值应力值逐渐增大，但增长率逐渐减小。例如，$\sigma_3=30\text{MPa}$ 条件下，σ_2 从 30MPa 以 10MPa 的增量逐渐增长到 70MPa 时，峰值应力 G_p 增长率分别为 3.58%、3.01%、2.53%、1.68%，表明第二主应力对岩石承载能力起增强作用，但随着第二主应力与第三主应力之间差值的增大，这种增强作用逐渐减弱。

表 6.19　不同围压下花岗岩三维颗粒流模拟的峰值应力统计表

σ_3/MPa	σ_2/MPa	σ_p/MPa	增长率/%
30	30	287.11	—
	40	297.38	3.58
	50	306.33	3.01
	60	314.09	2.53
	70	319.36	1.68
20	20	259.61	—
	30	269.57	3.84
	40	278.11	3.17
	50	284.89	2.44
	60	289.67	1.68
10	10	230.07	—
	20	241.02	4.54
	30	248.10	2.85
	40	253.76	2.23
	50	258.03	1.65

注　表中增长率的计算公式为 $\frac{\sigma_{p(i,j)}-\sigma_{p(i,j+10)}}{\sigma_{p(i,j)}}\times 100\%$，其中 i、j 分别表示第三主应力和第二主应力的取值。

第 7 章

岩石加荷、卸荷破坏强度准则与本构模型

地下工程开挖过程中，围岩受力不仅仅是单纯的加载状态，某些方向会处于卸荷状态。传统加荷岩石力学对加荷和卸荷应力路径下的力学性质没有区分，大量研究结果表明，加荷、卸荷应力路径对岩体的力学特性具有比较大的影响，卸荷路径下岩体更容易发生变形和破坏。岩体强度准则是分析岩体工程变形和稳定的基础，现阶段对岩石加荷条件下的岩体强度准则研究较多，常见的如 Mohr－Coulomb 强度准则、Drucker－Prager 强度准则，Hoek－Brown 强度准则等，但卸荷应力路径下这些准则是否适用缺乏进一步的验证。本章在前文岩石卸荷破坏力学性质基础上，探讨卸荷应力路径下常见的岩体强度准则适用性，并建立了岩体卸荷破坏本构模型，定量描述岩体卸荷破坏的整体性状。

7.1 岩石卸荷破坏强度准则

7.1.1 Mohr－Coulomb 强度准则

Mohr－Coulomb 强度准则认为岩石发生剪切破坏时，最大剪切应力 τ_s 由黏聚力和内摩擦力确定，即

$$\tau_s = c + \mu\sigma \tag{7.1}$$

式中 μ——内摩擦系数；

σ——正应力。

正应力利用主应力表示为

$$\sigma_1 = k\sigma_3 + a \tag{7.2}$$

其中

$$k = \tan^2\left(\frac{\pi}{4} + \frac{\varphi}{2}\right) \tag{7.3}$$

$$a = \frac{2c\cos\varphi}{1-\sin\varphi} \tag{7.4}$$

式中 a、k——材料常数；

c——岩石的黏聚力；

φ——内摩擦角。

根据 Mohr－Coulomb 强度准则关系式（7.2），对大理岩和灰岩的卸荷破坏试验数据回归，如图 7.1 所示。

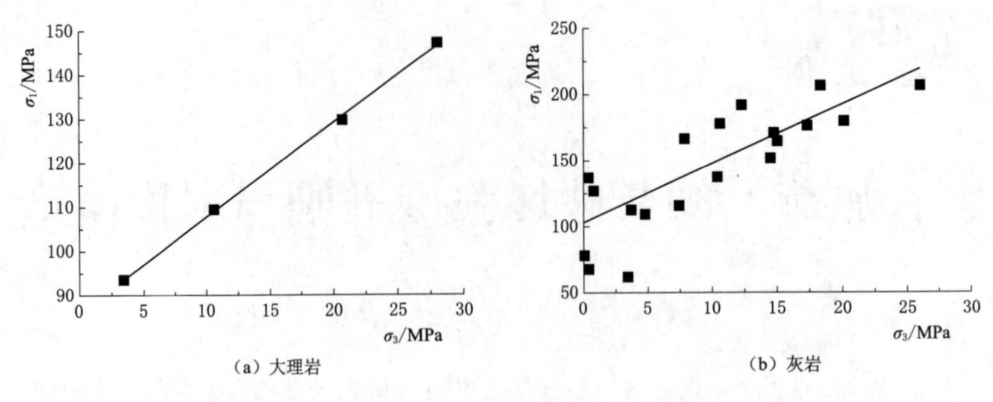

图 7.1 Mohr-Coulomb 强度准则回归曲线

根据式(7.3)和式(7.4)得出：大理岩的内摩擦角为 21.45°，黏聚力为 29.35MPa，相关系数为 0.994；灰岩的内摩擦角为 39.28°，黏聚力为 24.57MPa，相关系数为 0.7117。

7.1.2 Drucker-Prager 强度准则

Drucker-Prager 准则简称 D-P 准则，D-P 准则计入了中间主应力的作用，考虑静水压力对岩石变形的影响。D-P 准则的具体表达式为

$$\sqrt{J_2}=\alpha I_1+k \tag{7.5}$$

其中

$$I_1=\sigma_1+\sigma_2+\sigma_3 \tag{7.6}$$

$$J_2=\frac{1}{6}[(\sigma_1-\sigma_2)^2+(\sigma_2-\sigma_3)^2+(\sigma_3-\sigma_1)^2] \tag{7.7}$$

式中 α、k——试验参数；

I_1——第一应力不变量；

J_2——第二应力不变量。

参数 α、k 与黏聚力 c 和内摩擦角 φ 的关系为

$$\begin{cases}\alpha=\dfrac{\tan\varphi}{\sqrt{9+12\tan^2\varphi}}\\ k=\dfrac{3c}{\sqrt{9+12\tan^2\varphi}}\end{cases} \tag{7.8}$$

根据 D-P 强度准则式(7.5)，对大理岩和灰岩卸荷破坏试验数据回归，如图 9.2 所示。

根据式(7.8)得出，大理岩的内摩擦角为 14.06°，黏聚力为 33.72MPa，相关系数为 0.9989；灰岩的内摩擦角为 33.72°，黏聚力为 25.87MPa，相关系数为 0.9271。

7.1.3 Mogi-Coulomb 强度准则

Mogi 通过对多种岩石进行大量的三轴压缩试验，发现中间主应力对岩石强度也有明显影响。在 Mises 准则基础上，Mogi 建立了考虑中主应力影响的岩石强度准则，即

$$\tau_{oct}=f(\sigma_{m,2}) \tag{7.9}$$

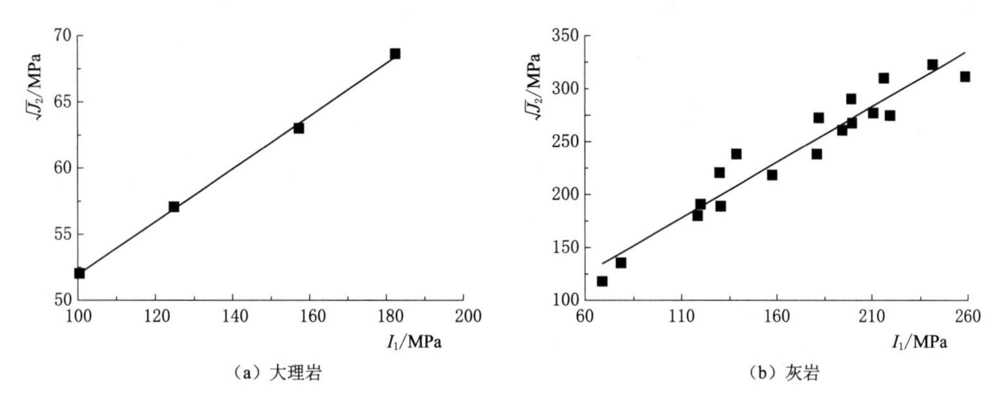

图 7.2 D-P 强度准则曲线

其中
$$\tau_{oct}=\frac{1}{3}\sqrt{(\sigma_1-\sigma_2)^2+(\sigma_2-\sigma_3)^2+(\sigma_3-\sigma_1)^2} \tag{7.10}$$

$$\sigma_{m,2}=(\sigma_1+\sigma_3)/2 \tag{7.11}$$

式中 τ_{oct}——八面体剪应力；

$\sigma_{m,2}$——有效中间应力。

常规三轴试验 $\sigma_2=\sigma_3$，式（7.11）可以表示为

$$\frac{\sqrt{2}}{3}(\sigma_1-\sigma_3)=a+\frac{b}{2}(\sigma_1+\sigma_3) \tag{7.12}$$

其中
$$\begin{cases} a=\dfrac{2\sqrt{2}}{3}c\cos\varphi \\ b=\dfrac{2\sqrt{2}}{3}\sin\varphi \end{cases} \tag{7.13}$$

式中 a，b——参数。

根据 Mogi-Coulomb 强度准则关系式（7.12），对大理岩和灰岩卸荷试验数据进行回归分析，回归后的强度曲线如图 7.3 所示。

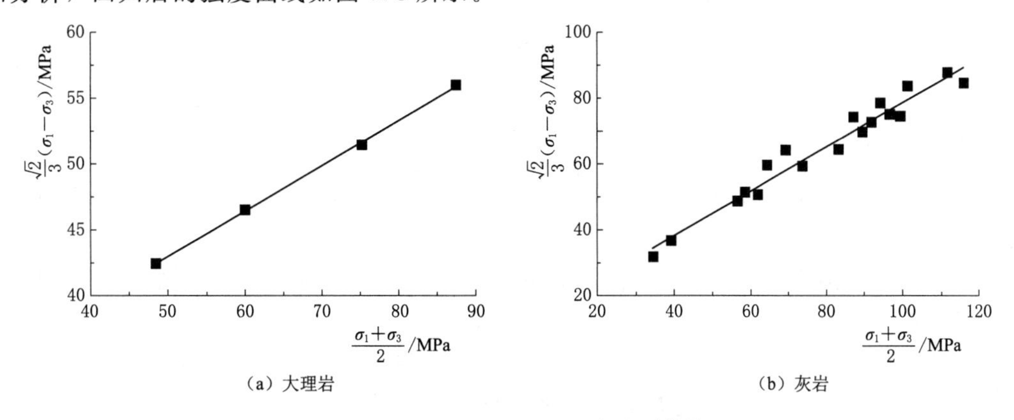

图 7.3 Mogi-Coulomb 强度准则曲线

根据式（7.13）得出，大理岩的内摩擦角为21.46°，黏聚力为29.34MPa，相关系数为0.9992；灰岩的内摩擦角为45.34°，黏聚力为18.23MPa，相关系数为0.9574。

7.1.4 Hoek - Brown 强度准则

Hoek 和 Brown 通过研究通用的破坏准则，总结自己多年对岩体性态方面的理论研究和实践经验，推导了岩体破坏时主应力之间的关系式，即

$$\sigma_1=\sigma_3+\sqrt{m\sigma_0\sigma_3+s\sigma_{ci}^2} \tag{7.14}$$

式中 σ_{ci}——完整岩体的单轴抗压强度；

m——反映岩体的软硬程度的参数；

s——反映岩体破碎程度的参数。

为了方便获取 Hoek - Brown 准则中的材料常数 m、s 值，可将式（7.14）改写为

$$\left(\frac{\sigma_1-\sigma_3}{\sigma_{ci}}\right)^2=m\frac{\sigma_3}{\sigma_{ci}}+s \tag{7.15}$$

根据试验数据，先分别计算 $\left(\frac{\sigma_1-\sigma_3}{\sigma_{ci}}\right)^2$ 和 $\frac{\sigma_3}{\sigma_{ci}}$，再分别以 $\left(\frac{\sigma_1-\sigma_3}{\sigma_{ci}}\right)^2$ 和 $\frac{\sigma_3}{\sigma_{ci}}$ 为纵轴和横轴绘制曲线图，如图7.4所示。由此可得大理岩的 $m=9.5237$，$s=1.1997$，$R^2=0.6102$；灰岩的 $m=3.206$，$s=1.128$，$R^2=0.9959$。但大理岩与灰岩拟合得到的 s 值均大于1，说明 Hoek - Brown 强度准则对试验数据的回归失真。

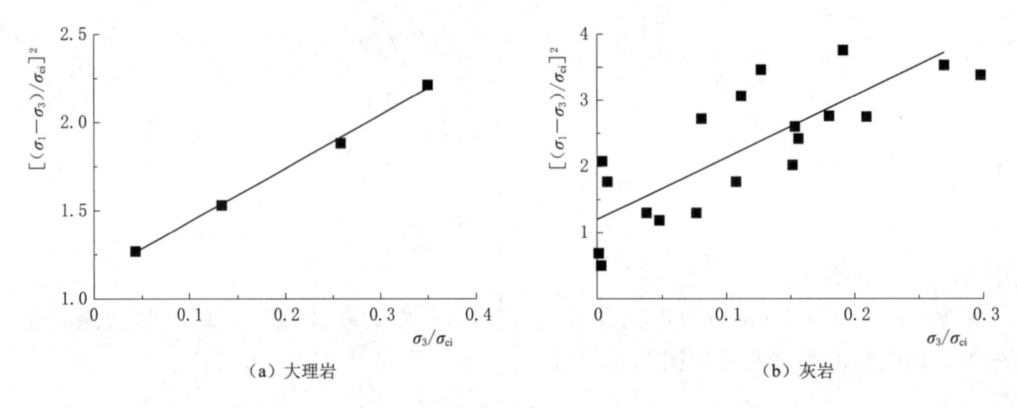

图7.4 Hoek - Brown 强度准则曲线

7.1.5 强度准则分析评价

不同强度准则数据回归结果统计表见表7.1。相同应力路径条件下，Mohr - Coulomb 强度准则和 Hoek - Brown 强度准则回归效果较差，Drucker - Prager 强度准则和 Mogi - Coulomb 强度准则回归效果较好。高应力下 Mohr - Coulomb 强度准则不能很好地包络应力 Mohr 圆，而试验数据围压都相对较高，这就导致回归效果较差。Hoek - Brown 强度准则是对现场工程岩体试验得到的统计规律，工程应用时参数取值需要结合实际经验，采用 Hoek - Brown 强度准则对完整岩样的试验数据拟合不一定合适。Drucker - Prager 强度准则和 Mogi - Coulomb 强度准则都考虑了中间主应力的影响，拟合效果较好，这说明岩

石卸荷破坏与中间主应力有密切关系，不能忽略中间主应力对岩石卸荷破坏的影响。

表 7.1　　不同强度准则数据回归结果统计表

岩性	加载方式	强度准则	φ/(°)	c/MPa	相关系数	偏差平方和
大理岩	位移控制加轴压、卸围压	Mohr - Coulomb	21.45	29.35	0.9940	0.95
		Drucker - Prager	14.06	37.38	0.9989	0.17
		Mogi - Coulomb	21.46	29.34	0.9992	0.03
		Hoek - Brown	—	—	0.9959	0.002
灰岩	应力控制加轴压、卸围压	Mohr - Coulomb	39.28	24.57	0.7117	
		Drucker - Prager	33.72	25.87	0.9271	
		Mogi - Coulomb	45.34	18.23	0.9574	
		Hoek - Brown	—	—	0.6102	

虽然 Drucker - Prager 强度准则和 Mogi - Coulomb 强度准则回归分析的相关系数都很高，但各自对应求出的内摩擦角和黏聚力相差很大。以应力控制加轴压、卸围压条件下灰岩数据回归分析结果为例，Drucker - Prager 强度准则的内摩擦角为 33.72°，黏聚力为 25.87MPa，Mogi - Coulomb 强度准则的内摩擦角为 45.34°，黏聚力为 18.23MPa。判断哪个准则更为准确可以通过两种途径：①经验方法，也是较为简单的方法，利用试验数据，结合工程现场经验，参考国家工程岩体分类标准中的岩体参数值，就可以初步判断哪组参数更准确；②数学方法，也是更为精确的方法，首先将强度准则变换后进行线性回归，初步选定相关系数较高的强度准则，然后采用最小二乘法对试验数据和理论数据求偏差平方和，对初选的强度准则进行优选，计算公式为

$$\delta^2=\sum[y-y(x)]^2 \tag{7.16}$$

式中　δ_2——偏差平方和；

y——对应强度准则中纵坐标试验数据；

$y(x)$——对应强度准则由横坐标和拟合公式确定的理论数据。

对比表 7.1 中的具体结果，同一岩性、同一加荷方式条件下 Drucker - Prager 强度准则和 Mogi - Coulomb 强度准则的拟合结果相关系数都比较接近 1，两种准则的拟合结果比较理想。从偏差平方和来看，Mogi - Coulomb 强度准则拟合室内试验的偏差平方和最小，表明 Mogi - Coulomb 强度准则相对适合岩样在加轴压、卸围压路径下的试验分析，求出的内摩擦角和黏聚力较为合适。

7.2　岩石加荷、卸荷破坏的屈服面构建

7.2.1　剪切屈服面确定

1. 大理岩常规三轴加荷剪切屈服面

根据广义塑性力学理论，任一点的广义剪应变 γ^p 计算公式为

$$\gamma^{p}=\frac{\sqrt{2}}{3}[(\varepsilon_1^p-\varepsilon_2^p)^2+(\varepsilon_2^p-\varepsilon_3^p)^2+(\varepsilon_3^p-\varepsilon_1^p)^2]^{\frac{1}{2}} \tag{7.17}$$

式中 ε_1^p、ε_2^p、ε_3^p——最大塑性主应变、中间塑性主应变、最小塑性主应变。

常规三轴压缩试验中围压相同，则式（7.17）可改为

$$\gamma^{p}=\frac{2}{3}(\varepsilon_1^p-\varepsilon_3^p) \tag{7.18}$$

不同围压下广义剪应力 q 与塑性剪应变 γ^p 的关系曲线如图7.5所示。不同围压下塑性剪应变的曲线基本平行。随着围压升高，达到相同剪应变所需的广义剪应力逐渐增加。以达到塑性剪应变值0.0003为例，随着围压从10MPa、20MPa、30MPa增加到40MPa，广义剪应力从73MPa、80MPa、84MPa、91MPa逐渐增加。

对于塑性剪应变分量 $\gamma^p=m_i$ 的不同值，相应的在不同应力路径上找出其对应的应力状态，然后在 $p-q$ 平面内做出一组与 $\gamma^p=m_i$ 对应的曲线，即可得到以 γ^p 为硬化参量的等值面及 γ^p 屈服面。通过对屈服面上数据点进行回归分析，即可确定屈服面的表达式，该屈服函数即为子午平面上的屈服曲线。

大理岩常规三轴试验剪切屈服面的发展演化过程如图7.6所示。各剪切屈服曲线基本平行发展，随着塑性剪应变从0.0001增加到0.0022，屈服面不断发展，且初始屈服面与后继屈服面平行。极限位置的屈服面即为破坏面，破坏曲线为直线形式，说明对加荷破坏大理岩而言，采用Mohr-Coulomb准则作为破坏准则是合适的。

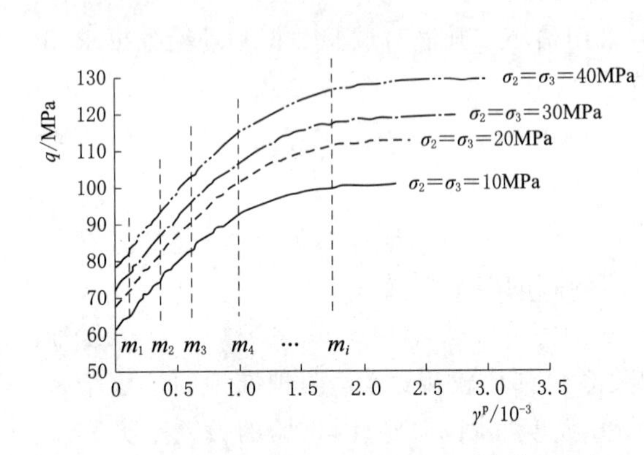

图7.5 常规三轴加荷试验大理岩广义剪应力与塑性剪应变的关系

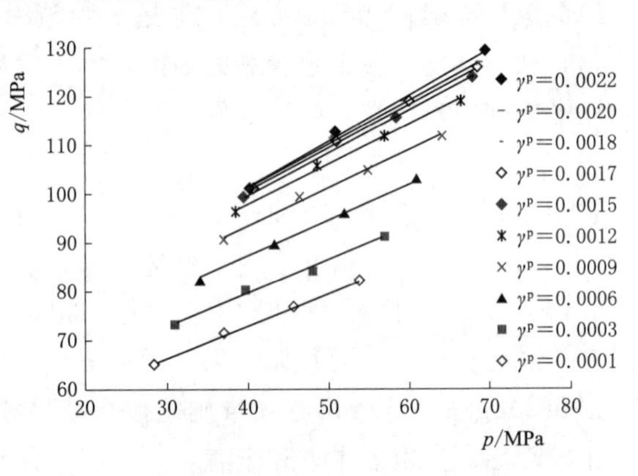

图7.6 常规三轴加荷破坏大理岩剪切屈服面发展过程

对不同的塑性剪应变值在 $p-q$ 应力空间进行拟合分析，最终确定其公式形式为

$$q=ap+b \tag{7.19}$$

通过不同的塑性剪应变等值面，确定不同等值面对应的拟合系数 a_1、b_1 值，见表7.2。

对表7.2中的系数 a_1、b_1 和塑性剪应变进行拟合，可得到系数 a_1、b_1 和塑性剪应变之间的关系式为

$$a_1=140.08\gamma^p+0.6498 \tag{7.20}$$

表 7.2　　参数 a_1、b_1 与塑性剪应变关系统计表

γ^p	a_1	b_1	γ^p	a_1	b_1
0.0001	0.6565	46.73	0.0015	0.8691	65.02
0.0003	0.6751	52.39	0.0017	0.8921	64.79
0.0006	0.7483	57.20	0.0018	0.9058	64.54
0.0009	0.7784	62.37	0.0020	0.9324	63.64
0.0012	0.8282	64.54	0.0022	0.9352	63.84

$$b_1=-8\times10^6\gamma^{p^2}+25503\gamma^p+44.93 \tag{7.21}$$

a_1、b_1 和塑性剪应变拟合相关系数分别为 98.6%和 98.8%。

将式（7.20）和式（7.21）代入式（7.19），即可得到大理岩加荷破坏剪切屈服函数为

$$f(p,q,\gamma^p)=q-(140.08\gamma^p+0.6498)p+8\times10^6\gamma^{p^2}-25503\gamma^p-44.93=0 \tag{7.22}$$

2. 大理岩卸荷破坏剪切屈服面

采用上节所述方法对大理岩卸荷破坏试验数据进行回归分析。不同围压下大理岩卸荷破坏试验过程中广义剪应力与塑性剪应变的关系曲线如图 7.7 所示。

对比图 7.5 和图 7.7 可以看出，在卸荷前的加荷阶段，塑性剪应变与广义剪应力的关系与加荷试验完全相同。卸围压开始后，应力路径发生变化，广义剪应力继续增加，而围压开始逐步减小，在卸荷点附近塑性剪应变出现跳动。与加荷试验中塑性剪应变平行发展不同，卸荷试验中大理岩的塑性剪应变曲线不再平行发展，说明应力路径的改变影响塑性剪应变的增加过程。随着围压升高，达到相同剪应变所需的广义剪应力逐渐增加。以达到塑性剪应变为 0.0003 为例，随着卸荷初始围压从 10MPa、20MPa、30MPa 增加到 40MPa，广义剪应力从 57MPa、67MPa、79MPa、90MPa 逐渐增加。

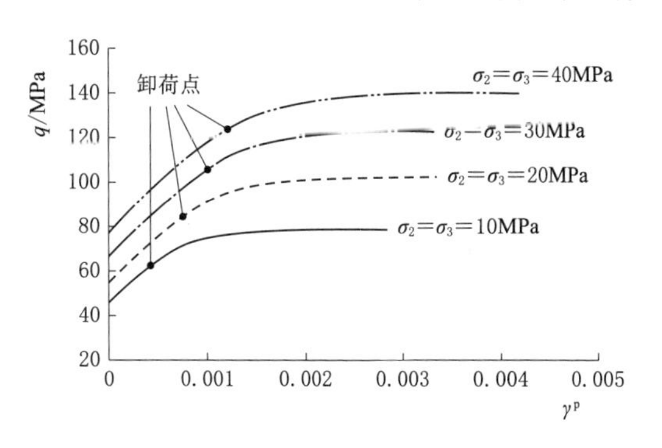

图 7.7　卸荷应力路径大理岩广义剪应力与塑性剪应变的关系

卸荷破坏试验过程中剪切屈服面的发展演化过程如图 7.8 所示。卸荷剪切屈服面明显分为两个阶段，即直线阶段和曲线阶段，分别与加荷阶段和卸荷阶段相对应。随着塑性剪切应变从 0.0001 增加到 0.001，试验数据点基本呈直线分布。塑性剪切应变在超过 0.001 之后，试验数据点分布规律发生变化，屈服面逐渐由直线形式向曲线形式过渡，转折点位于卸荷点附近。极限位置的屈服面认为是破坏面，显然，破坏面不是直线形式，说明对大理岩卸荷破坏而言，采用经典的直线型 Mohr－Coulomb 准则作为破坏准则是不合适的。

与试验数据分布规律相对应，大理岩卸荷破坏的屈服函数拟合时也采用分段形式，即对加荷过程和卸荷过程的屈服函数分别进行拟合。塑性剪应变的屈服面在卸荷前的加荷阶

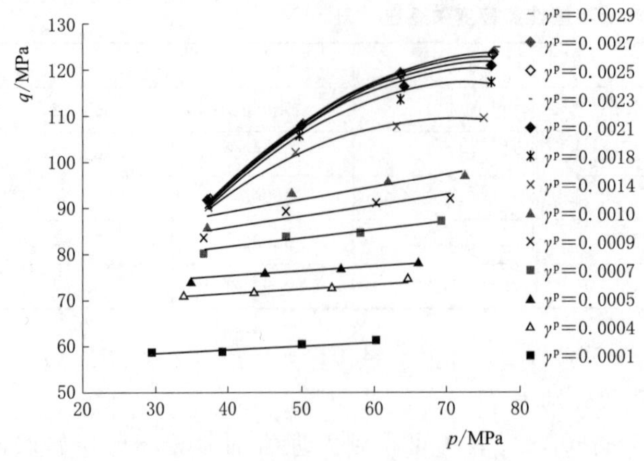

图 7.8 卸荷应力路径大理岩剪切屈服面发展过程

段采用线性公式［式（7.19）］拟合，而卸荷过程采用二次多项式进行拟合，拟合公式为

$$q=a_3p^2+b_3p \tag{7.23}$$

根据不同塑性剪应变等值面，确定不同等值面对应的拟合系数 a_2、b_2 和 a_3、b_3 值，见表 7.3。

分别拟合表 7.3 中加荷阶段的系数 a_2、b_2 和塑性剪应变值以及卸荷阶段的系数 a_3、b_3 和塑性剪应变，拟合相关系数都高于 90%，拟合公式分别为

$$a_2=241.21\gamma^p+0.026 \tag{7.24}$$

$$b_2=-2\times10^7\gamma^{p^2}+48642\gamma^p+51.40 \tag{7.25}$$

$$a_3=-1901.4\gamma^{p^2}+10.70\gamma^p-0.036 \tag{7.26}$$

$$b_3=28460\gamma^{p^2}-179.19\gamma^p+3.482 \tag{7.27}$$

表 7.3　　参数 a_2、b_2、a_3、b_3 与塑性剪应变关系统计表

加荷阶段			卸荷阶段		
γ^p	a_2	b_2	γ^p	a_3	b_3
0.0001	0.0815	55.91	0.0014	−0.0245	3.285
0.0003	0.0918	63.77	0.0016	−0.0235	3.274
0.0004	0.1018	67.44	0.0018	−0.0225	3.248
0.0005	0.1171	70.44	0.0021	−0.0217	3.233
0.0007	0.1968	73.67	0.0023	−0.0212	3.217
0.0008	0.2228	75.32	0.0025	−0.0209	3.207
0.0009	0.2311	76.65	0.0027	−0.0207	3.201
0.0010	0.2881	77.57	0.0029	−0.0206	3.197

将式（7.24）和式（7.25）代入式（7.19），即可得到大理岩加荷阶段屈服面表达式，将式（7.26）和式（7.27）代入式（7.23），即可得到大理岩卸荷阶段屈服面表达式，大理岩卸荷破坏屈服函数为

$$f(p,q,\gamma^p)=\begin{cases}q-(241.2\gamma^p+0.03)p+2\times10^7\gamma^{p^2}-48642\gamma^p-51.40=0 & \text{(加荷段)}\\ q+(1901.4\gamma^{p^2}-10.7\gamma^p+0.04)p^2-(28460\gamma^{p^2}-179.2\gamma^p+3.5)p=0 & \text{(卸荷段)}\end{cases} \tag{7.28}$$

7.2.2 体积屈服面确定

1. *大理岩常规三轴加荷破坏体积屈服面*

大理岩常规三轴加荷试验塑性体应变可由轴向塑性应变和径向塑性应变计算得到，即

$$\varepsilon_v^p=\varepsilon_1^p+\varepsilon_2^p+\varepsilon_3^p=\varepsilon_1^p+2\varepsilon_3^p \tag{7.29}$$

其中，体积应变以压缩为正。

常规三轴试验中平均应力和塑性体应变的关系曲线如图 7.9 所示，体积应变分为压缩段和剪胀段两部分。压缩段和剪胀段转折点的塑性应变值随着围压升高而增大，即围压越高，转折点越滞后，对应的压缩体应变也越大。不同围压下，塑性体积应变随平均应力的变化趋势基本相同，达到相同体积应变所需的平均应力随着围压升高逐渐增大。以达到塑性体积应变 0.0002 为例，围压从 10MPa 增加到 40MPa 时，平均应力从 33MPa、43MPa、53MPa、61MPa 逐渐增加。

采用第 7.2.1 节方法，在 $p-q$ 平面内作等塑性体应变 ε_v^p 面，此即为大理岩的体积屈服面，如图 7.10 所示。常规三轴加载大理岩的体积屈服面呈直线形式，拟合相关系数高达 99%以上，其公式为

$$q=cp+d \tag{7.30}$$

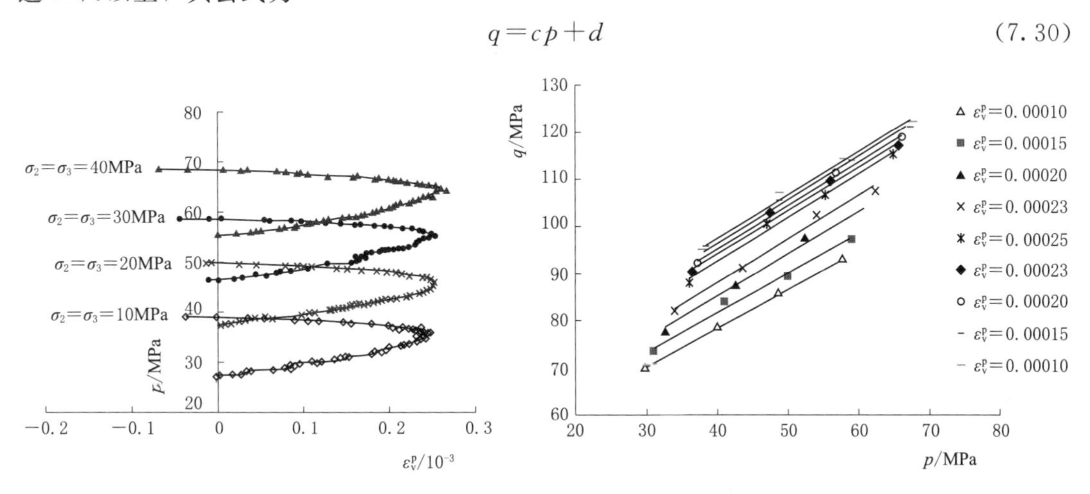

图 7.9 常规三轴加荷试验大理岩平均应力与塑性体应变的关系

图 7.10 常规三轴加荷大理岩体积屈服面

表 7.4 加荷阶段参数 c_1、d_1、c_2、d_2 与塑性体应变关系统计表

压缩段			剪胀段		
ε_v^p	c_1	d_1	ε_v^p	c_2	d_2
0.00005	0.8236	43.96	0.00025	0.9185	55.81
0.00010	0.8268	45.39	0.00023	0.9277	56.90
0.00012	0.8287	46.99	0.00020	0.9186	58.48
0.00015	0.8320	48.18	0.00018	0.9231	58.76
0.00018	0.8648	48.92	0.00015	0.9271	59.27
0.00020	0.8999	49.12	0.00012	0.9208	59.85
0.00023	0.9244	50.88	0.00010	0.9275	60.16
0.00025	0.9185	55.81	0.00005	0.9185	61.22

大理岩塑性体积应变与各拟合参数关系见表 7.4。分别拟合表 7.4 中压缩阶段和剪胀阶段数据，得大理岩压缩阶段参数 c_1、d_1 与塑性体应变关系为

$$c_1=737.23\varepsilon_v^p+0.7432 \tag{7.31}$$

$$d_1=57618\varepsilon_v^p+39.16 \tag{7.32}$$

剪胀阶段参数 c_2、d_2 与塑性体应变关系为

$$c_2=0.92 \tag{7.33}$$

$$d_2=-27705\varepsilon_v^p+63.28 \tag{7.34}$$

加荷条件下大理岩体积屈服函数表达式为

$$f(p,q,\varepsilon_v^p)=\begin{cases}q-(737.23\varepsilon_v^p+0.7432)p-57618\varepsilon_v^p-39.16=0 & (压缩段)\\ q-92.39p+27705\varepsilon_v^p-63.28=0 & (剪胀段)\end{cases} \tag{7.35}$$

2. 大理岩卸荷破坏体积屈服面

卸荷破坏的卸荷点位于峰值应力前的80%左右，卸荷破坏平均应力和体积塑性应变的关系如图7.11所示。卸荷点基本也是体积应变回转的开始，即为压缩和剪胀的分界点。不同围压下，塑性体积应变随平均应力的变化趋势也基本相同，达到相同体积应变所需的平均应力随着围压升高逐渐增大。以同样达到塑性体积应变0.0002为例，随着围压从10MPa增加到40MPa，平均应力从32MPa、43MPa、57MPa、69MPa逐渐增加。

在 $p-q$ 平面内作大理岩的体积屈服面，如图9.12所示。塑性体应变从0变化到0.00034，数据点基本呈直线形式分布。卸荷导致体积应变快速回转，数据点呈曲线形分布。屈服面存在明显的分界线，该分界位置即为卸荷起始点。对卸荷破坏试验的塑性体应变采用直线段和曲线段两个方程拟合。

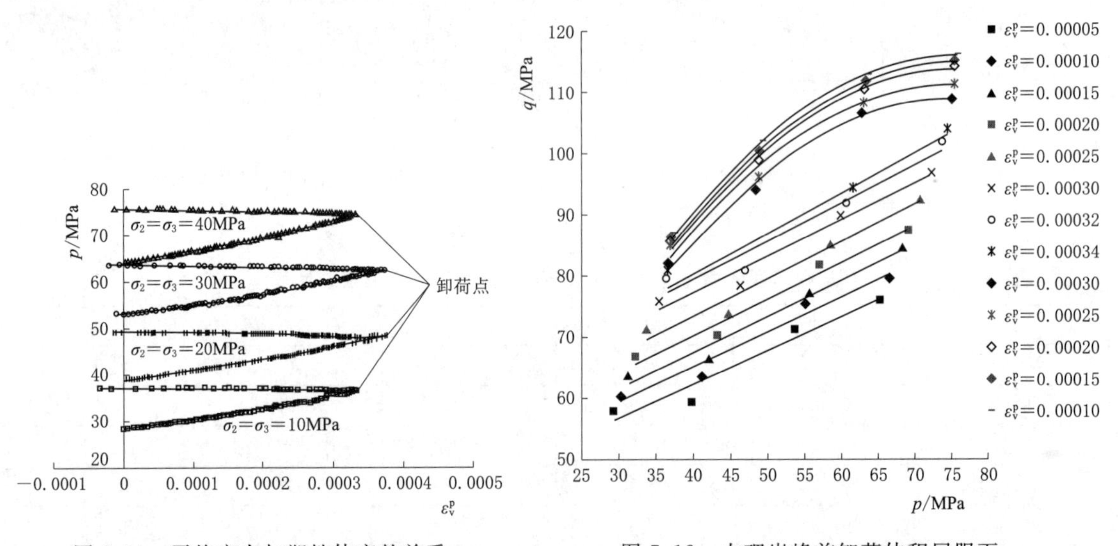

图7.11 平均应力与塑性体变的关系

图7.12 大理岩峰前卸荷体积屈服面

直线段拟合公式与常规三轴试验一致，通过对卸荷段拟合公式相关系数对比，最终确定卸荷过程采用二次多项式进行拟合，相关系数高于98%。其拟合公式为

$$q=cp^2+dp \tag{7.36}$$

表7.5的数据得到卸荷条件下参数 c_3、d_3、c_4、d_4 与塑性体应变关系为

$$c_3=365.83\varepsilon_v^p+0.5275 \tag{7.37}$$

表 7.5　　卸荷阶段参数 c_3、d_3、c_4、d_4 与塑性体应变关系统计表

加　荷　段			卸　荷　段		
ε_v^p	c_3	d_3	ε_v^p	c_4	d_4
0.00005	0.5475	40.375	0.00034	0.6604	53.835
0.00010	0.5699	42.29	0.00030	−0.0195	2.916
0.00015	0.5938	43.707	0.00025	−0.0201	2.985
0.00020	0.5985	46.284	0.00020	−0.0199	3.012
0.00025	0.6067	49.255	0.00015	−0.0203	3.054
0.00030	0.5943	53.565	0.00010	−0.0204	3.072
0.00032	0.6235	54.515	0.00005	−0.0202	3.142
0.00034	0.6604	53.835	0.00000	−0.0201	3.174

$$d_3=51848\varepsilon_v^p+36.71 \tag{7.38}$$

$$c_4=-0.02 \tag{7.39}$$

$$d_4=-854.72\varepsilon_v^p+3.174 \tag{7.40}$$

将式（7.37）～式（7.40）代入式（7.30）和式（7.36），可得到卸荷破坏大理岩屈服函数方程

$$f(p,q,\varepsilon_v^p)=\begin{cases} q-(365.83\varepsilon_v^p+0.53)p-51848\varepsilon_v^p-36.71=0 & (\text{加荷段}) \\ q+0.02p^2+(854.72\varepsilon_v^p-3.17)p=0 & (\text{卸荷段}) \end{cases} \tag{7.41}$$

7.2.3　加荷、卸荷应力路径下岩石屈服面的差异

根据广义塑性力学理论，屈服面是不断发展的，最终的极限屈服面对应的是破坏面。卸荷应力路径下极限屈服面（破坏面）对应的塑性剪应变值大于加荷应力路径下的塑性剪应变值，说明大理岩卸荷破坏更剧烈。相同轴向应力条件下，卸荷试验对应的塑性应变值大于加荷对应的应变值，卸荷路径比加荷路径更容易导致大理岩发生破坏。相同应变值条件下，常规三轴压缩对应的平均应力大于卸荷试验对应的平均应力。相同平均应力条件下，卸荷破坏对应的塑性应变值大于加荷破坏对应的塑性应变值，卸荷路径比加荷路径更容易导致岩石发生破坏。

常规三轴加载和峰值强度前卸荷试验中，大理岩剪切屈服面存在差异。常规三轴加荷试验大理岩剪切屈服面呈直线形式发展，卸荷试验大理岩在加荷过程中剪切屈服面呈直线形式发展，卸围压开始后屈服面形式发生变化，逐渐发展为二次抛物线形式，卸荷点是大理岩剪切屈服面形式发生变化的分界点。

加荷、卸荷应力路径下大理岩的体积屈服面都分为压缩和剪胀两个体积屈服面。常规三轴加荷压缩阶段和剪胀阶段的体积屈服面都是直线形式，但是拟合公式稍有差异。卸荷破坏试验的初始卸荷点位于峰值应力的80%左右（体积应变回转对应的应力水平附近），卸荷前和卸荷后的拟合公式差异较大。卸荷前的加荷过程体积屈服面为直线形式，与常规三轴试验相同，卸荷过程的体积屈服面变为二次抛物线形式。可以认为，加荷、卸荷应力路径变化导致屈服面形式发生了变化，屈服面不仅是应力状态、硬化参量和岩体性质的函

数，也是应力路径的函数。

广义塑性力学中屈服函数可以表示为多种形式（郑颖人等，2005），在 I_1-J_2 空间的屈服函数 $f(I_1, J_2, \gamma^p)$ 是较常见的一种形式。实际上，在 I_1-J_2 空间的屈服函数 $f(I_1, J_2, \gamma^p)$ 与 $p-q$ 应力空间的屈服函数 $f(p, q, \gamma^p)$ 具有对应关系。塑性力学中，应力张量第一不变量 I_1、偏应力张量第二不变量 J_2 和平均正应力 p、差应力 q 之间具有如下关系

$$I_1=\sigma_1+\sigma_2+\sigma_3 \tag{7.42}$$

$$J_2=[(\sigma_1-\sigma_2)^2+(\sigma_2-\sigma_3)^2+(\sigma_3-\sigma_1)^2]/6 \tag{7.43}$$

$$p=(\sigma_1+\sigma_2+\sigma_3)/3 \tag{7.44}$$

$$q=\sqrt{[(\sigma_1-\sigma_2)^2+(\sigma_2-\sigma_3)^2+(\sigma_3-\sigma_1)^2]/2} \tag{7.45}$$

常规三轴试验中

$$I_1=3p=\sigma_1+2\sigma_3 \tag{7.46}$$

$$J_2=\frac{1}{3}q^2=\frac{1}{3}(\sigma_1-\sigma_3)^2 \tag{7.47}$$

塑性力学中，一般岩石类材料的体积屈服面多假定为 Hvorslev 面形式。应该指出，Hvorslev 面虽然是软化压缩剪胀形式的体积屈服面，但其屈服面形式上假定为与硬化压缩剪胀土体的体积屈服面基本相同，没有区分状态变化线与极限状态线。Hvorslev 面适用于描述具有大孔结构、强度较低、大变形特性岩体的体积屈服面，大理岩加荷、卸荷应力路径下的体积屈服面与 Hvorslev 面完全不同，说明 Hvorslev 面不适于描述硬脆性岩体的体积屈服面。

常规三轴试验围压相同，因此只能给出子午平面上的屈服函数，要确定偏平面上洛德角 θ_σ 方向的屈服函数，必须通过真三轴试验。这方面的研究在土力学中已经开展，虽然目前岩石真三轴试验已经开展，但对岩石洛德角 θ_σ 方向的具体屈服函数研究并不多见。从相关学者的岩土真三轴试验结果看，应力方向与应变增量方向的夹角 α 较小，一般情况下可视该夹角为常量。根据广义塑性力学原理可知

$$\mathrm{d}\gamma_\theta^{\mathrm{p}}=\tan\alpha\,\mathrm{d}\gamma_{\mathrm{q}}^{\mathrm{p}} \tag{7.48}$$

式（7.48）表明，洛德角 θ_σ 方向上的塑性剪切屈服面与 q 方向上的塑性剪切屈服面形状完全相同，只是屈服面大小存在差异，因此可以只考虑 q 方向的剪切屈服面，洛德角 θ_σ 方向上的剪切屈服面按照式（7.48）对应给出即可。这既能够满足工程要求的精度，也避免了开展复杂的岩石真三轴试验的麻烦。

岩体材料性质复杂多变，且为各向异性，不同类型、不同产地、不同应力状态的岩石，其屈服函数必然存在差异。目前岩石屈服条件多是根据研究者的经验确定，只有部分屈服函数参数需要根据试验数据获得，导致不同研究者的理论结果存在差异。通过具体试验确定的屈服条件，不仅反映了应力路径变化对屈服面的影响，还能够反映岩石的各向异性性质，避免了人为随意定义屈服条件的弊端，保证了屈服函数的唯一性和准确性。

7.3 基于体应变非线性变化的岩石卸荷破坏本构模型

岩石卸荷变形过程中，沿卸荷方向会出现强烈的体积扩容现象，从描述体积应变角度

构建岩石卸荷破坏的本构方程是一个新角度。Weng M. C. 等提出了一个应变非线性模型描述岩石变形过程中的体积变形特征，其方程为

$$\begin{Bmatrix}\Delta\varepsilon_1\\ \Delta\varepsilon_2\\ \Delta\varepsilon_3\end{Bmatrix}=\frac{1}{E}\begin{bmatrix}1 & \frac{2G-E}{2G} & \frac{2G-E}{2G}\\ \frac{2G-E}{2G} & 1 & \frac{2G'-E}{2G'}\\ \frac{2G'-E}{2G'} & \frac{2G'-E}{2G'} & 1\end{bmatrix}\begin{Bmatrix}\Delta\sigma_1\\ \Delta\sigma_2\\ \Delta\sigma_3\end{Bmatrix} \tag{7.49}$$

式中 E——弹性模量；

G、G'——最大主应力方向的剪切模量、与最大主应力垂直方向的剪切模量。

最终推导出的体积应变表达式为

$$\Delta\varepsilon_v=\frac{1}{3E}\left(9-\frac{2E}{G}-\frac{E}{G^{ii}}\right)\Delta I_1+\frac{G-G'}{3GG}\sqrt{\frac{2}{3}\Delta J_2} \tag{7.50}$$

式中 $\Delta\varepsilon_v$——相对卸荷初始点的体积应变增量；

ΔI_1——相对卸荷初始点的应力第一不变量增量；

ΔJ_2——相对卸荷初始点的应力偏量第二不变量增量。

大量的试验研究表明，岩石卸荷破坏体积扩容比加荷破坏更加显著，为更好地描述卸荷过程中的体积应变变化，李宏哲等修正了 Weng M. C. 等模型的剪切模量，修正后的剪切模量公式为

$$G=G_{max}\left[1-\left(R\frac{\sqrt{J_2}-\sqrt{J_2^0}}{\sqrt{J_2^{max}}-\sqrt{J_2^0}}\right)^2\right] \tag{7.51}$$

$$G'=G=G_{max}\left[1-\left(eR\frac{\sqrt{J_2}-\sqrt{J_2^0}}{\sqrt{J_2^{max}}-\sqrt{J_2^0}}\right)^2\right] \tag{7.52}$$

$$G_{max}=\frac{3K(1-2\mu)}{2(1+\mu)} \tag{7.53}$$

式中 K——体积模量；

μ——泊松比；

J_2^0——卸荷初始点的 J_2 值；

J_2^{max}——卸荷峰值强度对应的值；

e，R——曲线形状修正参数（$0<e\leqslant1$，$0<R\leqslant1$），可以结合试验曲线通过试算法求得。

理论模型计算参数见表 7.6。围压 30MPa、不同卸荷速率下大理岩理论模型与试验结果的对比如图 7.13 所示，理论模型体积应变曲线与试验结果体积应变曲线吻合较好。

表7.6 理论模型计算参数

围压/MPa	卸荷速率/(MPa/s)	弹性模量/GPa	泊松比	剪切模量/GPa	体积模量/GPa	e	R
30	0.4	32	0.21	13.22	18.39	0.98	0.97
30	0.6	23	0.21	9.43	13.69	0.99	0.97

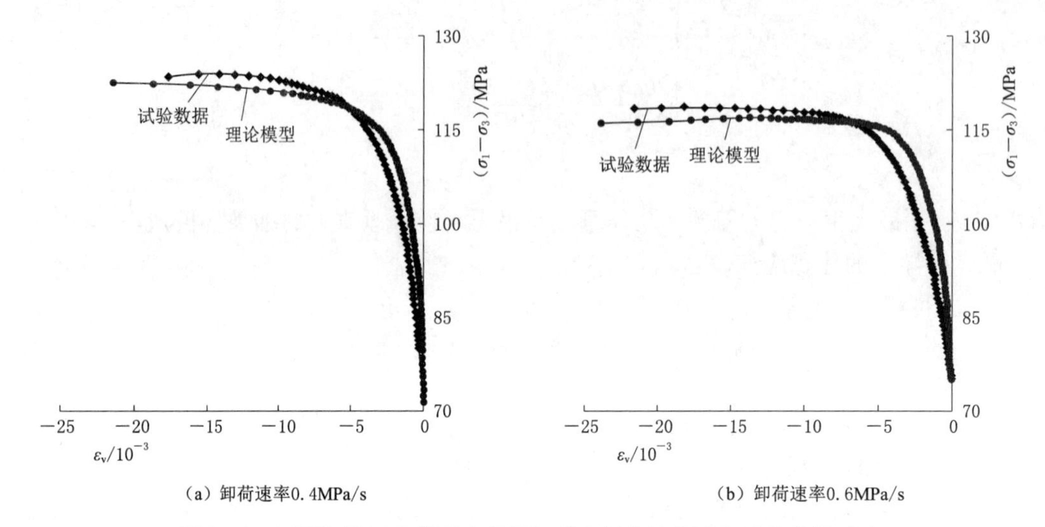

图7.13 不同卸围压速率下大理岩卸荷破坏理论模型与试验结果对比

7.4 基于能量非线性演化的岩石破坏本构模型

7.4.1 大理岩破坏过程能量演化模型

1. *岩石破坏过程的能量积聚演化模型构建*

岩石受荷过程中，对应于不同的应力和变形状态，各种能量演化机制也不同，能量积聚、耗散和释放之间呈现复杂的促进和制约作用。能量转化过程中，若某一机制增强，该机制会消耗更多的能量，从而抑制了其他机制作用（THOMAS A. 等，1999；PIETRO C. 等，2006；BRATOV V. 等，2007）。对于一个相对封闭的岩石系统，这一机制不可能无限地增强，因为其他机制也会消耗能量，必然也会对这一机制起到限制作用。可以认为，岩石系统中的各种能量机制之间存在“竞争”，某种机制在某一区域消耗的能量越多，便会阻止其他区域的这一机制作用（张志镇等，2012；郑在胜，1990；尹光志等，2004；余爱华，2003）。

以弹性应变能为例，对能量演化曲线进行解释。试验过程中，弹性能演化呈现复杂的非线性关系。随着变形增大，在压密段弹性能缓慢增加，在弹性段弹性能快速增加，在裂纹扩展段弹性能增速变缓，最终到达岩石的储能极限，岩石发生破坏。在受荷初期，试验机输入的能量大部分以弹性能形式存储于岩样内部，能量耗散机制被抑制。能量曲线表现为弹性能增加较快，耗散能增加缓慢。当弹性能增加到某一数值时，会发生阻止能量积聚的机制，能量不容易聚集，弹性能增加速度减慢。此时，能量耗散机制起到主要作用，能量耗散数值急剧增大。

对于某一应变水平 ε，弹性能 U_e 的积聚变化率$\frac{1}{U_e}\frac{dU_e}{d\varepsilon}$与岩石吸收的总能量 U_0、积聚的弹性能及驱动岩石发生能量积聚机制的最低能量 U_{e_0} 有关。当岩石吸收的能量达到某一定值时，弹性能才会开始积聚，即满足

$$U_0-U_{e_0}>0 \tag{7.54}$$

此后，外界输入的能量越多就越有利于能量积聚机制的转化，即有

$$\frac{1}{U_e}\frac{dU_e}{d\varepsilon_1}\propto(U_0-U_{e_0}) \tag{7.55}$$

在能量积聚过程中，已经积聚的能量会对后期能量的继续积聚有一定的抑制作用，即能量的积聚速度会逐渐减少，则有

$$\frac{1}{U_e}\frac{dU_e}{d\varepsilon_1}\propto(-U_e) \tag{7.56}$$

根据以上分析，建立的能量演化模型为

$$\frac{1}{U_e}\frac{dU_e}{d\varepsilon_1}=a(U_0-U_{e_0})-bU_e \tag{7.57}$$

式中　a、b——表征岩石内部能量转化过程中促进或抑制作用的程度。

令 $m=a(U_0-U_{e_0})$，$k=\frac{a(U_0-U_{e_0})}{b}=\frac{m}{b}$，根据常微分方程中的分离变量法，对式（7.57）求解得

$$U_e=\frac{k}{1+e^{-m\varepsilon_1-c}} \tag{7.58}$$

式中　c——积分常数。

2. 本构模型的试验验证

采用 Matlab 非线性拟合工具，对不同加荷、卸荷应力路径下大理岩变形过程的能量演化曲线进行回归分析。大理岩单轴压缩、常规三轴压缩、峰值强度前卸荷破坏的弹性能与轴向应变关系分别如图 7.14～图 7.16 所示，弹性能与轴向应变的拟合公式见表 7.7。不同应力路径下大理岩破坏的能量演化方程稍有差异，但相关系数都高达 96%以上，拟合效果较好，各种应力路径下理论模型都能准确地描述能量变化随轴向应变的演化规律。

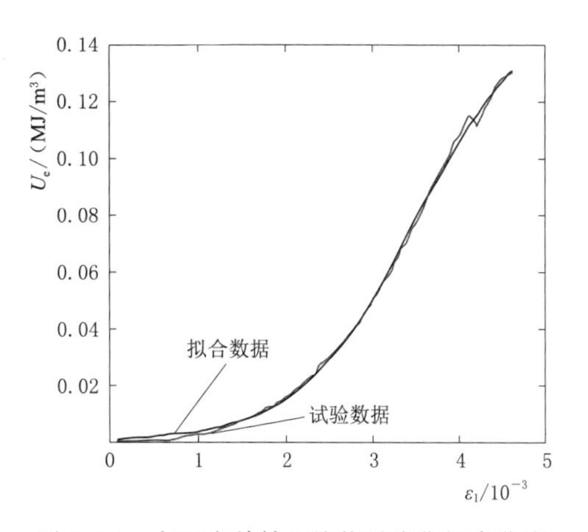

图 7.14　大理岩单轴压缩能量演化拟合曲线

从最初能量积聚，到后期能量释放，这个过程必然存在弹性能的极大值，即峰值点处所积聚的能量，称为储能极限。由图 7.14～图 7.16 可知，大理岩储能极限与应力路径密切相

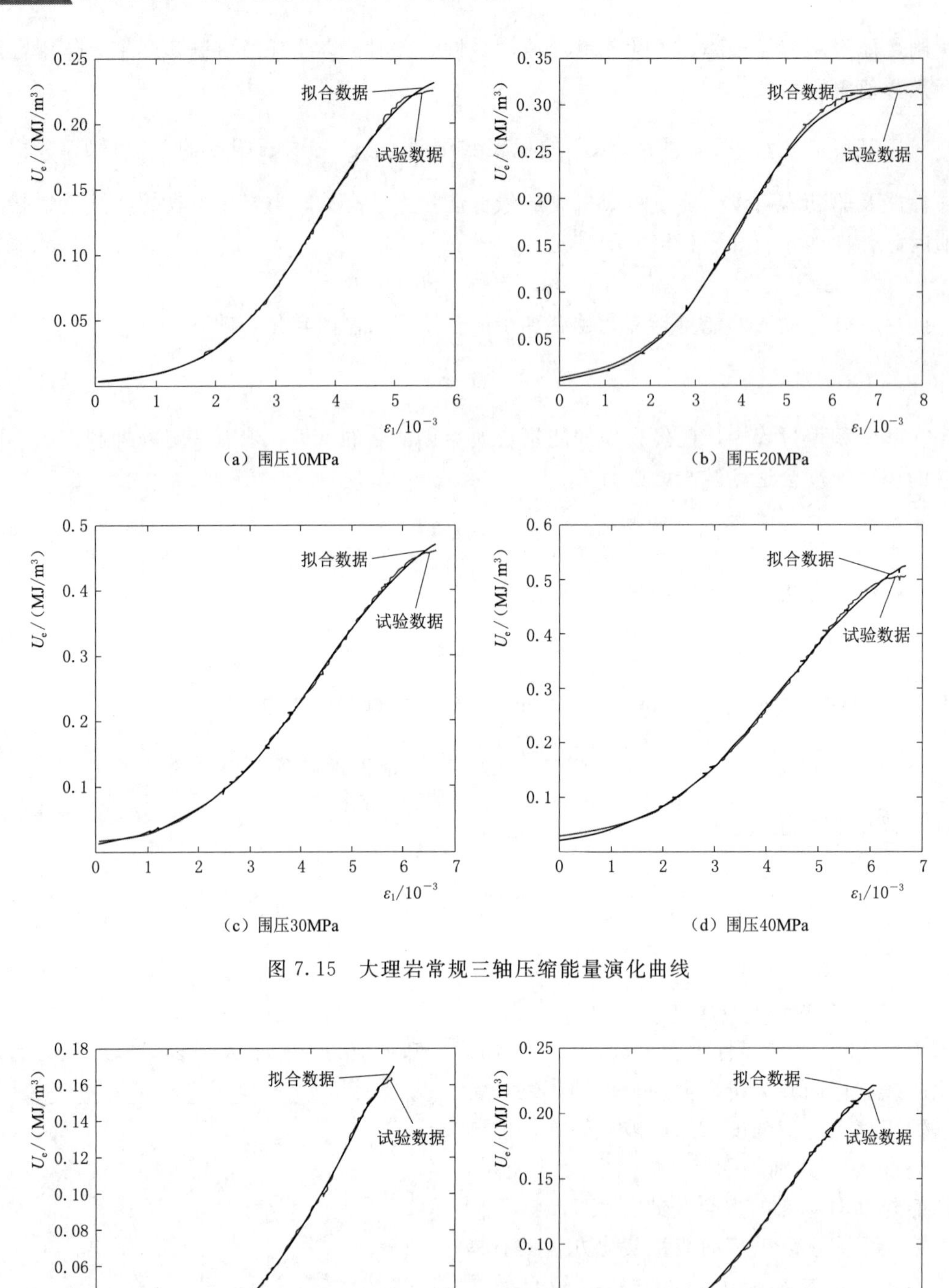

（a）围压10MPa

（b）围压20MPa

（c）围压30MPa

（d）围压40MPa

图 7.15 大理岩常规三轴压缩能量演化曲线

（a）围压10MPa

（b）围压20MPa

图 7.16（一） 大理岩卸荷破坏能量演化曲线

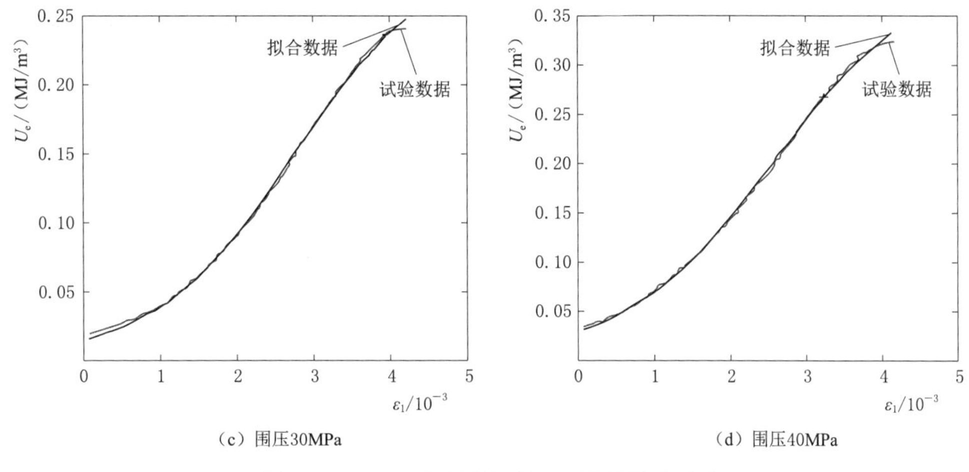

(c) 围压30MPa　　(d) 围压40MPa

图 7.16(二)　大理岩卸荷破坏能量演化曲线

关，常规三轴储能极限高于单轴，而峰值强度前卸围压低于常规三轴。以围压 20MPa 为例，常规三轴储能极限为 0.31MJ/m³，卸荷储能极限为 0.22MJ/m³。储能极限还受到围压影响，无论是加荷还是卸荷，随着围压的升高，储能极限都逐渐增大。随着围压从 10MPa 增加到 40MPa，常规三轴加荷破坏试验大理岩储能极限由 0.23MJ/m³、0.32MJ/m³、0.47MJ/m³ 和 0.51MJ/m³ 逐渐增大；卸荷破坏试验大理岩储能极限由 0.16MJ/m³、0.22MJ/m³、0.24MJ/m³ 和 0.33MJ/m³ 逐渐增大。

表 7.7　　大理岩能量演化拟合方程统计表

应力路径	围压/MPa	拟合公式	R^2
单轴	0	$U_e=\dfrac{0.2}{1+e^{-1513.8\varepsilon_1+5.3}}$	0.98
		$U_e=\dfrac{0.27}{1+e^{-1235.4\varepsilon_1+4.1}}$	0.98
常规三轴	10	$U_e=\dfrac{0.30}{1+e^{-1206.1\varepsilon_1+4.50}}$	0.99
	20	$U_e=\dfrac{0.54}{1+e^{-834.6\varepsilon_1+3.63}}$	0.97
	30	$U_e=\dfrac{0.30}{1+e^{-1012.0\varepsilon_1+4.00}}$	0.96
	40	$U_e=\dfrac{0.62}{1+e^{-774.2\varepsilon_1+3.40}}$	0.96
卸荷	10	$U_e=\dfrac{0.20}{1+e^{-1231.4\varepsilon_1+4.20}}$	0.99
	20	$U_e=\dfrac{0.30}{1+e^{-1140.9\varepsilon_1+3.60}}$	0.98
	30	$U_e=\dfrac{0.30}{1+e^{-1090.0\varepsilon_1+3.00}}$	0.97

续表

应力路径	围压/MPa	拟合公式	R^2
	40	$U_e=\dfrac{0.40}{1+e^{-1002.5\varepsilon_1+2.60}}$	0.97
卸荷	10	$U_e=\dfrac{0.30}{1+e^{-1257.6\varepsilon_1+4.10}}$	0.99
	20	$U_e=\dfrac{0.30}{1+e^{-1057.3\varepsilon_1+3.60}}$	0.98
	30	$U_e=\dfrac{0.94}{1+e^{-416.6\varepsilon_1+3.29}}$	0.96
	40	$U_e=\dfrac{0.49}{1+e^{-868.7\varepsilon_1+2.73}}$	0.97

7.4.2 大理岩能量积聚变化率分析

根据7.4.1节由Logistic曲线对大理岩能量积聚过程的拟合分析，可以明确得到能量积聚全过程的量化数学表达式。整个能量积聚的过程满足S形曲线增长，即开始增长速度缓慢，随着变形的增大，能量积聚速度慢慢增加，当达到某一应力、应变状态后受岩石内部“竞争”因素影响，能量积聚增长速度变慢，最后趋于极大值，达到能量存储极限。对表7.7中的能量演化拟合曲线取一阶导数，得到能量积聚变化率公式为

$$U_{e'}=\frac{mk\,e^{-m\varepsilon_1-c}}{(1+e^{-m\varepsilon_1-c})^2} \tag{7.59}$$

根据式（7.59）可以看出，能量积聚变化率和应变存在复杂的非线性关系，由试验数据计算可得大理岩能量积聚过程能量积聚变化率曲线，如图7.17～图7.19所示。能量变化率呈抛物线形，存在最大值，最大值点即为能量积聚速度最快的点，此时岩石内部能量存储最为活跃。

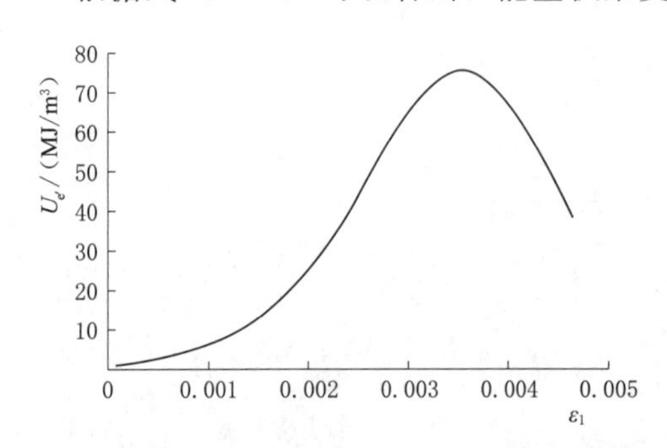

图7.17 大理岩单轴压缩能量演化变化率曲线

不同加荷、卸荷应力路径下大理岩能量变化率最大值对应的轴向应变与峰值强度对应的应变值见表7.8。最大能量积聚变化率点与峰值强度点对应的轴向应变比值离散性较大，其中单轴压缩为75%，常规三轴压缩为50%～65%，卸围压试验为65%～73%（85.8%离散不计）。这说明根据最大能量变化率点处的应变很难估测出岩样破坏时峰值强度点处的应变，难以进行岩石破坏的预警判断。

大理岩能量变化率最大值点与峰值强度点对应的轴向应力见表7.9。最大能量积聚变化率点与峰值强度点轴向应力的比值，常规加荷试验（单轴和常规三轴）为76%左右，峰值强度前卸围压试验为79%左右。说明根据最大能量变化率出现时的应力能够估测出岩石的峰值应力，进而对岩石破坏进行预警判断。

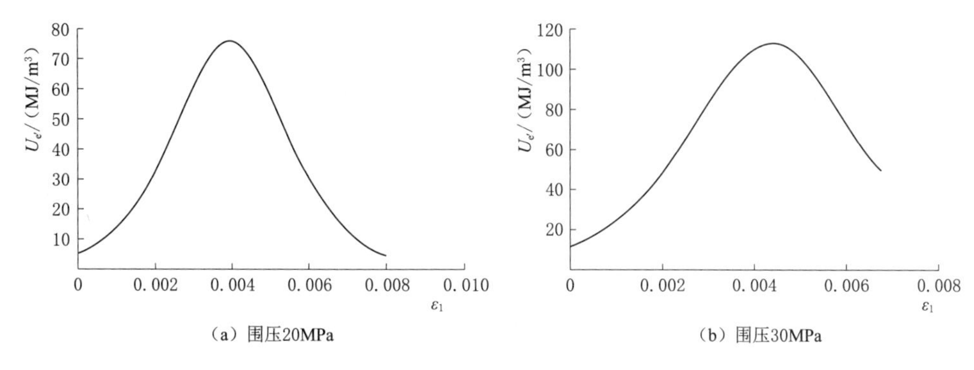

（a）围压20MPa　（b）围压30MPa

图 7.18　大理岩常规三轴压缩能量演化变化率曲线

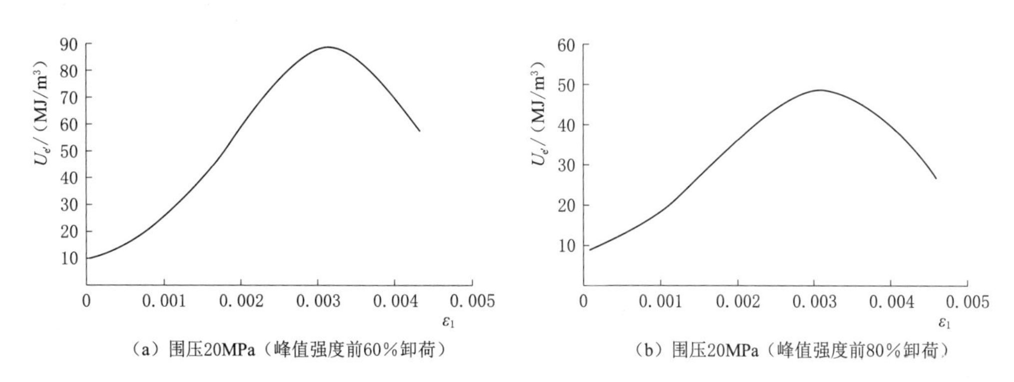

（a）围压20MPa（峰值强度前60%卸荷）　（b）围压20MPa（峰值强度前80%卸荷）

图 7.19　大理岩卸荷破坏能量演化变化率曲线

表 7.8　大理岩最大能量变化率点和峰值强度点对应的轴向应变统计表

应力路径	围压/MPa	轴向应变		比值/%
		最大能量变化率点	峰值强度点	
单轴	0	0.00352	0.00463	75.91
常规三轴	10	0.00313	0.00566	55.18
	20	0.00398	0.00802	49.69
	30	0.00433	0.00665	65.20
	40	0.00441	0.00668	65.97
卸荷	10	0.00355	0.00413	85.77
	20	0.00317	0.00434	73.09
	30	0.00277	0.00426	65.02
	40	0.00299	0.00439	68.24
	10	0.00322	0.00488	65.85
	20	0.00312	0.00462	67.42
	30	0.00745	0.01091	68.33
	40	0.00329	0.00499	66.01

表7.9　　大理岩最大能量变化率点和峰值强度点对应的轴向应力统计表

应力路径	围压/MPa	轴向应力/MPa		比值/%
		最大能量变化率点	峰值强度点	
单轴	0	56.75	73.68	77.02
常规三轴	10	76.03	101.50	74.90
	20	91.17	121.35	75.13
	30	120.11	158.78	75.65
	40	130.57	169.44	77.06
卸荷	10	75.54	89.00	84.89
	20	80.12	98.86	81.04
	30	90.40	114.75	78.78
	40	97.36	125.05	77.86
	10	83.64	102.85	81.32
	20	84.66	113.29	74.73
	30	100.25	125.97	79.58
	40	113.42	145.85	77.76

7.4.3 基于能量演化特征的岩石破坏预警判据

1. 大理岩能量演化模型的分叉混沌特征

式（7.58）为广义的Logistic方程，为分析能量随轴向应变变化的演化序列，将其改写为离散的Logistic模型形式，即

$$U_{i+1}^{e}=\mu U_{i}^{e}(1-U_{i}^{e}/k) \tag{7.60}$$

式中　U_{i}^{e}——任一轴向应变 ε_{1i} 对应的弹性应变能；

U_{i+1}^{e}——应变 $\varepsilon_{1i+1}=\varepsilon_{1i}+\Delta\varepsilon_{1i}$ 对应的弹性能；

μ——能量增长迭代因子，它是轴向应变 ε_{1i} 的函数，表征岩石在变形过程中能量的迭代增长效应；

k——岩石能量积聚最大值。

令 $u_{i}^{e}=U_{i}^{e}/k$，式（7.60）变为

$$u_{i+1}^{e}=\mu u_{i}^{e}(1-u_{i}^{e}) \tag{7.61}$$

其中，$0\leqslant u_{i}^{e}\leqslant 1$，$0\leqslant\mu\leqslant 4$。

式（7.61）为标准Logistic映射，具有非常复杂的性质。应变能密度（u_{i}^{e}）随 μ 值变化出现不同的曲线轨迹，分别对应稳定、分叉和混沌特征，即

$$\begin{cases} \mu<3.0000 & 稳定 \\ 3.0000\leqslant\mu<3.5699 & 分叉 \\ 3.5699\leqslant\mu<4.0000 & 混沌 \end{cases} \tag{7.62}$$

分叉过程如图7.20所示，分叉点参数值见表7.10。

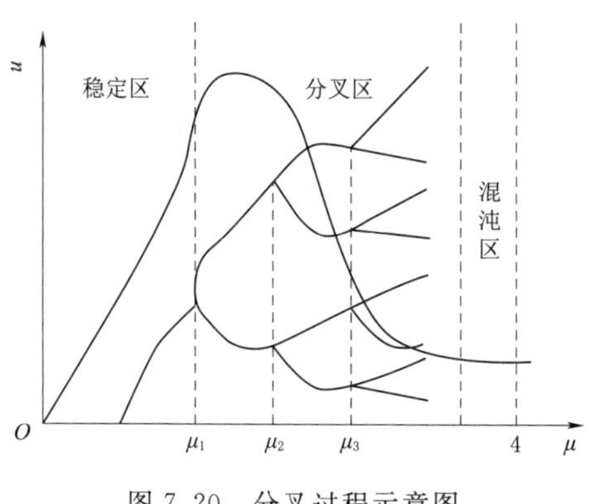

图 7.20 分叉过程示意图

表 7.10 分叉点参数值

分叉情况	μ
1→2	3.0000
2→4	3.4495
4→8	3.5441
…	…
分叉→混沌	3.5699

2. 大理岩破坏的预警判据

结合 Logistic 标准映射，利用能量增长迭代因子值分析能量演化过程。单轴压缩、常规三轴压缩和峰前卸荷破坏路径下能量增长迭代因子与轴向应变的变化曲线如图 7.21～图 7.23 所示。不同应力路径下，能量增长迭代因子值变化规律相同。随着能量增长迭代因子值的增大，大理岩的变形和弹性能都变大。加载初期，能量增长迭代因子值增加缓慢，岩石吸收的能量主要用于为裂纹的闭合以及局部裂纹扩展。随着变形增加，当岩石吸收的能量到达驱动岩石发生能量积聚机制

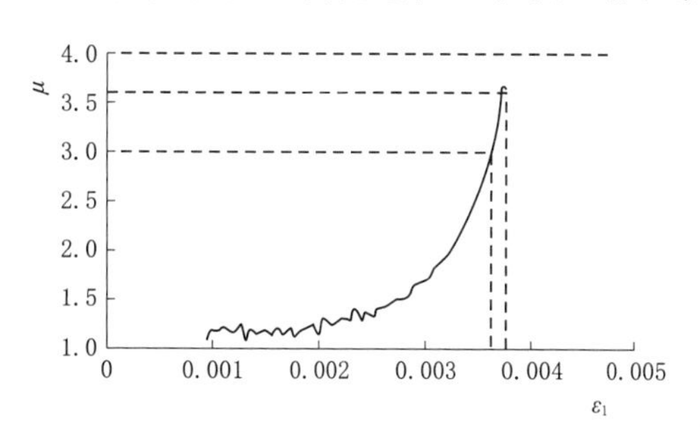

图 7.21 大理岩单轴压缩能量增长迭代因子值与轴向应变关系

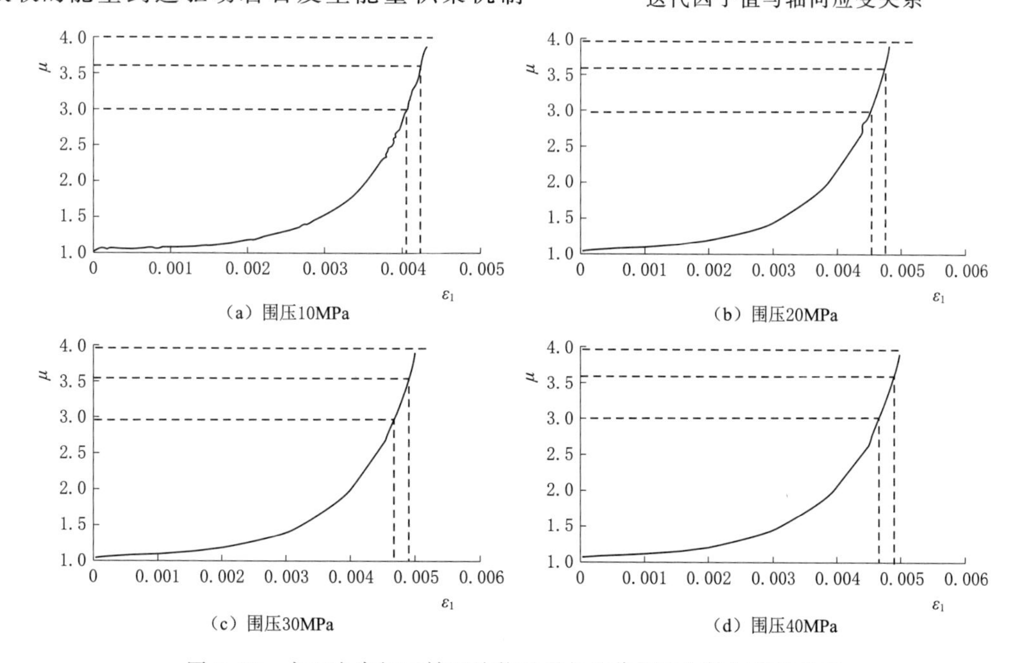

图 7.22 大理岩常规三轴压缩能量增长迭代因子与轴向应变关系

的最低能量 U^{e_0} 时，岩石内部弹性能快速积聚，能量增长迭代因子值增速变快，其稳定状态为相空间收缩后形成的不动点，即 $u_i^e=1-1/\mu$ 。当能量增长迭代因子值接近临界值 3.0000 时，不动点失稳，能量增长迭代因子值出现陡增，进入倍周期分叉区，能量演化出现第一次分叉，岩石内部小裂纹迅速扩展。当能量增长迭代因子值到达 3.4495 时，能量演化出现二次分叉，岩石内部小裂纹之间逐渐贯通。随着应变持续增加，相继出现一系列的分叉点，分叉过程加快。当能量增长迭代因子值到达 3.5699 时，倍周期分叉结束，能量演化进入混沌发展状态，内部裂纹贯通形成宏观破坏面，岩石发生破坏。

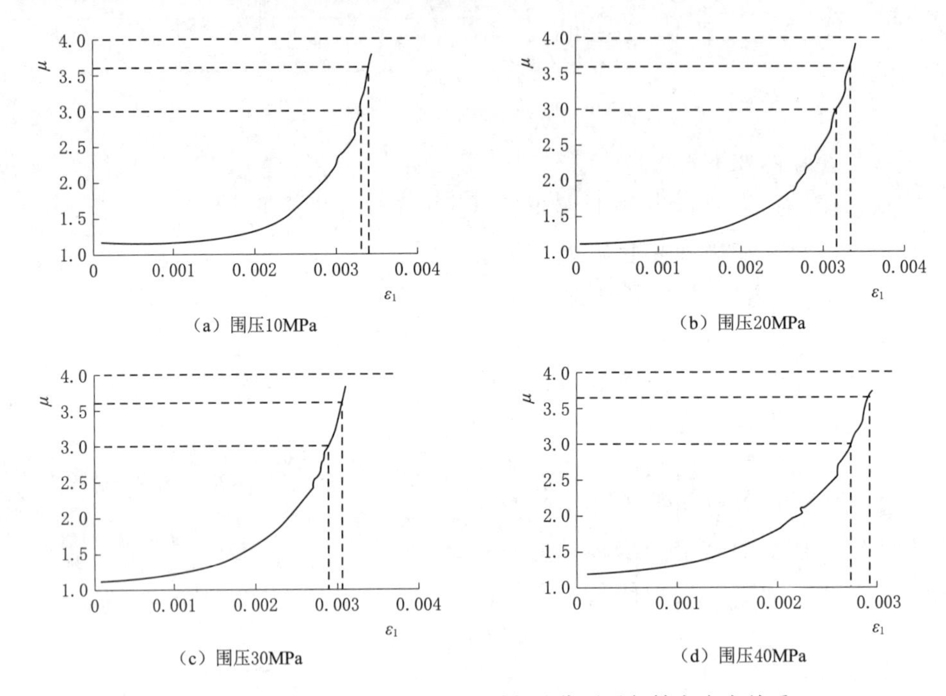

图 7.23 大理岩卸荷破坏能量增长迭代因子与轴向应变关系

能量增长迭代因子 $\mu=3.0000$ 对应的轴向应变，提供了判断岩石破坏开始的依据。当能量演化达到倍周期分叉区时，不动点失稳，岩石内部裂纹扩展加速，该值过后岩石很快发生破坏，选取 $\mu=3.0000$ 对应的应变水平为岩石破坏预警判别指标。

定义 λ_μ 为 μ 值对应的轴向应变（$\varepsilon_{1\mu}$）与峰值轴向应变（ε_{1p}）的比值，即

$$\lambda_\mu=\frac{\varepsilon_{1\mu}}{\varepsilon_{1p}}\times 100\% \tag{7.63}$$

不同应力路径下大理岩变形过程能量出现分叉、混沌时对应的轴向应变统计表见表 7.11。当能量增长迭代因子 $\mu=3.0000$ 时，能量出现第一次分叉，单轴压缩对应的 $\lambda_{3.0000}$ 为 77%左右，常规三轴 $\lambda_{3.0000}$ 为 72%～76%，卸荷破坏 $\lambda_{3.0000}$ 为 72%～81%。随着围压升高，$\lambda_{3.0000}$ 值逐渐降低，具有明显的围压效应。大理岩常规三轴加荷破坏 $\lambda_{3.0000}$ 值从 75.87%、75.10%、73.14%、72.27%逐渐降低，大理岩卸荷破坏 $\lambda_{3.0000}$ 值从 80.82%、77.09%、75.64%、72.40%逐渐降低。

表 7.11　不同应力路径大理岩变形过程能量分叉、混沌时对应的轴向应变统计表

应力路径	围压/MPa	$\lambda_{3.0000}$/%	$\lambda_{3.4495}$/%	$\lambda_{3.5699}$/%
单轴	0	77.97	80.34	80.78
		76.35	79.05	79.43
常规三轴	10	75.87	78.34	78.65
	20	75.10	77.40	77.57
	30	73.14	77.10	77.45
	40	72.27	76.05	76.39
卸荷	10	80.82	82.05	82.82
	20	77.09	79.65	80.41
	30	75.64	76.95	77.51
	40	72.40	75.06	76.13
	10	81.35	82.93	83.25
	20	78.71	81.33	82.06
	30	77.83	80.68	81.22
	40	73.43	76.83	77.32

当能量增长迭代因子 $\mu=3.4495$ 时，能量出现第二次分叉。大理岩单轴压缩对应的 $\lambda_{3.4495}\approx80\%$，常规三轴压缩试验 $\lambda_{3.4495}=76\%\sim79\%$，卸荷破坏试验 $\lambda_{3.4495}=75\%\sim83\%$。当能量增长迭代因子 $\mu=3.5699$ 时，能量出现混沌。从第二次分叉发展到混沌，两者对应的 λ_{μ} 值非常接近，说明出现第一次分叉后，后期的每一次分叉都更接近混沌状态，岩石内部裂纹扩展迅速，裂纹快速贯通形成破坏面，岩石发生破坏。因此，将能量增长迭代因子 $\mu=3.0000$ 对应的应变值作为破坏预测标准是合适的。

7.5　基于全过程变形曲线的岩石卸荷破坏本构模型

7.5.1　岩石卸荷破坏本构模型的建立

鉴于岩石三轴试验操作的复杂性，一般情况下岩石三轴试验的数量是非常有限的，因而得到的应力-应变曲线只能是某类岩石在具体围压下本构关系的表现，而且试验得到的应力-应变曲线形状各异，这些都限制了通过拟合应力-应变曲线得到岩石具体本构关系的适用性。可以认为，同一个地点的同种岩石所表现出的物理力学性质必定蕴含着某种内在联系，这种联系在宏观上也必然有所体现，轴向应力差与应变的关系就是各种应力-应变曲线间的联系之一。

从岩样卸荷破坏试验的全过程变形曲线可以看出，岩石的应力-应变全过程曲线可以统一划分为 ob、bc、cf 三段，以 b 点为界，b 点以前为弹性变形，b 点以后为塑性变形，如图 7.24 所示。

（1）ob 段—弹性阶段。应力-应变曲线基本成直线，其应力-应变关系表示为

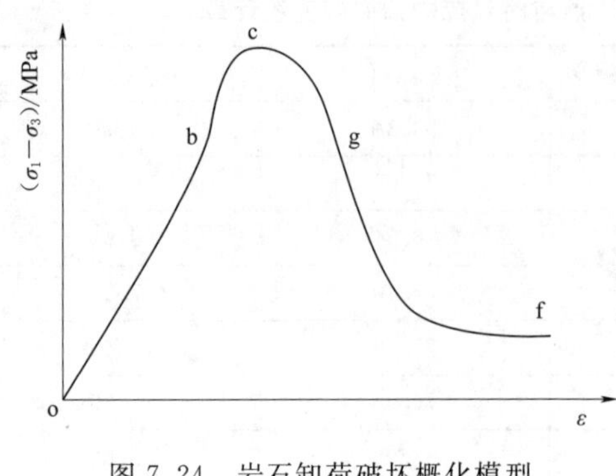

图 7.24 岩石卸荷破坏概化模型

$$\sigma_1-\sigma_3=E\varepsilon \quad \varepsilon\leqslant\varepsilon_b \tag{7.64}$$

(2) bc 段—应变硬化阶段（加轴压、卸围压阶段）。该阶段采用曲线拟合的办法，回归公式为

$$\sigma_1-\sigma_3=\beta(-64.5\varepsilon^2+0.42\varepsilon) \quad \varepsilon_b<\varepsilon\leqslant\varepsilon_c \tag{7.65}$$

式中 β——回归参数，可以通过试验确定。

(3) cf 段—应变软化阶段（峰后阶段）。峰值强度后岩石发生应变软化，强度降低，破裂面逐渐贯通，应变快速增加，并最终到达残余强度 f 点。该阶段采用曲线拟合的办法，其本构方程表示为

$$\sigma_1-\sigma_3=\sigma_c\frac{\varepsilon/\varepsilon_c}{\alpha(\varepsilon/\varepsilon_c-1)^2+\varepsilon/\varepsilon_c} \quad \varepsilon>\varepsilon_c \tag{7.66}$$

式中 α——回归参数，可以通过试验确定；

σ_c——峰值强度。

根据公式（7.66）可以看出：①当 $\alpha=0$ 时，$\sigma_1-\sigma_3=\sigma_c$，曲线为从峰值点延伸的水平线，相当于理想塑性材料；②当 $\alpha\to\infty$时，$\sigma_1-\sigma_3=0$，表示峰值强度后岩体的残余强度为零，相当于完全脆性介质；③当 $0<\alpha<\infty$时，表示岩体峰值强度后具有非线性软化特性，不同的 $\alpha\to\infty$值就代表岩体峰后不同的非线性软化特征。

7.5.2 模型验证

基于灰岩卸围压破坏试验结果建立岩石卸荷破坏本构模型，灰岩岩样的物理力学参数见表 7.12，灰岩理论模型曲线与试验曲线的比较图如图 7.25 所示。可以看出，理论模型较好地反映了卸荷路径下岩石的强度和变形特征，理论曲线与试验曲线吻合较好，但是理论模型曲线的残余强度要略高一些。

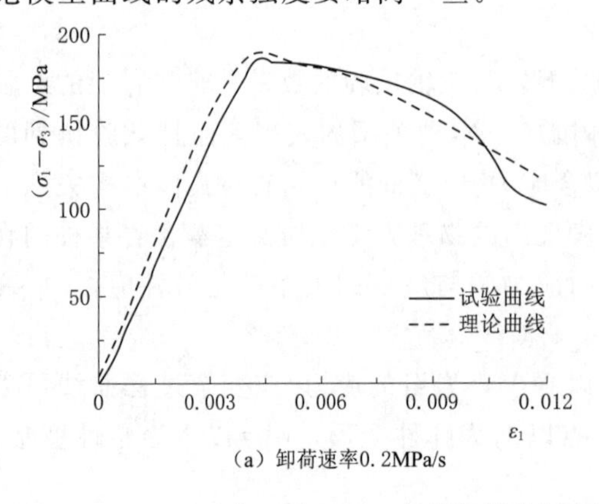

(a) 卸荷速率0.2MPa/s

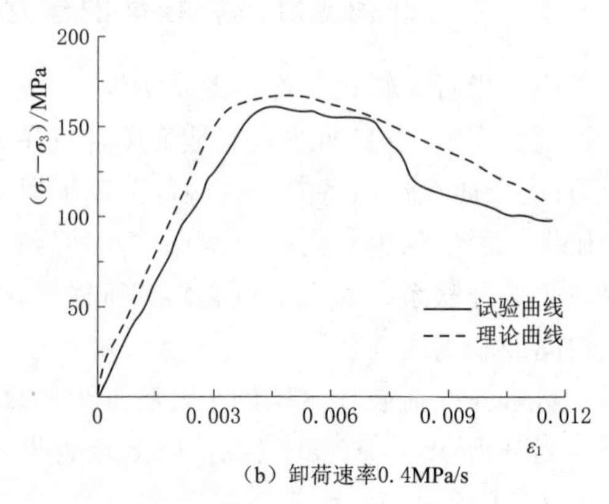

(b) 卸荷速率0.4MPa/s

图 7.25 灰岩卸荷破坏理论模型曲线与试验曲线对比图

表 7.12　　灰岩岩样的物理力学参数

围压/MPa	卸荷速率/(MPa/s)	E/GPa	$\varepsilon_b/10^{-3}$	$\varepsilon_c/10^{-3}$	$\beta/10^6$	α
30	0.2	46.5	2.6	4.5	0.27	1.15
30	0.4	53.7	2.3	4.1	0.29	0.56

7.6　岩石卸荷破坏的损伤本构模型

7.6.1　岩石变形过程的黏结弱化-摩擦强化现象

本章 7.1 节对强度准则的分析表明，岩石破坏采用 Mogi - Coulomb 准则比 Mohr - Coulomb 准则更为准确，因此，基于 Mogi - Coulomb 准则公式分析岩石物理力学参数。分析第 2 章表 2.17 中的特征应力数据发现，大理岩各阶段特征应力均符合 Mogi - Coulomb 公式，相关系数均在 0.95 以上，如图 7.26 所示。

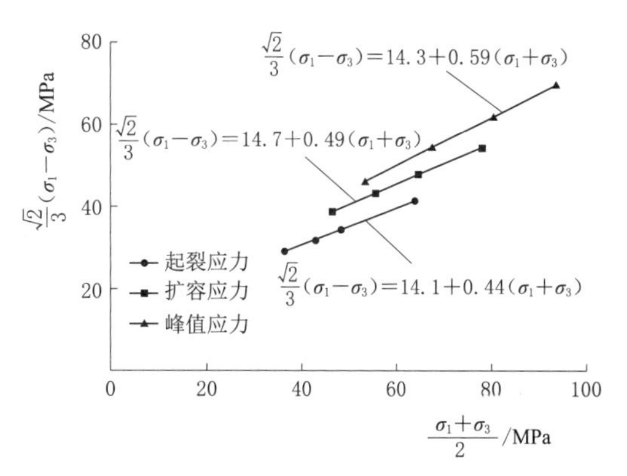

图 7.26　Mogi - Coulomb 强度准则回归分析

为研究大理岩卸围压变形过程中黏聚力、内摩擦角随塑性变形的变化规律，结合图 7.26，假设大理岩在起裂应力后进入塑性状态，并且进入塑性状态后的后继屈服面仍然符合 Mogi - Coulomb 准则，后继屈服面近似平行于初始屈服面发展。考虑围压对岩石变形的影响，不同围压条件下大理岩应力-应变曲线弹塑性变形区间有所差别。位移控制加轴压、卸围压路径下，围压 10MPa、20MPa、30MPa、40MPa 大理岩岩样，以表 2.22 中起裂应力对应的屈服面为初始屈服面，分别计算相应的塑性参数 ε^{ps}（卢兴利等，2013），其计算公式为

$$\varepsilon^{ps}=\left[\frac{(\Delta\varepsilon_1^{ps}-\Delta\varepsilon_m^{ps})^2+(\Delta\varepsilon_m^{ps})^2+(\Delta\varepsilon_3^{ps}-\Delta\varepsilon_m^{ps})^2}{2}\right]^{\frac{1}{2}} \tag{7.67}$$

其中

$$\Delta\varepsilon_m^{ps}=\frac{1}{3}(\Delta\varepsilon_1^{ps}+\Delta\varepsilon_3^{ps}) \tag{7.68}$$

式中　$\Delta\varepsilon_j^{ps}$（$j=1$，3）——各主应力对应的塑性应变增量。

取初始屈服面对应的塑性参数为零，依次增加塑性应变量值，从而确定后继屈服面。根据 Mogi - Coulomb 准则公式确定 a、b 值，得到随着塑性参数变化的黏聚力 c 和内摩擦角 φ 值。取初始屈服面的黏聚力 c_0、内摩擦角 φ_0 值作为初始值，依次计算后继屈服面对应的 c_i、φ_i 值。以卸荷速率 0.2MPa/s 和 0.6MPa/s 为例，大理岩卸围压变形过程中不同塑性参数对应的黏聚力 c 和内摩擦角 φ 见表 7.13，根据表 7.13 绘出的黏聚力 c 和内摩擦

角 φ 随塑性参数 ε^{ps} 的变化曲线如图 7.27 所示。

表 7.13 大理岩卸围压变形过程中不同塑性参数对应的黏聚力 c 和内摩擦角 φ 值

卸荷速率 0.2MPa/s			卸荷速率 0.6MPa/s		
ε^{ps}	φ/(°)	c/MPa	ε^{ps}	φ/(°)	c/MPa
0	1.8	17.9	0	9.3	8.6
0.0001	3.2	20.1	0.0001	11.1	8.9
0.0002	5.7	19.3	0.0002	14.2	9.3
0.0003	8.4	17.7	0.0003	15.1	10.2
0.0004	14.1	15.7	0.0004	17.1	10.1
0.0005	18.6	15.0	0.0005	17.3	11.0
0.0006	21.9	14.9	0.0006	25.9	7.3
0.0007	23.8	14.8	0.0007	30.3	7.5
0.0008	24.9	10.8	0.0008	38.2	1.7
0.0009	8.0	8.6	0.0009	35.2	1.7

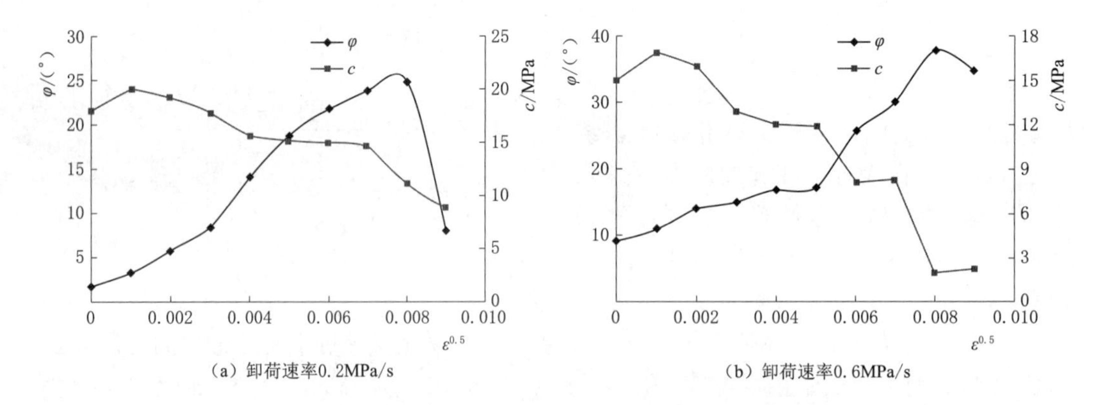

图 7.27 大理岩卸荷破坏试验过程的黏结弱化-摩擦强化现象

与传统观点认为岩石变形过程中黏聚力 c 与内摩擦角 φ 保持不变不同，随着塑性参数 ε^{ps} 增大，黏聚力总体呈降低趋势，内摩擦角呈增大趋势。以卸荷速率 0.2MPa/s 为例进行说明，塑性参数 $\varepsilon^{ps} \leqslant 0.0008$ 时的屈服面为峰值强度前的屈服面，随着塑性参数增大，峰值强度前黏聚力缓慢减小，峰值强度后黏聚力迅速降低。与黏聚力值规律相反，随着塑性参数增大，内摩擦角值增大，但在峰值强度后内摩擦角值又逐渐降低，说明峰值强度后岩石宏观破裂面基本形成，破裂表面凹凸逐渐被磨平，摩擦力逐渐失去，这可以从岩样破坏面上分布的一层白色粉末得到验证。岩石这种力学参数变化行为被称为黏结弱化-摩擦强化现象，岩石力学参数的这种特性与其微观裂纹在受荷破坏过程中的发展过程有关。岩体工程稳定性分析中，一般认为黏聚力和内摩擦角都是保持不变的，这种计算方法的准确性有待商榷，考虑岩石黏结弱化-摩擦强化现象更能准确表征实际岩体的变形特征。

7.6.2 基于黏结弱化-摩擦强化现象的工程模拟

1. 模型参数

某工程为深埋水电站地下马蹄形引水隧洞，通过室内试验获取的岩体物理力学参数见表 7.14。根据现场监测认为，岩体开挖卸荷方案最接近加轴压、峰前 80%以 0.2MPa/s 卸围压应力路径。因此，数值模型中考虑黏结弱化-摩擦强化现象时，根据 7.6.1 节的结论，选用内摩擦角由 1.8°增大到 24.9°，黏聚力由 20.1MPa 减小到 8.6MPa。

表 7.14　某水电站工程大理岩物理力学参数统计表

$\gamma/(\mathrm{kN/m^3})$	E/GPa	c/MPa	φ/(°)	μ	峰值应变/10^{-3}	峰值强度/MPa
27.97	25	30	29.75	0.25	4.8	125

结果表明，隧洞开挖扰动范围约为 1.5 倍的开挖直径，因此，本文数值模拟时设定黏聚力和内摩擦角改变的范围为开挖直径的 1.5 倍，隧洞其余部分仍然按照原参数取值。根据图 7.27 中黏聚力与内摩擦角随塑性应变的变化规律，对隧道周围 1.5 倍开挖直径范围内的围岩进行分区，如图 7.28 所示。隧洞围岩一共分为 5 个区间，越靠近隧洞，围岩的塑性应变越大，远离隧洞的岩体塑性应变减小，不考虑隧洞开挖卸荷对大于 1.5 倍开挖直径的外围岩体的扰动。由于塑性区不是均匀变化，故 5 个分区的黏聚力和内摩擦角数值也不是线性的，靠近隧洞的区间黏聚力和内摩擦角的数值变化大，远离隧洞的区间黏聚力和内摩擦角变化小。

本文利用 Abaqus 有限元数值模拟软件模拟埋深 500m 隧洞开挖后的应力、应变与塑性区分布特征。计算模型尺寸为 60m×60m，隧洞高 8.5m，开挖宽度 12m，拱半径为 6.5m。模型顶部埋深 500m，模型顶部考虑上部覆盖岩石的重力作用，施加均布荷载 13.257MPa，模型底部固定约束，隧洞两侧约束水平方向的位移，隧洞单元网格划分如图 7.29 所示。

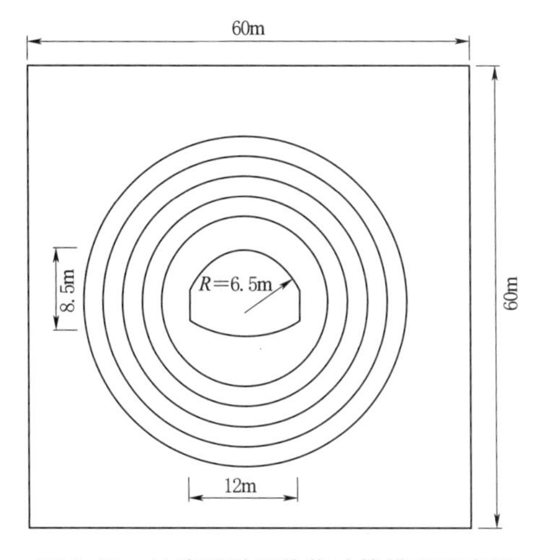

图 7.28　马蹄形隧洞数值计算模型示意图

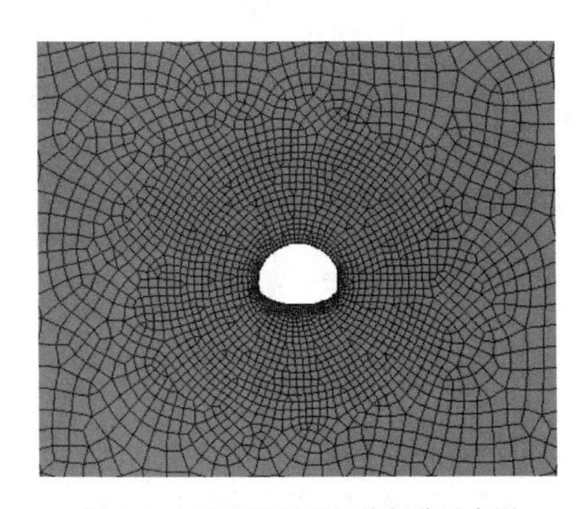
图 7.29　马蹄形隧洞网格划分示意图

2. 塑性区

大理岩隧洞开挖卸荷后的塑性区分布图如图 7.30 所示。隧洞开挖后塑性区主要发生在隧洞两侧，由下向上范围越来越大，塑性应变最大值位于隧洞底角位置，隧洞顶部与底部无塑性区出现。传统计算模型与考虑黏结弱化-摩擦强化现象模型的塑性区分布明显不同，考虑黏结弱化-摩擦强化现象后塑性区范围变小，塑性应变数值减少一倍。在塑性区发展趋势上，传统模型塑性区的发展成尖端集中式向上、向外发展，考虑黏结弱化-摩擦强化现象后塑性区呈现均匀的向外递进式发展。

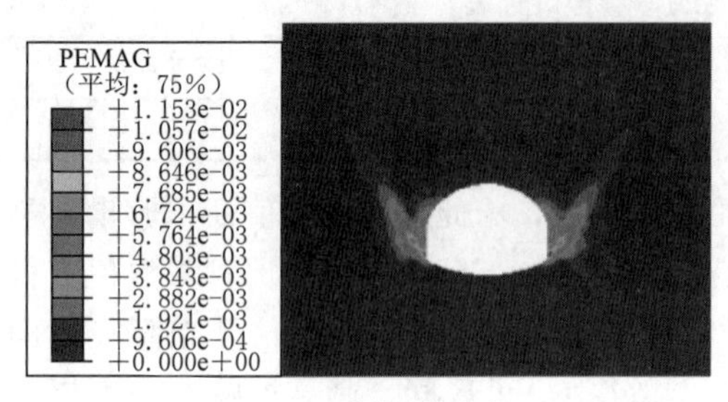

(a) 传统计算方法

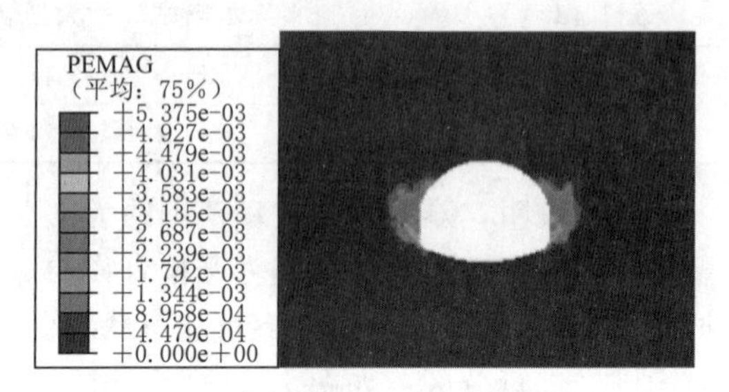

(b) 考虑黏结弱化-摩擦强化现象

图 7.30 隧洞开挖后塑性区分布特征

3. 位移

隧洞水平与竖向位移是隧洞工程监测的重点，尤其是拱顶沉陷是工程中不容忽视的安全问题。隧洞水平位移和竖向位移分布图如图 7.31、图 7.32 所示。总体而言，传统模型与考虑黏结弱化-摩擦强化现象模型的模拟结果类似：①水平变形主要发生在隧洞洞壁两侧，靠近洞壁位置位移大，远离隧洞的位置位移小；②竖向位移呈左右对称分布，拱顶位置有沉陷现象，容易造成地面沉降，越向顶部竖向位移越大。根据模拟结果，隧洞工程支护应该主要集中在洞室两侧和顶端。

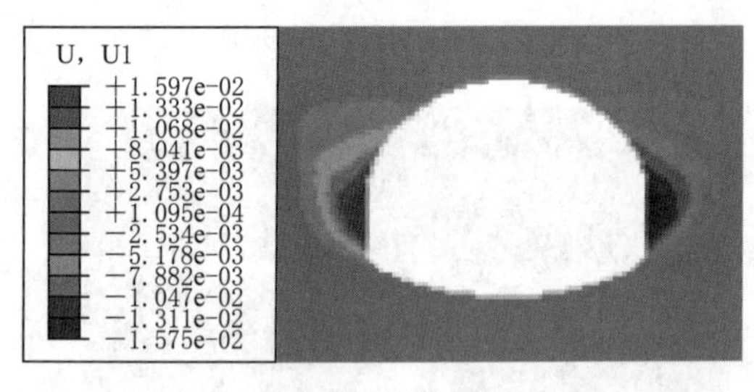

(a) 传统计算方法

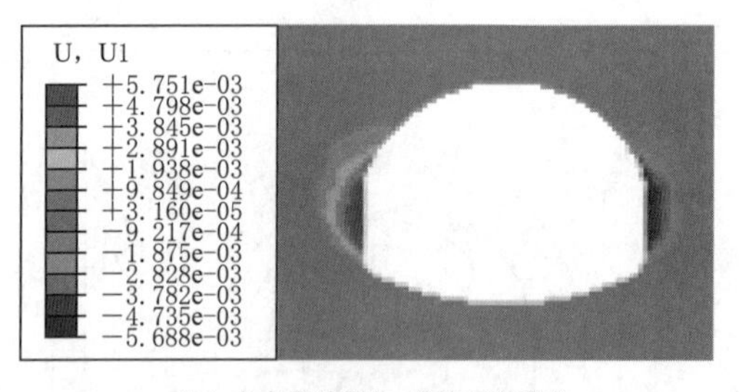

(b) 考虑黏结弱化-摩擦强化现象

图 7.31 隧洞开挖后水平位移分布特征

比较模型改进前后图形发现，考虑黏结弱化-摩擦强化现象后隧洞的竖向位移与水平位移量值偏小。其中，水平方向位移分布范围变大，但是形状基本一致；竖向位移对传统模型而言隧洞顶部位移偏大。由模拟计算的数值与范围可知，传统计算方法偏于保守，支护结构设计要求更高的强度与稳定性。

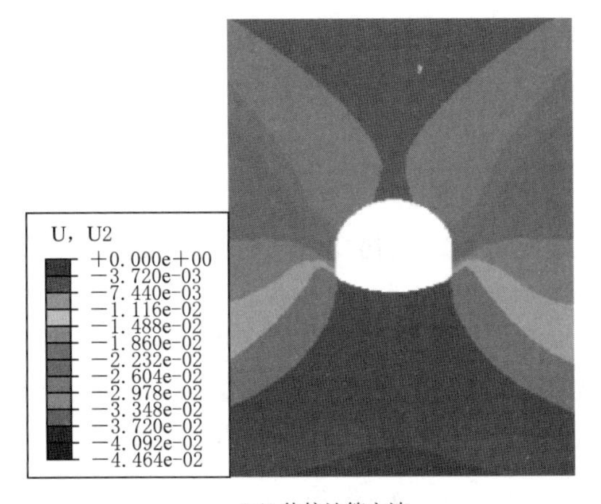

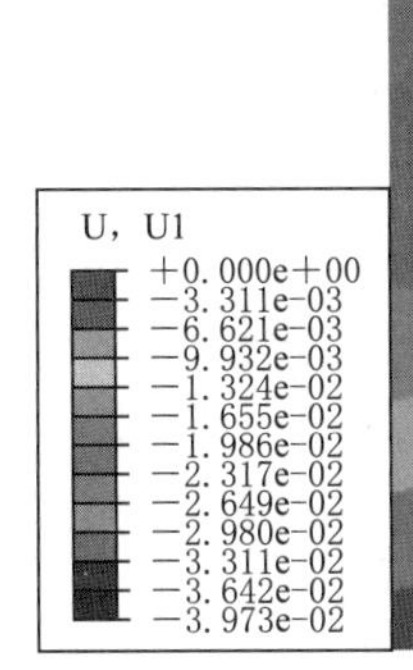

（a）传统计算方法

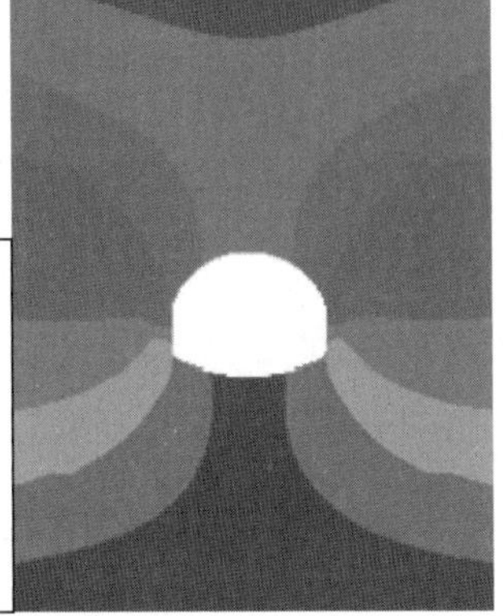

（b）考虑黏结弱化-摩擦强化现象

图 7.32　隧洞开挖后竖向位移分布特征

4. 应力

隧洞开挖后的应力分布图如图 7.33 所示。应力集中主要发生在隧洞洞壁两侧，隧洞顶部与底部受到的应力较小。常规计算模型在隧洞两侧的应力集中范围明显偏大，考虑黏结弱化-摩擦强化现象后模型所受的应力减小。

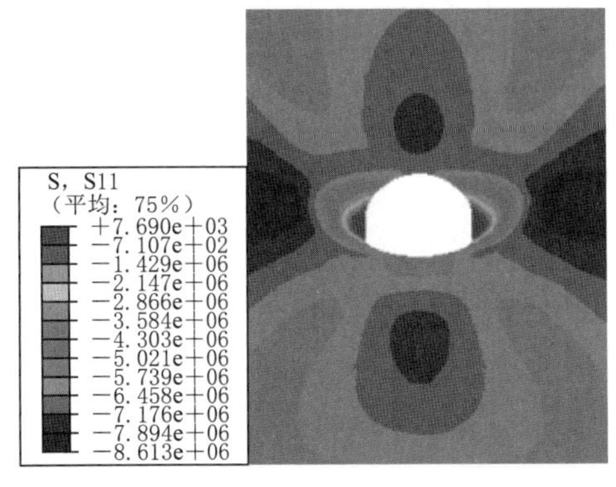

（a）传统计算方法

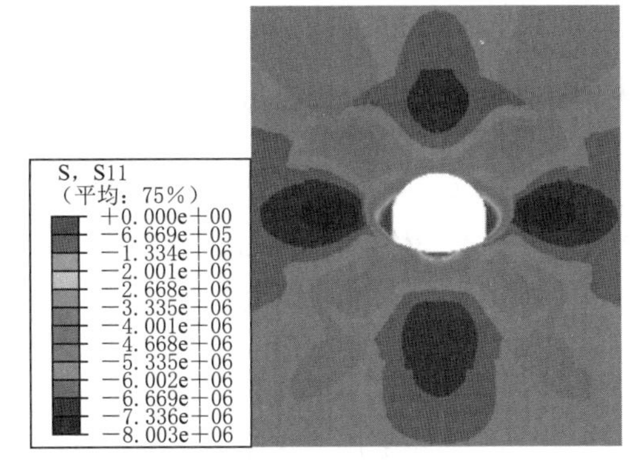

（b）考虑黏结弱化-摩擦强化现象

图 7.33　隧道开挖后应力分布特征

7.6.3　损伤变量定义

损伤变量 D 是材料内部结构破坏劣化程度的定量表示。岩石损伤是结构的劣化过程，Kachanov（1958）定义损伤变量为材料承载面上已发生损伤面积 A_d 与材料整体面积 A 之比，即

$$D=\frac{A_d}{A} \tag{7.69}$$

假设材料承载面全部发生破坏时声发射事件数为 N_n，单位面积声发射事件数为 n_n，则材料破坏面积达到 A_d 时发生的累积声发射事件数为

$$N_d = A_d \times n_n = A_d \frac{N_n}{A} \tag{7.70}$$

声发射事件数与损伤变量的关系为

$$D = \frac{N_d}{N_n} \tag{7.71}$$

对于特定的岩石，试验所得 N_n 应该是一个确定值，故损伤变量与已发生破坏的岩石声发射累积 N_d 呈正比关系，声发射振铃累积可表示岩石内部的损伤状态。

单轴压缩试验损伤变量与轴向应变关系曲线如图 7.34 所示。峰值强度前损伤变量增加很小，峰值强度后损伤变量开始快速增大，到达残余强度时损伤变量达到最大值。

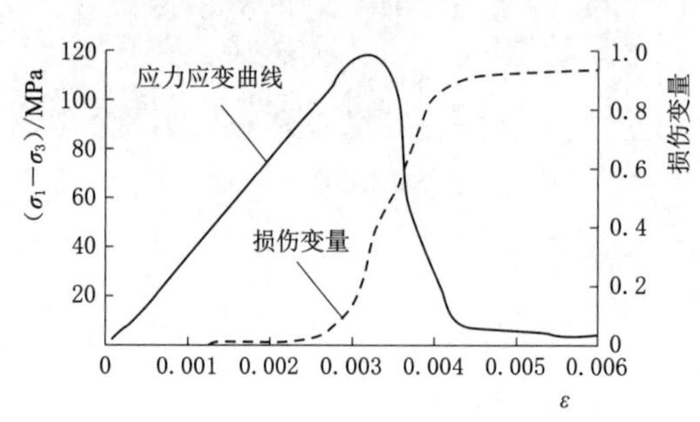

图 7.34 大理岩单轴压缩试验损伤变量与轴向应变关系曲线

7.6.4 弹性模量随围压变化规律

岩体是具有复杂微观结构的一种非连续、非均质材料，内部含有很多大小不一的裂隙。岩体受压过程中，增加围压可以提高裂隙的闭合率，从而提高岩石的抗压强度，相应的弹性模量也会提高。显然，高围压下岩体发生滑移需要的外力更大，岩石强度更高，弹性模量也会更大。考虑围压对弹性模量的影响，通过对试验数据拟合发现，弹性模量是与围压密切相关的变量，其变化规律可表示为

$$E_r = E_1 \left\{ 1 + d \left[\exp\left(\frac{b\sigma_3}{E_1} \right) - 1 \right] \right\} \tag{7.72}$$

式中 E_r——围压修正后的弹性模量；

E_1——岩石单轴受压时的弹性模量，显然单轴试验时 $E_r = E_1$；

b——曲线峰值修正系数；

d——表征围压变化速度的参数，常规三轴压缩试验中 $d=1$，卸围压试验中 d 值随围压变化而发生变化。

7.6.5 本构方程建立

实际岩体材料本身都含有一定的初始损伤，损伤会随着承受的外荷载增大而增大。采用围压修正后的弹性模量建立岩石的损伤本构方程为

$$\sigma = E_r (1 - D^a) \varepsilon \tag{7.73}$$

将式（7.72）代入本构方程（7.73）可得

$$\sigma = E_1 \left\{ 1 + d \left[\exp\left(\frac{b\sigma_3}{E_1} \right) - 1 \right] \right\} (1 - D^a) \varepsilon \tag{7.74}$$

由于岩石损伤后可以视为摩擦材料，黏聚力与内摩擦角对岩石的强度影响不能忽略，因此，将本构方程修正为

$$\sigma = E_1 \left\{ 1 + d \left[\exp\left(\frac{b\sigma_3}{E_1} \right) - 1 \right] \right\} (1 - D^a) \varepsilon + DR \tag{7.75}$$

其中
$$R=\tan^2\alpha+2c\tan\alpha$$
$$\alpha=\pi/4+\varphi/2$$

7.6.6 模型验证

以围压 40MPa、0.2MPa/s 卸围压大理岩试验数据为例对式（7.75）中的 a、b、d 参数变化规律进行说明。采用 Matlab 非线性拟合工具对试验数据进行回归分析，得到大理岩的参数取值分别为 $a=2$，$b=0.7$，$d=700$。分别确定两个参数不变，改变第三个参数得到应力-应变曲线，由此得出各参数对本构曲线的影响规律。

$b=0.7$，$d=700$ 时 a 值变化得到的应力-应变关系曲线如图 7.35 所示。峰值强度前各曲线基本重合，说明 a 值对峰值强度前阶段影响不大。随着 a 值增大，峰值强度点略有升高，但对峰值强度后岩石软化特征与残余强度影响比较大。同一应力水平下，随着 a 值增大，峰值强度后变形越大，峰值强度点越高，残余强度增大，所以 a 值能反映岩石的变形特征。参数 b 和 d 值变化对应力-应变曲线变化的影响如图 7.36、图 7.37 所示。参数 b 和 d 主要影响峰值强度前的曲线变化形式。随着参数 b 和 d 值增大，峰值强度前岩石弹性模量变大，峰值强度升高，峰值强度对应的应变值保持不变，峰值强度后应力-应变曲线随应变增大逐渐趋于一致。

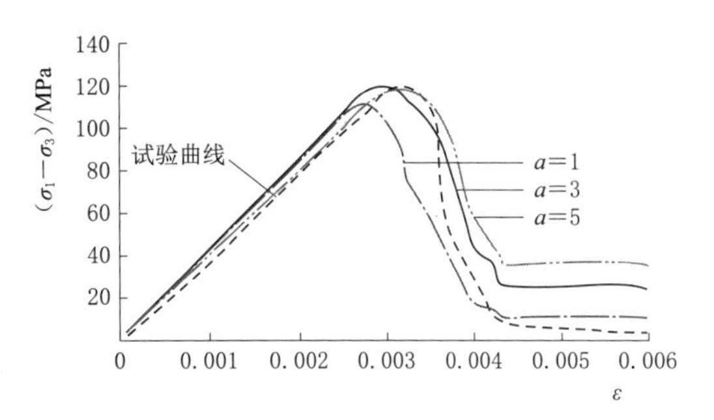

图 7.35 a 值影响应力应变曲线形式
（$b=0.7$，$d=700$）

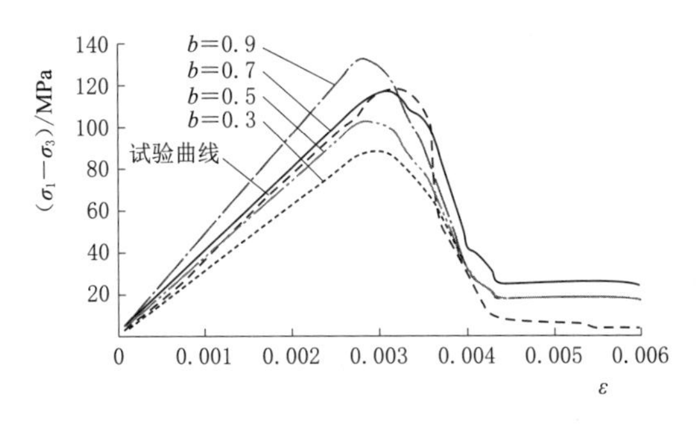

图 7.36 b 值影响应力应变曲线形式
（$a=2$，$d=700$）

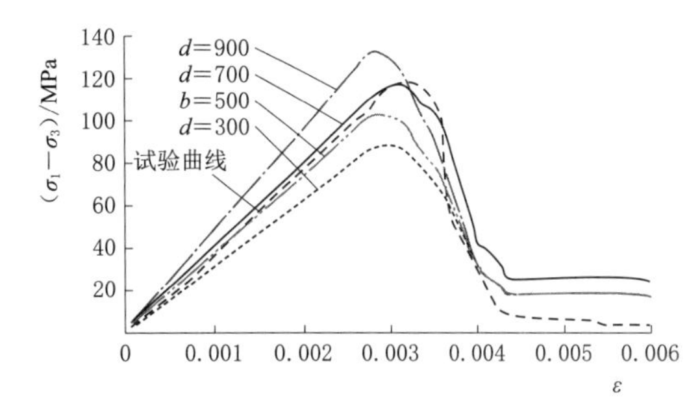

图 7.37 d 值影响曲线形式
（$a=2$，$b=0.7$）

本构方程模拟的应力-应变曲线与实测试验曲线吻合较好，拟合相关系数均在 90%以上。黏聚力与内摩擦角的取值，可根据 7.6.1 节中已得到的黏聚力与内摩擦角变化规律确定，对于岩石黏结弱化-摩擦强化的规律，简化假定用线性变化关系描述，内摩擦角由 1.80°增大到 24.90°，黏聚力由 20.1MPa 减小到 8.6MPa，黏聚力单调下降，内摩擦角单调上升。本构方程对大理岩加轴压、卸围压、卸荷速率 0.2MPa/s 时试验数据的拟合曲线如图 7.38 所示。

岩石受压初始内部裂纹会发生闭合，在静载条件下，岩石从加载至破坏的整个过程中，内部裂隙压密、裂纹扩展、聚集及贯通，这应该是一个连续的过程，其全过程的应力-应变方程应该是统一的。本文对变形曲线的模拟采用统一的方程形式，避免了分段拟合的缺点。考虑损伤及围压影响的本构方程中仅含有 3 个参数，通过调整这 3 个参数可模拟各种应力路径下岩石的变形过程，适应性强。

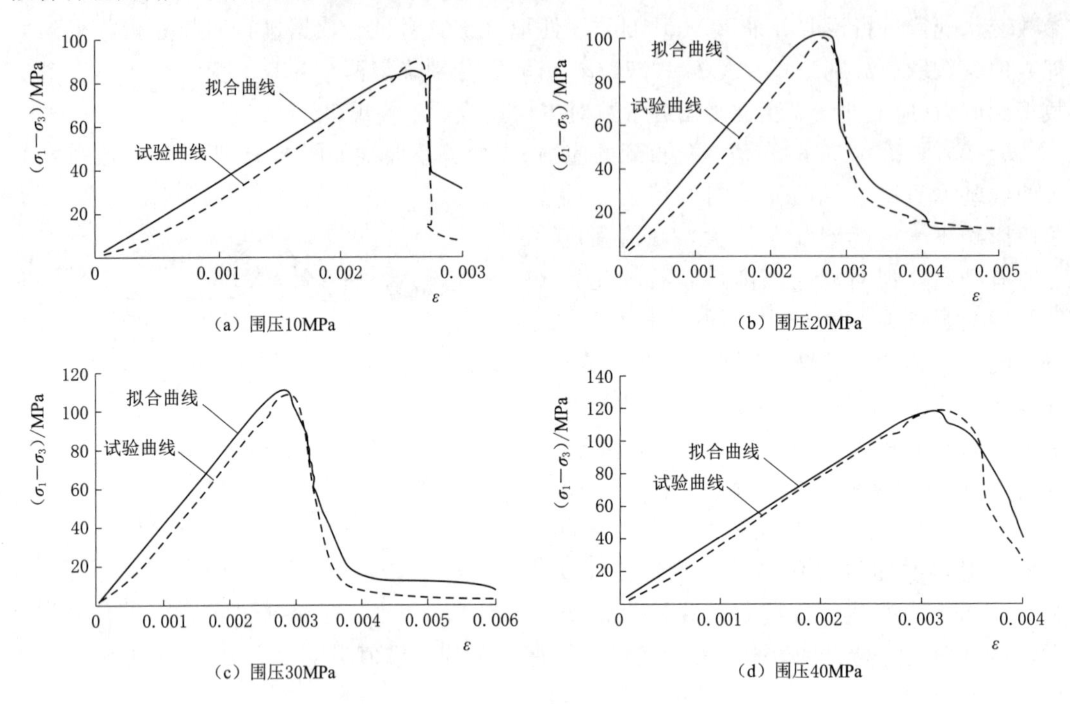

图 7.38 不同围压下大理岩卸围压破坏试验理论模型曲线与试验曲线对比图

第 8 章

卸荷破坏理论在地下工程中的应用

在分析了卸荷应力路径下不同岩性岩样的破坏机理、岩体卸荷破坏强度准则和岩石卸荷破坏本构模型后，发现室内试验测得的标准试样力学性质与实际工程岩体力学性质还是有一定差异的，因此室内试验结果很难直接应用到工程实际中。本章根据前文研究成果，对卸荷应力路径下的隧洞围岩弹塑性解析解、岩爆、岩体动力失稳等进行理论分析和工程模拟，为卸荷岩体工程应用建立理论基础。

8.1 卸荷应力路径下隧洞围岩弹塑性解析解

对隧洞围岩进行弹塑性分析，可获得关于围岩承载机制、受载工况、围岩与支护之间相互作用方面的规律性认识。这方面的研究虽然不是新问题，但现有理论在本构模型、强度准则等方面都进行了一些认为假设。例如，一般都是利用单轴应力-应变曲线，多采用弹性-软化-残余形式的三折线模型，并认为岩体破坏符合摩尔-库仑准则或者统一强度理论。上述假设导致不同学者推导的围岩应力分布特征与试验结果有一定差异。实际上，岩体本构模型等基本假定是否科学，求解过程是否合乎逻辑，这些都会对推导的围岩应力分布状态能否与试验结果一致产生影响。本节在选用 7.5 节建立的三段式卸荷本构模型基础上，对圆形隧洞围岩进行弹塑性分析，求解支护力，并分别给出围岩应变硬化段和软化段的承载力公式。

8.1.1 隧洞分析模型

一圆形衬砌压力隧洞分析模型如图 8.1 所示。衬砌内半径为 a，设在均匀内压力 p_a 作用下，隧洞围岩依次出现应变软化区、硬化区、弹性区。其中，r_1、r_2、r_3 和 p_1、p_2、p_3 分别为围岩软化区、硬化区、弹性区内半径和径向应力，地应力为 p_0，侧压系数为 1，不计体力，隧洞无限长，可按平面应变问题处理。本构方程选用的岩石卸荷破坏本构模型如图 8.2 所示。图中，ob 段为弹性段，弹性模量为 E，bc 段为应变硬化段，cf 段为具有拐点 g 的非线性软化段，其本构方程为

$$\sigma_1-\sigma_3=\begin{cases} E\varepsilon & \varepsilon\leqslant\varepsilon_b \\ \beta(-64.5\varepsilon^2+0.42\varepsilon) & \varepsilon_b<\varepsilon\leqslant\varepsilon_c \\ \sigma_c\dfrac{\varepsilon/\varepsilon_c}{\alpha(\varepsilon/\varepsilon_c-1)^2+\varepsilon/\varepsilon_c} & \varepsilon>\varepsilon_c \end{cases} \tag{8.1}$$

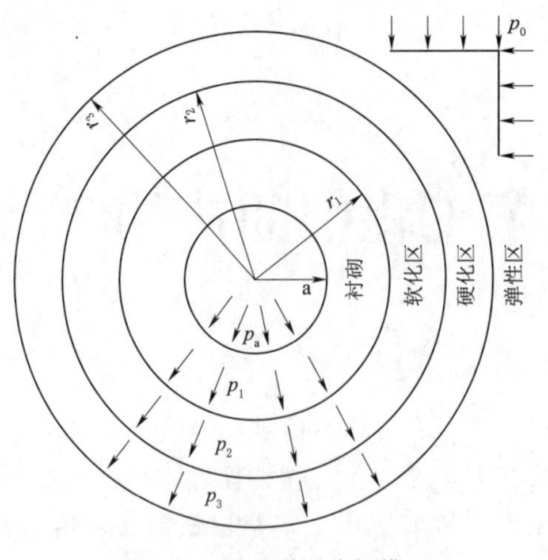

图 8.1 圆形隧洞分析模型

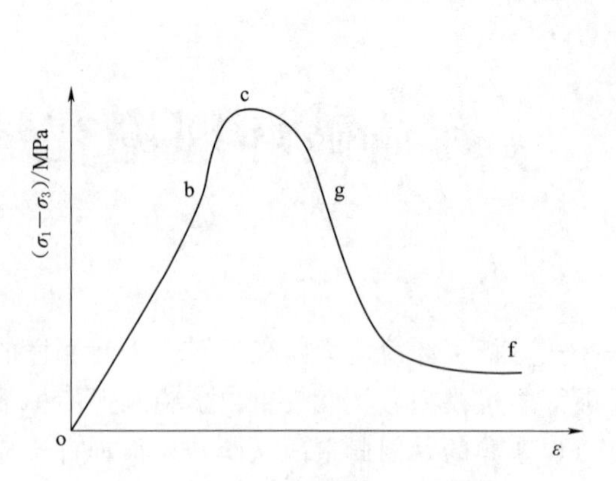

图 8.2 岩石卸荷破坏本构模型

8.1.2 围岩弹性区应力分布规律

根据弹性力学平面应变轴对称问题的计算结果，弹性区应力为（郑雨天，1988）

$$\begin{cases} \sigma_\theta^e = p_0\left(1+\dfrac{{r_3}^2}{r^2}\right) - p_3\dfrac{{r_3}^2}{r^2} \\ \sigma_r^e = p_0\left(1-\dfrac{{r_3}^2}{r^2}\right) + p_3\dfrac{{r_3}^2}{r^2} \end{cases} \tag{8.2}$$

8.1.3 围岩硬化区应力和位移分布规律

（1）围岩硬化区应力。轴对称问题平衡方程为

$$\frac{\mathrm{d}\sigma_r}{\mathrm{d}r} + \frac{\sigma_r - \sigma_\theta}{r} = 0 \tag{8.3}$$

利用式（8.1）的第二式和式（8.3）可得硬化区的径向应力为

$$\sigma_r^h = \beta(0.42\varepsilon - 64.5\varepsilon^2)\ln r + c_1 \tag{8.4}$$

由硬化区和软化区交界面 $r=r_2$ 处，$(\sigma_r)_{r=r_2}=p_2$，得积分常数为

$$c_1 - p_2 - \beta(0.42\varepsilon_{r_2} - 64.5\varepsilon_{r_2}^2)\ln r_2 \tag{8.5}$$

将式（8.5）代入式（8.4）得径向应力分布规律为

$$\sigma_r^h = \beta(A\ln r - B\ln r_2) + p_2 \tag{8.6}$$

其中

$$A = 0.42\varepsilon - 64.5\varepsilon^2$$

$$B = 0.42\varepsilon_{r_2} - 64.5\varepsilon_{r_2}^2$$

将式（8.6）代入式（8.1）中的第二式可得硬化区切向应力分布规律为

$$\sigma_\theta^h = \beta(A\ln r - B\ln r_2 + A) + p_2 \tag{8.7}$$

应该指出，隧洞开挖问题中，若以压应力为正，一般情况下第一主应力为切向应力，第三主应力为径向应力。

根据弹塑性交界面上的接触条件 $(\sigma_\theta^e)_{r=r_3}+(\sigma_r^e)_{r=r_3}=(\sigma_\theta^h)_{r=r_3}+(\sigma_r^h)_{r=r_3}=2p_0$ 得

$$p_0-p_2=\beta(A\ln r_3-B\ln r_2+0.5A) \tag{8.8}$$

(2) 围岩硬化区位移。根据弹塑性理论，围岩塑性区应变为弹性应变与塑性应变之和（徐芝纶，2002），即

$$\begin{Bmatrix}\varepsilon_r\\ \varepsilon_\theta\end{Bmatrix}=\begin{Bmatrix}\varepsilon_r^e\\ \varepsilon_\theta^e\end{Bmatrix}+\begin{Bmatrix}\varepsilon_r^p\\ \varepsilon_\theta^p\end{Bmatrix} \tag{8.9}$$

塑性区内弹性应变为

$$\begin{cases}\varepsilon_r^e=\dfrac{1}{E}\left[\left(1-\dfrac{1}{2}\mu\right)\sigma_r-\dfrac{3}{2}\mu\sigma_\theta\right]\\ \varepsilon_\theta^e=\dfrac{1}{E}\left[\left(1-\dfrac{1}{2}\mu\right)\sigma_\theta-\dfrac{3}{2}\mu\sigma_r\right]\end{cases} \tag{8.10}$$

塑性区内塑性应变为

$$\begin{cases}\varepsilon_r^p=\dfrac{\varphi}{4G}(\sigma_r-\sigma_\theta)\\ \varepsilon_\theta^p=\dfrac{\varphi}{4G}(\sigma_\theta-\sigma_r)\end{cases} \tag{8.11}$$

塑性区内总应变可写成

$$\begin{cases}\varepsilon_r=\dfrac{\mathrm{d}u}{\mathrm{d}r}=\dfrac{1}{E}\left[\left(1-\dfrac{1}{2}\mu\right)\sigma_r-\dfrac{3}{2}\mu\sigma_\theta\right]-\dfrac{\varphi}{4G}(\sigma_\theta-\sigma_r)\\ \varepsilon_\theta=\dfrac{u}{r}=\dfrac{1}{E}\left[\left(1-\dfrac{1}{2}\mu\right)\sigma_\theta-\dfrac{3}{2}\mu\sigma_r\right]+\dfrac{\varphi}{4G}(\sigma_\theta-\sigma_r)\end{cases} \tag{8.12}$$

式中 E——围岩的弹性模量；

G——剪切弹性模量；

μ——泊松比；

φ——塑性函数，弹性变形时 $\varphi=0$。

根据式 (8.12) 的第二式得弹塑性交界处的变形为

$$u_{r_3}=\frac{r}{E}\left[\left(1-\frac{1}{2}\mu\right)\sigma_\theta-\frac{3}{2}\mu\sigma_r\right]=\frac{r_3}{E\beta^{-1}}[(2-\mu)A-(1+\mu)(A\ln r-B\ln r_2+\beta^{-1}p_2)] \tag{8.13}$$

根据式 (8.12)、式 (8.6) 和式 (8.7) 得

$$\frac{\mathrm{d}u}{\mathrm{d}r}+\frac{u}{r}=\frac{(1-2\mu)}{E}(\sigma_r^h+\sigma_\theta^h)=\frac{(1-2\mu)}{E\beta^{-1}}(A+2A\ln r-2B\ln r_2+\beta^{-1}2p_2) \tag{8.14}$$

式 (8.14) 为一阶线性方程，解方程得

$$u_r=\frac{r(1-2\mu)}{E\beta^{-1}}(A\ln r-B\ln r_2+\beta^{-1}p_2)+\frac{c_2}{r} \tag{8.15}$$

以式 (8.13) 为式 (8.15) 的定解条件解得

$$c_2=\frac{r_3^2(2-\mu)}{E\beta^{-1}}[A-(A\ln r_3-B\ln r_2+\beta^{-1}p_2)] \tag{8.16}$$

将式 (8.16) 代入式 (8.15) 得硬化区位移分布规律为

$$u_r=\frac{r(1-2\mu)}{E\beta^{-1}}(A\ln r-B\ln r_2+\beta^{-1}p_2)+\frac{r_3^2(2-\mu)}{rE\beta^{-1}}[A-(A\ln r_3-B\ln r_2+\beta^{-1}p_2)] \tag{8.17}$$

硬化区内半径 r_2 处的变形为

$$u_{r_2}=\frac{r_2(1-2\mu)}{E\beta^{-1}}(A\ln r_2-B\ln r_2+\beta^{-1}p_2)+\frac{r_3^2(2-\mu)}{r_2E\beta^{-1}}[A-(A\ln r_3-B\ln r_2+\beta^{-1}p_2)] \tag{8.18}$$

8.1.4 围岩软化区应力和位移分布规律

(1) 围岩软化区应力。利用式(8.3)和式(8.1)的第三式可得软化区的径向应力为

$$\sigma_r^h=\left[\sigma_c\frac{\varepsilon/\varepsilon_c}{\alpha(\varepsilon/\varepsilon_c-1)^2+\varepsilon/\varepsilon_c}\right]\ln r+c_3 \tag{8.19}$$

由软化区和衬砌交界面 $r=r_1$ 处 $(\sigma_r)_{r=r_1}=p_1$ 得积分常数为

$$c_3=p_1-\left[\sigma_c\frac{\varepsilon_{r1}/\varepsilon_c}{\alpha(\varepsilon_{r1}/\varepsilon_c-1)^2+\varepsilon_{r1}/\varepsilon_c}\right]\ln r_1 \tag{8.20}$$

将式(8.20)代入式(8.19)得径向应力分布规律为

$$\sigma_r^h=C\ln r-D\ln r_1+p_1 \tag{8.21}$$

其中

$$C=\sigma_c\frac{\varepsilon/\varepsilon_c}{\alpha(\varepsilon/\varepsilon_c-1)^2+\varepsilon/\varepsilon_c}$$

$$D=\sigma_c\frac{\varepsilon_{r1}/\varepsilon_c}{\alpha(\varepsilon_{r1}/\varepsilon_c-1)^2+\varepsilon_{r1}/\varepsilon_c}$$

根据软化区和硬化区交界面处 $(\sigma_r)_{r=r_2}=p_2$ 得

$$p_2=C\ln r_2-D\ln r_1+p_1 \tag{8.22}$$

将式(8.21)代入式(8.1)的第三式可得软化区切向应力分布规律为

$$\sigma_\theta^h=C\ln r-D\ln r_1+C+p_1 \tag{8.23}$$

(2) 围岩软化区位移。软化区位移计算方法与硬化区位移计算类似,据式(8.12)、式(8.21)和式(8.23)得

$$\frac{du}{dr}+\frac{u}{r}=\frac{1-2\mu}{E}(\sigma_r^h+\sigma_\theta^h)=\frac{1-2\mu}{E}(C+2C\ln r-2D\ln r_1+2p_1) \tag{8.24}$$

式(8.24)为一阶线性方程,解方程得

$$u_r=\frac{r(1-2\mu)}{E}(C\ln r-D\ln r_2+p_1)+\frac{c_4}{r} \tag{8.25}$$

利用硬化区和软化区交界处的位移边界条件,即式(8.18)为式(8.25)的定解条件得

$$c_4=\frac{r_2^2(1-2\mu)}{E}(\beta A\ln r_2-\beta\ln r_2+p_2-C\ln r_2+D\ln r_2-p_1)+\frac{r_3^2(2-\mu)}{E\beta^{-1}}[A-(A\ln r_3-B\ln r_2+\beta^{-1}p_2)] \tag{8.26}$$

将式（8.26）代入式（8.25）得软化区位移分布规律为

$$u_r=\frac{r_2^2(1-2\mu)}{Er}(\beta A\ln r_2-\beta B\ln r_2+p_2-C\ln r_2+D\ln r_2-p_1)+\frac{r(1-2\mu)}{E}(C\ln r-D\ln r_2+p_1)+\frac{r_3^2(2-\mu)}{Er\beta^{-1}}[A-(A\ln r_3-B\ln r_2+\beta^{-1}p_2)] \tag{8.27}$$

塑性区内半径 r_1 处的变形为

$$u_{r_1}=\frac{r_2^2(1-2\mu)}{Er_1}(\beta A\ln r_2-\beta B\ln r_2+p_2-C\ln r_2+D\ln r_2-p_1)+\frac{r_1(1-2\mu)}{E}(C\ln r_1-D\ln r_2+p_1)+\frac{r_3^2(2-\mu)}{Er_1\beta^{-1}}[A-(A\ln r_3-B\ln r_2+\beta^{-1}p_2)] \tag{8.28}$$

8.1.5 衬砌的应力和位移分布规律

衬砌可以视为内压力 p_a 和外压力 p_1 作用下的厚壁圆筒，当 $r=r_1$ 时，衬砌变形为（郑雨天，1988）

$$u_{r1}=\frac{(1+\mu_d)r_1}{E_d(r_1^2-a^2)}\{2(1-\mu_d)a^2p_a-[(1-2\mu_d)r_1^2+a^2]p_1\} \tag{8.29}$$

式中 E_d——裂缝区围岩的弹性模量；

μ_d——裂缝区围岩的泊松比。

联立求解式（8.28）和式（8.29）得

$$p_1=\frac{F}{M} \tag{8.30}$$

其中

$$F=\frac{2r_1a^2p_a(1-\mu_d^2)}{E_d(r_1^2-a^2)}-\frac{r_2^2(1-2\mu)}{Er_1}(\beta A\ln r_2-\beta B\ln r_2+p_2-C\ln r_2+D\ln r_2)+\frac{r_1(1-2\mu)}{E}(C\ln r_1-D\ln r_2)+\frac{r_3^2(2-\mu)}{Er_1\beta^{-1}}[A-(A\ln r_3-B\ln r_2+\beta^{-1}p_2)]$$

$$M=\frac{(1-2\mu)(r_1^2-r_2^2)}{Er_1}+\frac{(1+\mu_d)r_1}{E_d(r_1^2-a^2)}[(1-2\mu_d)r_1^2+a^2]$$

由式（8.8）、式（8.22）和式（8.30）得内压力 p_a 与岩体塑性区半径 r_3 之间的关系式为

$$p_a=\frac{H}{N} \tag{8.31}$$

其中

$$H=E[p_0-\beta(A\ln r_3-B\ln r_2+0.5A)-C\ln r_2+D\ln r_1]-\frac{r_2^2(2\mu-1)}{Er_1}[\beta A\ln(r_2/r_3)+p_0-\beta A/2-C\ln r_2+D\ln r_2]-\frac{r_1(1-2\mu)}{E}(C\ln r_1-D\ln r_2)-\frac{r_3^2(2-\mu)}{Er_1\beta^{-1}}(1.5A-\beta^{-1}p_0)$$

$$N=\frac{2r_1a^2(1-\mu_d^2)}{E_d(r_1^2-a^2)}$$

令式（8.31）中的 $r_3=r_2$，可得到使衬砌边缘岩体开始产生塑性变形的临界内压力 p_a^{cr}。

如果岩体进入塑性状态，则可由式（8.31）求出 r_3，代入式（8.30）即可求得 p_1，然后由厚壁圆筒公式计算衬砌应力，即

$$\begin{cases}\sigma_{rc}=\dfrac{p_1r_1^2-p_aa^2}{r_1^2-a^2}+\dfrac{r_1^2a^2(p_a-p_1)}{(r_1^2-a^2)r^2}\\[2ex]\sigma_{\theta c}=\dfrac{p_1r_1^2-p_aa^2}{r_1^2-a^2}-\dfrac{r_1^2a^2(p_a-p_1)}{(r_1^2-a^2)r^2}\end{cases}\tag{8.32}$$

8.1.6 本书计算结果与 Kastner 解对比

1. 本书计算结果的讨论

塑性圈对围岩有支撑作用，式（8.8）是对于给定的 p_0，隧洞围岩通过调整塑性区半径大小来维持自身平衡的关系式，故称为围岩平衡方程。无支护围岩都有其自承能力的最大值，并且每个隧洞围岩的自承能力最大值是其固有值。令 $r_2=r_3\to\infty$，可得无支护围岩自承能力的渐进值。实际工程中 $r_2=r_3\to\infty$ 时洞壁岩体已经冒落，虽然该值仅是围岩自承能力的理论上限值，但它正确揭示了围岩自承能力的渐近性态，实际围岩自承能力最大值小于围岩自承能力的理论上限值。

理想塑性模型和完全脆性介质模型的示意图如图 8.3 所示。由式（8.1）知：

（1）当 $\alpha=0$ 时，$\sigma_1-\sigma_3=\sigma_c$，应力-应变曲线为一从峰值强度点延伸的水平线，相当于理想塑性材料［图 8.3（a）］，这表明基于理想介质的 Kastner 解是本书的特例。

（2）当 $\alpha\to\infty$ 时，$\sigma_1-\sigma_3=0$，应力-应变曲线在岩体峰值强度后的残余强度为零［图 8.3（b）］，相当于完全脆性介质，表明基于完全脆性介质的解答也为本书的特例。

（3）当 $0<\alpha<\infty$ 时，表示岩体峰值强度后具有非线性软化特性，不同的 α 值就代表岩体峰值强度后不同的非线性软化特征，该解答具有广泛的适用性。

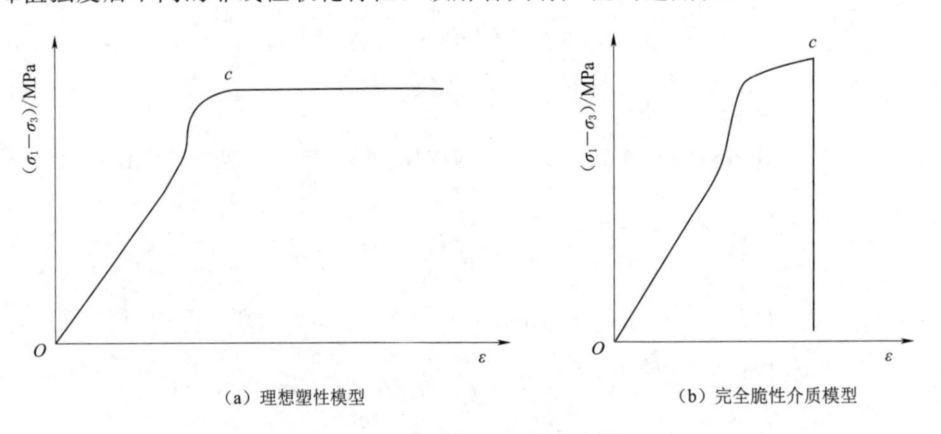

(a) 理想塑性模型　　(b) 完全脆性介质模型

图 8.3　两类岩体本构模型示意图

2. Kastner 解的讨论（潘岳等，2004）

Kastner 将图 8.4 所示的无支护圆形隧洞围岩分为弹性区和塑性区两部分，分别给出了弹性区和塑性区应力和位移的解析解。

Kastner 解的屈服条件及后继屈服条件为

$$\sigma_1-\sigma_3=\frac{2\sin\varphi}{1-\sin\varphi}(\sigma_3+c\cot\varphi) \tag{8.33}$$

在式（8.33）中，令 $\sigma_3=0$ 可得 Kastner 解中岩体单轴本构关系为

$$\sigma_1=\frac{2c\cos\varphi}{1-\sin\varphi}=\sigma_c \tag{8.34}$$

Kastner 解中的黏聚力和内摩擦角都为常数，故在其后继屈服段岩体应力与应变无关，恒等于岩体峰值强度，如图 8.5 所示。

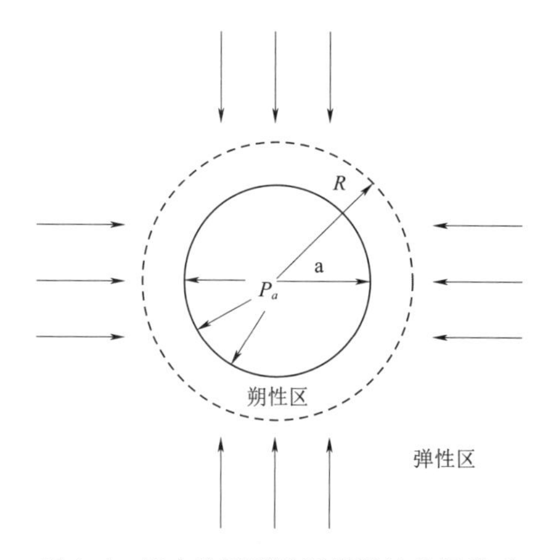

图 8.4　无支护圆形隧洞弹塑性分析模型

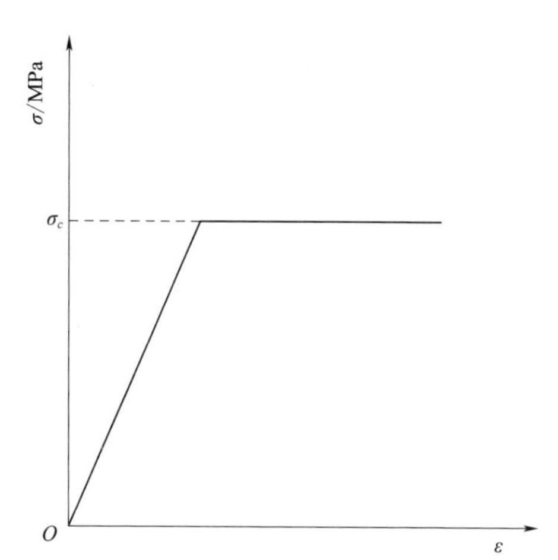

图 8.5　Kastner 解的本构模型

Kastner 解中的围岩平衡方程为

$$p_a=(p_0+c\cot\varphi)(1-\sin\varphi)\left(\frac{a}{R}\right)^{\frac{2\sin\varphi}{1-\sin\varphi}}-c\cot\varphi \tag{8.35}$$

对于不同的内摩擦角值，当 $p_a=0$ 时，p_0 与 R/a 关系式为

$$p_0=\frac{c\cot\varphi}{(1-\sin\varphi)\left(\frac{a}{R}\right)^{\frac{2\sin\varphi}{1-\sin\varphi}}}-c\cot\varphi \tag{8.36}$$

由式（8.36）可知，当 $\varphi=30°$，$\sigma_c=60$MPa，$p_a=0$ 时，p_0 与 R/a 关系如图 10.6 所示。

图 8.6 的图形是开口向上的抛物线，抛物线上的点（R/a，p_0）是无支护围岩自承地应力处于静平衡时的状态点。随着

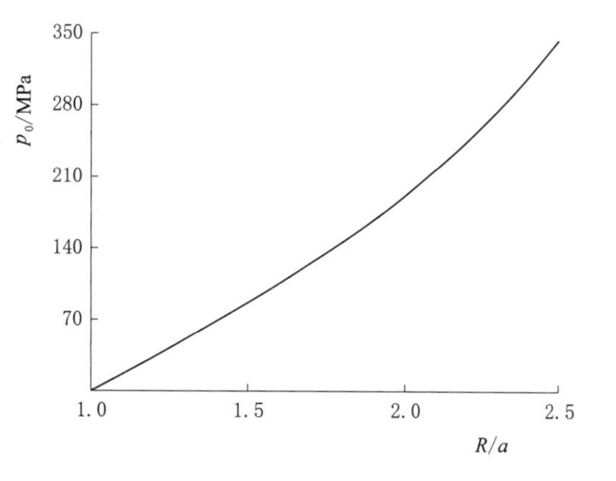

图 8.6　Kastner 解的围岩平衡曲线

塑性区半径增大，围岩自承地应力能力也相应增大，这表明对于任一组岩体参数和给任意大地应力，理论上只要半径足够大，围岩便可维持平衡，即 Kastner 解答中无支护隧洞围岩自承地应力的能力无上限，这显然与无支护隧洞围岩都有自承地应力最大值（维持静平衡时）相悖。

8.2 有限元强度折减法在隧洞稳定性分析中的应用探讨

对隧洞的稳定性评价一直缺乏一个合适的评判指标，传统有限元法无法算出隧洞的安全系数和围岩的破坏面，仅凭应力、位移、拉应力区和塑性区大小很难确定隧洞的安全度与破坏面。当前工程上尚没有隧洞稳定安全系数的概念，一般按照经验对隧洞围岩的稳定性先进行分级。有限元强度折减法通过对岩土体强度参数的折减，使岩土体处于极限状态，从而使岩土体显示潜在的破坏面，并求得安全系数，这在边坡稳定分析中取得了成功。本书尝试将有限元强度折减法应用到求解隧洞的稳定安全系数中，并讨论了考虑开挖卸荷和不考虑开挖卸荷情况下安全系数的区别。从实际观察到的情况看，隧洞受剪破坏的安全系数也可分为两种：①引起隧洞整体失稳，其对应的是整体安全系数；②引起隧洞局部失稳，一般发生在节理裂隙岩体中，其对应的是局部安全系数。本书是一种探索性的尝试，只限于研究受剪破坏的安全系数，它可以采用有限元强度折减法求安全系数与潜在破坏面。

8.2.1 有限元强度折减法的基本原理及其强度参数转换

1. 有限元强度折减法的基本原理

传统的边坡稳定极限平衡方法采用摩尔-库仑屈服准则，安全系数定义为沿滑面的抗剪强度与滑面上实际剪力的比值，其计算公式为

$$w=\frac{s}{\tau}=\frac{\int_0^l (c+\sigma\tan\varphi)\mathrm{d}l}{\int_0^l \tau\mathrm{d}l} \tag{8.37}$$

式中 w——传统的安全系数；

s——滑面上的抗剪强度；

τ——滑面上的实际剪切力。

将式（8.37）两边同除以 w，则式（8.37）变为

$$1=\frac{\int_0^l \left(\frac{c}{w}+\sigma\frac{\tan\varphi}{w}\right)\mathrm{d}l}{\int_0^l \tau\mathrm{d}l}=\frac{\int_0^l (c'+\sigma\tan\varphi')\mathrm{d}l}{\int_0^l \tau\mathrm{d}l} \tag{8.38}$$

其中

$$c'=\frac{c}{w} \tag{8.39}$$

$$\varphi'=arc\left(\frac{\tan\varphi}{w}\right) \tag{8.40}$$

由此可见，传统的极限平衡方法是将岩土体的抗剪强度指标 c 和 $\tan\varphi$ 减少为 c/w 和

$\tan\varphi/w$，使岩土体达到极限稳定状态，此时的 w 即为安全系数。

有限元计算中采用理想弹塑性模型，目前广泛采用摩尔-库仑屈服准则，即

$$F=\frac{1}{3}I_1\sin\varphi+\left(\cos\theta_\sigma-\frac{1}{\sqrt{3}}\sin\theta_\sigma\sin\varphi\right)\sqrt{J_2}-c\cos\varphi=0 \tag{8.41}$$

式中 I_1——应力张量的第一不变量；

J_2——应力偏量的第二不变量；

θ_σ——应力偏量的洛德（Lode）角。

由于摩尔-库仑准则的屈服面在 π 平面上为不规则的六角形，存在尖顶和棱角，给数值计算带来不便，因此有限元法采用了简化方法，利用广义米赛斯屈服准则，即用 D-P 屈服准则。此时屈服面为一圆形，其表达式为

$$F=\alpha I_1+\sqrt{J_2}=k \tag{8.42}$$

式中 α、k——与岩土材料黏聚力和内摩擦角有关的常数。按照广义塑性理论，不同的 α、k 在 π 平面上代表不同的圆，变换不同的 α、k 值就可在有限元中实现不同的屈服准则。有限元强度折减法通常采用下式定义安全系数，即

$$F=\frac{\alpha}{w_1}I_1+\sqrt{J_2}=\frac{k}{w_1} \tag{8.43}$$

采用不同的屈服条件得到的安全系数是不同的，但这些屈服条件可以相互转换。以摩尔-库仑等面积圆 D-P 准则为例，其强度折减形式表示为

$$\frac{\alpha}{w_1}=\frac{2\sqrt{3}\sin\varphi_0}{\sqrt{2\sqrt{3}\pi(9-\sin^2\varphi_0)}\,w_1}=\frac{2\sqrt{3}\sin\varphi_1}{\sqrt{2\sqrt{3}\pi(9-\sin^2\varphi_1)}} \tag{8.44}$$

$$\frac{k}{w_1}=\frac{6\sqrt{3}c_0\cos\varphi_0}{\sqrt{2\sqrt{3}\pi(9-\sin^2\varphi_0)}\,w_1}=\frac{6\sqrt{3}c_1\cos\varphi_1}{\sqrt{2\sqrt{3}\pi(9-\sin^2\varphi_1)}} \tag{8.45}$$

经过变换可得

$$\frac{c_0}{c_1}=\frac{\tan\varphi_0}{\tan\varphi_1}=w=\frac{\cos\varphi_1}{\cos\varphi_0}\sqrt{\frac{9-\sin^2\varphi_0}{9-\sin^2\varphi_1}}\,w_1 \tag{8.46}$$

可见，在 D-P 准则中 α、k 折减的同时，c 和 $\tan\varphi$ 也在同步保持着折减关系，而且这两种不同的折减系数之间存在一定的换算关系。

2. 二分法对求解安全系数的改进

有限元强度折减法求解隧洞的安全系数，实质是求出使隧洞围岩处于临界状态时的强度参数，是一个优化问题。如果采用逐步折减强度参数求解，必然导致有限元计算的的次数非常多，而且都是重复性工作。因此，采用优化理论中的二分法进行处理，具体算法如图 8.7 所示。

3. 本书本构模型参数与有限元强度折减法中强度参数的转换

由于有限元强度折减法中折减的是 c 和 $\tan\varphi$，而本书建立的本构模型似乎与黏聚力和内摩擦角没有关系。实际上，岩土体变形的全过程是一个从量变到质变的过程，可以说变形的发展导致强度的变化。研究表明，岩土体的强度是应变量的函数，即

$$f(c,\varphi)=f(\varepsilon) \tag{8.47}$$

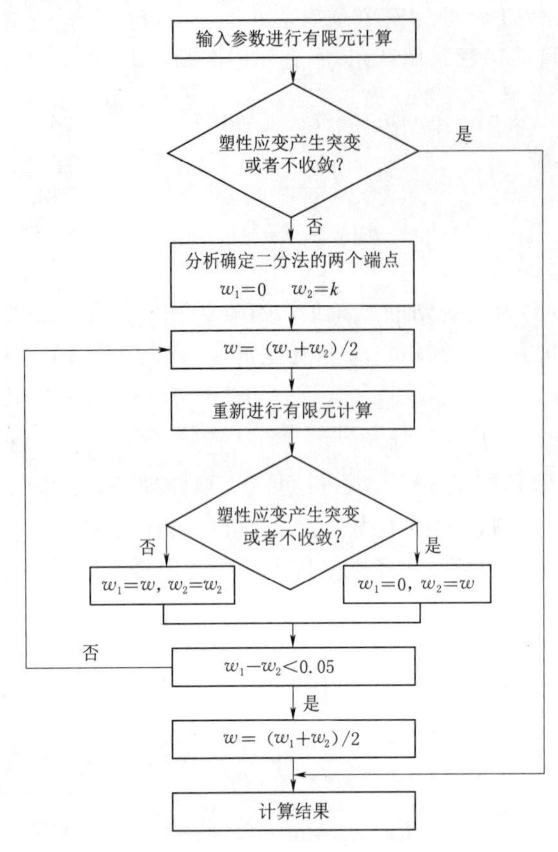

图 8.7 二分法求安全系数流程图

因此，只要有应变与黏聚力和内摩擦角之间的关系，黏聚力和内摩擦角的折减就可以变换为应变量的折减，两者完全可以实现统一。本文假设黏聚力和内摩擦角都随着应变量的增加线性减小，即

$$\begin{cases} c=k_1\varepsilon+b_1 \\ \varphi=k_2\varepsilon+b_2 \end{cases} \tag{8.48}$$

其中，在峰值点 c 和残余强度点 f 满足

$$\begin{cases} c_c=k_1\varepsilon_c+b_1 \\ \varphi_c=k_2\varepsilon_c+b_2 \end{cases} \tag{8.49}$$

$$\begin{cases} c_f=k_1\varepsilon_f+b_1 \\ \varphi_f=k_2\varepsilon_f+b_2 \end{cases} \tag{8.50}$$

峰值点与残余强度点的黏聚力和内摩擦角可以通过第 2 章中的方法得到，再由式（8.49）和式（8.50）可以确定 4 个常数 k_1、b_1、k_2 和 b_2。

可见，本书建立的卸荷本构模型［式（8.1）］与有限元程序中自带的强度准则是能够实现统一的。只要在有限元程序中输入上述卸荷本构关系，程序就能利用卸荷模型进行计算。选用本文的参数，以 2.3.3 节中加轴压、卸围压数据为例，参数值分别为：$c_c=21.4\text{MPa}$，$\varphi_c=42.8°$，$c_f=1.95\text{MPa}$，$\varphi_f=35.1°$，$\varepsilon_c=0.0046$，$\varepsilon_f=0.0129$，将上述数据代入式（8.49）和式（8.50）可得

$$\begin{cases} k_1=-2.57\times10^3 \\ k_2=-0.40\times10^3 \\ b_1=35.13 \\ b_2=40.23 \end{cases} \tag{8.51}$$

鉴于目前常用的有限元程序中强度参数一般是以输入抗剪强度指标 c 和 φ 为主，而且将有限元强度折减法应用到求解隧洞的稳定安全系数中是一种尝试，为了便于推广应用，本节强度参数采用输入抗剪强度指标 c 和 φ 的方法。

8.2.2 有限元计算模型

在有限元中，模拟开挖过程一般有两种方法，具体如下：

（1）第一种是虚拟单元法或空气单元法，该法首先计算整体力学参数，然后将开挖的单元参数降低以略去该部分单元的刚度，模拟其被开挖效应。该方法的优点是可以用统一

的计算网格反映多级开挖效应，每次开挖计算时，只需选定开挖的单元号便可由程序自动实现，但如果参数选用不当会造成方程病态和计算误差。

（2）第二种方法称为排除单元法，该法也是首先计算整体力学参数，但在单元编号时，需要将开挖的单元按开挖顺序排列，在模拟开挖时，依次丢掉这部分单元，并修改方程组的编号。随着开挖的进行，求解的自由度逐渐减少。该方法可以避免求解方程组的病态，但在单元编号和修改上有一定难度，而且会涉及多个计算网格之间对应数据的传递问题。

本书采用第一种方法，岩体参数考虑卸荷影响。在建模时，不是所有岩体都考虑开挖卸荷影响，而是有个大致的范围。具体如下：根据有限元方法初步确定塑性区，并认为在塑性区范围内的岩体受到了开挖卸荷的影响，即此区域的岩体利用卸荷岩体参数，而其他区域的岩体可以直接利用加荷的本构模型或者程序自带的本构模型即可。鉴于介绍 ANSYS 有限元程序的文献很多。

8.2.3 有限元强度折减法求隧洞的整体安全系数与潜在破坏面

通过一具体隧洞，计算其在考虑开挖卸荷和不考虑开挖卸荷条件下的整体安全系数及破坏面。

1. 工程概况

某隧洞尺寸为 9.4m×8.5m（宽×高），埋深 50m，隧洞为马蹄形，隧洞所处位置岩体完整性较好，无大的断层和软弱结构面通过，岩体主要为灰岩。模型按照平面应变问题来处理，计算准则采用摩尔-库仑等面积圆屈服准则。边界范围的大小在有限元计算中对结果的影响较为敏感，当底部及左右两侧各取 4 倍隧洞跨度时，计算精度较为理想。计算时必须考虑适当的网格密度，重要部位还应进行加密。模型顶部施加垂直应力，左、右边界施加水平位移约束，底部施加竖向位移约束。有限元计算的物理力学参数采用第 2 章中的试验结果，具体见表 8.1。

表 8.1　　岩石物理力学参数

围岩类别	弹性模量/GPa	泊松比	重度/(kN/m^3)	内摩擦角/(°)	黏聚力/MPa
不考虑开挖卸荷	40	0.2	26	38.4	23.3
考虑开挖卸荷	40/30*	0.2/0.3*	26	42.8	21.4

* 考虑开挖卸荷的弹性模量和泊松比有两个值，其中第一个值是加荷区的弹性模量和泊松比，第二个值是卸荷影响区的弹性模量和泊松比。

2. 计算结果分析

采用二分法折减岩体参数，经过十几次的有限元计算，最终隧洞围岩达到破坏状态。计算得出隧洞围岩破坏状态时的塑性区分布如图 8.8、图 8.9 所示，整体稳定安全系数见表 8.2。本书的隧洞稳定安全系数是指隧洞整体安全系数，即把非等强度的真实岩体视为均质等强度的岩体，据此求出安全系数。隧洞中算出的塑性区往往是一大片，不像边坡岩土体中存在明显的剪切带，因此要找出围岩内的破坏面比较困难。对于隧洞工程，等效塑性应变贯通全断面时围岩并没有达到极限破坏状态，只有塑性区向隧洞围岩内部扩展到一定程度时，围岩达到极限平衡状态，围岩中才形成潜在的破坏面。根据研究，围岩发生破坏时会产生无限发展的塑性变形和位移，其位移和塑性应变的大小没有限制，岩体沿破坏面发生无限流动，破坏面上的塑性变形和位移会产生突变，此时不管是从力的收敛标准，或是从位移的收敛标准来判断，有限元计算都不收敛，因此采用力和位移的收敛标准，或塑性应变和位移产生突变作为隧洞失稳的判据是合理的。只要找出围岩塑性应变发生突变时的塑性区各断面中塑性应变值最大点的位置，将其连成线，就可得到围岩的潜在破坏面。不考虑开挖卸荷和考虑开挖卸荷条件下的围岩塑性区及破坏面如图 8.8、图 8.9 所示，破坏面为黑色点划线（图中显示为紧靠隧洞两侧的黑色边界）。由于图 8.8 及图 8.9 中的隧洞埋深较浅，破坏区域较小，所以图中破坏面显示不清楚，随着埋深加大（图 8.10～图 8.15），破坏区域逐渐增大，破坏面逐渐变得明显。

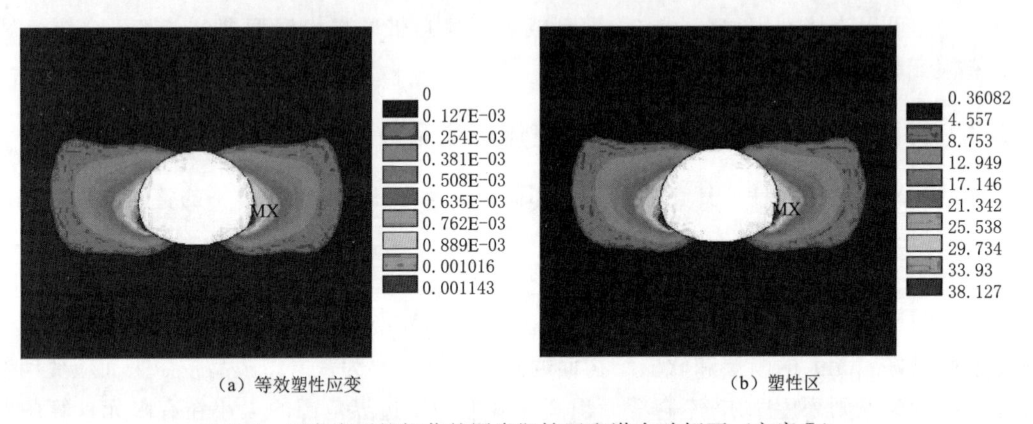

（a）等效塑性应变　　（b）塑性区

图 8.8　不考虑开挖卸荷的围岩塑性区和潜在破坏面（方案Ⅰ）

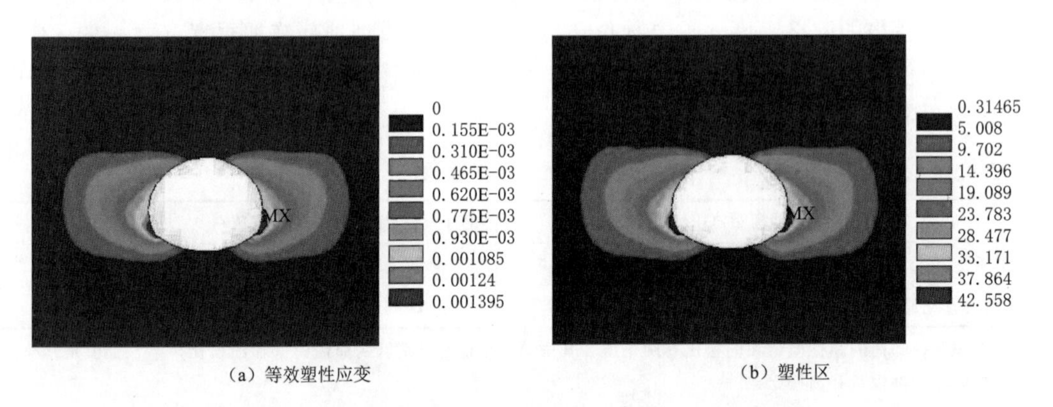

（a）等效塑性应变　　（b）塑性区

图 8.9　考虑开挖卸荷的围岩塑性区和潜在破坏面（方案Ⅱ）

表 8.2　不同计算方法下的安全系数

计算方案	围岩类别	埋深/m	泊松比	w_1
Ⅰ	不考虑开挖卸荷	50	0.2	12.6
Ⅱ	考虑开挖卸荷	50	0.2/0.3	11.3
Ⅲ	不考虑开挖卸荷	50	0.15	12.4

续表

计算方案	围岩类别	埋深/m	泊松比	w_1
Ⅳ	考虑开挖卸荷	50	0.15/0.25	11.0
Ⅴ	不考虑开挖卸荷	150	0.2	7.7
Ⅵ	考虑开挖卸荷	150	0.2/0.3	5.8
Ⅶ	不考虑开挖卸荷	600	0.2	3.9
Ⅷ*	考虑开挖卸荷	600	0.2/0.3	3.2
Ⅸ*	考虑开挖卸荷	600	0.2/0.3	3.5

* 方案Ⅷ和方案Ⅸ取水平应力等于垂直应力。

图 8.8 及图 8.9 表明，达到破坏状态时，隧洞围岩两侧都出现了大范围的塑性区，并且塑性区逐渐向底部和顶部扩展。表 8.2 表明，不考虑开挖卸荷的安全系数为 12.6，最大等效塑性应变值为 0.001143；考虑开挖卸荷的安全系数为 11.3，最大等效塑性应变值为 0.001395，即不考虑开挖卸荷的安全系数比考虑开挖卸荷的安全系数要高，最大等效塑性应变值要大。

将上述不考虑开挖卸荷和考虑开挖卸荷的围岩泊松比都减小时，破坏状态时围岩的塑性区分布及等效塑性应变值如图 8.10、图 8.11 所示，表 8.2 给出了相应的安全系数。从图中可以看出，泊松比对隧洞的塑性区分布范围影响较大，同等条件下（不考虑开挖卸荷的图 8.10 和图 8.11，考虑开挖卸荷的图 8.9 和图 8.11），泊松比取值越小，破坏状态下隧洞的塑性区范围越大。考虑开挖卸荷与不考虑开挖卸荷相比，前者围岩达到破坏状态时的塑性区范围、最大等效塑性应变值和破坏区都大于后者，但安全系数减小。不考虑开挖卸荷的最大等效塑性应变值为 0.001355，安全系数为 12.4（泊松比未变时为 12.6）；考虑开挖卸荷的最大等效塑性应变值为 0.001531，安全系数为 11.0（泊松比未变时为 11.3）。上述计算表明泊松比的取值对安全系数的计算结果基本上没有影响，因此单纯根据塑性区范围大小来评判隧洞的安全性是值得研究的。

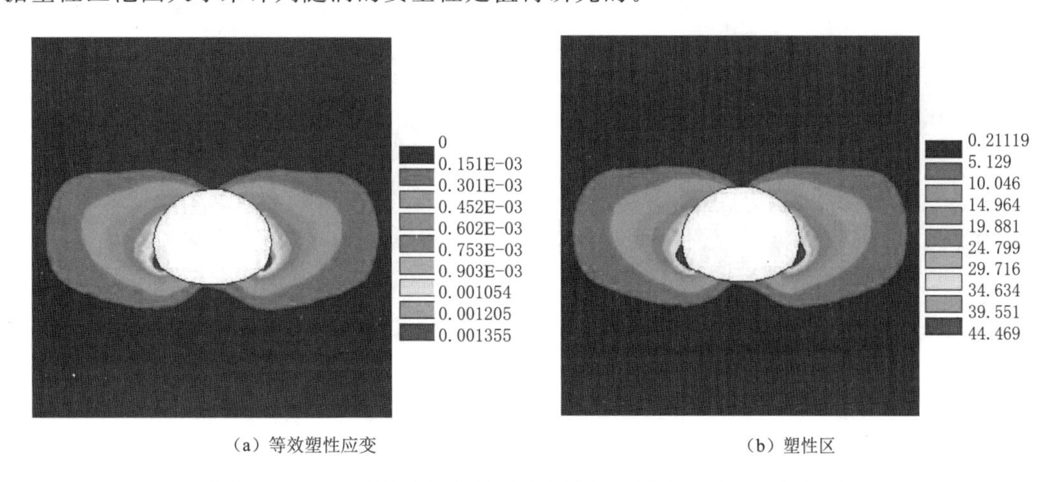

(a) 等效塑性应变　　(b) 塑性区

图 8.10　不考虑开挖卸荷的围岩塑性区和潜在破坏面（方案Ⅲ）

将上述隧洞的埋深变为 150m，围岩塑性区及等效塑性应变值如图 8.12 及图 8.13 所

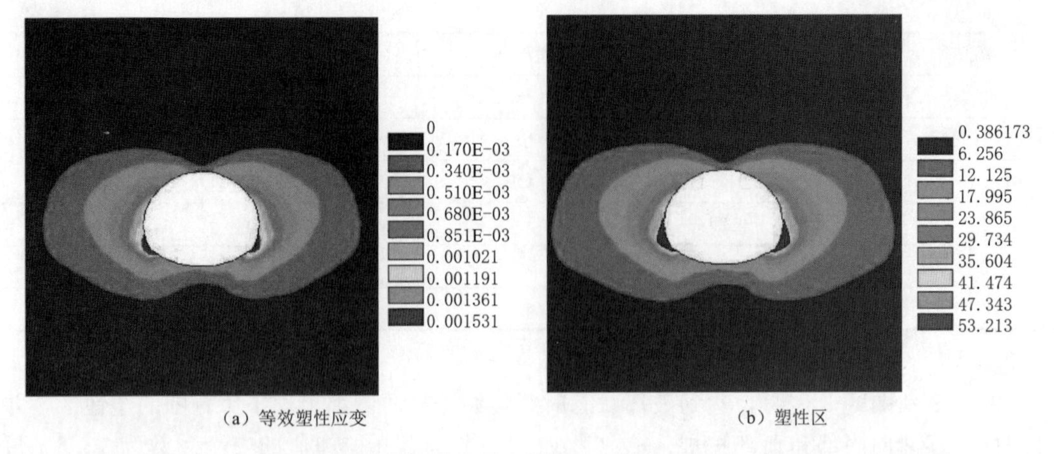

(a) 等效塑性应变　　(b) 塑性区

图 8.11　考虑开挖卸荷的围岩塑性区和潜在破坏面（方案Ⅳ）

示，安全系数见表 8.2。总的变化规律与上覆岩体厚度为 50m 是一致的，达到破坏状态时，考虑开挖卸荷比不考虑开挖卸荷的围岩塑性区范围、最大等效塑性应变值和破坏区域要大，但安全系数减小。不考虑开挖卸荷的围岩最大等效塑性应变值为 0.002238，安全系数为 7.7；考虑开挖卸荷的围岩破坏状态时塑性区和破坏范围大，最大等效塑性应变值为 0.2267，安全系数为 5.8。与上覆岩体厚度为 50m 相比，上覆岩体厚度对隧洞的塑性区分布范围和安全系数有较大影响，同类围岩塑性区范围增大，最大等效塑性应变值也增大，但安全系数减小。以不考虑开挖卸荷的破坏状态为例，上覆岩体厚度为 50m 时，最大等效塑性应变值为 0.001143；安全系数为 12.6；上覆岩体厚度为 150m 时，最大等效塑性应变值达到 0.2238，安全系数降为 7.7；而上覆岩体厚度为 600m 时（图 8.14），最大等效塑性应变值达到 0.007238，安全系数降为 3.9，这说明隧洞的稳定性与埋深有很大关系。

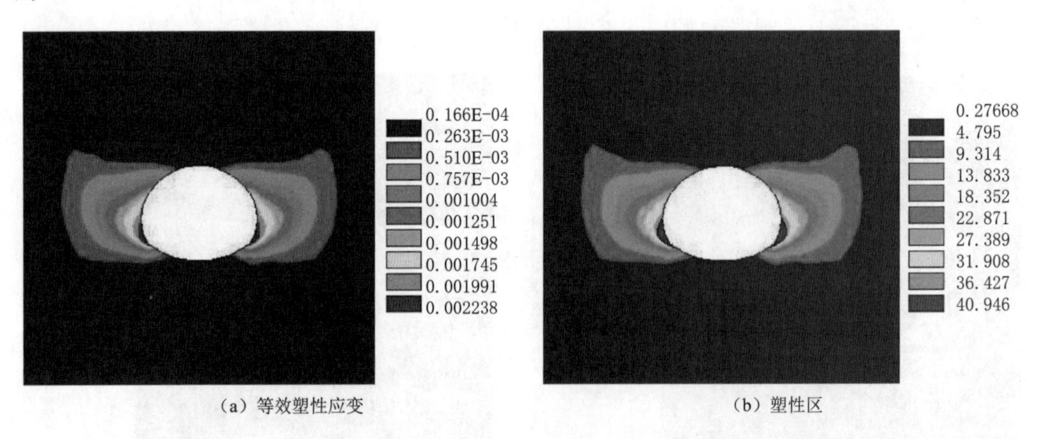

(a) 等效塑性应变　　(b) 塑性区

图 8.12　不考虑开挖卸荷的围岩塑性区和潜在破坏面（方案Ⅴ）

大量的工程实例表明，到达一定深度后，水平应力是不随垂直应力变化而线性变化的，此时地层水平应力增长很快，常常是水平应力接近垂直应力，甚至超过垂直应力。围岩在埋深 600m 时的等效塑性应变值及塑性区如图 8.14 及图 8.15 所示，不考虑开挖卸荷

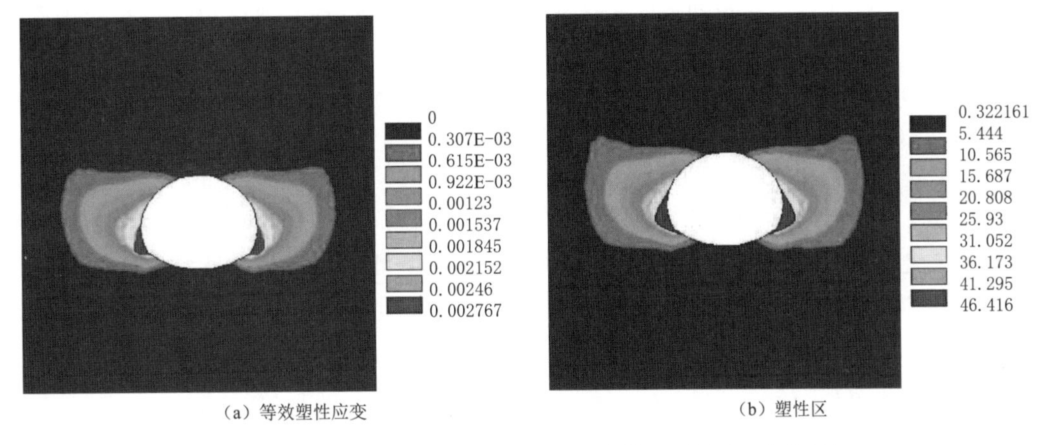

(a) 等效塑性应变　　(b) 塑性区

图 8.13　考虑开挖卸荷的围岩塑性区和潜在破坏面（方案Ⅵ）

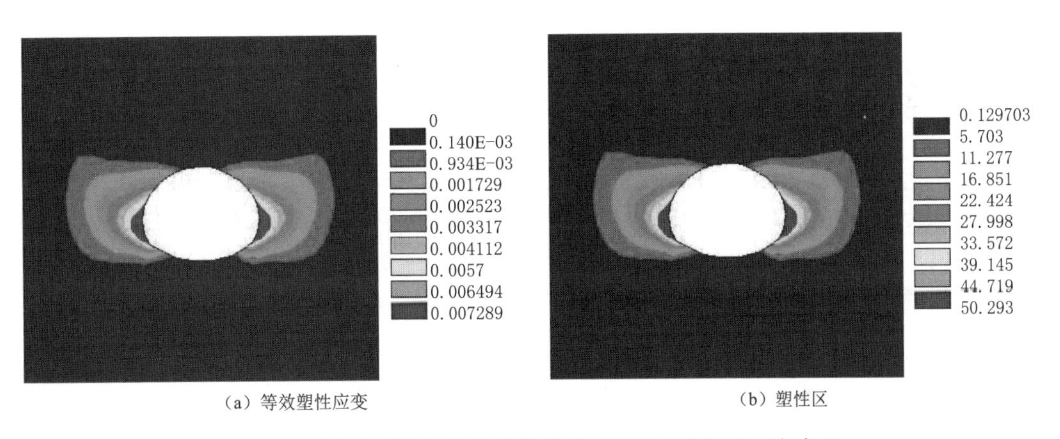

(a) 等效塑性应变　　(b) 塑性区

图 8.14　不考虑开挖卸荷的围岩塑性区和潜在破坏面（方案Ⅶ）

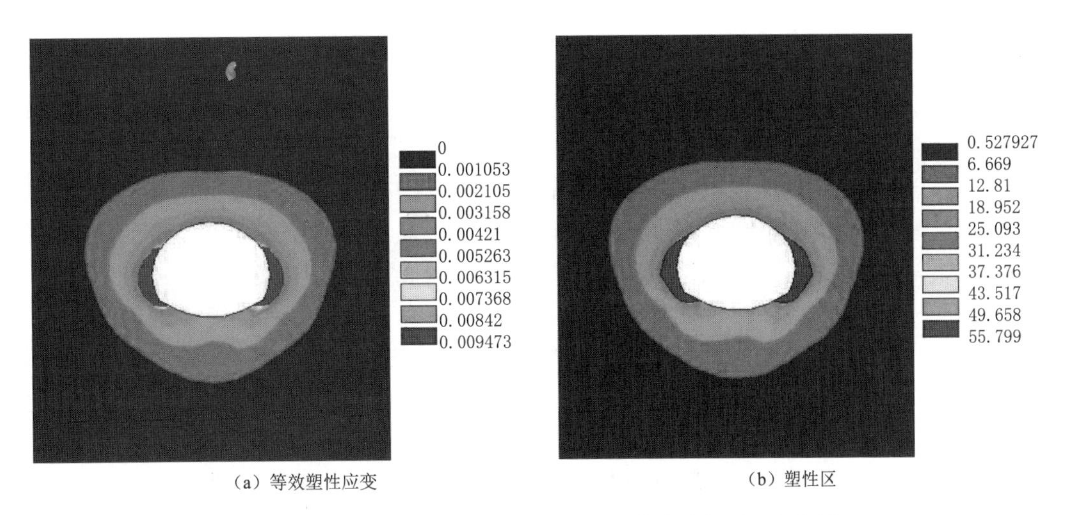

(a) 等效塑性应变　　(b) 塑性区

图 8.15　考虑开挖卸荷的围岩塑性区和潜在破坏面（方案Ⅸ）

的安全系数为3.9，考虑开挖卸荷的安全系数为3.2，最后这个计算工况取水平应力等于垂直应力，安全系数略有提高，从3.2提高到3.5。本书选取的岩体强度参数较高，所以上覆岩层厚600m时，无支护隧洞仍处于安全状态，这与实际深埋隧洞开挖过程中围岩处于稳定状态（除岩爆外）的事实也是符合的。由图看出，塑性区接近圆形，破坏区仍在两侧。

限于篇幅，本书没有对圆形隧洞进行阐述，但从计算结果来看，圆形隧洞的规律与上述规律基本相同，但是同等条件下圆形隧洞的安全系数比本文所述的隧洞安全系数高很多，如上覆岩层厚600m时安全系数甚至可以达到7，并且破坏状态时塑性区范围和最大等效塑性应变值也小，这说明隧洞的稳定性与其形状密切相关，合理的形状能改善隧洞的应力分布，提高隧洞的稳定性。

8.3 两体系统岩体动力失稳解析

突变理论是研究岩体动力失稳发生条件的有力工具之一，在岩石力学领域有较为广泛的应用。但是研究者一般都采用Weibull分布假设的本构方程，导致突变理论与具体的函数形式混在一起，并且基于Weibull分布假设的本构方程仅是一种可能，还可能有其他形式（张明等，2006）。另外，目前研究岩体动力失稳问题多采用尖点突变模型，没有发现尖点突变模型与岩体动力失稳问题的基本特征有很多不符的地方。本节基于卸荷试验全程应力-应变曲线，给出了两体系统中岩体动力失稳问题折迭突变分析的统一形式，基于Weibull分布的本构关系为本书的特例。

8.3.1 突变理论在岩体动力失稳中的应用

本质不同的失稳现象应对应不同的突变模式，尖点突变模型与岩体动力失稳问题的基本特征有很多不符的地方。潘岳对此做了研究，具体归纳如下。

1. 突变理论的平衡状态问题

在稳定理论中，失稳问题可分为几何形状失稳和本构失稳两类本质不同的失稳问题。

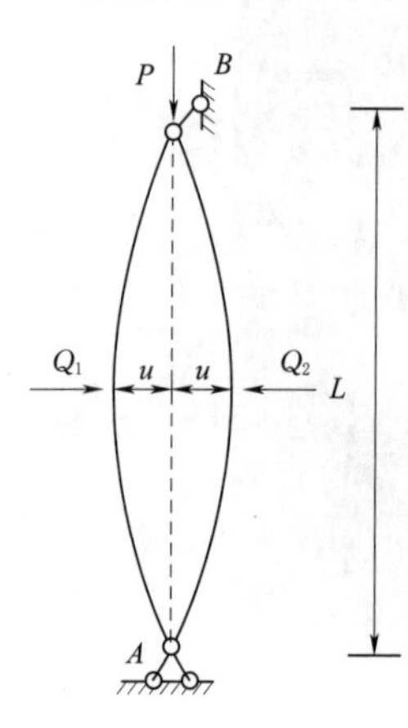

图8.16 压杆失稳的力学模型

对于几何形状失稳问题，例如：在轴向力P作用下长为L的欧拉压杆问题（图8.16），当P达到临界荷载$P_{cr}=EI\pi^2/L^2$时，压杆进入一个不稳定状态，若有一个微小的向右的力Q_1作用，压杆会向右进入一个新的平衡状态，此时若又有一个微小的向左的力Q_2作用，压杆又会进入另一个稳定的几何形状。尖点突变模型的特征与压杆基本性状可以一一验证，它适用于描述此类具有3个平衡位置，其中2个状态稳定，1个状态不稳定，在参数变化时2个平衡位置可以循环往复实现的弹性体系几何形状失稳问题。

与几何失稳问题最多具有3个平衡状态不同，岩体工程的本构失稳问题与材料破坏问题有关，例如对岩样单轴压缩、剪切过程中，直至材料完全丧失承载能力，其受力状态无性质上的改变，变形性质也不发生变化（u一直增大），并且荷载位移曲线一定出现极值，故在岩体破坏过程中，并不像弹性体几何失稳问题那样由于变形性质发生变化而出现新的位移分量 u，如压杆稳定问题中位移既有可能向左，也有可能向右。岩石的压缩、剪切破坏只有失稳破坏前和破坏后两个状态，并且岩体失稳破坏后不能再恢复到破坏前的状态，这与尖点突变平衡曲面上两个稳定平衡状态可以循环往复相异。

2. 突变理论的总势能函数建立问题

突变理论研究失稳问题可以通过建立系统的总势能函数或总势能函数的微分形式来进行。几何失稳问题中有明确的参考态，如压杆问题中有一个 $P=P_{cr}$，$Q=0$ 时的直线状态为参考态来进行计算，而在本构失稳问题中没有那样的参考态，这就涉及从哪一点对应的状态开始计算系统内能量变化问题。对于几何形状失稳问题，总势能函数应从原几何形状失稳后进入新稳定的几何形状开始计算，运用进入新稳定几何位置的状态变量 u 表示的应变能增量 U 和外力功增量 W 组成的总势能 $\Pi=U-W$，可恰当地描述进入新几何形状的系统状态。

对于岩体工程的本构失稳问题，由于其破坏前后变形性质都不发生变化，因此系统的总势能增量并不能表示成一个新的全量的函数。这给突变理论在岩体动力失稳问题中的应用带来了困惑，导致一些研究者以原点为起点计算功、能全量，并将这些全量的代数和称为系统总势能，其结果只取模型中的一部分性状（跳跃性状）来对问题做形式上的描述，而原型中其他重要特征却被忽略了。岩体突发性动力失稳是由其峰值强度之后所表现出的软化性质所决定的，是在其软化段曲线拐点前后发生的系统行为。对于这类问题，应通过研究系统的局部性态来解决，而系统的局部性态应通过系统势能增量来描述。岩体动力失稳问题的突变模型中除跳跃阶段外，系统平衡位置都在模型的平衡曲面上做准静态位移，据此以岩体系统平衡位置在软化段上做准静态位移时的状态为参考态，根据能量守恒原理写出平衡位置有微位移时的围岩弹性能释放增量 dU_1（<0），处于软化阶段的岩体以微裂纹扩展、连通耗散的能量增量 dU_2（>0）和外力功增量 dW（>0）的平衡关系式为

$$dU_1+dU_2-dW=0 \tag{8.52}$$

式（8.52）也可以认为是总势能函数的微分形式，其物理意义是：岩体由于受到扰动（开挖卸荷等），应力状态发生变化，部分岩体处于弹性状态（保持稳定），部分岩体处于软化状态。在岩体软化状态，使其产生单位位移需提供能量 dU_2（>0），此时处在弹性状态的岩体（卸荷）相应要释放弹性能 dU_1（<0）。当 $-dU_1<dU_2$，需由外力做功 dW（>0）补充能量系统平衡位置才能在岩体软化段曲线上产生位移。根据能量守恒原理，三者应满足平衡关系式（8.52）。

8.3.2 岩体动力失稳的折迭突变模型

1. 两体系统动力失稳的力学模型

将岩体系统中先行软化破裂部分称为Ⅱ体，而与之以串联形式赋存和受力的处于弹性状态的岩体称为Ⅰ体，这样由Ⅰ体与Ⅱ体组成的岩体系统称为两体系统，其破坏问题称为两体问题（刘建新等，2004；林鹏等，1999）。工程中诸多岩体系统失稳破坏本质与两体系统破坏本质是相同的，如一维矿柱的岩爆（顶板与矿柱组成的串连系统）、试验机与岩样系统等。Ⅰ体和Ⅱ体的荷载-位移关系如图 8.17 所示，其中Ⅰ体被抽象为图 8.18 所示

的刚度为 k_m 的弹簧，Ⅱ体设为岩体峰后非线性软化（具有的拐点）的特性。

图 8.18 中的力 P 为作用在两体系统上的外力，u_p 为力 P 作用点的位移。图中Ⅰ体的内力 N、变形 u_n，Ⅱ体的承载力 $F(u)$ 及两体系统外力之间关系为

$$P=N=k_m u_n=F(u) \tag{8.53}$$

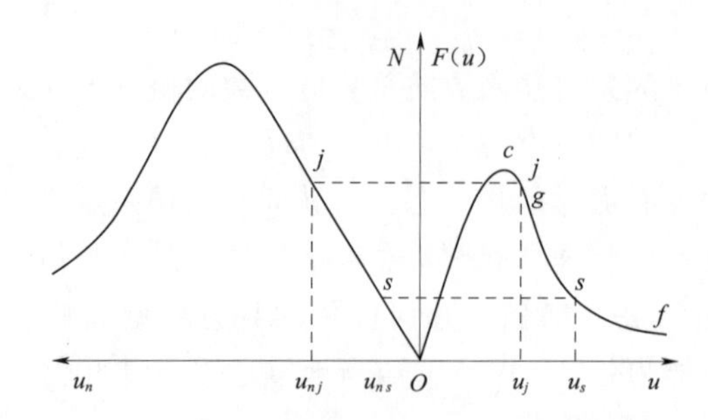

图 8.17　Ⅰ体和Ⅱ体的荷载-位移关系曲线

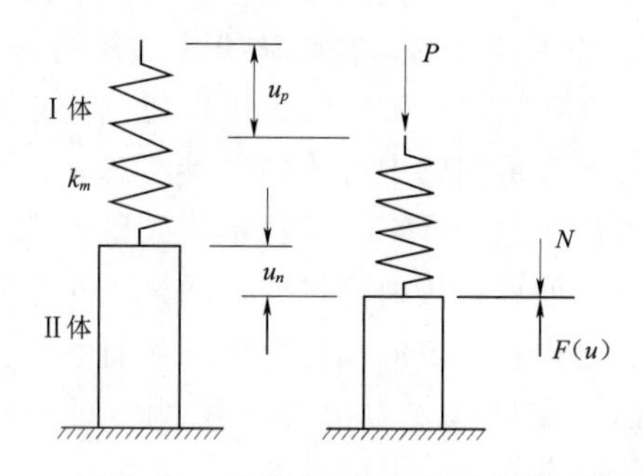

图 8.18　简化的两体系统力学模型

2. 岩体动力失稳的折迭突变模型

两体系统动力失稳是在Ⅱ体峰后软化段上发生的。由图 8.17 知，在 $F(u)$ 曲线软化段上系统的平衡位置有准静态位移 $\mathrm{d}u(>0)$ 时，Ⅱ体内裂纹扩展要耗散能量 $\mathrm{d}U_2=F(u)\mathrm{d}u(>0)$，相应Ⅰ体变形 $\mathrm{d}u_n<0$，即卸荷要释放弹性形变能 $\mathrm{d}U_1=N\mathrm{d}u_n(<0)$，当 $-\mathrm{d}U_1<\mathrm{d}U_2$ 时，需外力 P 在其位移上做功 $\mathrm{d}W=P\mathrm{d}u_p(>0)$ 补充能量才能使Ⅱ体产生变形 $\mathrm{d}u(>0)$。由能量守恒原理可得式（8.52）。

式（8.52）是以Ⅱ体位移为 u 时的状态为参考态建立的，Ⅱ体在有微位移 $\mathrm{d}u$（>0）而系统处于准静态时的功、能增量平衡关系。式（8.52）等号两边除以 $\mathrm{d}u$，再利用式（8.53）可得

$$F(u)\frac{F'(u)}{k_m}+F(u)-J=0 \tag{8.54}$$

$$J=\frac{\mathrm{d}W}{\mathrm{d}u}=P\ \frac{\mathrm{d}u_p}{\mathrm{d}u} \tag{8.55}$$

式中　J——使Ⅱ体产生单位位移 $\mathrm{d}u$ 时所需外界输入系统的能量，称为能量输入率，为外界对两体系统的加荷参数（潘岳等，2006）。

由式（8.54）可知，$J>0$ 时，Ⅱ体作准静态位移；若 $J=0$，则说明无须外力 P 做功，仅凭系统内部的能量转移（Ⅰ体储存的弹性应变能向Ⅱ体转移），Ⅱ体位移便可自动增大，这表明系统处于临界状态，故判定两体系统动力失稳的临界条件可为

$$J=0 \tag{8.56}$$

设 $F(u)$ 曲线拐点对应的位移值为 u_g，由 $F''(u)=0$ 可以确定 u_g 的位置。$F(u)$ 曲线在软化段拐点处的斜率最陡。将式（8.54）中的 $F(u)$，$F(u)F'(u)$ 在 u_g 处展开后整理得

$$\left(\frac{u-u_g}{u_g}\right)^2+2\left(\frac{u-u_g}{u_g}\right)\frac{(1-K)[F'(u_g)]^2}{u_gF(u_g)F'''(u_g)}+2\ \frac{(1-K)F'(u_g)}{u_g^2F'''(u_g)}-2\ \frac{Jk_m}{u_g^2F(u_g)F'''(u_g)}+O(u-u_g)3=0 \tag{8.57}$$

其中，$K=k_m/[-F'(u_g)]$ 为试验机刚度与 $F(u)$ 曲线软化段拐点处斜率负值之比。K 在 1 附近取值，为这个共同作用系统刚度参数。式（8.57）中 $(u-u_g)^2/u_g^2$ 的系数不为零，在突变理论中它对应的是两参数平衡方程，根据确定性原则，可略去比 $(u-u_g)^2/u_g^2$ 项更高次项来讨论系统的稳定性。式（8.57）可改写为

$$\left\{\frac{u-u_g}{u_g}+\frac{(1-K)[F'(u_g)]^2}{u_gF(u_g)F'''(u_g)}\right\}^2-\frac{(1-K)^2[F'(u_g)]^4}{u_g^2[F(u_g)]^2[F'''(u_g)]^2}+2\frac{(1-K)F'(u_g)}{u_g^2F'''(u_g)}-2\frac{Jk_m}{u_g^2F(u_g)F'''(u_g)}=0 \tag{8.58}$$

式（8.58）化为折迭突变平衡方程的正则形式，即

$$x^2+a=0 \tag{8.59}$$

其中

$$\begin{cases}x=\dfrac{u-u_g}{u_g}+\dfrac{(1-K)[F'(u_g)]^2}{u_gF(u_g)F'''(u_g)}\\ a=-\dfrac{(1-K)^2[F'(u_g)]^4}{u_g^2[F(u_g)]^2[F'''(u_g)]^2}+2\dfrac{(1-K)F'(u_g)}{u_g^2F'''(u_g)}-2\dfrac{Jk_m}{u_g^2F(u_g)F'''(u_g)}\end{cases} \tag{8.60}$$

解得

$$x_1=\frac{u-u_g}{u_g}+\frac{(1-K)[F'(u_g)]^2}{u_gF(u_g)F'''(u_g)}=-\sqrt{\frac{(2-2K)F'(u_g)}{u_g^2F'''(u_g)}-\frac{(1-K)^2[F'(u_g)]^4}{u_g^2[F(u_g)]^2[F'''(u_g)]^2}-\frac{2Jk_m}{u_g^2F(u_g)F'''(u_g)}} \tag{8.61}$$

$$x_2=\frac{u-u_g}{u_g}+\frac{(1-K)[F'(u_g)]^2}{u_gF(u_g)F'''(u_g)}=\sqrt{\frac{(2-2K)F'(u_g)}{u_g^2F'''(u_g)}-\frac{(1-K)^2[F'(u_g)]^4}{u_g^2[F(u_g)]^2[F'''(u_g)]^2}-\frac{2Jk_m}{u_g^2F(u_g)F'''(u_g)}} \tag{8.62}$$

式中　x——状态变量；

　　　a——控制变量。

$a>0$ 时系统为空状态，$a\leqslant 0$ 时图形为一抛物线。$a=0$（或 $K-1$ 轴）将抛物线分成上下两个分枝，在分枝 1 上 $x<0$，它对应 $F(u)$ 曲线软化段拐点以上某区段；在分枝 2 上 $x>0$，它对应 $F(u)$ 曲线软化段拐点以下的某区段，如图 8.19 所示。

对式（8.59）中的 x 积分，可得模型的势函数为

$$\Pi=\frac{x^3}{3}+ax \tag{8.63}$$

当 K 固定时，由式（8.63）可知

$$\frac{\partial^2\Pi}{\partial w^2}=2x \tag{8.64}$$

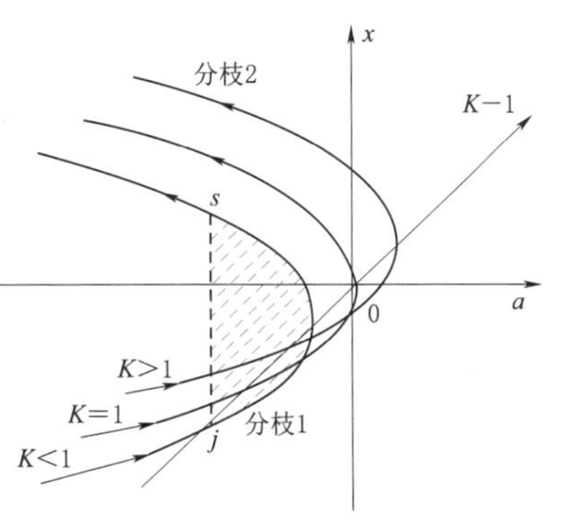

图 8.19　折迭突变模型的平衡曲面

在分枝 1 上$\partial^2\Pi/\partial x^2<0$（$x_1<0$），在分枝 2 上上$\partial^2\Pi/\partial x^2>0$（$x_2>0$）。根据 Dirichlet 法则可知，在分枝 1 上系统的平衡状态不稳定，在分枝 2 上系统的平衡状态稳定。实际问题是，Ⅱ体破坏问题的

系统平衡位置最终要到达分枝 2 的平衡状态。图 8.19 中对于不为零的 a 值，系统有两个平衡位置与之对应，当 K 值给定而能量输入率 J 变化时，若平衡位置从分枝 1 经过原点或 $K-1$ 轴过渡到分枝 2，Ⅱ体将以渐进形式破坏；若平衡位置以跳跃形式到达分枝 2，Ⅱ体将以突发动力形式破坏。失稳期间由两体系统释放转变为自身动能 T 的计算式为

$$\begin{aligned} T=-E&=-\int_{u_j}^{u_s}\left(\frac{\mathrm{d}U_1}{\mathrm{d}u}+\frac{\mathrm{d}U_2}{\mathrm{d}u}\right)\mathrm{d}u=\frac{N_j^2-N_s^2}{2k_m}-\int_{u_j}^{u_s}F(u)\mathrm{d}u \\ &=\frac{F(u_j)^2-F(u_s)^2}{2k_m}-\int_{u_j}^{u_s}F(u)\mathrm{d}u \end{aligned} \tag{8.65}$$

在此过程中，状态变量的跳跃幅值为

$$\Delta u=u_s-u_j \tag{8.66}$$

荷载跳跃幅值为

$$\Delta F=F(u_j)-F(u_s) \tag{8.67}$$

Ⅱ体峰值后系统平衡位置沿图 8.19 分枝 1 右行，当 $K<1$ 时，在分枝 1 上 x_j 处 $J=0$，系统位于失稳临界点处，系统平衡位置从状态不稳定的分枝 1 上的 x_j 处跃到状态稳定的分枝 2 上的点 x_s 处，在图 8.19 的 x_s 处，$a_s=a_j$，$J=0$。图中 j 点和 s 点的系统总势能分别为

$$\Pi_j=\frac{x_j^3}{3}+a_jx_j \tag{8.68}$$

$$\Pi_s=\frac{x_s^3}{3}+a_sx_s \tag{8.69}$$

由上式可得平衡位置从 j 点跳到 s 点时系统释放的弹性能释放量为

$$\Delta\Pi=\Pi_s-\Pi_j=\frac{x_s^3-x_j^3}{3}+a_j(x_s-x_j) \tag{8.70}$$

将 $x_j=-x_s$，$a_j=-x_s^2=-x_j^2$ 代入式（8.70）得

$$\Delta\Pi=-\frac{4}{3}x_s^3<0(x_s>0) \tag{8.71}$$

由于是释放能量，必须有 $\Delta\Pi<0$，这说明数学描述与实际物理意义一致。

3. 折迭突变模型对岩体破坏的描述

K 为定值时由式（8.55）、式（8.61）可知，当 u 增大且 $\frac{u-u_g}{u_g}<\frac{(K-1)[F'(u_g)]^2}{u_gF(u_g)F'''(u_g)}$ 时，$F'(u)$ 及 J 减小，故 a 与 x_1 由负值向零变化，即平衡位置（a，x_1）沿分枝 1 右行；由式（8.55）、式（8.62）可知，当 u 增大且 $\frac{u-u_g}{u_g}>\frac{(K-1)[F'(u_g)]^2}{u_gF(u_g)F'''(u_g)}$ 时，$F'(u)$ 及 J 增大，故 a 负向增大而 x_2 正向增大，即平衡位置（a，x_2）沿分枝 2 左行。由此看出图 8.17 与图 8.19 中参数变化趋势完全一致。下面讨论 K 值不同时，平衡位置（a，x）沿曲线的变化情况。

（1）$k_m<-F'(u_g)$，即 $K<1$。当Ⅱ体有位移增量 du 时，两体系统动力失稳的临界条件可展开为式（8.54）。这说明两体系统失稳临界条件 $J=0$ 中，隐含了岩体失稳的

Cook 刚度准则，即

$$F'(u)+k_m=0 \tag{8.72}$$

由于在Ⅱ体峰值处 $F'(u_c)=0$，$F(u)$ 曲线的斜率在其软化段拐点处取到负极值 $F'(u_g)$，而当 $u\gg u_g$ 之后 $F'(u)\to 0$。当 $|F'(u_g)|$ 与Ⅰ体的等效刚度 k_m 的比值 $K=k_m/[-F'(u_g)]<1$ 时，在图 8.17 的 c 点与 g 点间及 g 点之后必存在 j 点和 s 点，在 j 点和 s 点上满足

$$\begin{cases}F'(u_j)+k_e=0\\F'(u_s)+k_e=0\end{cases} \tag{8.73}$$

即在 j 点和 s 点上满足 $J(u_j)=0$，$J(u_s)=0$，系统处于临界状态。

从实际情况看，当Ⅱ体有位移 $\mathrm{d}u>0$ 时，也必有Ⅰ体位移 $\mathrm{d}u_p>0$，当两体系统平衡位置在准静态平衡路径分枝 1 上移动时，$\mathrm{d}u_p$ 与 $\mathrm{d}u$ 是同阶量，当在 j 点和 s 点满足临界条件 $J=0$ 时，可知 $\mathrm{d}u/\mathrm{d}u_p\to\infty$，这表明在 u_j、u_s 处，位移 u 有一个突然的有限改变量。除 $K-1$ 轴上的点外，对于同一 a 值，x 有两个状态与之对应，故平衡位置将从分枝 1 上的 x_j 点跳跃到分枝 2 上的 x_s 点。由式（8.61）、式（8.62）可得 x 的跳跃幅值为

$$\Delta x=2\sqrt{-\frac{(1-K)^2[F'(u_g)]^4}{u_g^2[F(u_g)]^2[F'''(u_g)]^2}+2\frac{(1-K)F'(u_g)}{u_g^2F'''(u_g)}} \tag{8.74}$$

而跳跃时的位移为

$$\frac{u_j-u_g}{u_g}=-\frac{(1-K)[F'(u_g)]^2}{u_gF(u_g)F'''(u_g)}-\sqrt{-\frac{(1-K)^2[F'(u_g)]^4}{u_g^2[F(u_g)]^2[F'''(u_g)]^2}+2\frac{(1-K)F'(u_g)}{u_g^2F'''(u_g)}} \tag{8.75}$$

平衡位置 u 跳跃表示两体系统突发性动力失稳，Δx 或 $\Delta u=u_s-u_j$ 是破坏时岩体位移的突变值。

(2) $k_m\geqslant -F'(u_g)$，即 $K\geqslant 1$。当 $k_m=-F'(u_g)$ 时，式（8.61）、式（8.62）可改为

$$x_1=\frac{u-u_g}{u_g}=-\sqrt{-2\frac{Jk_m}{u_g^2F(u_g)F'''(u_g)}} \tag{8.76}$$

$$x_2=\frac{u-u_g}{u_g}=\sqrt{-2\frac{Jk_m}{u_g^2F(u_g)F'''(u_g)}} \tag{8.77}$$

平衡位置（a，x_1）沿分枝 1 右行，J 由正值减小。当 $u=u_g$ 时根据条件 $k_m=-F'(u_g)$，式（8.56）也得到满足，但由于式（8.76）、式（8.77）中的 $J=0$，使得 $x_1=x_2=0$，平衡位置是经过原点从分枝 1 平稳地过渡到分枝 2，所以岩体以延性形式破坏。这表明，随Ⅱ体系统位移的增大及岩体受力情况的变化，岩体将以渐进形式破裂。

当 $K\geqslant 1$，J 变化时，平衡位置将从分枝 1 经过 $K-1$ 轴平稳地过渡到分枝 2，岩体以渐进形式破坏。

8.3.3 基于岩体具体本构的折迭突变模型

以上对岩体本构的一般情形建立了折迭突变模型，具体分析时岩体的本构可通过试验

确定。

1. 基于岩体 Weibull 分布本构的折迭突变模型

假定岩体材料微元强度服从 Weibull 分布，建立岩体应力-应变关系为（张明等，2006；潘岳等，1999，2001，2004，2006；唐春安等，1990）

$$\sigma=E\varepsilon e^{-(\varepsilon/\varepsilon_0)^m} \tag{8.78}$$

式中 E——初始弹性模量；

m——曲线同族指数，代表材料的均质度，$(1/m)^{1/m}\varepsilon_0=\varepsilon_c$。

当 $m=1$ 时，$\varepsilon_0=\varepsilon_c$，$\varepsilon_c$ 为峰值应力 σ_c 对应的峰值应变，这样岩体的荷载-位移关系为

$$F(u)=\lambda u e^{-(u/u_0)^m} \tag{8.79}$$

式中 λ——初始刚度。

将式（8.79）代入式（8.61）、式（8.62）可得

$$x_1=\frac{u-u_g}{u_g}+\frac{m(1-K)}{(1+m)^2}=-\sqrt{\frac{m^2(1-K)^2}{(1+m)^4}+\frac{2F(u_g)(1-K)+2JK}{F(u_g)(1+m)^2}} \tag{8.80}$$

$$x_2=\frac{u-u_g}{u_g}+\frac{m(1-K)}{(1+m)^2}=\sqrt{\frac{m^2(1-K)^2}{(1+m)^4}+\frac{2F(u_g)(1-K)+2JK}{F(u_g)(1+m)^2}} \tag{8.81}$$

将式（8.80）、式（8.81）代入式（8.74）可得状态变量的跳跃幅值为

$$\Delta u=2\sqrt{\frac{m^2(1-K)^2}{(1+m)^4}+\frac{2(1-K)}{(1+m)^2}} \tag{8.82}$$

K 值固定时跳跃幅值 Δu 与均质度 m 的关系曲线如图 8.20 所示。对于同一条曲线而言，当 Δu 是 m 的单调递减函数，当 $K=0\sim10$ 时，Δu 变化明显，从无穷大变为一个较小值；当 $K>10$ 时，Δu 变化很小，并逐渐趋近一个恒定值。当均质度 m 相同时，随着 K 值增大，跳跃幅值 Δu 逐渐减小，但最后都趋近一个恒定值。

将式（8.82）代入式（8.65）可得

$$T=\int_{u_j}^{u_s}J\,\mathrm{d}u\approx-\frac{(1+m)^2}{2K}F(u_g)u_g\cdot\Delta\Pi=-\frac{(1+m)^2}{K}F(u_g)u_g\frac{2}{3}x_s^3 \tag{8.83}$$

式（8.83）中使用“≈”原因是：由精确平衡方程式（8.54）导得式（8.58）时已略去了（$u-u_g$）的 3 次方以上项，是系统失稳瞬间释放弹性能的近似值。Ⅰ体的刚度 k_m 越小或斜率越平缓，Ⅱ体 $F(u)$ 曲线软化段越陡，即当刚度比 $K=k_m/[-F'(u)]$ 越小时，阴影区面积（图 8.19）越大，系统失稳强度也越大。

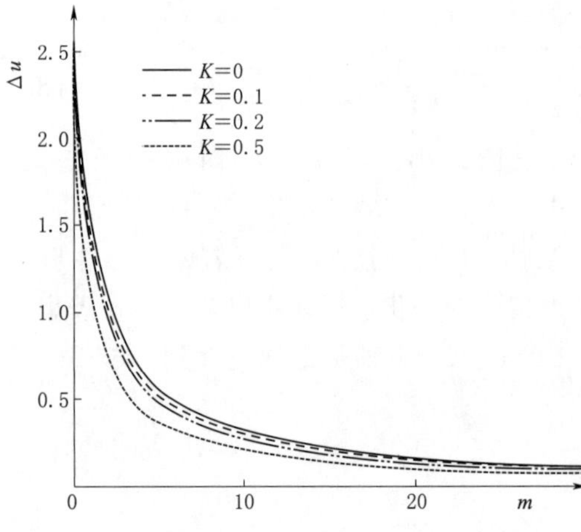

图 8.20 两体系统跳跃幅值与均质度关系曲线

当 $m=1$ 时，所得结果与潘岳（1999）解答完全一致。

2. 基于本文卸荷岩石本构方程的折迭突变模型

采用回归的方法得到本文灰岩峰后的荷载-位移关系为

$$F(u)=\sigma_c A\frac{u/u_c}{\alpha(u/u_c-1)^2+u/u_c}\quad u>u_c \tag{8.84}$$

隧洞岩爆是发生在图8.17所示的软化段拐点 g 前后的系统行为，由式（8.84）表示的 $F(u)$ 曲线软化段上有一个拐点 g，将其对应的位移值记为 u_g。经过运算可得 u_g 与峰值力对应的位移 u_c 之间的关系为（数学手册编写组，1979）

$$u_g/u_c=2\cos\theta \tag{8.85}$$

其中
$$\theta=\frac{1}{3}\arccos\left(\frac{1-2\alpha}{2\alpha}\right)$$

将式（8.85）代入式（8.61）、式（8.62）可得

$$x_1=\frac{u-u_g}{u_g}+\frac{4\cos^2\theta-1}{24\cos^2\theta}(1-K)=-\frac{4\cos^2\theta-1}{2\cos\theta}\sqrt{\frac{(1-K)^2}{12\cos^2\theta}+\frac{1-K}{3}+\frac{JK}{3F(u_g)}} \tag{8.86}$$

$$x_2=\frac{u-u_g}{u_g}+\frac{4\cos^2\theta-1}{24\cos^2\theta}(1-K)=\frac{4\cos^2\theta-1}{2\cos\theta}\sqrt{\frac{(1-K)^2}{12\cos^2\theta}+\frac{1-K}{3}+\frac{JK}{3F(u_g)}} \tag{8.87}$$

代入式（8.74）可得状态变量的跳跃幅值为

$$\Delta u=\frac{4\cos^2\theta-1}{\cos\theta}\sqrt{\frac{(1-K)^2}{12\cos^2\theta}+\frac{1-K}{3}} \tag{8.88}$$

岩爆前兆阶段系统都处于不稳定状态。处于极限状态不稳定的系统，能够通过其变形来耗散外界所提供的能量，此时还不能对外界做功，但是系统失稳时具备对外界环境做功的能力。本书8.4.2节中以解析和图解形式阐述了两体系统失稳变形时，无须外力做功，而反过来以瞬间释放弹性能的破坏性方式对外界环境做功。

本书第2章中在MTS815.02型电液伺服岩石力学试验机上，测出了灰岩岩样失稳破裂的应力-应变、应变-时间关系曲线，从测试结果可以看出：

（1）岩样失稳时具有明显的应力、应变突跳值。

（2）在同一台试验机上进行的同一种岩样试验，试验机的刚度 k_m 相同，但随着卸荷破坏峰值强度的增加，灰岩岩样软化段曲线斜率依次变陡，故失稳时的应变（位移）跳跃幅值与应力降（载荷降）也依次变大，两体系统运动的剧烈程度也依次变大（通过岩样破坏时试验机的振动体现）。在矿柱、隧洞发生岩爆过程中，围岩或顶、底板由于其间岩体脆性破坏造成的突然卸荷而受到很大的冲击力作用，产生剧烈震动，若震动以地震波的形式向四周传播，将引起围岩进一步破坏。

由此看出，本书第2章中对岩样的实测结果与本节的数学描述结果完全一致。

8.4 卸荷破坏试验结果在岩爆中的应用

8.4.1 隧洞开挖卸荷的岩爆判据

1. 岩爆的发生条件及其判据

大量的工程实践证明，岩爆发生必须具备两个条件（王青等，2008；李东林等，

2008；孟陆波等，2008)：①岩体地应力高、隧洞开挖时围岩承受应力比较大；②围岩新鲜、完整、坚硬且储存有足够的弹性应变能。结合上述岩爆发生的两个条件，研究者提出了两个最常用的岩爆判据：

(1) 岩爆的产生受隧洞切向应力影响很大，Russenes 等（1974）提出了根据围岩切向应力与围岩抗压强度的比值（σ_{max}/R_c）的岩爆烈度判别法。σ_{max}/R_c 越大，则岩爆发生的可能性和烈度越大。

(2) 岩爆的产生与能量有关，围岩中积聚的弹性应变能是岩爆发生的内部主导因素，Kidybinski A.（1981）提出基于能量学观点的弹性能指数预测岩爆方法，弹性能指数值越大，破坏时释放的能量越大，岩爆存在的可能性及其烈度就越大。据此建立的岩爆分级综合判据见表 8.3。

表 8.3　　岩爆分级综合判据表

判别指标	岩爆级别			
	轻微岩爆 Ⅰ级	中等岩爆 Ⅱ级	强烈岩爆 Ⅲ级	剧烈岩爆 Ⅳ级
σ_{max}/R_c	0.3～0.5	0.5～0.7	0.7～0.9	>0.9
W_{et}	<2.0	2.0～5.0	2.0～5.0	>5.0
$(\sigma_1-\sigma_3)/R_c$	0.4～0.6	0.6～0.9	0.9～1.1	>1.1

2. *本书提出的应力差强度比岩爆判据*

实际隧洞开挖过程中发生的岩爆现象，是在围岩二次应力场重分布的过程中产生的，即岩爆产生时围岩处于一种差应力状态（单向应力状态可以认为是围压为零的一种差应力状态），因此，建立在单轴抗压强度基础上的岩爆应力判据是有局限性的。李宏等（2006）对锦屏二级水电站探洞施工开挖过程中发生的岩爆问题进行了分析，发现采用应力强度比方法判断有强烈岩爆的地段，由于围岩应力差很小，实际围岩并没有发生破坏。由此可以认为，开挖面上的应力差是控制岩爆发生的关键因素，应力强度比岩爆判据是存在问题的（提高了岩爆烈度）。本书探讨性地提出应力差强度比岩爆应力判据，并对其进行了分析。

通过第 2 章试验数据可以发现：灰岩在低围压下出现劈裂破坏，局部有剪切带，其结果与轻微岩爆现象较为相似；随着破坏时围压的升高，岩样破坏以剪切破坏为主，同时局部有张性裂纹，显示出张剪性破裂的特征，其剪切破裂往往追踪部分张性破裂面发展，这与中等岩爆现象较为相似；当破坏围压继续增大时，破裂性质也就逐渐向剪切破裂过渡，破裂面上擦痕、阶步较为明显，类似强烈以上岩爆现象（徐林生等，2001）。

结合上述卸荷破坏试验数据，采用应力差强度比作为参数，将岩爆破坏形式分为以下 4 种，即

$$\begin{cases}\sigma_1-\sigma_3=(0.4\sim0.6)R_c & \text{轻微岩爆}\\ \sigma_1-\sigma_3=(0.6\sim0.9)R_c & \text{中等岩爆}\\ \sigma_1-\sigma_3=(0.9\sim1.1)R_c & \text{强烈岩爆}\\ \sigma_1-\sigma_3>1.1R_c & \text{剧烈岩爆}\end{cases} \tag{8.89}$$

本书提出的应力差强度比判据与 Cai M. 和 Kaiser P. K. 提出的隧洞围岩出现裂隙及其损伤破坏的应力判据［式（8.90）］阈值基本吻合（Cai M. 等，2004）

$$\begin{cases} \sigma_1 - \sigma_3 = (0.4 \sim 0.5) R_c & \text{出现裂隙} \\ \sigma_1 - \sigma_3 = (0.88 \sim 1.0) R_c & \text{损伤破坏} \end{cases} \tag{8.90}$$

8.4.2 隧洞开挖卸荷的有限元数值模拟计算

1. 数值模拟方案与计算模型

数值计算的应力状态参考秦巴段隧洞的地应力测试结果（李东林等，2008）。隧洞形态设计为最常见的 3 种形式，分别为圆形、直墙半圆形和马蹄形。各类断面面积相同，都为 73.36m^2。其中，圆形隧洞洞径 9.67m；直墙半圆形隧洞底宽 9.00m，直墙高 4.62m；马蹄形隧洞宽 10.63m，高 8.53m。计算模型将卸荷岩体的本构关系引入到 ANSYS 有限元程序中，这可以通过编写简单的小程序来实现。其中，开挖卸荷影响区内围岩选用 7.5 节中卸荷岩石本构模型［式（8.91）］和卸荷岩体参数，不考虑开挖卸荷围岩本构模型采用式（8.92）（潘岳等，2004）已经证明，该模型比基于理想弹塑性模型的 Kastner 解更接近实际。

上述不同隧洞形状的有限元模型参数和边界设定完全相同，即岩爆发生的基本条件相同。模型参数见表 8.4，模型计算区域为 100m×100m，设定模型边界垂直应力为 25MPa、水平应力为 30MPa。隧洞开挖采用一次性全断面开挖来模拟。顶部施加垂直应力，左边施加水平位移约束，右边施加水平应力（左右两侧约束条件不同，主要是因为水平应力较大，两侧都施加应力可能会导致模型产生水平漂移，影响到网格精度）。

$$\sigma_1 - \sigma_3 = \begin{cases} E\varepsilon & \varepsilon \leqslant 0.002 \\ \beta(-64.5\varepsilon^2 + 0.42\varepsilon) & 0.002 < \varepsilon \leqslant 0.005 \\ \sigma_c \dfrac{\varepsilon/\varepsilon_c}{\alpha(\varepsilon/\varepsilon_c - 1)^2 + \varepsilon/\varepsilon_c} & \varepsilon > 0.005 \end{cases} \tag{8.91}$$

$$\sigma_1 - \sigma_3 = \begin{cases} E_1\varepsilon & \varepsilon \leqslant 0.006 \\ \sigma_c \dfrac{\varepsilon/\varepsilon_c}{\alpha(\varepsilon/\varepsilon_c - 1)^2 + \varepsilon/\varepsilon_c} & \varepsilon > 0.006 \end{cases} \tag{8.92}$$

表 8.4　岩石力学参数

计算方法	重度 /(kN/m^3)	弹性模量 /GPa	屈服应变 /10^{-3}	峰值应变 /10^{-3}	峰值强度 /MPa	泊松比	试验参数 $b/10^6$	试验参数 a
不考虑开挖卸荷	26	40	—	5.0	175	0.2	0.28	0.63
考虑开挖卸荷	26	40/30	2.5	4.3	170	0.2/0.3	0.31	0.52

2. 围岩岩爆分析

不考虑开挖卸荷和考虑开挖卸荷条件下各种断面隧洞围岩的应力分布图如图 8.21～图 8.26 所示。

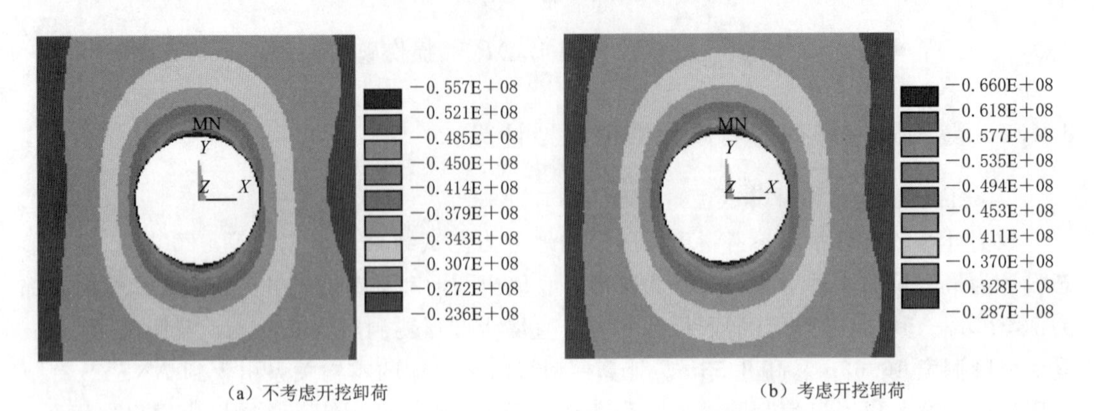

(a) 不考虑开挖卸荷　　(b) 考虑开挖卸荷

图 8.21　圆形隧洞围岩第三主应力分布图

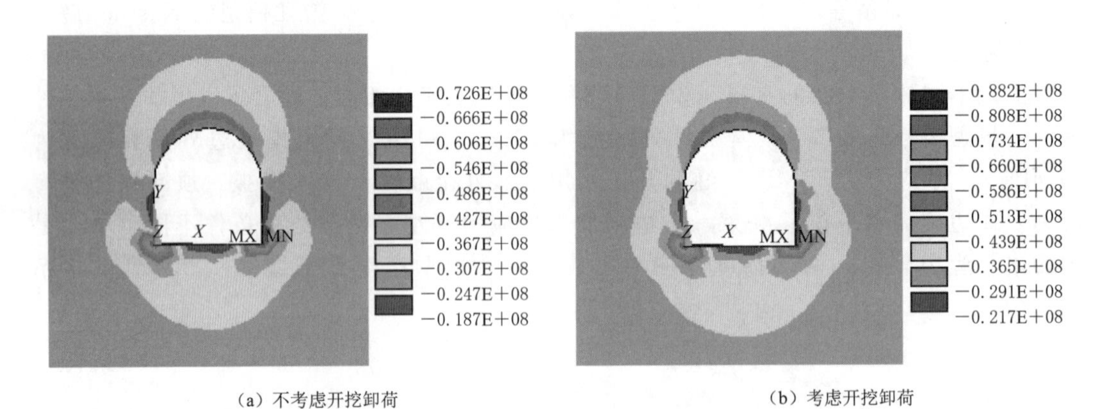

(a) 不考虑开挖卸荷　　(b) 考虑开挖卸荷

图 8.22　直墙半圆形隧洞围岩第三主应力分布图

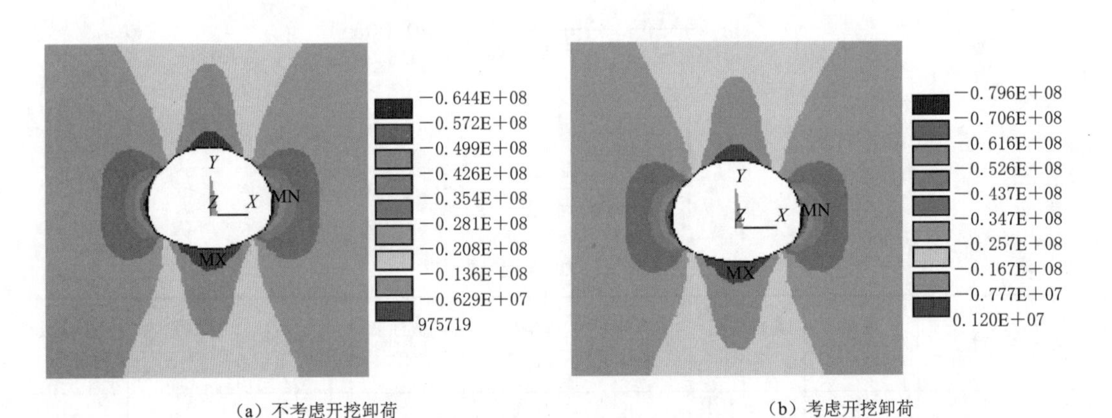

(a) 不考虑开挖卸荷　　(b) 考虑开挖卸荷

图 8.23　马蹄形隧洞围岩第三主应力分布图

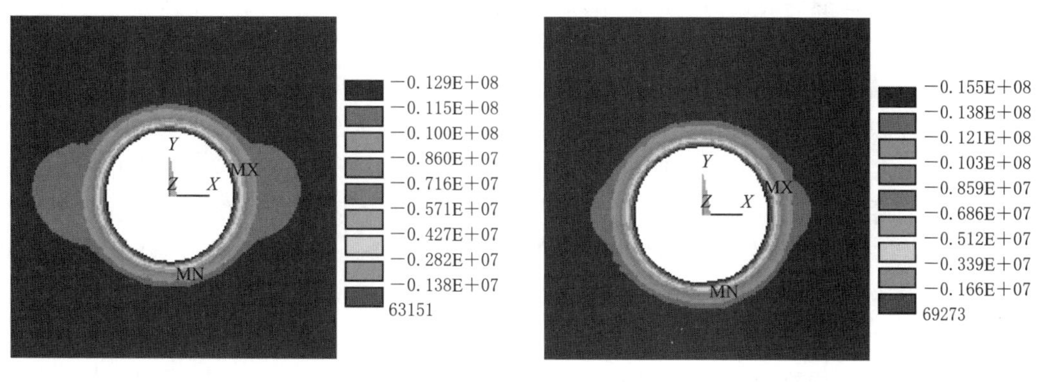

(a) 不考虑开挖卸荷　　(b) 考虑开挖卸荷

图 8.24　圆形隧洞围岩第一主应力分布图

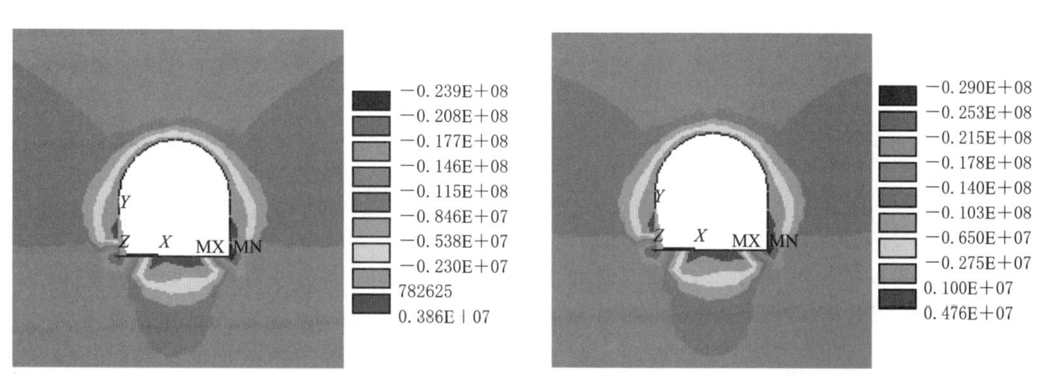

(a) 不考虑开挖卸荷　　(b) 考虑开挖卸荷

图 8.25　直墙半圆形隧洞围岩第一主应力分布图

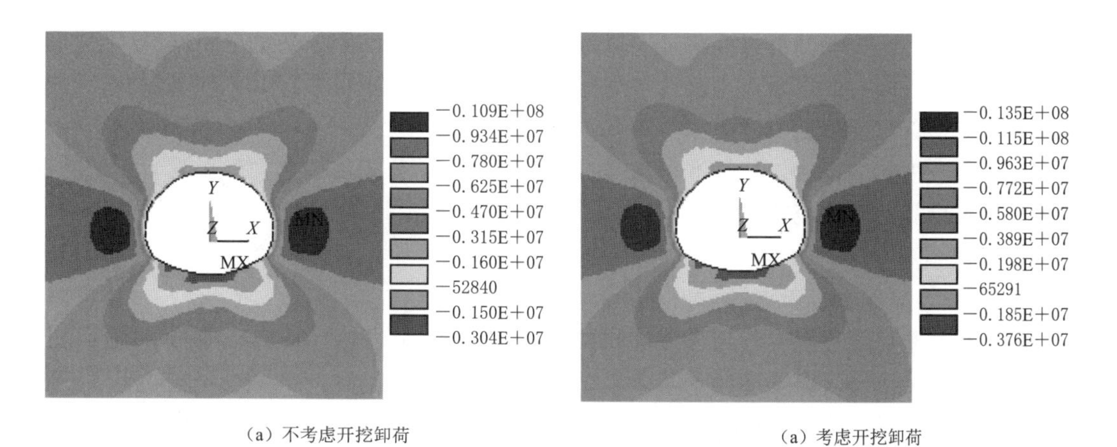

(a) 不考虑开挖卸荷　　(a) 考虑开挖卸荷

图 8.26　马蹄形隧洞围岩第一主应力分布图

就圆形隧洞而言，围岩的应力分布规律为：最大压应力、最大剪应力和最大拉应力在同等条件下值最小，最大压应力区分布于拱顶和底板的中心，最大拉应力区分布在隧洞开挖面附近，随着离隧洞开挖面距离的增加，逐渐向压应力过渡，并达到最大压应力值。与不考虑开挖卸荷相比，考虑开挖卸荷影响的极值应力增加，最大压应力从 55.7MPa 增加为 66.0MPa，最大拉应力从 0.06MPa 增加为 0.07MPa，同时塑性区范围增大。

就直墙半圆形隧洞而言，围岩的应力分布规律为：最大压应力、最大剪应力和最大拉应力在同等条件下值最大，最大压应力区主要分布在隧洞两个底角部位，最大拉应力区分布在隧洞底部中间位置，同时，边墙两侧也为拉应力区。与不考虑开挖卸荷相比，考虑开挖卸荷影响的极值应力增加，最大压应力从 72.6MPa 增加为 88.2MPa，最大拉应力从 3.8MPa 增加为 4.8MPa，边墙两侧的拉应力区向内部延伸，同时塑性区范围增加最大（联通区域更广）。

就马蹄形隧洞而言，围岩的应力分布规律为：最大压应力、最大剪应力和最大拉应力在同等条件下值均较小，最大压应力区主要分布在隧洞两侧，最大拉应力区分布在隧洞底部，范围较小。与不考虑开挖卸荷相比，考虑开挖卸荷影响的极值应力增加，最大压应力从 64.4MPa 增加为 79.6MPa，最大拉应力从 3.0MPa 增加为 3.7MPa，隧洞底部的拉应力区向内部延伸，同时隧洞顶部也出现了小范围的拉应力区，塑性区范围增加较大。

比较考虑开挖卸荷和不考虑开挖卸荷的有限元计算结果，可以发现前者应力值都要比后者大，马蹄形隧洞围岩压应力增加最大，前者比后者增加 15.2MPa。最大拉应力值增加，直墙半圆形隧洞围岩拉应力增加最大，前者比后者增加 1.0MPa，同时塑性区范围增加（直墙半圆形隧洞围岩塑性区范围增加最广）。

本书是在岩爆发生条件相同的情况下进行讨论，即地层岩性、岩体结构、施工方法等条件完全相同，故可忽略岩爆倾向性指数判据，仅考虑利用应力差强度比判据对岩爆进行分析。通过上述数值模拟计算结果可得到不同隧洞形状洞壁最大应力见表 8.5，其中岩体单轴抗压强度 125MPa。对比应力差强度比岩爆判据和应力强度比岩爆判据可以发现，除圆形隧洞外，应力差强度比岩爆判据的岩爆级别都比应力强度比岩爆判据的岩爆级别低一级，这说明应力比岩爆判据过高估计了岩爆级别，这个结论与李宏等的分析结果一致。此外，不考虑开挖卸荷的岩爆级别要比考虑开挖卸荷的岩爆级别低一级，说明隧洞开挖容易导致应力集中部位发生岩爆。

在确定应力集中区后，根据严可煊等（2005）提供的公式可以预测岩爆发生区域的深度和宽度，计算结果见表 8.5。

$$d=0.25\exp(2.54\sigma_\theta/R_c) \tag{8.93}$$

$$b=0.46\exp(2.54\sigma_\theta/R_c) \tag{8.94}$$

考虑开挖卸荷计算所得的岩爆深度和宽度都明显较大，与不考虑开挖卸荷计算结果相差很大，在实际应用时应考虑开挖卸荷影响。

综合对比上述 3 个洞形可以发现，岩爆存在洞室效应。在面积相同的条件下，优先考虑圆形隧洞，其次是马蹄形，最后才是直墙半圆形。圆洞是无衬砌隧洞稳定性最佳的洞形，对减少岩爆最有利，马蹄形其次。另外，从减少应力集中方面来考虑预防岩爆，曲线形的隧洞断面形状比直线形的断面形状好，无折角的断面形状比有折角的断面形状好，折角大的断面形状比折角小的断面形状好（孟陆波等，2008）。

表 8.5　　不同计算方法下岩爆烈度、深度和宽度

隧洞形状	计算方法	$(\sigma_1-\sigma_3)$/MPa	σ_{max}/MPa	$(\sigma_1-\sigma_3)/R_c$	σ_{max}/R_c	应力差强度比岩爆级别	应力强度比岩爆级别	岩爆深度/m	岩爆宽度/m
圆形	不考虑开挖卸荷	56.3	55.7	0.45	0.45	轻微	轻微	0.77	1.43
	考虑开挖卸荷	66.7	66.0	0.53	0.53	轻微	中等	0.96	1.76
直墙半圆形	不考虑开挖卸荷	74.9	72.6	0.59	0.58	轻微	中等	1.09	2.01
	考虑开挖卸荷	93.0	88.2	0.74	0.71	中等	强烈	1.50	2.76
马蹄形	不考虑开挖卸荷	67.4	64.4	0.54	0.52	轻微	中等	0.93	1.70
	考虑开挖卸荷	83.4	79.6	0.67	0.64	中等	中等	1.26	2.32

8.4.3　卸荷破坏的突发性

岩石卸荷破坏的突发性，可从摩尔圆上应力的转化图（图 8.27）来解释。图 8.27 中虚线表示常规三轴压缩试验中岩样的应力转化图，实线是本文采用的卸荷破坏试验的应力转化图。从图 8.27 中受力状态的转换来看，岩石在常规三轴试验中，围压保持不变，轴向应力不断增大，摩尔圆右移，塑性破坏特征较为明显。而卸围压过程是岩石从高围压受力状态向低围压受力状态的转变，摩尔圆左移，即卸荷破坏的岩石是从塑性状态向脆性状态的转变（卸荷摩尔圆与公切线相切位置比加荷摩尔圆与公切线相切位置靠左），岩石卸荷破坏的突发性实际上是岩石发生了脆性破坏。

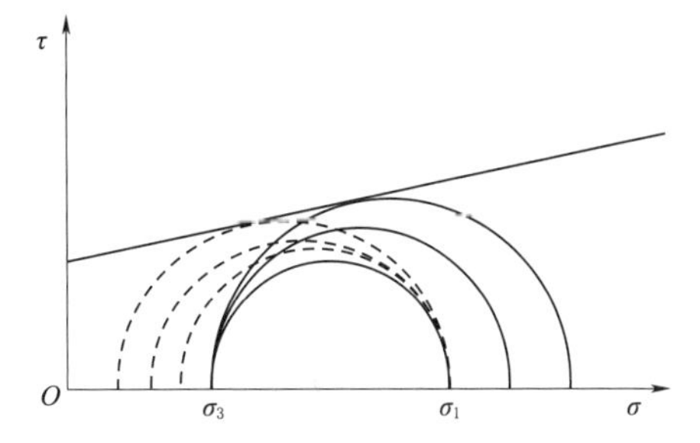

图 8.27　卸荷破坏和加荷破坏的力学机理

8.4.4　卸荷破坏在岩爆预测中的应用

岩爆是一个由围岩与过应力峰后软化岩体构成的系统，在软化岩体承载力减小的过程中，处于完好或相对完好状态的围岩由于卸荷而释放能量，当围岩释放的弹性能总量超过软化岩体以渐进破碎形式所耗散的能量时，多余的能量部分将转变为系统动能，进而造成软化岩体以突发性动力形式破碎及围岩的剧烈振动和二次破坏。

从岩爆形成的力学过程看，隧洞开挖过程中围岩的侧压被卸除，围岩产生应力集中，应变能大量聚集，当调整后的应力状态达到岩体极限状态时，岩体发生破坏，高地应力条件下隧洞发生的岩爆是一种典型的开挖卸荷引起的岩爆现象。以圆形隧洞为例，径向应力随着向自由面接近逐渐减小，而切向应力在一些部位越接近自由表面越大。显然，隧洞的开挖卸荷在围岩中引起强烈的应力分异现象，使得围岩应力差（$\sigma_1-\sigma_3$）越接近开挖临空面越大，应变能大量聚集，具有岩爆倾向性的岩体往往就是在这个应力转换过程中形成和

发生岩爆的（徐林生等，2001；王贤能等，1998）。由此，根据隧洞的开挖过程，就可以设计相应的岩石三轴卸荷试验方案，从而模拟隧洞开挖后应力状态的变化，获得不同施工条件下的试验参数。

根据试验结果分析可知：

（1）在隧洞开挖过程中，无论围岩的最大主应力是否超过其单轴抗压强度，在最小主应力降低过程中，岩体储存的能量足以使其自身破碎，不必到外界寻找能量来源。处于三向应力状态的岩体，如果某一方向的应力突然降低，造成岩体在较低应力状态下破坏，那么岩体实际能够吸收的能量是很小的，原岩储存的弹性应变能将对外释放。这就是说，如果对岩体缺少有效的支护（相当于围压），那么原岩释放的能量将转换为破裂岩块的动能，进而可能引起岩爆。这就给出了一个预防岩爆的方法：对于具有岩爆倾向性的围岩，可以采用钻孔释放能量的方法，将工作面前方围岩中的能量化整为零逐步释放，在即将开挖的围岩四周形成一个低应力保护壳，然后再进行掘进，这样就能减缓或降低岩爆的发生

（2）岩体的变形和破坏与卸围压速率密切相关。隧洞开挖时，一次开挖的进度愈快，释放的能量也愈大；开挖的速度愈高，释放能量的速度也愈高。尤其当开挖面前方接近变形不连续面时，开挖面与变形不连续面之间的应力更加集中，应变能大量聚集在两者之间，围岩应变能将增加，而其极限存储能却降低，此时，稍有不慎就可能导致开挖面与变形不连续面之间的岩体破碎，甚至向外抛出，形成岩爆。通过调整施工速度、延长卸荷时间、减少一次卸荷量和控制卸荷速率等措施来减小卸荷对岩体的松动损伤作用，比如减少一次开挖的进度，或者采用合理的施工步骤，可以减缓或降低岩爆的发生。

8.5 局部破碎带渗水条件下海底隧道稳定性的有限元极限分析

8.5.1 海水压力在海底隧道设计中的考虑

对海底隧道而言，围岩渗水对海底隧道的最大危害就是造成突发的顶板透水以及随之而来的顶板塌落事故，如挪威 Oslofjord 海底隧道。所以在海底隧道通过线路地质条件勘测准确以后，如何确定作用在隧道围岩上的海水压力，是海底隧道设计、施工中需要重点考虑的问题。

海底隧道设计中，作用在隧道衬砌上的水压力究竟该取多大，工程界的意见尚不统一。隧道衬砌设计中考虑全水头水压力的情况基本上有两种：①土质隧道以及上覆岩层较为破碎且渗透性较强的隧道，隧道衬砌周边很快达到全水头；②采用盾构法施工的隧道，施工工艺要求隧道设计为不排水。第二种情况下，即使隧道围岩完整性较好，隧道修建初期，虽然地下水沿裂隙渗入水量很少，但经过若干年以后，作用在隧道衬砌的外水压力也会达到全水头压力，这种状况已被重庆市某长江水下隧道的试验所证实，也就是说，假如隧道设计为不排水，那么衬砌上必须考虑全水头压力。

显然，如果隧道上覆岩层完整性非常好，渗透性不大，围岩内裂隙分布范围很小，海

水只是沿围岩裂隙少量流出，按挪威海底隧道规范，允许渗流量为300L/(km·min)。这种情况下，没有必要进行堵水，隧道的整体稳定性问题不大，计算分析可以忽略水压力的作用，在此地段围岩构筑薄型衬砌就可满足隧道稳定性要求，甚至只进行混凝土喷面就可以保持隧道稳定，在这方面挪威的经验值得借鉴。

事实上，国内外许多工程实例表明，水底隧道开挖后，可采用“排堵结合”的措施来降低水的渗流，漏水是必然、正常的，没有必要完全堵水，适量的排水对隧道衬砌有卸压的作用，有利于隧道稳定，所以隧道构筑衬砌时都会做相应的排水措施。

如果海底隧道整体地质条件良好，岩体内渗流作用非常小，少量渗入隧道的水，可采用排水沟排出，所以设计中没有必要考虑水头压力，可以采用较薄的衬砌。在不良地段区域内，海水渗流主要通过局部破碎带、断层及部分裂隙侵入隧道，因而必须对破碎带进行注浆堵水、降低渗水、加固围岩，而且在不良地段内适当加厚衬砌（考虑水压力影响），并增设钢拱架或长锚索等设施。

8.5.2 海底隧道强度折减稳定性分析

1. 强度折减理论及安全系数的转换

传统的边坡稳定极限平衡方法采用摩尔-库仑屈服准则，根据力的平衡来计算安全系数。安全系数定义为沿滑面的抗剪强度与滑面上实际剪力的比值，其计算公式为

$$w=\frac{s}{\tau}=\frac{\int_0^l (c+\sigma\tan\varphi)\,\mathrm{d}l}{\int_0^l \tau\,\mathrm{d}l} \tag{8.95}$$

式中 w——传统的安全系数；

s——滑面的抗剪强度；

τ——滑面上的实际剪切力。

将式（8.95）两边同除以 w，则有

$$1=\frac{\int_0^l \left(\frac{c}{w}+\sigma\,\frac{\tan\varphi}{w}\right)\mathrm{d}l}{\int_0^l \tau\,\mathrm{d}l}=\frac{\int_0^l (c'+\sigma\tan\varphi')\,\mathrm{d}l}{\int_0^l \tau\,\mathrm{d}l} \tag{8.96}$$

其中

$$c'=\frac{c}{w}$$

$$\varphi'=\arctan\left(\frac{\tan\varphi}{w}\right)$$

由此可见，传统的极限平衡方法是将土体的抗剪强度指标 c 和 $\tan\varphi$ 分别减少为 $\frac{c}{w}$ 和 $\frac{\tan\varphi}{w}$，使岩土体达到极限稳定状态，此时的 w 即为安全系数。有限元强度折减法通常定义安全系数的计算公式为

$$F=\frac{\alpha}{w_1}I_1+\sqrt{J_2}=\frac{k}{w_1} \tag{8.97}$$

本书采用摩尔-库仑等面积圆屈服准则代替传统摩尔-库仑准则，其面积等于不等角六边形摩尔-库仑屈服准则，按此准则计算的塑性区能比较准确地反映围岩实际塑性区的大小，其系数 α，k 计算公式为

$$\alpha=\frac{2\sqrt{3}\sin\varphi}{\sqrt{2\sqrt{3}\pi(9-\sin^2\varphi)}}$$

$$k=\frac{6\sqrt{3}\cos\varphi}{\sqrt{2\sqrt{3}\pi(9-\sin^2\varphi)}} \tag{8.98}$$

2. 计算模型及计算参数的确定

假设隧道开挖后，对局部破碎带涌水处选择及时地封堵，渗入的海水在破碎带内以静水状态存在，并认为堵水圈基本不渗水，因此计算中将隧道围岩破碎带内海水以静水压力直接作用在围岩注浆圈上。海水的自重以均布荷载形式加在模型顶部，计算时作用在堵水圈上的静水压力取全水头（即 65m）有限元计算采用摩尔-库仑等面积圆屈服准则。应用挪威方法最终确定海底隧道的上覆岩层厚 25m。双洞间距 1.5d（d 为椭圆形断面宽度）一计算范围侧面取 4 倍隧道宽度，下面取 4 倍隧道高度。计算假设围岩破碎带与海底平面成 45°和 90°两种倾角。破碎带与海底平面成 45°倾角的计算示意图如图 8.28 所示，岩体力学参数见表 8.6。因勘测报告提供的是岩块强度，参考有关资料，计算时实际岩体强度大约为岩块强度的 1/6。

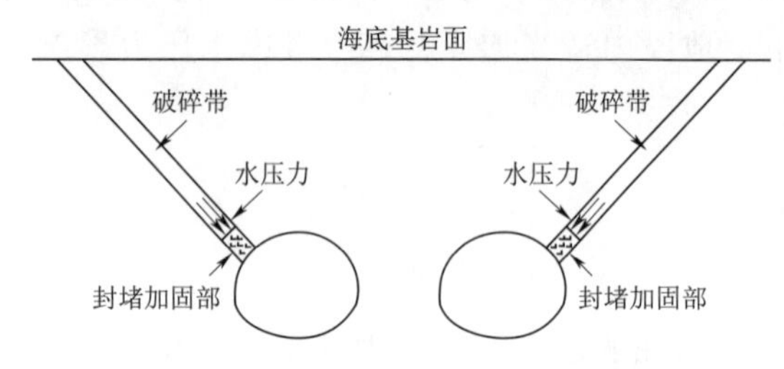

图 8.28 倾角 45°破碎带注浆封洞后计算示意图

表 8.6 **岩体物理参数**

岩体	弹性模量/GPa	泊松比	黏聚力/MPa	内摩擦角/(°)	重度/(kN/m³)
围岩	25	0.25	3.00	40	26
破碎带	1	0.35	0.15	25	22
注浆圈	4	0.30	0.60	30	24

8.5.3 计算结果分析

极限分析有限元法通过对岩土体强度参数的折减，使岩土体处于极限状态，从而使岩土体显示潜在的破坏面，并求得安全系数。经过数值计算等研究得出：隧道处于极限状态时围岩发生塑性应变突变时的情况就是围岩发生流动破坏的情况，此时，恰好计算不收敛。因而可依据塑性应变和位移突变来确定潜在破坏面及对应的安全系数。利用强度折减有限元法求得安全系数与潜在滑动面，不仅可以评价隧道的稳定性和设计的合理性。还可以对支护参数和施工工艺提出改进建议。

在完整岩体宽度、破碎带宽度分别为 1m、2m，注浆封堵圈厚度为 3m、5m 条件下，隧道的安全系数见表 8.7。计算结果表明，隧道线路通过的区域内，由于围岩的条件不

同，安全系数也有较大变化，完整围岩的安全系数是5.21，最低的安全系数是模型2，即含2m宽45°破碎带且无堵水条件下，安全系数仅为1.94，小于要求的安全系数。模型3的安全系数虽然大于安全系数，但它仍需要保持破碎带的稳定。保证破碎带不塌落，需对具有较大破碎带的地段进行局部加固或整体加固。

表8.7　计算模型及安全系数

模型编号	围　岩　状　况	安全系数
1	完整围岩	5.21
2	围岩2m宽45°破碎带，无堵水情况	1.94
3	围岩2m宽90°破碎带，无堵水情况	2.20
4	围岩1m宽45°破碎带，注浆封堵厚度3m	2.54
5	围岩1m宽45°破碎带，注浆封堵厚度5m	2.90
6	围岩2m宽45°破碎带，注浆封堵厚度3m	2.25
7	围岩2m宽45°破碎带，注浆封堵厚度5m	2.57
8	围岩1m宽90°破碎带，注浆封堵厚度3m	2.53
9	围岩1m宽90°破碎带，注浆封堵厚度5m	2.61
10	围岩2m宽90°破碎带，注浆封堵厚度3m	2.48
11	围岩2m宽90°破碎带，注浆封堵厚度5m	2.55

表8.7计算结果表明，隧道上覆岩层破碎带的存在大大降低了隧道的整体稳定性，应该做好超前堵水加固，破碎带的宽度越大，安全系数越小；堵水圈的厚度越大，安全系数越大。

不同厚度的注浆堵水圈及含不同宽度的45°破碎带隧道围岩塑性区分布表明：①破坏条件下塑性区主要集中在破碎带内堵水部分；②含2m宽破碎带的隧道安全系数较含1m宽破碎带的小，塑性区分布范围也小，但是区别不大；③含3m宽、有堵水措施的隧道安全系数较5m宽的小，塑性区分布范围也小；④同样含45°破碎带、有堵水措施的隧道安全系数较无堵水措施安全系数大，塑性区分布范围也大。

与完整围岩破裂面存在于两侧相比，含有破碎带的隧道围岩破裂面位于破碎带底端承受静水压力处，水压力的存在使围岩的破裂面最先发生在水压力作用处、围岩破碎带范围内。由此可见，在水压力作用下，破碎带堵水部分最先失稳，如果塌落涌水，会造成海底隧道施工过程中的重大灾难。因此设计中除要确保围岩与衬砌整体安全外，还要确保破碎带下衬砌局部安全。

8.5.4　水压力作用下隧道衬砌计算分析

根据“荷载-结构法”，采用有限元法计算得出了衬砌的内力分布。作用在衬砌结构上的荷载主要为衬砌外水压力，大小取全水头压力0.65MPa。衬砌外表面用弹性约束来近似模拟围岩和衬砌的相互作用，弹性抗力的大小与衬砌的变形位移成正比，比例系数为弹性常数。有限元计算时，衬砌结构采用梁单元，围岩弹性抗力用弹性单元模拟。衬砌的材料参数如下：$E=28\text{GPa}$，$\mu=0.17$，$\gamma=27\text{kN/m}^3$。

根据《公路隧道设计规范》(JTG D70—2004) 结构计算规定，验算了 3 种不同厚度海底隧道衬砌结构在不排水条件下，承受围岩弹性抗力和外水压力两种荷载共同作用时的强度和安全系数。计算结果表明，当 $h=0.8$m 时，衬砌结构的安全系数为 2.38，稍低于规范要求，$h=1.0$m，$h=1.2$m 时结构都有较高的安全系数。通过对比衬砌结构厚度可知，选取 $h=1.0$m 就能满足强度要求。显然，它比不考虑水压的衬砌厚度增大很多，如果海底隧道全部按全水压设计，再考虑地层压力，衬砌厚度会很大。

内力计算表明，外水压力作用下，衬砌拱角有较大的应力集中，最大正弯矩 M_a 和最大轴力 N 均出现在拱角处，最大负弯矩 M_b 出现在拱底处，隧道衬砌结构最不利位置为拱角，拱底次之，由此也可以看出椭圆形衬砌结构拱顶可以承受较大的静水压力。

8.6 花岗岩真三轴突然卸荷的静-动破坏判据探索

真三轴卸荷破坏试验模拟岩爆等动力灾害，一般认为出现颗粒弹射就对应发生动力破坏，无弹射现象对应静力破坏，这种直观区分静破坏和动破坏的方法正确与否无法判定。如何区分室内岩石真三轴试验中发生的是静破坏还是动破坏缺乏判别标准，岩爆发生时的静-动转换机制和转换条件尚不清楚，回答这些问题对于彻底搞清岩爆机制，预测与防治岩爆具有重要意义。本节以花岗岩真三轴室内试验与颗粒流数值模拟结果为基础，开展花岗岩卸荷破坏的三维颗粒流程序 $\mathrm{PFC^{3D}}$ 数值仿真，解译突然卸荷过程中花岗岩静态破坏和动态破坏的特征信息、转换机制和转换条件。

8.6.1 花岗岩真三轴突然卸荷破坏的三维颗粒流模拟方案

1. 花岗岩真三轴突然卸荷破坏的三维颗粒流模拟过程

模拟试验中通过删除“墙”以实现突然卸荷的工况，颗粒流模拟卸荷方向示意如图 8.29 所示，具体模拟过程如下：

(1) 利用伺服控制移动四周“墙体”，同步增加两个侧向的压力，使得第二主应力和第三主应力达到设定值。

(2) 第二主应力和第三主应力保持不变，利用伺服控制移动上、下“墙体”，增加第一主应力至目标值 σ_u (即峰值强度前 80%应力水平处)。

(3) 保持第一主应力和第二主应力不变，将第三主应力方向的一面“墙”删除，实现一次突然卸荷过程的模拟。

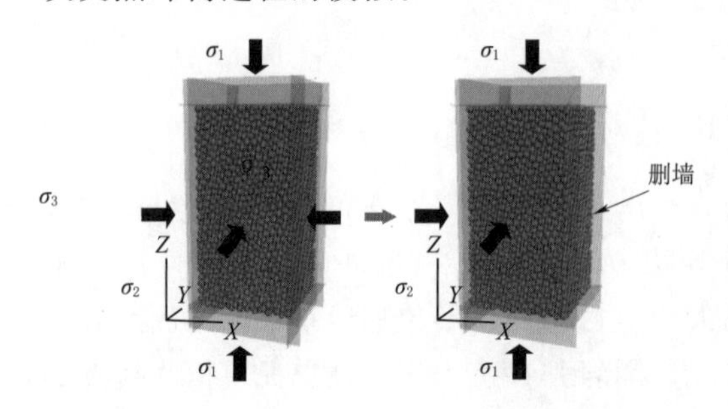

图 8.29 颗粒流模拟卸荷方向示意图

2. 花岗岩突然卸荷过程的真三轴颗粒流模拟方案

花岗岩真三轴突然卸荷破坏过程的三维颗粒流初始方案（即方案Ⅰ）见表 8.8，共计包含 15 种应力组合。根据初始方案Ⅰ的模拟结果，为寻找花岗岩突然卸荷过程中静-动破坏的临界应力组合，需要补充更多的模拟方案。后续研究中为确定静-动破坏的临界应力范围而增做的模拟方案（方案Ⅱ）见表 8.9，第二主应力和第三主应力取值的选择方法见 8.6.3 节，采用三维颗粒流程序 PFC^{3D} 共计模拟了 66 种应力组合。

表 8.8　花岗岩真三轴突然卸荷破坏的颗粒流模拟初始方案Ⅰ

试验组别	卸荷点	σ_2/MPa	σ_3/MPa
1	峰前 80%	10、20、30、40、50	10
2	峰前 80%	20、30、40、50、60	20
3	峰前 80%	30、40、50、60、70	30

表 8.9　花岗岩真三轴突然卸荷破坏的颗粒流模拟方案Ⅱ

试验组别	卸荷点	σ_2/MPa	σ_3/MPa
4	峰前 80%	17、18、19、20、 17.5、17.6、17.7、17.8、17.9	17
5	峰前 80%	16、17、18、19、20、21、 19.5、19.6、19.7、19.8、19.9	16
6	峰前 80%	15、20、21、22、23、24、25、 24.1、24.2、24.3、24.4、24.5	15
7	峰前 80%	20、25、26、27、28、29、30、 27.1、27.2、27.3、27.4、27.5	14
8	峰前 80%	30、31、32、33、34、35、 30.1、30.2、30.3、30.4、30.5	13
9	峰前 80%	35、36、37、38、39、40、 37.5、37.6、37.7、37.8、37.9	12

8.6.2　花岗岩真三轴突然卸荷破坏的三维颗粒流模拟结果

1. 应力-应变曲线

花岗岩真三轴突然卸荷破坏三维颗粒流模拟的全过程应力-应变曲线如图 8.30 所示，模拟试验中第二主应力和第三主应力的设定值分别为 40MPa 和 30MPa。对第三主应力进行单面突然卸荷后，第三主应力迅速降为 0MPa，由于颗粒流模拟的是一次性全部卸荷，因此卸荷速率极快，在卸荷瞬间轴向应力无法维持在设定应力水平处（峰值强度前 80%），轴向应力会出现小幅度骤降。然后轴向应力能够在较短时间内维持不变，轴向应力-应变曲线出现一段较短的平台期。随着大量颗粒的弹出和内部裂纹迅速萌生、扩展，轴向应力开始下降，且轴向应力-应变曲线下降的速率呈增大趋势，随后试样失去承载力发生破坏。

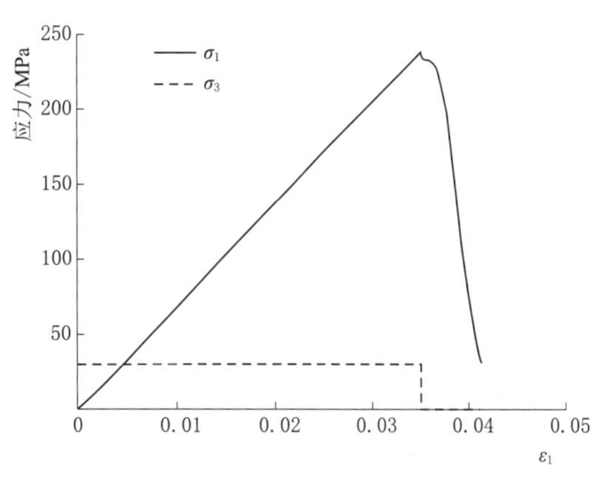

图 8.30　花岗岩真三轴突然卸荷破坏颗粒流模拟的应力-应变曲线

2. 颗粒位移

第二主应力和第三主应力分别取 40MPa、30MPa 时，花岗岩真三轴突然卸荷破坏颗粒流模拟的颗粒位移演化过程如图 8.31 所示。轴向应力加载到起裂应力过程中，轴向荷载增大，颗粒位移呈递增趋势。轴向荷载加载到损伤应力和卸荷点 σ_u 应力水平处时（峰值强度前 80%），试样位移场趋势相同，颗粒在荷载作用下沿加载方向运动，靠近上下"墙体"位置颗粒位移越大，中间横截面位置颗粒位移趋近于 0。卸载第三主应力后，颗粒位移的方向发生变化，变为与卸荷方向一致。在轴向应力下降到 80%σ_u 应力水平的过程中，数值试样卸荷面端部有大量颗粒弹出；在轴向应力下降到 60%σ_u 应力水平时，数值试样大部分颗粒位移形成倾斜的"交错面"，表明模型试样开始形成破坏面；当轴向应力降到 40%σ_u 应力水平，剪切带两侧颗粒异向运动，形成宏观剪切面，同时临空面附近颗粒主要沿卸荷方向发生位移。

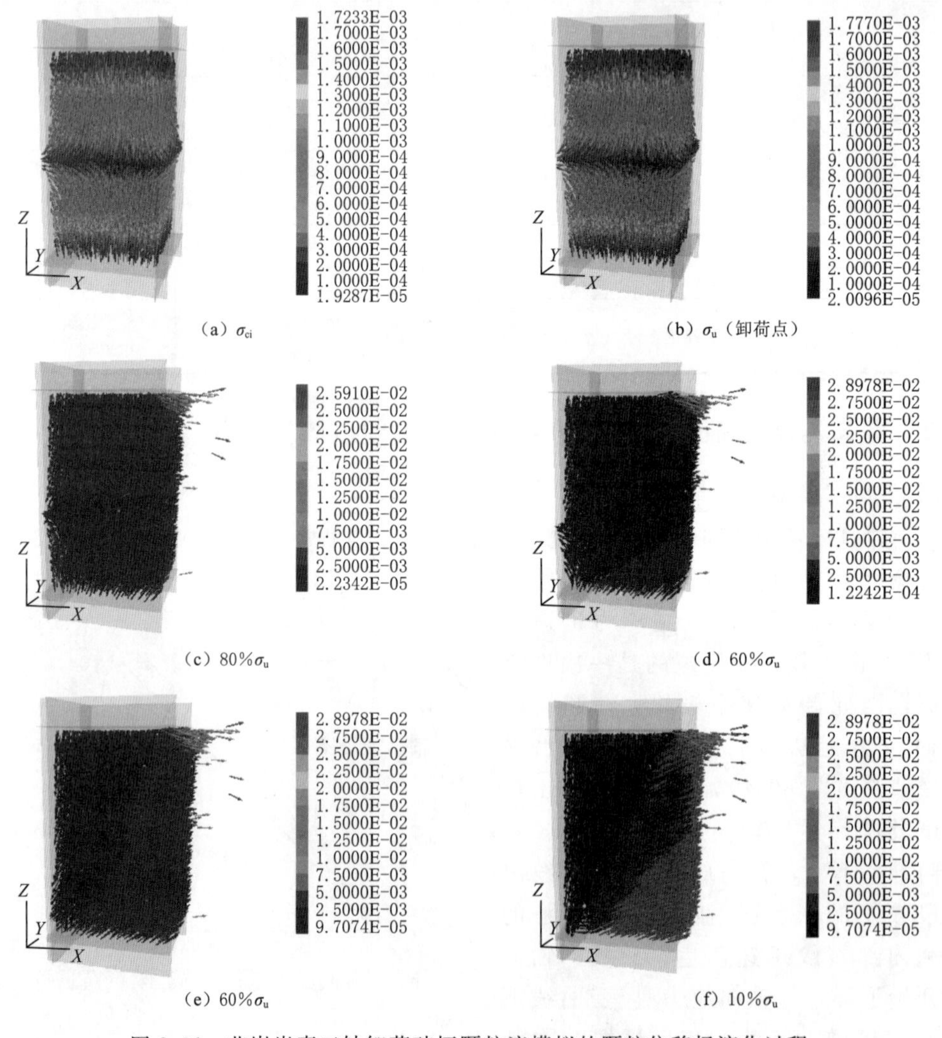

(a) σ_{ci}　(b) σ_u（卸荷点）

(c) 80%σ_u　(d) 60%σ_u

(e) 60%σ_u　(f) 10%σ_u

图 8.31　花岗岩真三轴卸荷破坏颗粒流模拟的颗粒位移场演化过程

3. 颗粒速度

第二主应力和第三主应力分别取 40MPa、30MPa 时，花岗岩真三轴突然卸荷破坏颗粒流模拟的颗粒速度场演化过程如图 8.32 所示。在轴向应力加载到起裂应力水平时，试样内部颗粒速度场趋势基本相同，颗粒沿加载方向运动，所有颗粒的速度值接近且量值较小，在轴向应力由起裂应力加载到卸荷点 σ_u（峰值强度前 80%）过程中，颗粒速度值呈递增趋势，由 0.261mm/s 增加为 0.357mm/s。卸载第三主应力后，颗粒速度的方向发生变化，在轴向应力下降到峰值强度后 80%应力水平过程中，卸荷面端部有大量颗粒弹出，颗粒弹射速度出现最大值 37.796m/s，弹射方向大致与卸荷方向平行；当轴向应力下降到峰值强度后 60%应力水平后，试样大部分颗粒速度场形成倾斜的“交错面”，这表明试样开始形成明显的剪切破坏；当轴向应力降卸载到峰值强度后 10%应力水平时，卸荷面颗粒的速度值开始减小，除弹出颗粒外，大部分颗粒速度值降到 2.5～7.5m/s。

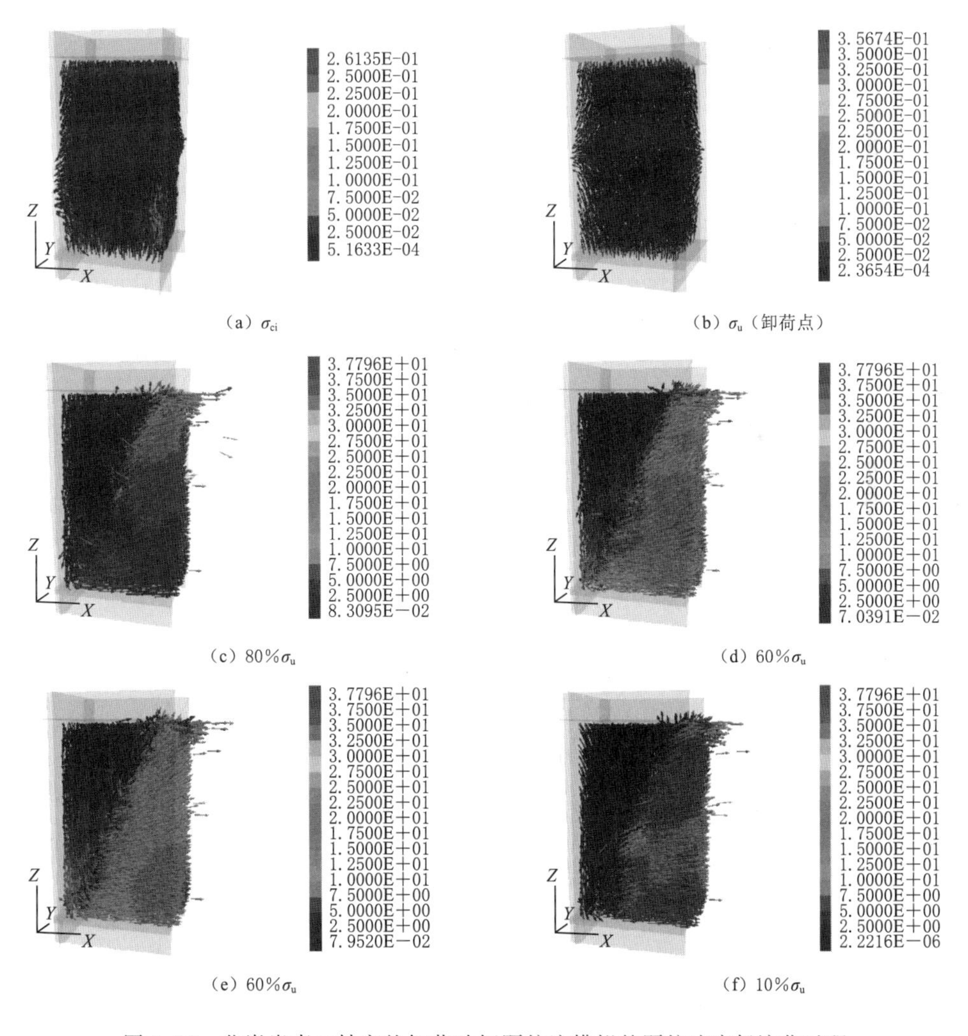

(a) σ_{ci}　(b) σ_u（卸荷点）

(c) 80%σ_u　(d) 60%σ_u

(e) 60%σ_u　(f) 10%σ_u

图 8.32　花岗岩真三轴突然卸荷破坏颗粒流模拟的颗粒速度场演化过程

8.6.3 花岗岩真三轴突然卸荷破坏颗粒流模拟的能量演化特征

1. 细观能量演化过程

以第二主应力和第三主应力分别为 40MPa、30MPa 的颗粒流模拟结果为例，对花岗岩卸荷破坏过程的细观能量进行分析，花岗岩真三轴突然卸荷破坏颗粒流模拟的细观能量-轴向应变关系曲线如图 8.33 所示。加荷阶段各细观能量的变化与第 3 章中加荷模拟实验一致。卸荷阶段，边界能呈上升趋势；黏结能先增加后减小；应变能曲线在卸荷后会有小幅度下降趋势，应变能由 0.399kJ/m^3 下降到 0.367kJ/m^3，随着试验继续进行，应变能先缓慢增大后又继续减小；摩擦能、阻尼能在卸荷后呈增加趋势，且增长速率逐渐增大。卸荷后动能的变化如图 8.33 中放大图所示。卸荷瞬间，花岗岩模型临空面的端部边界处有少量颗粒弹出，动能出现小幅度增大；随着模型临空面处更多颗粒的弹出，动能呈上升趋势，增长速率逐渐增大，后期由于颗粒弹出数量减少，动能逐渐下降。

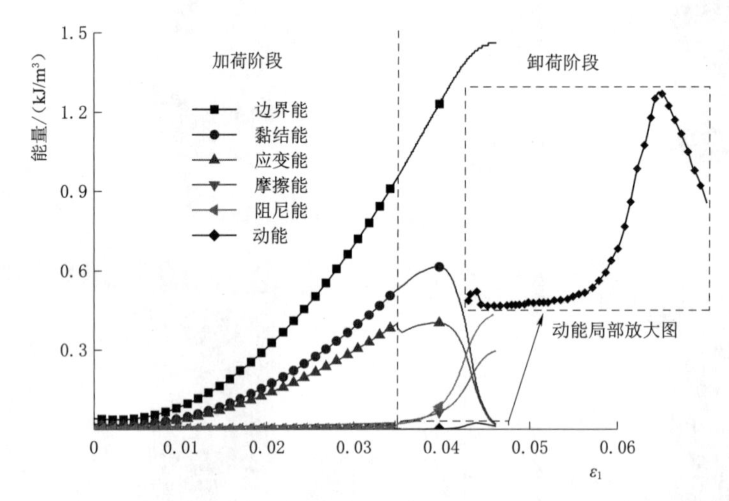

图 8.33 花岗岩真三轴突然卸荷破坏颗粒流模拟的细观能量-轴向应变关系曲线

2. 瞬时动能特征

岩爆是岩体内储存能量突然释放造成的颗粒弹射，在此过程中，岩体内部储存的能量一部分转化为颗粒破裂消耗的能量，另一部分转化为颗粒弹射所需的动能。为此，从颗粒弹射所需的动能角度出发，提出瞬时动能的概念：花岗岩突然卸荷时，试样内部颗粒发生弹射过程中，每一时刻所需要的动能。显然，根据瞬时动能的定义，瞬时动能是相邻时刻动能的差值，瞬时动能的累积和就是动能。

第二主应力和第三主应力分别为 40MPa、30MPa 时，花岗真三轴突然卸荷破坏颗粒流模拟的瞬时动能-轴向应变关系曲线如图 8.34 所示。卸荷点之前，瞬时动能较为稳定，变化幅度较小。在卸荷瞬间，瞬时动能迅速增大到 0.329J/m^3，之后降为很小的数值，经过一小段“平静期”后，瞬时动能逐渐增大，模型内部裂纹快速萌生、扩展，卸荷面附近颗粒间的接触发生断裂，大量颗粒沿卸荷方向飞出，试样迅速破坏。

3. 断裂能特瞬时征

花岗岩三维颗粒流模型破坏时，颗粒间的黏结接触会发生断裂，释放颗粒接触间的弹性应变能，释放的能量一部分转化为颗粒动能，一部分转化为摩擦能和阻尼能。不同阶段花岗岩颗粒黏结断裂时释放的能量值不同，需要对每一时间步颗粒黏结断裂时的能量（瞬时断裂能）进行分析。花岗岩真三轴突然卸荷破坏颗粒流模拟的轴向应力、瞬时断裂能与轴向应变的关系曲线如图 8.35 所示。花岗岩真三轴突然卸荷破坏过程中，试样由裂纹萌生到最终破坏的周期较短，卸荷瞬间断裂能出现突增。随着轴向应力的下降，更多颗粒间的黏结断裂，并释放大量能量，瞬时断裂能量值达到最大值 6.30J/m³，试样在较短时间内发生破坏。

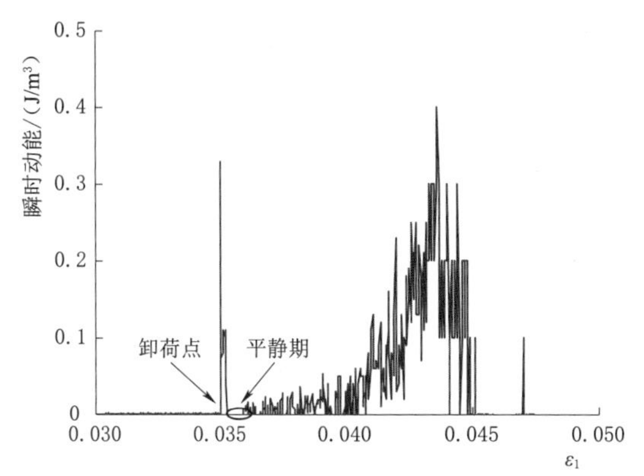

图 8.34 花岗岩真三轴卸荷破坏颗粒流模拟的瞬时动能与轴向应变关系曲线

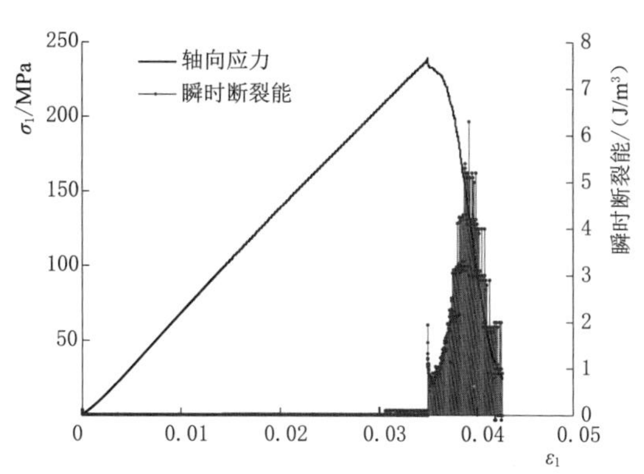

图 8.35 突然卸荷轴向应力、瞬时断裂能与应变关系曲线

8.6.4 花岗岩真三轴突然卸荷破坏的细观机制

1. 破坏类型分类

花岗岩真三轴突然卸荷破坏颗粒流模拟的试样破坏后的颗粒位移云图与颗粒速度云图如图 8.36、图 8.37 所示。

花岗岩真三轴突然卸荷破坏颗粒流模拟试样的破坏方式如图 8.38 所示，大致可以分为以下 3 类：

(1) 卸荷临空面附近有少量颗粒弹出，无明显贯通裂纹出现［图 8.38 (a)］。

(2) 卸荷临空面端部有部分颗粒弹出，内部裂纹贯通形成一个主剪切破裂面［图 8.38 (b)］。

(3) 卸荷临空面端部、中间部位均有大量颗粒弹出，岩样表面形成明显的 V 形坑，内部裂纹贯通形成 1 个主剪切破裂面和次生破裂面［图 8.38 (c)］。

2. 岩爆发生判据

实际地下工程开挖卸荷过程中是否发生岩爆等动力灾害，主要从能量角度、脆性角度两个方面进行岩爆倾向属性评价行判断，见表 8.10 和表 8.11。

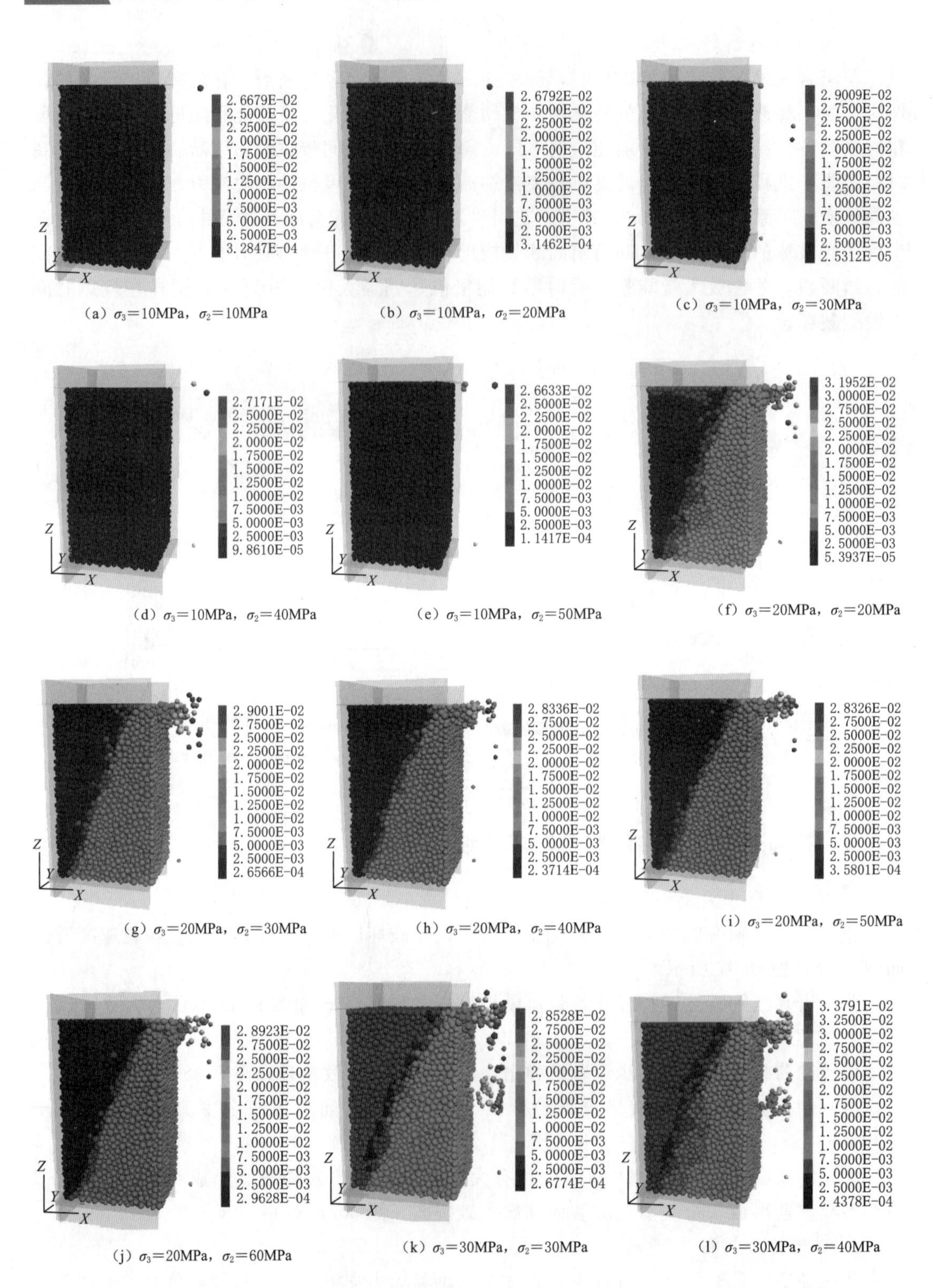

(a) σ_3=10MPa，σ_2=10MPa

(b) σ_3=10MPa，σ_2=20MPa

(c) σ_3=10MPa，σ_2=30MPa

(d) σ_3=10MPa，σ_2=40MPa

(e) σ_3=10MPa，σ_2=50MPa

(f) σ_3=20MPa，σ_2=20MPa

(g) σ_3=20MPa，σ_2=30MPa

(h) σ_3=20MPa，σ_2=40MPa

(i) σ_3=20MPa，σ_2=50MPa

(j) σ_3=20MPa，σ_2=60MPa

(k) σ_3=30MPa，σ_2=30MPa

(l) σ_3=30MPa，σ_2=40MPa

图 8.36（一） 花岗岩真三轴突然卸荷破坏颗粒流模拟方案Ⅰ的颗粒位移云图

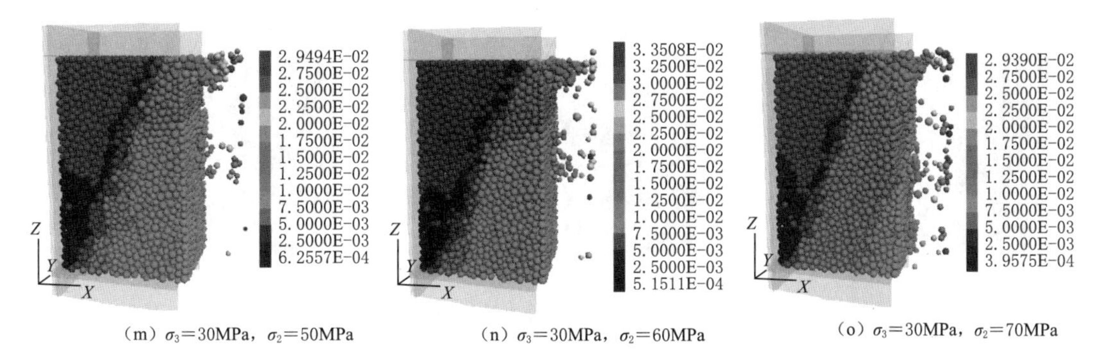

(m) σ_3=30MPa，σ_2=50MPa　(n) σ_3=30MPa，σ_2=60MPa　(o) σ_3=30MPa，σ_2=70MPa

图 8.36（二）　花岗岩真三轴突然卸荷破坏颗粒流模拟方案Ⅰ的颗粒位移云图

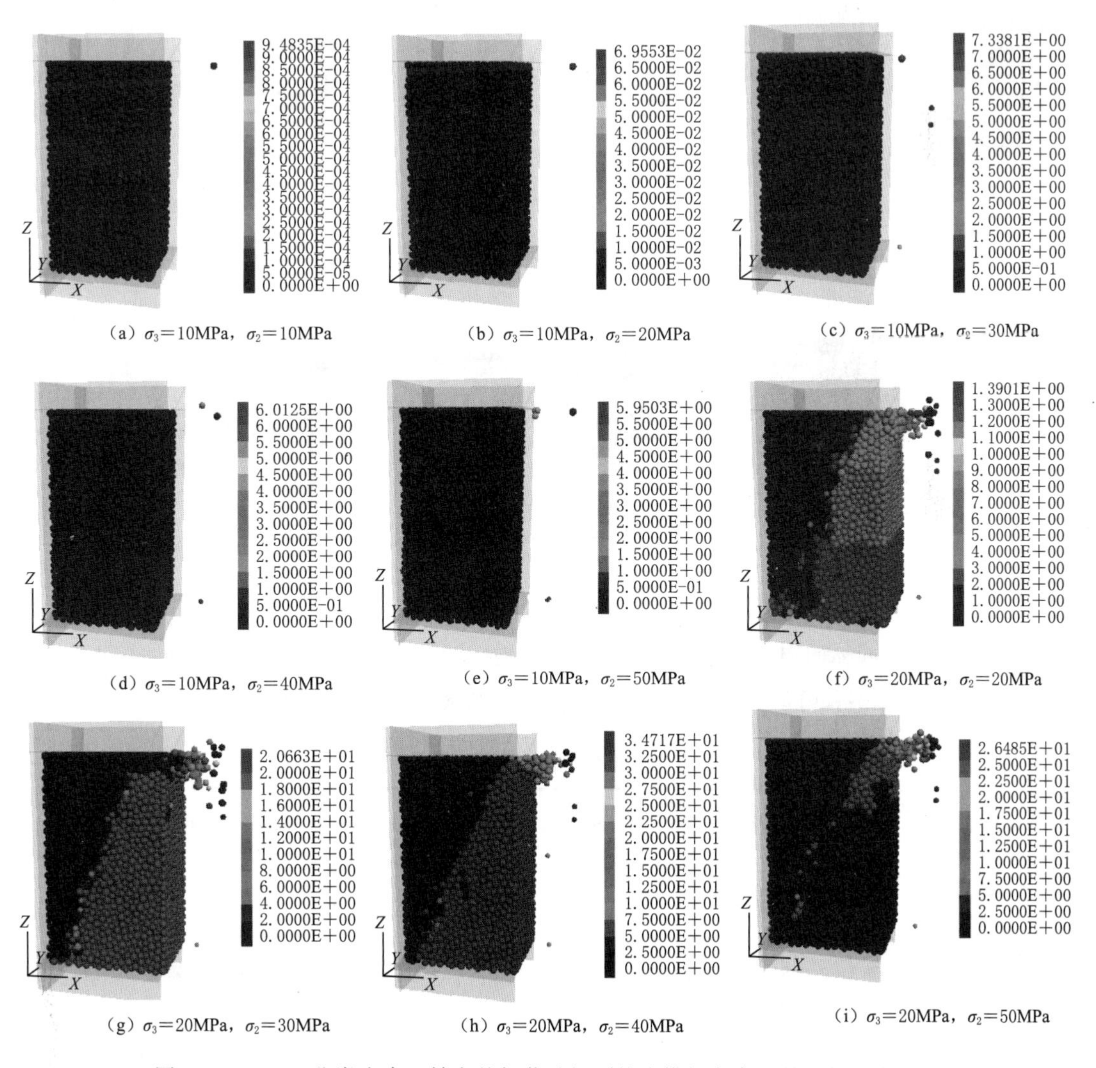

(a) σ_3=10MPa，σ_2=10MPa　(b) σ_3=10MPa，σ_2=20MPa　(c) σ_3=10MPa，σ_2=30MPa

(d) σ_3=10MPa，σ_2=40MPa　(e) σ_3=10MPa，σ_2=50MPa　(f) σ_3=20MPa，σ_2=20MPa

(g) σ_3=20MPa，σ_2=30MPa　(h) σ_3=20MPa，σ_2=40MPa　(i) σ_3=20MPa，σ_2=50MPa

图 8.37（一）　花岗岩真三轴突然卸荷破坏颗粒流模拟方案Ⅰ的颗粒速度云图

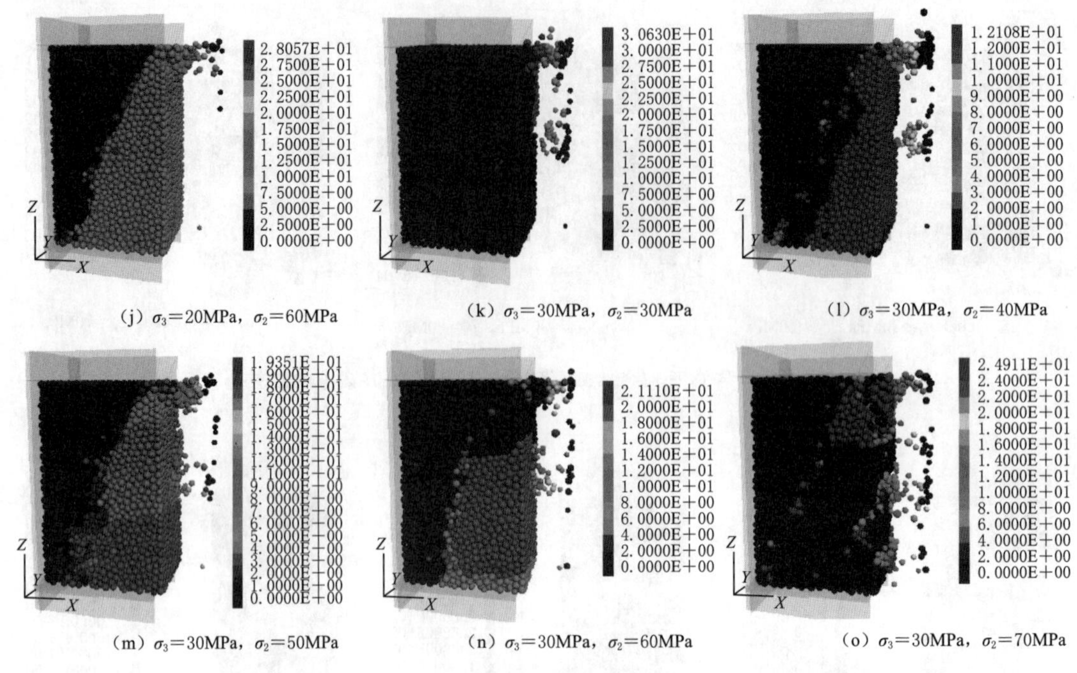

(j) σ_3=20MPa，σ_2=60MPa　(k) σ_3=30MPa，σ_2=30MPa　(l) σ_3=30MPa，σ_2=40MPa

(m) σ_3=30MPa，σ_2=50MPa　(n) σ_3=30MPa，σ_2=60MPa　(o) σ_3=30MPa，σ_2=70MPa

图 8.37（二） 花岗岩真三轴突然卸荷破坏颗粒流模拟方案Ⅰ的颗粒速度云图

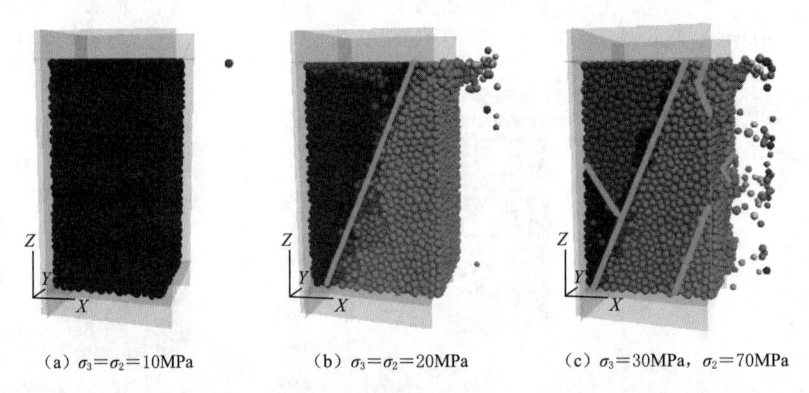

(a) $\sigma_3=\sigma_2$=10MPa　(b) $\sigma_3=\sigma_2$=20MPa　(c) σ_3=30MPa，σ_2=70MPa

图 8.38 花岗岩颗粒流模拟真三轴突然卸荷破坏形式

表 8.10　岩爆能量判据指标

判据名称	提出时间	判据表达式	无岩爆	很低岩爆	轻微岩爆	中等岩爆	强烈岩爆	极强岩爆
岩爆能量比 η	1973 年	$\eta=\frac{\Phi_k}{\Phi_o}\times 100\%$	<3.5		3.5～4.2	4.2～4.7	≥4.7	
能量冲击性指数	1980 年	$R=W_e/W_p$	<1		$R\geqslant 1$，R 值越大，岩爆等级越高			
弹性能量指数	1981 年	$W_{et}=\varphi_{sp}/\varphi_{st}$	<2		2～5		≥5	

续表

判据名称	提出时间	判据表达式	无岩爆	很低岩爆	轻微岩爆	中等岩爆	强烈岩爆	极强岩爆
岩弹射性能指数	1991年	$K_{rb}=\frac{UW_{E}\sigma_{dr}}{U_{I}W_{E}\sigma_{drc}}$	≤3.5		3.5～12	12～31	＞31	
能量影响指数	1992年	$A_{cf}=\frac{U^{o}}{U^{a}}$	＜1.0		1.0～2.0		＞2.0	
弹性应变的势能	2001年	$PES=\frac{\sigma_{c}^{2}}{2E_{s}}$		≤50	50～100	100～150	150～200	＞200
能量储耗指数	2002年	$k=(\sigma_{c}/\sigma_{t})(\varepsilon_{f}/\varepsilon_{b})$	＜20		20～30		≥30	
有效能量影响指数	2002年	$W=A_{cf}\times\frac{W_{et}}{1+W}$	＜1.8			1.8～2.8	＞2.8	
剩余能量指数	2002年	$U_{R}^{e}=U^{o}\times\omega_{R}$ $W_{R}=\frac{U_{R}-\lvert U^{a}\rvert}{\lvert U^{a}\rvert}=\frac{\Delta W}{\lvert U^{a}\rvert}$	＜0	≥0				
应变储能指数修正	2011年	$W_{et}=\frac{U_{et}^{e}}{U_{et}^{d}}$	＜2.0		2.0～3.5	3.5～5.0	＞5.0	
岩爆能量公式	2012年	$E=W_{E}=2\times w_{e}\times V$	＜15.7			15.7～39.25	39.25～78.5	
岩爆能量指数	2012年	$B_{q}=\frac{U_{q}^{e}}{U_{q}^{e}+U^{a}}$	0～0.2		0.2～0.5	0.5～0.8	0.8～1.0	
峰值强度能量冲击指数	2018年	$A_{cf}'=U^{e}/U^{a}$	＜2.0		2.0～5.0	＞5.0		
剩余弹性能指数	2018年	$A_{ef}=U^{e}-U^{a}$	＜50kJ/m^3		50～150kJ/m^3	150～200kJ/m^3	≥200kJ/m^3	
峰值强度应变储能指数	2019年	$W_{et}^{P}=\frac{U^{e}}{U^{d}}$	＜2.0		2.0～5.0		＞5.0	

表 8.11　岩爆脆性判据指标

判据名称	提出时间	判据表达式	无岩爆	轻微岩爆	中等岩爆	强烈岩爆	极强岩爆
Russense	1974	$\sigma_{\theta}/\sigma_{c}$	＜0.2	0.2～0.3	0.3～0.5	≥0.5	
Barton	1974	σ_{c}/σ_{1}	＞10	5～10	2.5～5	≤2.5	
Hoek	1980	$(\sigma_{\theta}+\sigma_{L})/\sigma_{c}$	＜0.3	0.3～0.5	0.5～0.8	≥0.8	
Turchaninov	1981	σ_{c}/σ_{1}	≤14.5	5.5～14.5	2.5～5.5	＜2.5	
国标法	2008	σ_{c}/σ_{m}	＞7	4～7	2～4	1～2	＜1

对比表 8.10 中岩爆发生的各个指标发现，这些指标大部分是通过能量进行定义。鉴于岩爆是一种典型的动态破坏，本书主要对花岗岩真三轴突然卸荷破坏颗粒流模拟的瞬时动能变化进行分析。

3. 花岗岩真三轴卸荷破坏颗粒流模拟静-动破坏判别

参考表 8.10 中各岩爆指标的定义，以及 Su Guoshao 等（2020）对静力和动力破坏声发射前兆的研究，依据花岗岩卸荷破坏颗粒流 PFC^{3D} 数值模拟的瞬时动能变化，对静态破坏和动态破坏进行了区分。

花岗岩真三轴突然卸荷破坏颗粒流模拟的瞬时动能-轴向应变曲线如图 8.39 所示。花岗岩真三轴突然卸荷破坏颗粒流模拟的瞬时动能变化趋势可分为以下两类：

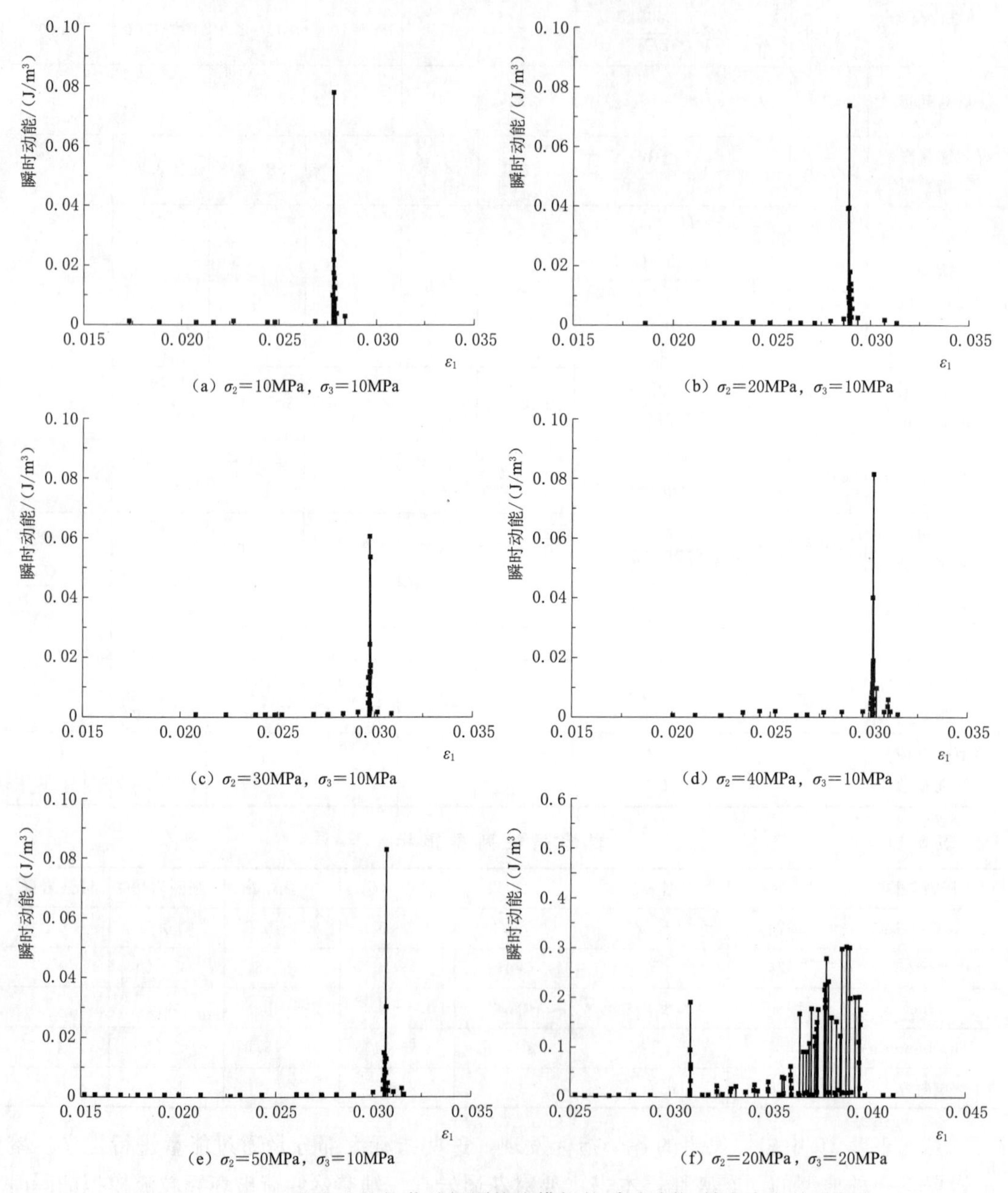

图 8.39（一） 花岗岩突然卸荷破坏颗粒流模拟的瞬时动能-轴向应变关系曲线

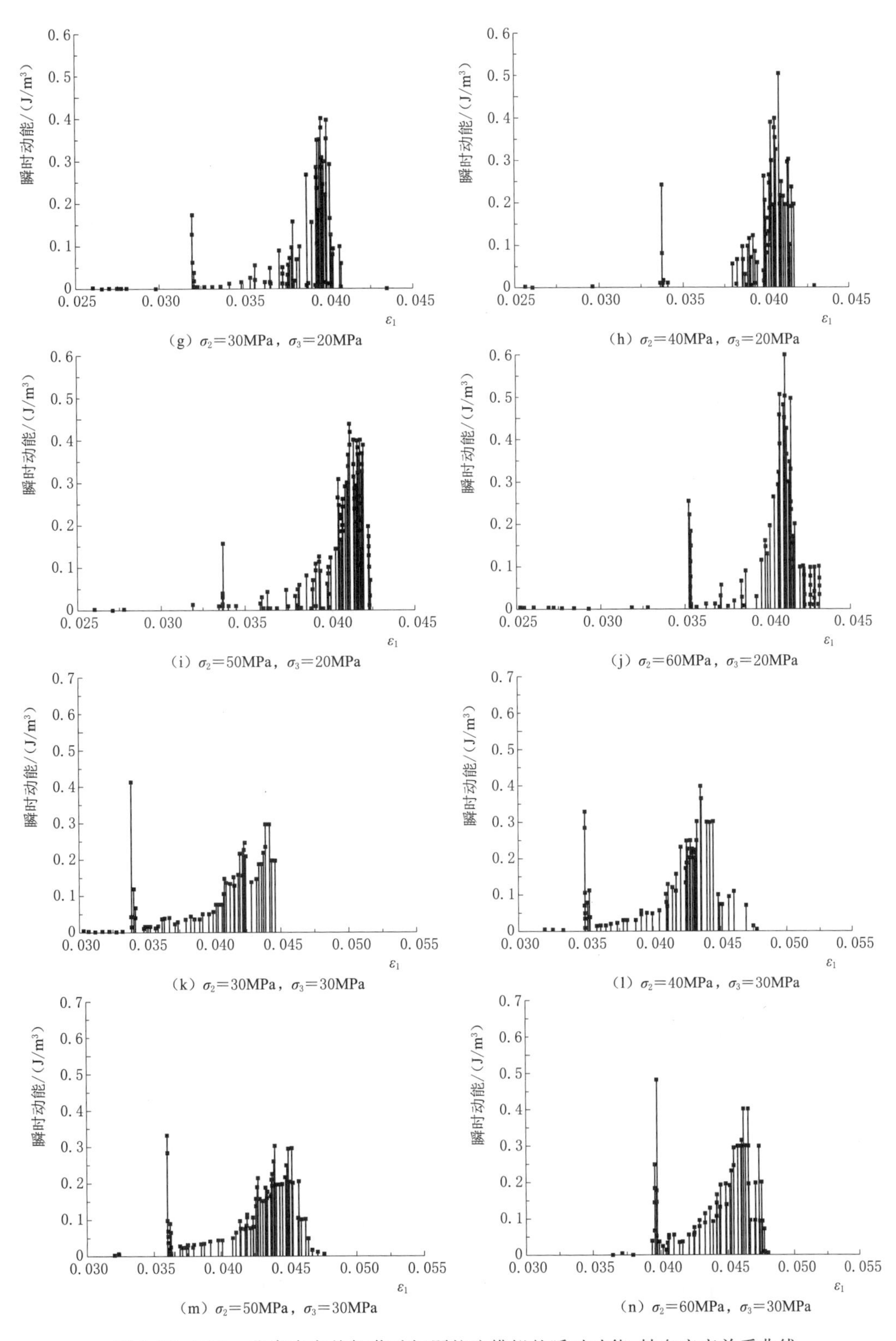

图 8.39（二）　花岗岩突然卸荷破坏颗粒流模拟的瞬时动能-轴向应变关系曲线

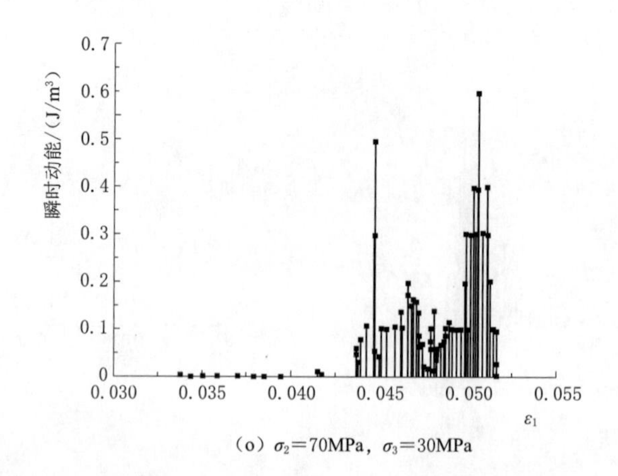

(o) σ_2=70MPa，σ_3=30MPa

图 8.39（三） 花岗岩突然卸荷破坏颗粒流模拟的瞬时动能-轴向应变关系曲线

（1）卸荷点处瞬时动能突增到最大值，然后迅速减小，并稳定在较低量值，之后瞬时动能仅有少量零星突跳，如图 8.39（a）～(e）所示。该类型破坏特征与图 8.39（a）～(e）中①型破坏形式相对应，认为发生静破坏。

（2）卸荷点处瞬时动能突增到最大值，然后迅速降低到很小的量值，出现一小段“平静期”后，瞬时动能又出现一个逐渐增大的过程，形成一个瞬时动能高量值的密集区，如图 8.39（f）～(j)、图 8.39（k）～(o）所示。此类破坏特征与图 8.38（f）～(i)、图 8.38（k）～(o）中的②、③型破坏形式对应，认为发生动破坏。

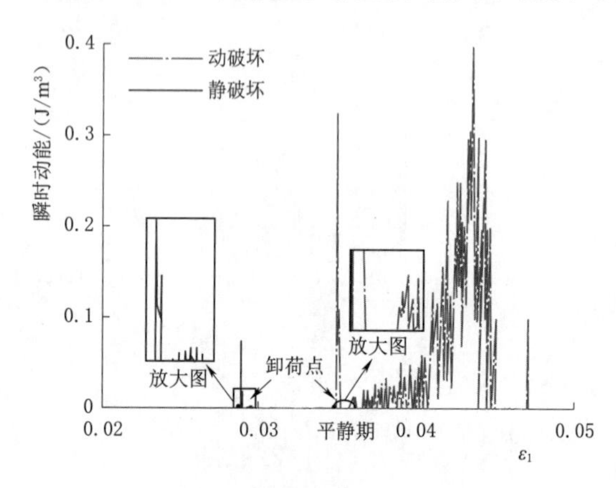

图 8.40 花岗岩静-动破坏瞬时动能演化曲线对比

综上，提出判别静破坏和动破坏的标准，如图 8.40 所示。发生静破坏的瞬时动能特征为突跳-零星突跳；发生动破坏的瞬时动能特征为突跳-小段平静期-大幅增长。

4. 花岗岩静-动破坏转换的临界应力组合

依据本文提出的静-动破坏判据，对表 8.12 中花岗岩真三轴突然卸荷的颗粒流模拟结果进行静-动破坏区分。当 $\sigma_3 \geqslant$ 20MPa 时，花岗岩颗粒流数值模型均发生动破坏；当 $\sigma_3=10$MPa 时，花岗岩颗粒流数值模型在突然卸荷的过程中均发生静态破坏。由此可以确定，花岗岩突然卸荷破坏发生静态转变动态破坏的临界应力发生在 $\sigma_3<20$MPa 的组合中。设定第二主应力和第三主应力取值相同，以 $\sigma_2=\sigma_3=20$MPa 作为初始值，逐步减小取值，发现当 $\sigma_2=\sigma_3 \geqslant 17.3$MPa 时，花岗岩峰值强度前 80%突然卸荷时均发生动态破坏。

表 8.12　　花岗岩真三轴突然卸荷破坏颗粒流模拟初始方案Ⅰ结果

试验组别	卸荷点	σ_2/MPa	σ_3/MPa	是否动破坏
1	峰前 80%	10	10	否
		20	10	否
		30	10	否
		40	10	否
		50	10	否
2		20、30、40、50、60	20	是
3		30、40、50、60、70	30	是

为了寻找发生静态转变动态破坏的临界应力组合，在上述第三主应力的取值范围内，选取应力组合进行花岗岩突然卸荷破坏的颗粒流模拟。具体过程如下：

（1）固定第三主应力取值（分别为 17MPa、16MPa、15MPa、14MPa、13MPa），以 1MPa 为间隔调整第二主应力取值，得到临界应力组合的大致范围。

（2）在第（1）步基础上，第二主应力以 0.1MPa 为增量取值，细化应力组合范围，最终确定较为准确的临界应力组合。

花岗岩真三轴突然卸荷破坏颗粒流模拟细化方案结果见表 8.13，其中框选的第二主应力为发生动破坏时第二主应力的临界值。最终得到 5 组花岗岩发生静-动破坏的临界应力组合：

（1）σ_3=17MPa，σ_2=17.9MPa。

（2）σ_3=16MPa，σ_2=19.8MPa。

（3）σ_3=15MPa，σ_2=24.0MPa。

（4）σ_3=14MPa，σ_2=27.4MPa。

（5）σ_3=13MPa，σ_2=30.2MPa。

表 8.13　　花岗岩真三轴突然卸荷破坏颗粒流模拟细化方案结果统计表

σ_3/MPa	σ_2/MPa	是否动破坏
17	17	否
	17.5	否
	17.6	否
	17.7	否
	17.8	否
	17.9	是
	18	是
16	19	否
	19.5	否
	19.6	否
	19.7	否
	19.8	是
	19.9	是
	20	是

续表

σ_3/MPa	σ_2/MPa	是否动破坏
15	23	否
	23.5	否
	23.6	否
	23.7	否
	23.8	否
	23.9	否
	24	是
14	27	否
	27.2	否
	27.3	否
	27.4	是
	27.5	是
	27.8	是
	28	是
13	30	否
	30.1	否
	30.2	是
	30.3	是
	30.4	是
	30.5	是
	31	是
	32	是

对所得的5组临界应力组合进行拟合，如图8.41所示。确定花岗岩真三轴突然卸荷试验中发生动破坏需满足的临界应力方程为

$$\sigma_2=121.42-9.62\sigma_3+0.21\sigma_3{}^2 \quad \sigma_3<17.3 \tag{8.99}$$

根据式（8.99），当第三主应力分别取12.0MPa、15.5MPa时，发生动破坏的第二主应力的理论值分别为36.2MPa和22.7MPa。按照本书中的围压组合选取方法设置应力组合，花岗岩卸荷破坏颗粒流模拟的动破坏时第二主应力分别为37.7MPa和21.8MPa，与根据式（8.99）计算的理论值误差仅为1.5MPa、0.9MPa，验证了式（8.99）的正确性。

式（8.99）仅表征了花岗岩单面突然卸荷发生动破坏的临界应力组合中第三主应力和第二主应力的之的关系，没有考虑第一主应力的影响。地下工程围岩实际处于三向应力状态，3个方向应力都会对岩体的破坏产生影响。对花岗岩单面突然卸荷发生动破坏时的临界应力组合中第一主应力、第二主应力和第三主应力进行拟合，如图8.42所示。

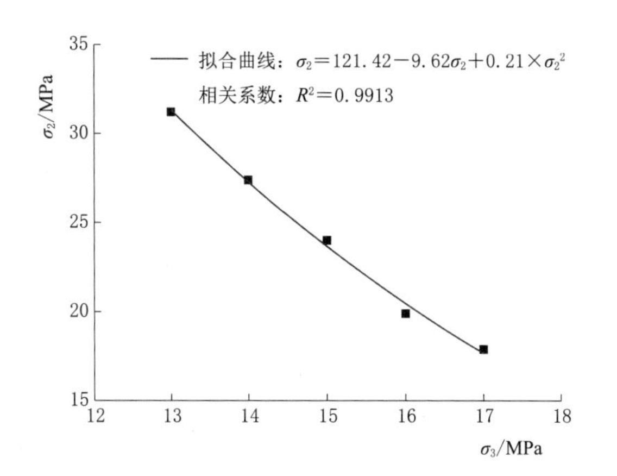

图 8.41 花岗岩静-动破坏临界应力组合 σ_2 与 σ_3 关系曲线

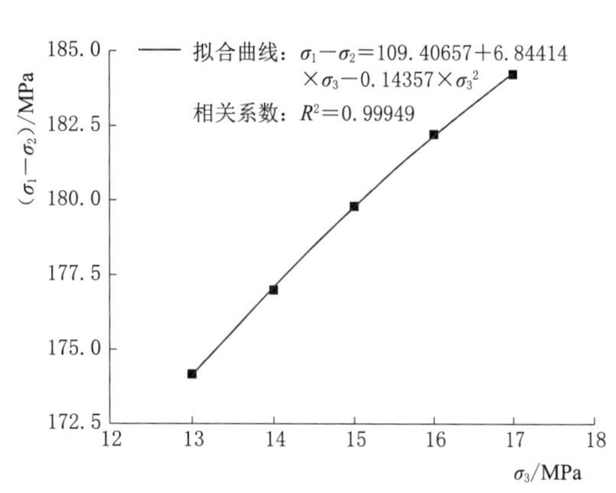

图 8.42 花岗岩静-动破坏临界应力组合中三个方向主应力之间的关系

由图 8.42 得到花岗岩真三轴单面突然卸荷破坏试验中，发生动破坏时第一主应力、第二主应力和第三主应力的应力组合应满足：

$$\sigma_1-\sigma_2=109.41+6.84\sigma_3-0.146\sigma_3^2 \tag{8.100}$$

5. 静-动破坏判别标准的验证

为验证提出的静-动破坏判别标准的正确性，将相关文献中室内真三轴卸荷破坏试验数据的 3 个主应力代入式（8.100)，并与实际试验结果进行比较，见表 8.14。表中加粗字体表示预测与实际结果一致。表 8.14 表明，当第三主应力取值较小时，理论公式预测结果与试验结果基本吻合，表明本书所得静-动破坏转换的临界应力条件适用于岩石承受第三主应力较小的情况。

表 8.14 利用相关文献数据预测结果与实际结果对比

试验路径	σ_1/MPa	σ_2/MPa	σ_3/MPa	预测	实际
恒轴压卸围压	240	30	5	**动**	**动**
	235	30	5	**动**	**动**
加轴压卸围压（加轴压速率逐渐增大）	162	30	5	**静**	**静**
	198	30	5	**动**	**动**
	228	30	5	**动**	**动**
	231	30	5	**动**	**动**
	249	30	5	**动**	**动**
逐级加轴压卸围压	103	60	30	静	动
	107	60	30	静	动
	122	60	30	静	动
加轴压卸围压	278	40	3	**动**	**动**
	255	40	3	**动**	**动**

续表

试验路径	σ_1/MPa	σ_2/MPa	σ_3/MPa	预测	实际
恒轴压卸围压	250	30	10	动	动
	240	50	10	动	静
	250	50	10	动	静
	260	50	10	动	动
	250	50	30	动	静
	280	50	30	动	静
	290	50	30	动	动
	240	50	50	动	静
	250	50	50	动	动
	260	50	50	动	动
	280	50	50	动	动

6. 花岗岩静-动破坏转换过程的能量演化特征

花岗岩真三轴卸荷破坏颗粒流模拟的动能最大值、颗粒弹射的最大速度、最大瞬时动能、最大瞬时断裂能以及最大瞬时动能与最大瞬时断裂能的比值 B 的统计见表 8.15。

表 8.15　　花岗岩真三轴突然卸荷破坏模拟试验能量统计表

σ_3/MPa	σ_2/MPa	最大速度/(m/s)	最大动能/(J/m^3)	最大瞬时动能/(J/m^3)	最大瞬时断裂能/(J/m^3)	B
10	10	17.31	0.32	0.08	0.45	0.18
	20	17.45	0.32	0.07	0.51	0.14
	30	23.30	0.31	0.06	0.49	0.12
	40	20.17	0.27	0.08	0.58	0.14
	50	19.35	0.24	0.08	0.51	0.16
20	20	37.70	16.10	0.30	4.30	0.07
	30	46.09	17.20	0.40	5.40	0.07
	40	47.62	20.80	0.50	6.30	0.08
	50	38.68	23.30	0.50	6.40	0.09
	60	40.03	23.05	0.60	6.30	0.09
30	30	50.17	17.64	0.42	5.30	0.08
	40	42.91	19.32	0.40	6.30	0.06
	50	47.96	18.90	0.45	5.20	0.09
	60	46.93	21.10	0.48	5.40	0.09
	70	49.07	22.28	0.60	5.30	0.11
13	30.2	18.50	44.25	0.77	5.10	0.15

续表

σ_3/MPa	σ_2/MPa	最大速度/(m/s)	最大动能/(J/m^3)	最大瞬时动能/(J/m^3)	最大瞬时断裂能/(J/m^3)	B
14	27.4	14.66	45.34	0.70	4.30	0.17
15	24.0	15.82	40.25	0.70	5.10	0.14
16	19.8	12.45	36.59	0.74	5.20	0.14
17	17.9	16.80	36.05	0.81	5.30	0.15

注 由于速度为矢量，为便于统计，表中最大速度指颗粒沿卸荷方向的速度分量数值；表中 B 为最大瞬时动能与最大瞬时断裂能的比值。

花岗岩真三轴卸荷破坏颗粒流模拟的最大瞬时动能、最大瞬时断裂能以及最大瞬时动能与最大瞬时断裂能的比值 B 与中间主应力的关系曲线如图 8.43 所示。图 8.43（a）为最大瞬时动能的变化曲线，当第三主应力取 10MPa 时，最大瞬时动能值保持在 0.8J/m^3 左右。当第三主应力分别为 20MPa、30MPa 时，最大瞬时动能随着第二主应力的增大逐渐增大，如第三主应力为 20MPa，第二主应力分别为 20MPa、30MPa、40MPa、50MPa、

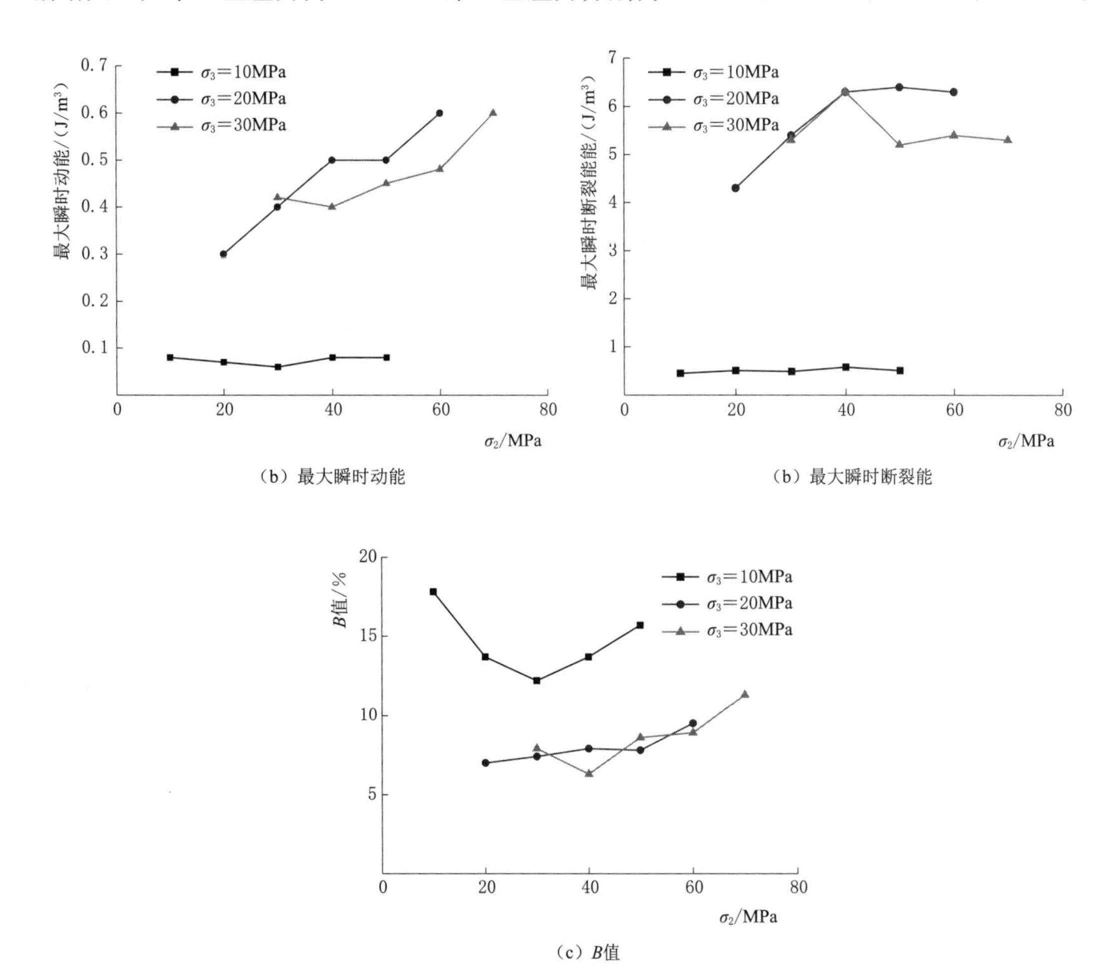

（b）最大瞬时动能

（b）最大瞬时断裂能

（c）B值

图 8.43 花岗岩颗粒流模拟的最大瞬时动能、最大瞬时断裂能和 B 值与中间主应力关系

60MPa 时，最大瞬时动能值分别为 0.30J/m³、0.40J/m³、0.50J/m³、0.50J/m³、0.60J/m³。图 8.43（b）为最大瞬时断裂能随第二主应力的变化曲线，在第三主应力相同的条件下，第二主应力的增大对最大瞬时断裂能的影响较小。从图 8.43（c）中可以看出，在第三主应力分别为 20MPa、30MPa 的情况下，随着第二主应力的增大，最大瞬时动能与最大断裂能的比值 B 基本呈增长趋势，但当第三主应力为 10MPa 时，最大瞬时动能与最大断裂能的比值 B 变化幅度较大，呈现先减小后增大的趋势，并且在数值上要远大于第三主应力为 20MPa、30MPa 的情况。

当第三主应力为 10MPa 时，花岗岩卸荷破坏发生静态破坏；当第三主应力为 20MPa 和 30MPa 时，模型均发生动态破坏。结合花岗岩颗粒流模型的破坏方式图 8.38、表 8.15 和图 8.43 可以发现，随着第三主应力与第二主应力的增大，最大瞬时动能与最大瞬时断裂能逐渐增大，当最大瞬时动能和最大瞬时断裂能分别超过 0.3J/m³、4.3J/m³ 时，花岗岩颗粒流模型由静态破坏转变为动态破坏。

7. 花岗岩静-动破坏转换机制

为探索真三轴突然卸荷破坏的静-动破坏转换机制，分析各种应力组合下花岗岩颗粒流模拟的张拉裂纹和剪切裂纹数量。不同应力组合下的张拉裂纹数量与剪切裂纹数量比值这个那个位置的比值见表 8.16，不同第三主应力对应的张剪裂纹比变化如图 8.44 所示。结果表明，在第三主应力相同的条件下，随着第二主应力的增大，张剪裂纹比呈下降趋势。在花岗岩颗粒流模型由静破坏转变为动破坏的过程中，颗粒间的黏结发生剪切断裂比重增加，张剪裂纹比明显减小一个数量级，静破坏的张剪裂纹比明显大于动破坏的张剪裂纹比。

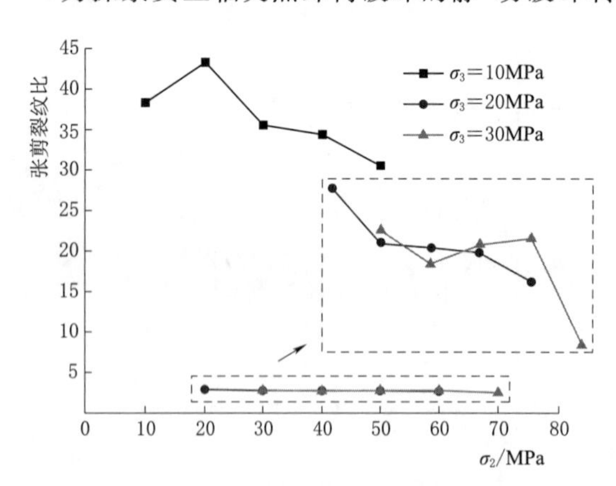

图 8.44 不同最小主应力对应的张剪裂纹比变化曲线

表 8.16 不同应力组合花岗岩卸荷破坏张拉裂纹数量与剪切裂纹数量比值统计表

σ_3/MPa	σ_2/MPa	破坏形式	张剪裂纹比
10	10	静	38.33
	20	静	43.29
	30	静	35.56
	40	静	34.40
	50	静	30.54
20	20	动	2.91
	30	动	2.77
	40	动	2.76
	50	动	2.75
	60	动	2.67

续表

σ_3/MPa	σ_2/MPa	破坏形式	张剪裂纹比
30	30	动	2.80
	40	动	2.72
	50	动	2.77
	60	动	2.78
	70	动	2.51
12	37.7	动	2.80
13	30.1	动	2.77
14	27.4	动	2.75
15	24.0	动	2.85
16	19.8	动	2.92
17	17.9	动	2.86

参 考 文 献

[1] 何满潮，钱七虎．深部岩体力学及工程灾害控制研究［C］//突发地质灾害防治与减灾对策研究高级学术研讨会论文集，2006：21-45.

[2] 钱七虎．地下工程建设安全面临的挑战与对策［J］．岩石力学与工程学报，2012，31（10）：1945-1956.

[3] 李利平，贾超，孙子正，等．深部重大工程灾害监测与防控技术研究现状及发展趋势［J］．中南大学学报（自然科学版），2021，52（8）：2539-2556.

[4] 吴刚．工程岩体卸荷破坏机制研究的现状及展望［J］．工程地质学报，2001（2）：174-181.

[5] 哈秋舲．加载岩体力学与卸载岩体力学［J］．岩土工程学报，1998，20（1）：114-118.

[6] 李建林．岩体卸荷力学特性的试验研究［J］．水利水电技术，2001，32（5）：48-51.

[7] Wu G.，Zhang L. Studying unloading failure characteristics of a rock mass using the disturbed state concept［J］．International Journal of Rock Mechanics and Mining Sciences，2004，41（3）：1-6

[8] Lau J. S. O.，Chandler N. A. Innovative laboratory testing［J］．International Journal of Rock Mechanics and Mining Sciences，2004，41（8）：1427-1445.

[9] 高春玉，徐进，何鹏，等．大理岩加卸载力学特性的研究［J］．岩石力学与工程学报，2005，25（3）：456-460.

[10] 王兴霞．砂岩三轴加卸荷试验研究及工程应用［D］．武汉：武汉大学，2012.

[11] 张常光，赵均海，杜文超．岩石中间主应力效应及强度理论研究进展［J］．建筑科学与工程学报，2014，31（2）：6-19.

[12] Jaeger J. C. Brittle Fracture of Rocks［C］//The 8th US Symposium on Rock Mechanics（USRMS）．One Petro，1966.

[13] 李建林，王瑞红，蒋昱州，等．砂岩三轴卸荷力学特性试验研究［J］．岩石力学与工程学报，2010，29（10）：2034-2041.

[14] 沈军辉，王兰生，王青海，等．卸荷岩体的变形破裂特征［J］．岩石力学与工程学报，2003（12）：2028-2031.

[15] 李宏哲，夏才初，闫子舰，等．锦屏水电站大理岩在高应力条件下的卸荷力学特性研究［J］．岩石力学与工程学报，2007（10）：2104-2109.

[16] 朱子涵，蔚立元，李景龙，等．峰前卸荷大理岩变形演化规律及破坏耗能特征［J］．煤炭学报，2020，45（S1）：181-190.

[17] 王本鑫，金爱兵，赵怡晴，等．卸围压条件下花岗岩强度特性及三维裂隙演化规律［J］．哈尔滨工业大学学报，2020，52（11）：137-146.

[18] 吕颖慧，刘泉声，胡云华．基于花岗岩卸荷试验的损伤变形特征及其强度准则［J］．岩石力学与工程学报，2009，28（10）：2096-2103.

[19] 王云飞，焦华喆，李震，等．白砂岩卸围压强度与损伤破坏特征［J］．煤炭学报，2020，45（8）：2787-2794.

[20] 张黎明，任明远，马绍琼，等．不同应力路径大理岩物理力学参数变化规律［J］．地下空间与工程学报，2016，12（5）：1288-1293，1325.

[21] 张登．预制节理软-硬组合岩体三轴卸围压损伤破坏特征［D］．泰安：山东农业大学，2021.

[22] 王在泉，张黎明，孙辉，等．不同卸荷速度条件下灰岩力学特性的试验研究［J］．岩土力学，

2011，32 (4)：1045 - 1050，1277.

[23] Guo Jiaqi，Liu Pengfei，Fan Junqi，et al. Influence of Confining Pressure Unloading Rate on the Strength Characteristics and Fracture Process of Granite Using Lab Tests [J]. Advances in Materials Science and Engineering，2021：1 - 16.

[24] Zhang Yang，Yang Yongjie，Ma Depeng. Mechanical Characteristics of Coal Samples under Triaxial Unloading Pressure with Different Test Paths [J]. Shock and Vibration，2020 (1)：1 - 10.

[25] 黄润秋，黄达. 高地应力条件下卸荷速率对锦屏大理岩力学特性影响规律试验研究 [J]. 岩石力学与工程学报，2010，29 (1)：21 - 33.

[26] 王乐华，柏俊磊，孙旭曙，等. 不同连通率节理岩体三轴加卸荷力学特性试验研究 [J]. 岩石力学与工程学报，2015，34 (12)：2500 - 2508.

[27] 谢红强，何江达，徐进. 岩石加卸载变形特性及力学参数试验研究 [J]. 岩土工程学报，2003 (3)：336 - 338.

[28] 吕颖慧，刘泉声，胡云华. 基于花岗岩卸荷试验的损伤变形特征及其强度准则 [J]. 岩石力学与工程学报，2009，28 (10)：2096 - 2103.

[29] 方前程，商丽，商拥辉，等. 加轴压卸围压条件下岩石的力学特性与能量特征 [J]. 中南大学学报（自然科学版），2016，47 (12)：4148 - 4153.

[30] 吴刚. 完整岩体卸荷破坏的模型试验研究 [J]. 实验力学，1997 (4)：65 - 71.

[31] 陈景涛，冯夏庭. 高地应力下岩石的真三轴试验研究 [J]. 岩石力学与工程学报，2006，25 (8)：1537 - 1543.

[32] Li Xibing，Du Kun，Li Diyuan. True Triaxial Strength and Failure Modes of Cubic Rock Specimens with Unloading the Minor Principal Stress [J]. Rock Mechanics and Rock Engineering，2015，48 (6)：2185 - 2196.

[33] 刘崇岩，赵光明，许文松. 加卸荷条件下岩石力学特性与声发射特征 [J]. 中国安全生产科学技术，2019，15 (4)：109 - 114.

[34] 赵光明，刘崇岩，许文松，等. 扰动诱发高应力卸荷岩体破坏特征实验研究 [J]. 煤炭学报，2021，46 (2)：412 - 423.

[35] 沙鹏，伍法权，常金源. 大理岩真三轴卸载强度特征与破坏力学模式 [J]. 岩石力学与工程学报，2018，37 (9)：2084 - 2092.

[36] Jiang Q.，Jiang M. Z.，Yan F.，et al. Effect of initial minimum principal stress and unloading rate on the spalling and rockburst of marble：a true triaxial experiment investigation [J]. Bulletin of Engineering Geology and the Environment，2020，80 (2)：1 - 18.

[37] Li Xin，Li Hao，Yang Zhen，et al. Experimental Study on Triaxial Unloading Failure of Deep Composite Coal - Rock [J]. Advances in Civil Engineering，2021 (1)：1 - 14.

[38] 俞茂宏. 双剪应力强度理论研究 [M]. 西安：西安交通大学出版社，1988.

[39] 俞茂宏. 岩土类材料的统一强度理论及其应用 [J]. 岩土工程学报，1994 (2)：1 - 10.

[40] 俞茂宏，彭一江. 强度理论百年总结 [J]. 力学进展，2004 (4)：529 - 560.

[41] 高红. 岩土材料屈服破坏准则研究 [D]. 北京：中国科学院研究生院（武汉岩土力学研究所），2007.

[42] 周辉，李震，杨艳霜，等. 岩石统一能量屈服准则 [J]. 岩石力学与工程学报，2013，32 (11)：2170 - 2184.

[43] 高江平，杨华，蒋宇飞，等. 三剪应力统一强度理论研究 [J]. 力学学报，2017，49 (6)：1322 - 1334.

[44] 张黎明，王在泉，石磊. 硬质岩石卸荷破坏特性试验研究 [J]. 岩石力学与工程学报，2011，30 (10)：2012 - 2018.

[45] 李宏国，朱大勇，姚华彦，等．温度作用后大理岩加-卸荷破裂特性试验研究［J］．合肥工业大学学报（自然科学版），2016，39（1）：109－114，133.

[46] Zhang Yingjie，Li Jiangteng，Ma Gang，et al. Unloading Mechanics and Energy Characteristics of Sandstone under Different Intermediate Principal Stress Conditions［J］．Advances in Civil Engineering，2021，2021（1）：1－9.

[47] 李地元，谢涛，李夕兵，等．Mogi－Coulomb 强度准则应用于岩石三轴卸荷破坏试验的研究［J］．科技导报，2015，33（19）：84－90.

[48] 许文松，赵光明，孟祥瑞，等．基于真三轴单面卸荷强度双折减法修正 D－P 准则研究［J］．岩石力学与工程学报，2018，37（8）：1813－1822.

[49] 李新平，赵航，肖桃李．锦屏大理岩卸荷本构模型与数值模拟研究［J］．岩土力学，2012，33（S2）：401－407.

[50] 邱士利，冯夏庭，张传庆，等．均质各向同性硬岩统一应变能强度准则的建立及验证［J］．岩石力学与工程学报，2013，32（4）：714－727.

[51] 李地元，孙志，李夕兵，等．不同应力路径下花岗岩三轴加卸载力学响应及其破坏特征［J］．岩石力学与工程学报，2016，35（S2）：3449－3457.

[52] 韩铁林，陈蕴生，宋勇军，等．不同应力路径下砂岩力学特性的试验研究［J］．岩石力学与工程学报，2012，31（S2）：3959－3966.

[53] Peng Yanyan，Deng Haoxiang，Xing Minghong，et al. Research on Coal Mechanical Properties Based on True Triaxial Loading and Unloading Experiment［J］．Advances in Civil Engineering，2021，2021（2）：1－10.

[54] 张黎明，高速，王在泉，等．大理岩加卸荷破坏过程的能量演化特征分析［J］．岩石力学与工程学报，2013，32（8）：1572－1578.

[55] 朱泽奇，盛谦，肖培伟，等．岩石卸围压破坏过程的能量耗散分析［J］．岩石力学与工程学报，2011，30（S1）：2675－2681.

[56] 汪斌，朱杰兵，邬爱清，等．锦屏大理岩加、卸载应力路径下力学性质试验研究［J］．岩石力学与工程学报，2008，27（10）：2138－2145.

[57] 朱珍德，李道伟，李术才，等．基于数字图像技术的深埋隧洞围岩卸荷劣化破坏机制研究［J］．岩石力学与工程学报，2008，27（7）：1396－1401.

[58] Paul Le Comte. Creep in rock salt［J］．The Journal of Geology，1965，73（3）：469－484.

[59] Stacey F. D. The theory of creep in rocks and the problem of convection in the Earth's mantle［J］．Icarus，1963，1（1－6）：304－312.

[60] Scholz C. H. Mechanism of creep in brittle rock［J］．Journal of Geophysical Research，1968，73（10）：3295－3302.

[61] 郑健龙．Burgers 粘弹性模型在沥青混合料疲劳特性分析中的应用［J］．长沙交通学院学报，1995（3）：32－42.

[62] 袁海平，曹平，许万忠，等．岩石粘弹塑性本构关系及改进的 Burgers 蠕变模型［J］．岩土工程学报，2006（6）：796－799.

[63] 陶波，伍法权，郭改梅，等．西原模型对岩石流变特性的适应性及其参数确定［J］．岩石力学与工程学报，2005（17）：3165－3171.

[64] 郭佳奇，乔春生，徐冲，等．基于分数阶微积分的 Kelvin－Voigt 流变模型［J］．中国铁道科学，2009，30（4）：1－6.

[65] 朱杰兵，汪斌，邬爱清．锦屏水电站绿砂岩三轴卸荷流变试验及非线性损伤蠕变本构模型研究［J］．岩石力学与工程学报，2010，29（3）：528－534.

[66] 乔卓，崔德山，陈琼，等．三峡库区黄土坡滑坡滑带土卸荷状态下的直剪蠕变特性研究［J］．安

全与环境工程，2021，28（4）：156－163.

［67］ 杨超，黄达，黄润秋，等．断续双裂隙砂岩三轴卸荷蠕变特性试验及损伤蠕变模型［J］．煤炭学报，2016，41（9）：2203－2211.

［68］ 杨超，黄达，蔡睿，等．张开穿透型单裂隙岩体三轴卸荷蠕变特性试验［J］．岩土力学，2018，39（1）：53－62.

［69］ 张树光，刘文博，赵恩禄．基于卸荷量影响下巷道围岩变参数模型研究［J］．煤炭科学技术，2019，47（5）：82－87.

［70］ Zhang Longyun，Yang Shangyang. Unloading Rheological Test and Model Research of Hard Rock under Complex Conditions［J］. Advances in Materials Science and Engineering，2020，2020（1）：1－12.

［71］ Ding Qile，Ju Feng，Mao Xianbiao，et al. Experimental Investigation of the Mechanical Behavior in Unloading Conditions of Sandstone After High－Temperature Treatment［J］. Rock Mechanics and Rock Engineering，2016，49（7）：2641－2653.

［72］ 陈海清，孟陆波．灰岩三轴卸荷力学特性及声发射特征的高温后效应［J］．煤矿安全，2019，50（4）：58－62.

［73］ 蔡燕燕，罗承浩，俞缙，等．热损伤花岗岩三轴卸围压力学特性试验研究［J］．岩土工程学报，2015，37（7）：1173－1180.

［74］ 陈国庆，李天斌，何勇华，等．深埋硬岩隧道卸荷热-力效应及岩爆趋势分析［J］．岩石力学与工程学报，2013，32（8）：1554－1563.

［75］ 邹义胜，申梓岐．600℃淬火后花岗岩卸荷力学试验研究［J］．南方农机，2020，51（21）：205－206.

［76］ Peng Kang，Zhang Jing，Zou Quanle，et al. Deformation characteristics of granites at different unloading rates after high－temperature treatment［J］. Environmental Earth Sciences，2020，79（13）：1－11.

［77］ Zhu Z.，Tian H.，Kempka T.，et al. Mechanical Behaviors of Granite After Thermal Treatment Under Loading and Unloading Conditions［J］. Natural Resources Research，2021（30）：2733－2752.

［78］ 梁宁慧，刘新荣，包太，等．岩体卸荷渗流特性的试验［J］．重庆大学学报（自然科学版），2005（10）：136－138.

［79］ 邓华锋，王哲，李建林，等．低孔隙水压力对砂岩卸荷力学特性影响研究［J］．岩石力学与工程学报，2017，36（S1）：3266－3275.

［80］ 邓华锋，王哲，李建林，等．卸荷速率和孔隙水压力对砂岩卸荷特性影响研究［J］．岩土工程学报，2017，39（11）：1976－1983.

［81］ Liu Sili，Zhu Qizhi，Shao Jianfu. Deformation and mechanical properties of rock：effect of hydromechanical coupling under unloading conditions［J］. Bulletin of Engineering Geology and the Environment，2020（79），5517－5534.

［82］ 包太，刘新荣，朱可善，等．裂隙岩体渗流场与卸荷应力场耦合作用［J］．地下空间，2004（3）：386－390，425.

［83］ 刘先珊，林耀生，孔建．考虑卸荷作用的裂隙岩体渗流应力耦合研究［J］．岩土力学，2007，28（S1）：192－196.

［84］ 梁宁慧，刘新荣，艾万民，等．裂隙岩体卸荷渗透规律试验研究［J］．土木工程学报，2011，44（1）：88－92.

［85］ Yu Beichen，Liu Chao，Zhang Dongming，et al. Experimental study on the anisotropy of the effective stress coefficient of sandstone under true triaxial stress［J］. Journal of Natural Gas Science and Engineering，2020，84：103651.

[86] Wang Rubin, Xu Bo, Wan Yu, et al. Characteristics of unloading damage and permeability evolution of sandstone under hydro-mechanical coupling [J]. European Journal of Environmental and Civil Engineering, 2020 (4): 1-10.

[87] Wang Beifang, Sun Keming, Liang Bing, et al. Experimental research on the mechanical character of deep mining rocks in THM coupling condition [J]. Energy Sources Part A Recovery Utilization and Environmental Effects, 2019: 1-15.

[88] 胡鹏，郭永成，王克辉，等. 不同温度和水压作用下卸荷砂岩变形特征分析 [J]. 价值工程，2019，38 (25)：72-73.

[89] 郭永成，刘鑫宇，王克辉，等. 温度-孔隙水压耦合作用下砂岩卸荷损伤本构模型研究 [J]. 水力发电，2020，46 (5)：49-55.

[90] Kuksenko V. S., Makhmudov Kh. F., Ponomarev A. V. Relaxation of electric fields induced by mechanical loading in natural dielectrics [J]. Physics of the Solid State, 1997, 39 (7): 1065-1066.

[91] Kuksenko V. S., Makhmudov Kh. F. Mechanically induced electrical effects in natural dielectrics [J]. Technical Physics Letters, 1997, 23 (2): 126-127.

[92] 潘一山，罗浩，李忠华，等. 含瓦斯煤岩围压卸荷瓦斯渗流及电荷感应试验研究 [J]. 岩石力学与工程学报，2015，34 (4)：713-719.

[93] 潘元贵，杜春阳，谢小国，等. 花岗岩真三轴加载破坏前兆信息 [J]. 科学技术与工程，2021，21 (23)：9739-9746.

[94] Cox SJD, Meredith P. G. Microcrack formation and material softening in rock measured by monitoring acoustic emissions [J]. International Journal of Rock Mechanics & Mining Sciences & Geomechanics Abstracts, 1993, 30 (1): 11-24.

[95] 刘保县，李东凯，赵宝云. 煤岩卸荷变形损伤及声发射特性 [J]. 土木建筑与环境工程，2009，31 (2)：57-61.

[96] 张黎明，王在泉，石磊，等. 不同应力路径下大理岩破坏过程的声发射特性 [J]. 岩石力学与工程学报，2012，31 (6)：1230-1236.

[97] 张艳博，杨震，梁鹏，等. 花岗岩卸荷损伤演化及破裂前兆试验研究 [J]. 矿业研究与开发，2016，36 (6)：18-24.

[98] 陈国庆，刘顶，徐鹏，等. 节理岩桥真三轴开挖卸荷试验研究 [J]. 岩石力学与工程学报，2018，37 (2)：325-338.

[99] Qin Tao, Duan Yanwei, Hongru Sun, et al. Energy Evolution and Acoustic Emission Characteristics of Sandstone Specimens under Unloading Confining Pressure [J]. Shock and Vibration, 2019, 2019 (1): 1-9.

[100] 赵明阶，许锡宾，徐蓉. 岩石在三轴加卸荷过程中的一种本构模型研究 [J]. 岩石力学与工程学报，2002 (5)：626-631.

[101] 何江达，谢红强，范景伟，等. 卸载岩体脆弹塑性模型在高边坡开挖分析中的应用 [J]. 岩石力学与工程学报，2004 (7)：1082-1086.

[102] 陈卫忠，刘豆豆，杨建平，等. 大理岩卸围压幂函数型 Mohr 强度特性研究 [J]. 岩石力学与工程学报，2008，27 (11)：2214-2220.

[103] 刘豆豆. 高地应力下岩石卸载破坏机理及其应用研究 [D]. 济南：山东大学，2008.

[104] 黄润秋，黄达. 卸荷条件下花岗岩力学特性试验研究 [J]. 岩石力学与工程学报，2008 (11)：2205-2213.

[105] 黄伟，沈明荣，张清照. 高围压下岩石卸荷的扩容性质及其本构模型研究 [J]. 岩石力学与工程学报，2010，29 (2)：3475-3481.

[106] 李建林，王瑞红，蒋昱州，等. 砂岩三轴卸荷力学特性试验研究 [J]. 岩石力学与工程学报，

2010，29（10）：2034－2041.

［107］ 温韬，唐辉明，范志强，等．巴东组岩石加卸荷力学性质及卸荷本构模型［J］．中国矿业大学学报，2018，47（4）：768－779.

［108］ Qiu Shili，Feng Xiating，Xiao Jianqing，et al. An Experimental Study on the Pre－Peak Unloading Damage Evolution of Marble［J］．Rock Mechanics and Rock Engineering，2014，47（2）：401－419.

［109］ 马秋峰，秦跃平，周天白，等．多孔隙岩石加卸载力学特性及本构模型研究［J］．岩土力学，2019，40（7）：2673－2685.

［110］ Zhang Liangliang，Wang Xiaojian. Study on Nonlinear Damage Creep Model for Rocks under Cyclic Loading and Unloading［J］．Advances in Materials Science and Engineering，2021，2021（4）：1－10.

［111］ Gurson A. L. Continuum Theory of Ductile Rupture by Void Nucleation and Growth：Part Ⅰ—Yield Criteria and Flow Rules for Porous Ductile Media［J］．Journal of Engineering Materials and Technology，1977，99（1）：297－300.

［112］ Chen Jie，Jiang Deyi，Ren Song，et al. Comparison of the characteristics of rock salt exposed to loading and unloading of confining pressures［J］．Acta Geotech，2016（11）：221－230.

［113］ Wu Guoyin，Wang Kui，Zhao Mingjie，et al. Analysis of Damage Evolution of Sandstone under Uniaxial Loading and Unloading Conditions Based on Resistivity Characteristics［J］．Advances in Civil Engineering，2019，2019（2）：1－12.

［114］ 曾彬．围压作用下红砂岩轴向卸荷-拉伸力学特性及本构模型研究［D］．重庆：重庆大学，2018.

［115］ 冯夏庭．岩石力学智能化的研究思路［J］．岩石力学与工程学报，1994（3）：205－208.

［116］ 何满潮，谢和平，彭苏萍，等．深部开采岩体力学研究［J］．岩石力学与工程学报，2005（16）：2803－2813.

［117］ 邓建辉，李焯芬，葛修润．BP网络和遗传算法在岩石边坡位移反分析中的应用［J］．岩石力学与工程学报，2001（1）：1－5.

［118］ 邓青林，赵国彦，谭彪，等．基于XFEM的岩体卸荷过程裂纹起裂扩展规律研究［J］．工程科学学报，2017，39（10）：1470－1476.

［119］ 张强，孙国庆，索江伟，等．深部花岗岩钻孔卸荷三维数值模拟［J］．应用力学学报，2017，34（5）：988－994，1021.

［120］ 荣浩宇，胡亚桥，张立洋．不同卸围压速率下粉砂岩力学特性数值模拟研究［J］．煤炭技术，2017，36（10）：53－55.

［121］ Song Yanqi，Li Xiangshang，Zhou Tao，et al. Experimental and finite element analysis of marble with double pre－existing flaws under loading－unloading conditions［J］．Arabian Journal of Geosciences，2020，13（11）.

［122］ 王正．考虑应力作用时间效应的岩爆模拟试验［D］．武汉：武汉理工大学，2014.

［123］ 刘俊．高应力高水压下砂岩加卸荷力学特性及其对深埋隧道稳定性影响研究［D］．重庆：重庆大学，2017.

［124］ Guo Xiaofei，Zhao Zhiqiang，Gao Xu，et al. Minghini. Fabio. The Criteria of Underground Rock Structure Failure and Its Implication on Rockburst in Roadway：A Numerical Method［J］．Shock and Vibration，2019：1－12.

［125］ 李建朋，高岭，母焕胜．高应力卸荷条件下砂岩扩容特征及其剪胀角函数［J］．岩土力学，2019，40（6）：2119－2126.

［126］ Min Ming，Jiang Binsong，Lu Mengmeng，et al. An improved strain－softening model for Beishan granite considering the degradation of elastic modulus［J］．Arabian Journal of Geosciences，2020，

13 (6): 1 - 10.

[127] Dai Bing, Zhao Guoyan, Konietzky H., et al. Experimental and Numerical Study on the Damage Evolution Behaviour of Granitic Rock during Loading and Unloading [J]. KSCE Journal of Civil Engineering, 2018, 22 (9): 3278 - 3291.

[128] Duan Kang, Ji Yinlin, Wu Wei, et al. Unloading - induced failure of brittle rock and implications for excavation - induced strain burst [J]. Tunnelling and Underground Space Technology incorporating Trenchless Technology Research, 2019, 84: 495 - 506.

[129] Chen Zhenghong, Li Xibing, Weng Lei, et al. Influence of Flaw Inclination Angle on Unloading Responses of Brittle Rock in Deep Underground [J]. Geofluids, 2019: 1 - 16.

[130] 朱泽奇. 坚硬裂隙岩体开挖扰动区形成机理研究 [D]. 北京: 中国科学院研究生院(武汉岩土力学研究所), 2008.

[131] Hu Lihua, Ma Ke, Liang Xin, et al. Experimental and numerical study on rockburst triggered by tangential weak cyclic dynamic disturbance under true triaxial conditions [J]. Tunnelling and Underground Space Technology incorporating Trenchless Technology Research, 2018, 8 (81): 602 - 618

[132] 许文松. 高应力岩体开挖卸荷扰动效应及巷道围岩控制 [D]. 淮南: 安徽理工大学, 2019.

[133] 吴顺川, 周喻, 高斌. 卸载岩爆试验及 PFC^{3D} 数值模拟研究 [J]. 岩石力学与工程学报, 2010, 29 (02): 4082 - 4088.

[134] Zhang Yongjun, Liu Sijia, Kou Miaomiao, et al. 3 - D Numerical Study on Progressive Failure Characteristics of Marbles under Unloading Conditions [J]. Applied Sciences, 2020, 10 (11): 3875.

[135] Zhang Yongjun, Liu Sijia, Kou Miaomiao, et al. Mechanical and failure characteristics of fissured marble specimens under true triaxial compression: Insights from 3 - D numerical simulations [J]. Computers and Geotechnics, 2020, 127 (7): 103785.

[136] Zhang Zhizhen, Niu Yixin, Shang Xiaoji, et al. Characteristics of Stress, Crack Evolution, and Energy Conversion of Gas - Containing Coal under Different Gas Pressures [J]. Geofluids, 2021, 2021 (2): 1 - 18.

[137] 徐力勇. 基坑开挖对地表沉降的影响分析 [C]//中国土木工程学会第十二届年会暨隧道及地下工程分会第十四届年会论文集, 2006: 253 - 255.

[138] 马春驰, 陈柯竹, 李天斌, 等. 基于 GDEM 的应力-结构型岩爆数值模拟研究 [J]. 隧道与地下工程灾害防治, 2020, 2 (3): 85 - 94.

[139] 李春阳. 卸荷条件下大理岩力学特性试验及数值模拟研究 [D]. 昆明: 昆明理工大学, 2018.

[140] Zhou Zihan, Chen Zhonghui. Parallel Offset Crack Interactions in Rock under Unloading Conditions [J]. Advances in Materials Science and Engineering, 2019: 1 - 18.

[141] 哈秋舲. 岩石边坡工程与卸荷非线性岩石(体)力学 [J]. 岩石力学与工程学报, 1997 (4): 93 - 98.

[142] 哈秋舲. 三峡工程永久船闸陡高边坡各向异性卸荷岩体力学研究 [J]. 岩石力学与工程学报, 2001 (5): 603 - 618.

[143] 盛谦, 丁秀丽, 冯夏庭, 等. 三峡船闸高边坡考虑开挖卸荷效应的位移反分析 [J]. 岩石力学与工程学报, 2000 (S1): 987 - 993.

[144] 汤平, 李刚, 徐卫军. 水及开挖卸荷对岩质边坡稳定性影响分析 [J]. 岩土力学, 2005, 26 (S2): 21 - 24.

[145] 石安池, 徐卫亚, 张贵科. 三峡工程永久船闸高边坡岩体卸荷松弛特征研究 [J]. 岩土力学, 2006 (5): 723 - 729.

[146] 张子东, 裴向军, 张晓超, 等. 黄土边坡开挖卸荷力学响应与破坏机理研究 [J]. 工程地质学

报，2018，26（3）：684－693.

[147] Bao Han，Wu Faquan，Xi Pengcheng，et al. A new method for assessing slope unloading zones based on unloading strain [J]. Environmental Earth Sciences，2020，79（14）：1－13.

[148] Zhao Weihua，Frost J. D.，Huang Runqiu，et al. Distribution and quantitative zonation of unloading cracks at a proposed large hydropower station dam Site [J]. Journal of Mountain Science，2017，14（10）：2106－2121.

[149] 赵阳升. 岩体力学发展的一些回顾与若干未解之百年问题 [J]. 岩石力学与工程学报，2021，40（7）：1297－1336.

[150] 杜学领，王涛. 冲击地压、岩爆与矿震的内涵及使用范围研究 [J]. 煤炭与化工，2017，40（3）：1－4.

[151] 钱七虎. 岩爆、冲击地压的定义、机制、分类及其定量预测模型 [J]. 岩土力学，2014，35（1）：1－6.

[152] Huang R. Q.，Wang X. N.，Chan L. S. Triaxial unloading test of rocks and its implication for rock burst [J]. Bulletin of Engineering Geology and the Environment，2001，60（1）：37－41.

[153] 张黎明，王在泉，贺俊征. 岩石卸荷破坏与岩爆效应 [J]. 西安建筑科技大学学报（自然科学版），2007（1）：110－114.

[154] 陈卫忠，吕森鹏，郭小红，等. 基于能量原理的卸围压试验与岩爆判据研究 [J]. 岩石力学与工程学报，2009，28（8）：1530－1540.

[155] 陈卫忠，吕森鹏，郭小红，等. 脆性岩石卸围压试验与岩爆机理研究 [J]. 岩土工程学报，2010，32（6）：963－969.

[156] 范勇，卢文波，王义昌，等. 不同开挖方式下即时型和时滞型岩爆的孕育特征比较 [J]. 岩石力学与工程学报，2015，34（S2）：3715－3723.

[157] 刘祥鑫，梁正召，张艳博，等. 卸荷诱发巷道模型岩爆的发生机理实验研究 [J]. 工程地质学报，2016，24（5）：967－975.

[158] Zhao Fei，He Manchao. Size effects on granite behavior under unloading rockburst test [J]. Bulletin of Engineering Geology and the Environment，2016，76（3）：1－15.

[159] 李浪，蒋海明，陈显波，等. 应变型岩爆模型试验及其力学机制研究 [J]. 岩石力学与工程学报，2018，37（12）：2733－2741.

[160] 徐鼎平，郭广涛，夏跃林，等. 高应力强卸荷下双江口花岗岩岩爆中间主应力效应宏细观试验研究 [J]. 岩土力学，2021，42（9）：2375－2386.

[161] 何满潮，李杰宇，任富强，等. 不同层理倾角砂岩单向双面卸荷岩爆弹射速度实验研究 [J]. 岩石力学与工程学报，2021，40（3）：433－447.

[162] 尹光志，蒋长宝，王维忠，等. 不同卸围压速度对含瓦斯煤岩力学和瓦斯渗流特性影响试验研究 [J]. 岩石力学与工程学报，2011，30（1）：68－77.

[163] 尹光志，李铭辉，李文璞，等. 瓦斯压力对卸荷原煤力学及渗透特性的影响 [J]. 煤炭学报，2012，37（9）：1499－1504.

[164] Xue Yi，Ranjith P. G.，Gao Feng，et al. Mechanical behaviour and permeability evolution of gas－containing coal from unloading confining pressure tests [J]. Journal of Natural Gas Science & Engineering，2017，40：336－346.

[165] Yin Guangzhi，Li Wenpu，Jiang Changbao，et al. Mechanical property and permeability of raw coal containing methane under unloading confining pressure [J]. International Journal of Mining Science & Technology，2013，23（6）：789－793.

[166] 尹光志，秦虎，黄滚. 不同应力路径下含瓦斯煤岩渗流特性与声发射特征实验研究 [J]. 岩石力学与工程学报，2013，32（7）：1315－1320.

[167] 黄启翔．煤岩材料卸围压过程破坏突变特性实验研究［J］．材料导报，2013，27（24）：106－109．

[168] 徐佑林，康红普，张辉，等．卸荷条件下含瓦斯煤力学特性试验研究［J］．岩石力学与工程学报，2014，33（S2）：3476－3488．

[169] 张东明，郑彬彬，尹光志，等．采动应力下急倾斜煤层顶板砂岩的力学及渗透特性［J］．煤炭学报，2017，42（S1）：128－137．

[170] Zhang Minbo，Lin Manqing，Zhu Hongqing，et al. An experimental study of the damage characteristics of gas－containing coal under the conditions of different loading and unloading rates－ScienceDirect［J］．Journal of Loss Prevention in the Process Industries，2018，55：338－346．

[171] Wang Gang，Guo Yangyang，Wang Pengfei，et al. A new experimental apparatus for sudden unloading of gas－bearing coal［J］．Bulletin of Engineering Geology and the Environment，2020，79（2）：857－868．

[172] Liu Guofeng，Feng Xiating，Jiang Quan，et al. In situ observation of spalling process of intact rock mass at large cavern excavation［J］．Engineering Geology，2017，226：52－69．

[173] 刘国锋，冯夏庭，江权，等．白鹤滩大型地下厂房开挖围岩片帮破坏特征、规律及机制研究［J］．岩石力学与工程学报，2016，35（5）：865－878．

[174] 江权，樊义林，冯夏庭，等．高应力下硬岩卸荷破裂：白鹤滩水电站地下厂房玄武岩开裂观测实例分析［J］．岩石力学与工程学报，2017，36（5）：1076－1087．

[175] 侯奇东，张顺利，李治国，等．高地应力下大型地下洞室开挖期硬岩片帮机理分析［J］．水电站设计，2021，37（2）：31－35，53．

[176] 李春峰．浅埋偏压隧道冒顶机理数值模拟研究［J］．中国水运（下半月），2012，12（7）：72－73．

[177] Luo Yong，Gong Fengqiang，Liu Dongqiao，et al. Experimental simulation analysis of the process and failure characteristics of spalling in D－shaped tunnels under true－triaxial loading conditions［J］．Tunnelling and underground space technology，2019，90（AUG.）：42－61．

[178] Xiao Peng，Li Diyuan，Zhao Guoyan，et al. New criterion for the spalling failure of deep rock engineering based on energy release［J］．International Journal of Rock Mechanics and Mining Sciences，2021，148：1365－1609．

[179] 张黎明．加卸荷条件下岩体宏细观破坏机理的试验与理论研究［D］．西安：西安建筑科技大学，2009．

[180] 石磊．不同加、卸荷条件下大理岩力学及声发射特性试验及理论研究［D］．青岛：青岛理工大学，2011．

[181] 高速．不同加卸荷应力路径下大理岩破坏过程的能量演化机制与本构模型研究［D］．青岛：青岛理工大学，2013．

[182] 任明远．加卸荷应力路径下大理岩变形破坏过程声发射特征与本构模型研究［D］．青岛：青岛理工大学，2014．

[183] 郑清达．不同卸围压速率对大理岩破裂过程的影响研究［D］．青岛：青岛理工大学，2016．

[184] 宋雅多．恒轴压卸围压路径下大理岩宏细观破坏机理研究［D］．青岛：青岛理工大学，2020．

[185] 丛怡．加卸荷路径下硬岩破坏面形貌宏细观解译及破坏机制研究［D］．青岛：青岛理工大学，2020．

[186] 贤彬．大理岩加卸荷破坏过程的颗粒流数值模拟及其试验验证［D］．青岛：青岛理工大学，2011．

[187] 田永泽．大理岩卸围压破坏力学特征与模型研究［D］．青岛：青岛理工大学，2021．

[188] 徐松林，吴文，王广印，等．大理岩等围压三轴压缩全过程研究Ⅰ：三轴压缩全过程和峰前、峰后卸围压全过程试验［J］．岩石力学与工程学报，2001，20（6）：763－767．

[189] 陶履彬，夏才初，陆益鸣．三峡工程花岗岩卸荷全过程特性的试验研究［J］．同济大学学报，

1998，26（3）：330－334.

［190］ 朱建明，徐秉业，岑章志．岩石类材料峰后滑移剪膨变形特性研究［J］．力学与实践，2001，23（5）：19－22.

［191］ 王在泉，华安增，王谦源．加、卸荷条件下岩石变形及三轴强度研究［J］．河海大学学报，2001，29（增刊）：10－12.

［192］ 王在泉，张黎明，孙辉，等．不同卸荷速度条件下灰岩力学特性的试验研究［J］．岩土力学，2011，32（4）：1045－1050，1277.

［193］ 王贤能，黄润秋．岩石卸荷破坏特征与岩爆效应［J］．山地研究，1998，16（4）：281－285.

［194］ 刘婕，张黎明，丛宇，等．真三轴应力路径花岗岩卸荷破坏力学特性研究［J］．岩土力学，2021，42（8）：2069－2077.

［195］ 马啸，马东东，胡大伟，等．实时高温真三轴试验系统的研制与应用［J］．岩石力学与工程学报，2019，38（08）：1605－1614.

［196］ Martin C. D.，Chandler N. A. The progressive fracture of Lac du Bonnet granite［J］．Journal of Rock Mechanics and Mining Sciences and Geomechanics Abstracts，1994，31（6）：643－659.

［197］ Eberhardt E.，Stead D.，Stimpson B.，et al. Identifying crack initiation and propagation thresholds in brittle rock［J］．Canada Geotechnical Journal，1998，35：222－233.

［198］ 黄达．大型地下洞室开挖围岩卸荷变形机理及其稳定性研究［D］．成都：成都理工大学，2007.

［199］ 汪斌，朱杰兵，邬爱清，等．锦屏大理岩加、卸载应力路径下力学性质试验研究［J］．岩石力学与工程学报，2008，27（10）：2138－2145.

［200］ 李宏哲，夏才初，王晓东，等．含节理大理岩变形和强度特性的试验研究［J］．岩石力学与工程学报，2008，27（10）：2118－2123.

［201］ Hoek E. Rock Engineering［M］．Canada：Evert Hoek Consulting Engineering Inc，2000：60－70.

［202］ Hoek E. Strength of jointed rock masses［J］．Geotechnique，1983，33（3）：185－223.

［203］ 张黎明，高速，任明远，等．岩石加荷破坏弹性能和耗散能演化特性［J］．煤炭学报，2014，39（7）：1238－1242.

［204］ 张黎明，高速，王在泉．加卸荷条件下灰岩能耗变化规律试验研究［J］．岩土力学，2013，34（11）：3071－3076.

［205］ 张志镇，高峰．单轴压缩下红砂岩能量演化试验研究［J］．岩石力学与工程学报，2012，31（5）：953－962.

［206］ Zhang Liming，Cong Yu，Meng Fanzhen，et al. Energy evolution analysis and failure criteria for rock under different stress paths［J］．Acta Geotechnica，2021，16（2）：569－580.

［207］ 黄达，黄润秋，张永兴．粗晶大理岩单轴压缩力学特性的静态加载速率效应及能量机制试验研究［J］．岩石力学与工程学报，2012，31（2）：245－255.

［208］ 尤明庆，华安增．岩石试样破坏过程的能量分析［J］．岩石力学与工程学报，2002，21（6）：778－781.

［209］ Aubertin M.，Gill D. E.，Simon R. On the use of the brittleness index modified（BIM）to estimate the post－peak behavior of rocks［C］// 1st North American Rock Mechanics Symposium. Austin，Texas：American Rock Mechanics Association. 1994：24－25.

［210］ 华安增，孔园波，李世平，等．岩块降压破碎的能量分析［J］．煤炭学报，1995（4）：389－392.

［211］ Zhang Liming，Liu Zhongyuan. Crack propagation characteristics progressive failure of circular tunnels and the early warning thereof based on multi－sensor data fusion［J］．Geomechanics and Geophysics for Geo－Resources，2022（8）：172.

［212］ Wang Jinliang，Li Zongjun. Extreme－Point symmetric mode decomposition method for data analysis［J］．Advance in Adaptive Data Analysis，2013，5（3）：1－36.

[213] Cai M., Morioka H., Kaiser P. K., et al. Back - analysis of rock mass strength parameters using AE monitoring data [J]. International Journal of Rock Mechanics and Mining Sciences, 2007, 44 (4): 538 - 549.

[214] 张黎明，马绍琼，任明远，等. 不同围压下岩石破坏过程的声发射频率及 b 值特征 [J]. 岩石力学与工程学报，2015，34 (10)：2057 - 2063.

[215] Gutenberg B., Richter C. F. Frequency of earthquakes in California [J]. Bulletin of the Seismological Society of America, 1994, 34 (4): 185 - 188.

[216] 李小军，路广奇，李化敏. 基于声发射事件 b 值变化规律的岩石破坏前兆识别及其局限性 [J]. 河南理工大学学报：自然科学版，2010，29 (5)：663 - 666.

[217] 曾正文，马瑾，刘力强，等. 岩石破裂扩展过程中的声发射 b 值动态特征及意义 [J]. 地震地质，1995 (1)：7 - 12.

[218] 杨永明，鞠杨，陈佳亮，等. 三轴应力下致密砂岩的裂纹发育特征与能量机制 [J]. 岩石力学与工程学报，2014，33 (4)：691 - 698.

[219] 谢和平. 分形-岩石力学导论 [M]. 北京：中国科学出版社，1996.

[220] 俞缙，李宏，陈旭，等. 砂岩卸围压变形过程中渗透特性与声发射试验研究 [J]. 岩石力学与工程学报，2014，33 (1)：69 - 79.

[221] 张黎明，任明远，马绍琼，等. 大理岩卸围压破坏全过程的声发射及分形特征 [J]. 岩石力学与工程学报，2015，34 (S1)：2862 - 2867.

[222] 周健，贾敏才. 土工细观模型试验与数值模拟 [M]. 北京：科学出版社，2008：2 - 6.

[223] Itasca Consulting Group Inc. PFC2D particle flow code in 2 Dimensions: Fish in PFC2D [M]. Minneapolis, Minnesota, 2004.

[224] 丛怡，丛宇，张黎明，等. 大理岩加、卸荷破坏过程的三维颗粒流模拟 [J]. 岩土力学，2019，40 (3)：1179 - 1186，1212.

[225] Huang Da, Zhu Tantan. Experimental and numerical study on the strength and hybrid fracture of sandstone under tension - shear stress [J]. Engineering Fracture Mechanics, 2018, 200: 387 - 400.

[226] 赵奎，伍文凯，曾鹏，等. 不同细观组分花岗岩力学特性的颗粒流模拟 [J]. 矿业研究与开发，2020，40 (1)：32 - 36.

[227] 许强，黄曼，马成荣. 基于颗粒流的模拟岩石结构面细观参数敏感性研究 [J]. 科技通报，2018，34 (1)：72 - 78.

[228] 徐金明，赵丹，黄大勇. 基于实际分布的花岗岩颗粒流模拟几何模型 [J]. 地下空间与工程学报，2017，13 (3)：678 - 683.

[229] Itasca Consulting Group Inc. PFC2D particle flow code in 2 Dimensions: theory and background [M]. Minneapolis, Minnesota, 2004.

[230] 刘刚，龙景奎，王照华. 断续节理相互作用的数值模拟 [J]. 采矿与安全工程学报，2007 (2)：155 - 159.

[231] 张扬. 真三轴应力状态下岩石变形破坏过程细观数值模拟研究 [D]. 徐州：中国矿业大学，2017.

[232] 宫凤强，闫景一，李夕兵. 基于线性储能规律和剩余弹性能指数的岩爆倾向性判据 [J]. 岩石力学与工程学报，2018，37 (9)：1993 - 2014.

[233] 张黎明，高速，王在泉，等. 不同加卸荷应力路径下大理岩屈服函数研究 [J]. 岩石力学与工程学报，2014，33 (12)：2497 - 2503.

[234] Mogi K. Flow and fracture of rocks under general triaxial compression [J]. Applied Mathematics & Mechanics, 1981.

[235] 郑颖人，孔亮. 广义塑性力学及其应用 [J]. 中国工程科学，2005，7 (11)：21 - 36.

[236] 李宏哲，夏才初，肖维民. 锦屏水电站大理岩加卸荷本构模型研究 [J]. 岩石力学与工程学报，2010，29 (7)：1489-1495.

[237] Weng M. C.，Jeng F. S.，Hsieh Y. M.，et al. A simple model for stress-induced anisotropic softening of weak sandstones [J]. International Journal of Rock Mechanics and Mining Sciences，2008，45 (2)：155-166.

[238] Thomas A.，Filippov L. O. Fractures，fractals and breakage energy of mineral particles [J]. International Journal of Mineral Processing，1999，57 (4)：285-301.

[239] Pietro C.，Nicola P.，Alberto C.，et al. Finite fracture mechanics：a coupled stress and energy failure criterion [J]. Engineering Fracture Mechanics，2006，73 (14)：2021-2033.

[240] Bratov V.，Petrov Y. Optimizing energy input for fracture by analysis of the energy required to initiate dynamic mode I crack growth [J]. International Journal of Solids and Structures，2007，44 (7)：2371-2380.

[241] 张志镇，高峰. 单轴压缩下岩石能量演化的非线性特性研究 [J]. 岩石力学与工程学报，2012，31 (6)：1198-1207.

[242] 郑在胜. 岩石变形中的能量传递过程与岩石变形动力学分析 [J]. 中国科学：B辑，1990，(5)：524-537.

[243] 尹光志，鲜学福，代高飞. 岩石非线性动力学理论及其应用：岩石失稳破坏与冲击地压发生机制及预测 [M]. 重庆：重庆大学出版社，2004：70-71.

[244] 余爱华. Logistic模型的研究 [D]. 南京：南京林业大学，2003.

[245] 尹光志，鲜学福，许江，等. 岩石细观断裂过程的分叉与混沌特征 [J]. 重庆大学学报（自然科学版），2000 (2)：56-59.

[246] 卢兴利，刘泉声，苏培芳. 考虑扩容碎胀特性的岩石本构模型研究与验证 [J]. 岩石力学与工程学报，2013，32 (9)：1886-1893.

[247] Hajiabdolmajid V.，Kaiser P. K.，Martin C. D. Modelling brittle failure of rock [J]. International Journal of Rock Mechanics and Mining Sciences，2002，39 (6)：731-741.

[248] Kachanov L. M. Time rupture process under creep conditions [J]. Izvestia Akademii Nauk SSSR，Otdelenie Tekhnicheskich Nauk，1958 (8)：26-31.

[249] 张黎明，王在泉，孙辉，等. 岩石卸荷破坏的变形特征及本构模型 [J]. 煤炭学报，2009，34 (12)：1626-1631.

[250] 张黎明，王在泉，尹莹，等. 基于应变非线性软化的衬砌压力隧洞弹塑性解析解 [J]. 建筑结构，2008 (4)：99-102.

[251] 张黎明，王在泉，尹莹. 衬砌压力隧洞的弹塑性应力解 [J]. 路基工程，2007 (2)：25-27.

[252] 张黎明，王在泉，潘岳，等. 应变非线性软化的预应力衬砌隧洞弹塑性应力解 [J]. 西安建筑科技大学学报（自然科学版），2006 (4)：555-558.

[253] 张黎明，王在泉，尹莹，等. 衬砌压力隧洞的弹塑性分析 [J]. 重庆建筑大学学报，2006 (2)：59-61，73.

[254] 郑雨天. 岩石力学的弹塑粘性理论基础 [M]. 北京：煤炭工业出版社，1988：30-61.

[255] 徐芝纶. 弹性力学简明教程 [M]. 北京：高等教育出版社，2002：63-67.

[256] 潘岳，王志强. 应变非线性软化的圆形硐室围岩荷载-位移关系研究 [J]. 岩土力学，2004，25 (10)：1515-1521

[257] 赵尚毅，郑颖人，时卫民，等. 用有限元强度折减法求边坡稳定安全系数 [J]. 岩土工程学报，2002，24 (3)：343-346.

[258] 赵尚毅，郑颖人，邓卫东. 用有限元强度折减法进行节理岩质边坡稳定性分析 [J]. 岩石力学与工程学报，2003，22 (2)：54-260.

[259] Griffiths D. V., Lane P. A. Slope Stability analysis by finite elements [J]. Geotechnique, 1999, 49 (3): 387-403.

[260] 栾茂田，武亚军，年廷凯. 强度折减有限元法中边坡失稳的塑性区判据及其应用 [J]. 防灾减灾工程学报，2003，23 (3)：1-8.

[261] Mateui T., San K. C. Finite element slope stability analysis by shear strength reduction [J]. Soils and Foundations, 1992, 32 (1): 59-70.

[262] Dawson E. M., Roth W. H., Drecher A. Slope stability analysis by strength reduction [J]. Geotechnique, 1999, 49 (6): 835-840.

[263] 徐干成，郑颖人. 岩石工程中屈服准则应用的研究 [J]. 岩土工程学报，1990，12 (2)：93-99.

[264] 程晔，赵明华，曹文贵. 基桩下溶洞顶板稳定性评价的强度折减有限元法 [J]. 岩土工程学报，2005，27 (1)：38-41.

[265] 杨同，徐川，王宝学，等. 岩土三轴试验中的粘聚力与内摩擦角 [J]. 中国矿业，2007，16 (12)：104-107.

[266] 王青，朱珍德，朱江棚，等. 长大引水隧洞岩爆的数值模拟及其应用 [J]. 河海大学学报，2008，36 (3)：363-366.

[267] 张明，李仲奎. 准脆性材料破裂过程失稳的尖点突变模型 [J]. 岩石力学与工程学报，2006，25 (6)：1233-1239.

[268] 潘岳. 岩石破坏过程的折迭突变模型 [J]. 岩土工程学报，1999，21 (3)：299-303.

[269] 潘岳，刘英，顾善发. 矿井断层冲击地压的折迭突变模型 [J]. 岩石力学与工程学报，2001，20 (1)：43-48.

[270] 潘岳，王志强. 岩体动力失稳的功、能增量-突变理论研究方法 [J]. 岩石力学与工程学报，2004，23 (9)：1433-1438.

[271] 潘岳，王志强，吴敏应. 岩体动力失稳终止点、能量释放量解析解与图解 [J]. 岩土力学，2006，27 (11)：1915-1921.

[272] 刘建新，唐春安，朱万成. 煤岩串联组合模型及冲击地压机理研究 [J]. 岩土工程学报，2004，26 (2)：276-280.

[273] 林鹏，唐春安. 二岩体系统破坏全过程的数值模拟和实验研究 [J]. 地震，1999，19 (4)：413-418.

[274] 凌复华. 突变理论及其应用 [M]. 上海：上海交通大学出版社，1987：13-17.

[275] 唐春安，徐小荷. 岩石破裂过程失稳的尖点突变模型 [J]. 岩石力学与工程学报，1990，9 (2)：100-107.

[276] 数学手册编写组. 数学手册 [M]. 北京：人民教育出版社，1979：88-89.

[277] 李东林，吴树仁，韩金良，等. 引水工程秦巴段隧洞地应力模拟及工程地质问题 [J]. 地质与勘察，2008，44 (5)：81-86.

[278] 孟陆波，赵建壮. 岩爆的洞室效应 [J]. 中国地质灾害与防治学报，2008，19 (2)：59-62.

[279] Russenes B. F. Analysis of rock spalling for tunnels in steep valley sides (in Nonvegian) [D]. M. Sc. thesis, Norwegian institute of Technology. Dept. of Geology, 1974, 247.

[280] Kidybinski A.. Bursting liability indices of coal [J]. International Journal of Rock Mechanics and Mining Sciences & Geomechanics Abstracts, 1981, 18 (2): 295-304.

[281] 李宏，安其美，王海忠，等. V 型河谷区原地应力测量研究 [J]. 岩石力学与工程学报，2006，25 (增 1)：3069-3073.

[282] 徐林生，王兰生. 岩爆形成机理研究 [J]. 重庆大学学报（自然科学版），2001，24 (2)：115-117.

[283] Cai M., Kaiser P. K., Tasaka Y., et al. Generalized crack initiation and crack damage stress

thresholds of brittle rock masses near underground excavations [J]. International Journal of Rock Mechanics and Mining Sciences, 2004, 41 (5): 833-847.

[284] 严可煊. 岩爆防治与对策研究 [J]. 福建建筑, 2005, 28 (2): 60-63.

[285] 王贤能, 黄润秋. 岩石卸荷破坏特征与岩爆效应 [J]. 山地学报, 1998, l6 (4): 281-285.

[286] 张黎明, 郑颖人, 王在泉, 等. 有限元强度折减法在公路隧道中的应用探讨 [J]. 岩土力学, 2007 (1): 97-101, 106.

[287] 李廷春, 李术才, 陈卫忠, 等. 厦门海底隧道的流固耦合分析 [J]. 岩土工程学报, 2004 (3): 397-401.

[288] 李术才, 李廷春, 陈卫忠, 等. 厦门海底隧道最小顶板厚度三维弹塑性断裂损伤研究 [J]. 岩石力学与工程学报, 2004 (18): 3138-3143.

[289] 张胜军, 孙云志, 蒋小娟, 等. 厦门海底隧道工程岩体渗透稳定性试验研究 [J]. 人民长江, 2005 (3): 22-23.

[290] 吕明, Grφv E., Nilsen B., 等. 挪威海底隧道经验 [J]. 岩石力学与工程学报, 2005 (23): 4219-4225.

[291] 孙钧. 海底隧道工程设计施工若干关键技术的商榷 [J]. 岩石力学与工程学报, 2006 (8): 1513-1521.

[292] 郑颖人, 赵尚毅, 孔位学, 等. 极限分析有限元法讲座——Ⅰ岩土工程极限分析有限元法 [J]. 岩土力学, 2005 (1): 163-168.

[293] 郑颖人, 赵尚毅. 岩土工程极限分析有限元法及其应用 [J]. 土木工程学报, 2005 (1): 91-98, 104.

[294] 邱士利, 冯夏庭, 江权, 等. 深埋隧洞应变型岩爆倾向性评估的新数值指标研究 [J]. 岩石力学与工程学报, 2014, 33 (10): 2007-2017.

[295] 李鹏翔, 陈炳瑞, 周扬一, 等. 硬岩岩爆预测预警研究进展 [J]. 煤炭学报, 2019, 44 (S2): 447-465.

[296] Zhang Yan, Feng Xiating, Yang Chengxiang, et al. Evaluation method of rock brittleness under true triaxial stress states based on pre-peak deformation characteristic and post-peak energy evolution [J]. Rock Mechanics and Rock Engineering, 2021, 54: 1277-1291.

[297] Gong Fengqiang, Wang Yunliang, Luo Song. Rockburst Proneness Criteria for Rock Materials: Review and New Insights [J]. Journal of Central South University, 2020, 27 (10): 2793-2821.

[298] Su Guoshao, Gan Wei, Zhai Shaobin, et al. Acoustic Emission Precursors of Static and Dynamic Instability for Coarse-Grained Hard Rock [J]. Journal of Central South University, 2020, 27 (10): 2883-2898.

[299] 苏国韶, 蒋剑青, 冯夏庭, 等. 岩爆弹射破坏过程的试验研究 [J]. 岩石力学与工程学报, 2016, 35 (10): 1990-1999.

[300] 何满潮, 赵菲, 张昱, 等. 瞬时应变型岩爆模拟试验中花岗岩主频特征演化规律分析 [J]. 岩土力学, 2015, 36 (1): 1-8, 33.

[301] 蒋剑青. 深部隧洞应变型岩爆的真三轴试验与动能预测 [D]. 南宁: 广西大学, 2017.

[302] 张洁. 花岗岩快速卸载破坏特性的真三轴试验研究 [D]. 南宁: 广西大学, 2018.